聚丙烯改性
及其应用

杨明山　编著

JUBINGXI
GAIXING
JIQI
YINGYONG

化学工业出版社

·北京·

内 容 简 介

本书采用循序渐进的手法让读者理解聚丙烯塑料改性的原理和工艺，利用大量的应用实例帮助读者加深对塑料改性的理解并在工作中加以应用。第 1 章简要介绍了聚丙烯的基本知识。第 2 章详细论述了聚丙烯塑料化学改性新材料的原理和设备。第 3、4 章介绍了聚丙烯填充与增强、共混改性新材料的制备原理和工艺路线。第 5 章论述了聚丙烯功能化和精细化新材料的制备原理和工艺。第 6 章介绍了目前各行业大量应用的聚丙烯改性新塑料，同时加入大量的实例，便于读者理解与应用。本书系统性和实用性强，涵盖了作者在研发和产业化过程中投入实际应用的配方和工艺，特别是在家电、汽车、电子等领域的应用实例。

本书主要针对塑料改性生产企业的工程技术人员以及管理人员，也适合家电、汽车、电子、通信等行业的工程技术和设计人员参考，还可供高等学校高分子材料专业高年级学生及教师使用。

图书在版编目（CIP）数据

聚丙烯改性及其应用/杨明山编著. —北京：化学
工业出版社，2022.3
ISBN 978-7-122-40553-1

Ⅰ.①聚… Ⅱ.①杨… Ⅲ.①聚丙烯-改性-研究
Ⅳ.①TQ325.1

中国版本图书馆 CIP 数据核字（2022）第 010328 号

责任编辑：高 宁 仇志刚		文字编辑：王云霞
责任校对：王 静		装帧设计：王晓宇

出版发行：化学工业出版社（北京市东城区青年湖南街 13 号 邮政编码 100011）
印 装：三河市双峰印刷装订有限公司
787mm×1092mm 1/16 印张 22¹/₂ 字数 532 千字 2022 年 7 月北京第 1 版第 1 次印刷

购书咨询：010-64518888　　　　　　售后服务：010-64518899
网 址：http://www.cip.com.cn

凡购买本书，如有缺损质量问题，本社销售中心负责调换。

定 价：138.00 元 版权所有 违者必究

前言

国民经济各行业的快速发展，对材料的需求日新月异，这不仅表现在需求量上，同时也表现在对性能的需求上，即对材料的性能要求也越来越高。因此提高材料性能是科技工作者以及企业家都在进行大力研究的课题。具有崭新性能的新材料层出不穷，是很多国家大力发展的产业之一。

塑料是新材料发展的重要分支，其对于新材料的重要性已被大家认识。塑料新材料的研究与发展很快，特别是工程塑料、功能塑料、精细塑料等更是以惊人的速度发展。据统计，2021年世界塑料总产量已达3.76亿吨。我国塑料工业发展速度也很快，自2018年起已连续三年塑料产品的年产量超过了8000万吨，年均增长率达10%以上。其中日用塑料、农业用和各种包装用塑料年消费量达6000万吨以上，而这些塑料制品对材料的性能要求不高，技术含量低，附加值低。随着汽车、家电、电子通信、交通运输的快速发展，对高性能塑料材料的需求急剧加大。所以我国目前也正在调整塑料产业结构，向高技术含量、高附加值产品转移。其中，改性塑料专用料占有重要位置。

据统计，目前国内汽车、家电、通信、高档工具等对各种改性塑料专用料的需求量很大。首先是汽车，汽车用塑料量约占整个车身质量的15%，2021年我国汽车对改性塑料专用料的需求量达600万吨以上；其次是家电，目前各种家电产品中都使用了塑料专用料，如冰箱、冷柜、洗衣机、空调器、电风扇以及众多小家电等，对各种改性塑料的年需求量达500万吨以上；第三是通信以及计算机等高端产品，随着通信业的发展，移动电话的用量急剧增加，年需塑料专用料达60万吨以上，电脑对塑料专用料的需求达80万吨以上；第四是各种电动工具对改性塑料专用料的年需求量约50万吨；第五，其它行业对改性塑料的年需求量约50万吨。因此我国对各种改性塑料专用料的总需求量在2020年接近1400万吨。这其中，改性聚丙烯的需求量是最大的，达500万吨以上，因此聚丙烯的改性具有重要的意义。

本书采用循序渐进的手法让读者理解聚丙烯塑料改性的原理和工艺，利用大量的实际应用案例帮助读者加深对塑料改性的理解，并在工作中加以应用。本书首先从第1章聚丙烯的发展、结构与性能着手，使读者对聚丙烯的基本知识有一个简要而系统的了解。然后第2章对聚丙烯塑料化学改性新材料的原理和设备进行了详细论述。第3章论述了聚丙烯填充与增强改性新材料的制备原理和工艺设备。第4章论述了聚丙烯共混改性新材料的制备原理和工艺路线。第5章详细论述了聚丙烯的功能化和精细化新材料的制备原理和工艺。第6章对现在国民经济各行业大量应用的聚丙烯改性新塑料进行了详细论述，同时加入了大量的应用实例，使读者阅读后马上能在实际工作中应用。本书的最大特点是系统性强和实用性强，总结了作者 30 多年的经验，加入了作者在塑料改性研发和产业化中投入实际应用的配方和工艺，特别是在家电、汽车、电子等领域的应用实例。作者自 2005 年以来作为北京石油化工学院高分子材料专业教授讲授《聚合物加工工程》课程，使用的大量内容来自本人科研和产业化应用成果。近几年经常有参加工作后的毕业生反映，学习这些内容受益匪浅。本书注重解决工程实际问题，希望能对广大读者有所裨益。

在本书的编著过程中，北京石油化工学院图书馆佟寄红馆员提供了极大帮助，作者的学生薛增增、朱宝、李星辉等给予了帮助，在此表示感谢。由于作者的局限性，书中难免存在不当之处，敬请同仁批评指正！

杨明山

2022 年 2 月于北京

目录

第3章
聚丙烯填充与增强改性新材料 ·· 64

第 4 章
聚丙烯共混改性新材料 ·· 127

第5章
聚丙烯的功能化与精细化新材料 ··· 183

第6章
现代聚丙烯新材料配方实例与应用 ·· 269

第 1 章

聚丙烯的发展、结构与性能

塑料是三大高分子材料（塑料、橡胶、纤维）的主要品种。2021 年中国塑料原材料产量超过 9000 万吨，其中，聚丙烯（PP）发展迅速，产量及用量仅次于聚乙烯（PE），为第二大塑料品种。2021 年全球 PP 生产能力已突破 7000 万吨，我国 PP 产能突破 3000 万吨，超过美国成为 PP 第一大生产国，但仍进口 PP 达到 500 万吨以上。自 1957 年 PP 实现工业化以来，PP 已成为通用热塑性塑料中历史最短、发展和增长却最快的塑料品种，其应用领域也日益广泛，成为目前国民经济发展中不可或缺的材料。由于 PP 具有优良的综合性能和相对低廉的价格，同时又容易进行加工和改性，因此 PP 新材料层出不穷，在汽车、家电、工具设备、电子、建筑、计算机等行业上的用量日益扩大，引起了各大公司的研究和开发热情，对 PP 各种改性工艺、配方等技术的发展起到了巨大的推动作用。

1.1 聚丙烯的发展历史及发展趋势

1.1.1 发展历史

自 1954 年纳塔发明等规聚丙烯（IPP）以后，意大利蒙特爱迪生（Montedison）公司用其研究的成果于 1957 年 9 月在 Farrara 首先建成间歇式年产 6000 吨聚丙烯装置；同年，美国赫格里斯（Hercules）公司采用德国赫斯特（Hoechest）公司的技术建成年产 9000 吨工厂；美国 Avisun 公司又据此技术于 1959 年建成年产 9000 吨工厂。此后，世界上一些国家相继引入别国技术或采用自创技术，建起了不同规模的聚丙烯工厂。

聚丙烯生产技术不断发展，工艺也趋于多样化，由最初的浆液法工艺发展到目前广泛使用的液相本体法和气相法。据不完全统计，目前世界上聚丙烯的年产量超过 6000 万吨，生产厂家达 150 家之多。其中以环管法（Montell）技术建成的装置最多，生产能力合计达到 823.5 万吨/年，其次是巴斯夫（BASF）、联碳/壳牌（Union Carbon/Shell）、三井油化和阿莫科/智索（Amoco/Chisso）的工艺装置。20 世纪 60 年代出现了本体聚合工艺，解决了无溶剂问题；70 年代又开发了高效载体催化剂，在浆液法聚合装置上得到了应用，实现了无脱灰的工艺流程；80 年代实现了高效载体催化剂在本体聚合装置上的应用，省去了脱无规物工序，降低了成本。此后，日本三井油化和意大利 Montedison 公司又开发出高等规度、高活性的催化剂，并用于本体聚合装置，在用本体环管法生产均聚物时省去了造粒工序，无溶剂、无脱灰、无脱无规物和无造粒的目标得到了实现，极大地节省了建设投资，提高了产品质量，降低了生产成本。海蒙特（Himont）公司的 Spheripol 工艺及三井油化的 Hypol 工艺采用了高效载体催化剂，并以液相均相均聚及气相共聚相结合为特征，为目前先进的生产技术之一。近年来气相法以其工艺流程简单、单线生产能力大、投资少而获得青睐，如 BASF 公司的 Novolen 工艺、Union Carbon/Shell 公司的 Unipol 工艺以及 Aomco/Chisso 等工艺，如图 1-1 所示。

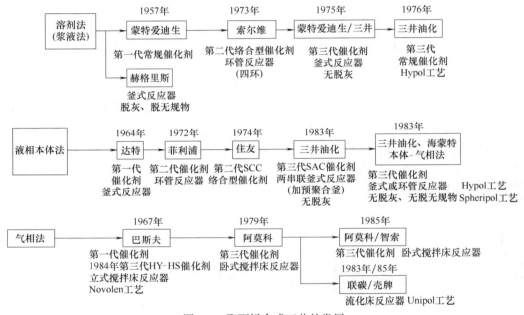

图 1-1　聚丙烯合成工艺的发展

1.1.2　现状分析

近几年来，世界石化企业兼并、联合、重组风潮波及全球，PP 各大企业也跟风而进。Shell 公司和 BASF 公司的三家子公司——Elenac、Montell、Targor 联合组成巴塞尔（Basell）公司，在西欧拥有 280 万吨/年的生产能力，几乎相当于日本 PP 的总生产能力，成为了 PP 生产的"巨无霸"企业，在全球 PP 的生产能力达到 550 万吨/年，成为全球第一大 PP 生产公司；BP（包括索尔维）公司的 PP 生产能力达到 310 万吨/年，居全球第二；阿托-

菲纳（ATO-Fina）公司 PP 的产能为 175 万吨/年，位居第三；北欧化工 PP 产能为 140 万吨/年，位居第四。兼并使 PP 的生产商减少，但生产规模却越来越大，具有明显的规模经济效益。日本也由之前的 14 家减少到目前的 3 家，分别为日本宝理化学公司、三井-住友聚烯烃公司和出光石化公司，拥有的产能分别为 134 万吨/年、106 万吨/年和 51 万吨/年。沙特基础工业公司（Sabic）拥有 200 万吨/年的产能。而中国石化和中国石油发展更快，目前分别拥有 845 万吨/年和 456 万吨/年的产能，分别位居亚洲第一和世界第二，可见中国的 PP 工业发展极快。

我国 PP 工业目前已形成了溶剂法、液相本体-气相法、间歇式液相本体法、气相法、小本体法等多种生产工艺并举、大中小型生产规模共存的生产格局。旺盛的市场需求催生了 PP 产业快速发展。现在我国的大型 PP 生产装置以引进技术为主，中型和小型 PP 生产装置以国产技术为主。截至 2021 年底，我国有 PP 生产企业 100 多家，生产装置共有 200 余套，总产能超过 3000 万吨/年，尽管如此，市场仍然供不应求，2021 年进口量仍然达超过 500 万吨，我国成为全球最大的 PP 净进口国，也是 PP 世界第一生产和消费大国。但由于国内产量增长很快，进口依存度总体呈下降趋势。

我国正在加快 PP 大型化装置建设，中国石化、上海石化与 BP 公司合资组建的上海赛科石化公司建设的 25 万吨/年 PP 装置已于 2005 年投产；中国海油与 Shell 公司合资的惠州南海石化项目建设了 24 万吨/年 PP 装置；福建炼化与埃克森美孚和沙特阿美合资的福建石化 30 万吨/年 PP 装置也相继投产。2015 年以来 PP 新增产能 200 余万吨/年，新建装置多采用煤制烯烃（CTO）和丙烷脱氢（PDH）工艺，因此非石油基路线产能占比由 2014 年的 25.9%提升至 2018 年的 35.0%。我国大型 PP 生产装置以引进为主，由于受到多方面的制约，生产通用料的装置多，而生产专用料的装置少，许多牌号目前还难以生产，牌号不全，新技术、新产品少，同时装置规模较小，规模效益与国外大公司还有差距，这些都制约了我国 PP 工业的发展。

1.1.3 发展趋势

在 21 世纪，聚丙烯技术仍将有引人注目的发展，仍将是未来合成树脂技术发展中最活跃的领域之一。聚丙烯的基本工艺设计没有大变化，但通过对催化剂进行重大改进和采用更大的设备，聚丙烯装置单线生产能力提高，经济性提高。在产品方面，主要是开发高附加值产品，如高熔体流动性均聚物，高透明性、低热封性无规共聚物，高抗冲共聚物等。

齐格勒-纳塔催化剂将继续发展，茂金属/单活性中心催化剂将扩大产品和市场范围，开始向通用产品市场发展。在工艺技术方面将进一步改进完善、降低成本，新装置平均单线生产能力继续提高，开发先进的控制、预测模型，生产装置与企业信息技术系统的结合更加紧密。归纳起来，聚丙烯的发展趋势主要体现在以下几个方面。

（1）催化剂开发仍是重点

① 传统催化剂 传统的聚丙烯催化剂如齐格勒-纳塔催化剂一直在不断发展，并在不断开发一些性能更好的新产品，与茂金属催化剂之间的性能差距正在不断缩小。近期的主要进展是拓宽齐格勒-纳塔催化剂体系的产品范围和开发给电子体系，拓宽产品范围，提高

产品性能。如，能够在反应器中不经减黏裂化得到高熔体流动速率（MFR）的产品（MFR高达 1800g/10min），提高聚合物的结晶性和等规度，生产刚性更好的产品（弯曲模量可以达到 2300MPa 以上），降低产品的热封温度，改进光学性能，采用两段聚合生产双峰树脂，使聚丙烯树脂的分子量分布变宽，从而使产品具有最优化的刚性和抗冲击性能的综合性能，由两个均聚反应器组成的反应器体系生产多分散性产品，等等。此外，茂金属和传统齐格勒-纳塔催化剂的混合催化剂体系正在发展，这种混合催化剂体系可采用双重反应器或双重工艺，两种催化剂可用在一个反应器中或者用在相互串联或并联的不同反应器中，可在单个反应器中生产双峰分布的聚丙烯树脂，工艺更容易控制，分子量分布更稳定，产品的柔韧性更强。

② 茂金属催化剂　茂金属催化剂是 20 世纪 90 年代以来备受关注的烯烃聚合催化剂。茂金属催化剂的工业化，为生产力学性能优异的聚丙烯树脂创造了条件，可生产超高刚性的等规聚丙烯（IPP）、高透明的间规聚丙烯（SPP）、等规聚丙烯和间规聚丙烯的共混物及超高韧性的聚丙烯抗冲共聚物等。目前在茂金属聚丙烯树脂方面的开发工作主要有：a.开发熔体流动速率更低的产品；b.提高产率；c.开发熔点更高的产品；d.用混合催化剂生产宽分子量分布的产品；e.开发无规和抗冲共聚物。Fina 公司用双催化剂体系（两种茂金属催化剂或齐格勒-纳塔/茂金属混合催化剂）、多段反应或多反应器的方法制备双峰或宽分子量分布聚烯烃，以及采用特殊的双茂金属催化剂体系制备反应器内共混的全同立构和间同立构聚丙烯。在高温下用二茂锆催化剂进行聚合反应可以生产分子量分布更宽的聚丙烯树脂。使用茂金属催化剂可以制备丙烯与 1,2-丁二烯的共聚物。茚基取代的茂金属催化剂体系可以制备双峰窄分子量分布的高乙烯含量的聚烯烃树脂。在溶液聚合反应中混合使用茂/硼烷催化剂和控制几何形态的钛催化剂，可以具有很高的产率。

③ 非茂单活性中心催化剂　在近 2～3 年才开始发展的非茂单活性中心催化剂由于具有合成相对简单、产率高、有利于降低催化剂成本（催化剂成本低于茂金属催化剂）、助催化剂用量较低、可以生产多种聚烯烃产品等特点，成为烯烃聚合催化剂的又一发展热点。非茂单活性中心催化剂与茂金属催化剂有相似之处，可以根据需要定制聚合物链，主要包括镍-钯体系和铁-钴体系，但目前这类催化剂体系仍处于开发阶段。

（2）装置大型化是发展趋势

聚丙烯生产装置继续向大型化方向发展。20 世纪 90 年代后期随着一批大型装置的投产和对原有装置进行瓶颈改造，几种主要聚丙烯工艺技术的平均产能规模已经达到 30 万吨/年以上。目前运行中最大规模装置的单线生产能力可达 105 万吨/年。通过优化设计降低投资和运行成本仍是聚丙烯产业的发展重点。近期三井油化为了提高工艺技术的竞争力在工艺流程设计方面做了大量工作，推出的 Hypol 工艺总投资成本降低了大约 10%。

（3）聚丙烯共聚物产品发展迅速

抗冲共聚物的发展是聚丙烯市场及应用领域扩大的重要推动力之一。聚丙烯共聚物替代和开拓了一些新的市场，尤其是在注射成型领域、薄膜领域和吹塑成型领域。聚丙烯抗冲共聚物主要用于汽车，消费性产品、器具和包装，办公家具，医用产品及药品包装。随着聚丙烯抗冲共聚物刚性/抗冲击性综合性能、热变形温度、光泽度等性能的提高，聚丙烯在上述市场进一步取代 ABS 树脂、聚苯乙烯和 HDPE 等其它塑料。Basell 公司采用第四代丙烯聚合催化剂推出了聚丙烯催化合金（Catalloy）和高性能釜内合金（Hivalloy）系列树脂。Catalloy工艺是在反应器内生产聚合物合金的工艺，其技术核心是高比表面积、高多孔性的催化剂。Catalloy产品可用于许多高档次领域，如汽车、土工薄膜、工业包装袋、医用管和袋、一次性卫生用品背衬薄膜和橡胶改性剂等。

（4）聚丙烯的改性技术方兴未艾

PP具有优良的力学性能和加工性能，这是其快速发展的原因。但PP也有许多缺点，如抗老化性差、韧性还有待提高、强度不高、透明性不好、易燃、成型收缩率大、制品易翘曲等，这些缺陷限制了PP在汽车、家电等行业中的应用，因此必须进行改性。对PP的改性主要集中在以下几个方面：a.共聚：采用共聚技术，改进PP的韧性、流动性等；b.接枝：采用接枝改性制备具有极性的PP，从而提高PP的印刷性、与无机填料的黏结性、与极性聚合物的混合能力，改善抗静电性等；c.共混：与其它聚合物共混制备聚合物合金，从而提高PP的综合性能；d.填充：与碳酸钙、滑石粉等无机粒子混合，提高PP的耐热性和刚性，降低成本等；e.增强：与玻璃纤维、晶须等增强剂进行复合，提高PP的强度、刚性和耐热性；f.阻燃：采用添加阻燃剂的方法，制备阻燃性PP材料，满足家电、汽车等对材料的阻燃要求；g.透明化：采用添加成核剂等方法，制备高透明的PP新材料，可用于透明包装等领域；h.抗老化：采用添加抗氧剂等方法，改进PP的抗老化性，使其可用于户外产品中。从上文可以看出，PP的改性应用非常广泛，改性手段也较多，改性品种多，可制备满足各行各业不同要求的专用料。所以，PP的改性料正迅速发展，成为改性塑料最多的品种和应用最广泛的新材料。

1.2
聚丙烯的结构与性能

聚丙烯为结晶聚合物，它的力学性能主要取决于分子链的立体等规结构和晶型。

1.2.1 聚丙烯链的立体结构

丙烯用齐格勒-纳塔催化剂聚合后，所得聚合物的X射线构型有等规（IPP）、间规（SPP）和无规（APP）三种。若将三者的主链延伸在同一平面，就形成如图1-2所示的形状。

图1-2中IPP的主链为螺旋状，它是1，2头尾相接的线型聚合物，链中所有不对称碳原子的构型相同，与不对称碳原子连接的甲基位于主链的一侧。SPP也是1，2头尾相接的线型聚合物，但丙烯链节上的甲基有规则地交替分布于主链两侧。SPP的综合物性较IPP差（如等规指数相同的PP，SPP的熔点较IPP低，在溶剂中的溶解度较大）。APP也是1，2头尾相接的线形聚合物，因为它没有一定的空间构型，即没有规整度，不能结晶，也称无定形PP，显示出类似未硫化橡胶的弹性。在PP的生产过程中，尽管采用不同的催化剂和不同的操作条件，但工业PP产品主要是IPP（含有少量的无规物和间规物）。

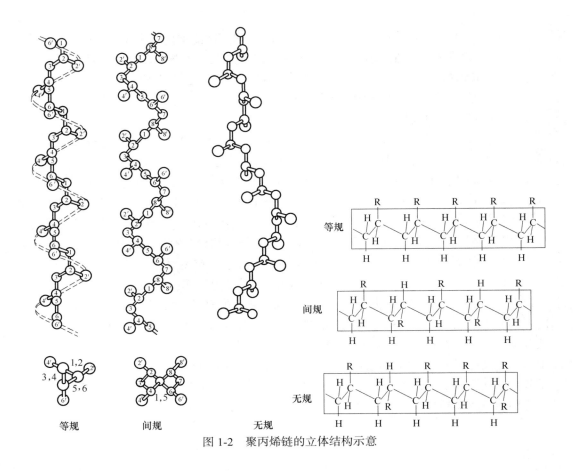

图 1-2　聚丙烯链的立体结构示意

1.2.2　聚丙烯的晶体结构

1.2.2.1　聚丙烯的晶体类型

PP 的晶体类型有以下几种。a.单晶：通常只能在极稀溶液中或缓慢结晶时得到，是具有规则几何形状的薄片状晶体，厚度通常约 10nm，大小为几个至十几个微米，甚至更大。b.球晶：是聚合物结晶最常见的特征形式，当结晶性聚合物从浓溶液中析出或熔体冷却结晶时，在不存在应力或流动的情况下都倾向于生成球晶，其直径通常为 0.5~100μm（大的可达厘米级）。c.树枝状晶：从溶液中析出结晶时，当结晶温度较低、浓度较大或分子量较大时，高分子的扩散成了结晶生长的控制步骤，此时突出的棱角在几何学上将比生长面上邻近的其它点更为有利，能从更大的主体角接收结晶分子，因此棱角处倾向于在其余晶粒牵头下向前生长变细变尖，从而形成树枝状晶。在其生长过程中，也重复发生分叉文化。与球晶生长不同，这是在特定方向上择优生长的结果，不像球晶在各个方向上均匀地生长。d.孪晶：大多从溶液中生长，在低分子量的聚合物结晶中常见。可能是较有限数目的初始晶核获得更大生长变异余地的缘故。孪生片晶的不同部分具有结晶学上不同取向的晶胞。e.伸直链晶：由完全伸展的分子链平行规则排列而成的片状晶体，其厚度比一般从溶液中得到的晶体或熔体结晶大得多，可与分子链的伸展长度相当，甚至更大。主要形成于极高压力下的熔融结晶，或对熔体结晶加压热处理。f.纤维状晶：当存在流动场时，高分子链的构象发生畸变，成为伸展的形式，并沿流动方向平行排列，在适当条件下可成核结晶，形成纤维状晶，它由完全伸展的分子链组成，其长度不受分子链平均长度的限制。g.串晶：在搅拌情况下于较低温度结晶时，在显微镜的表面上外延生长许多片状附晶，形成类似串珠结构的特殊结晶形态。片状附晶与纤维状晶脊纤维具有共同的链轴取向。一般晶脊纤维直径为30nm，片状附晶不大于1μm。这种流动诱发结晶或应变诱发结晶与实际生产中聚合物的结晶过程更为接近，具有重要意义。h.横晶：在接近熔点时慢慢结晶IPP能形成横晶。横晶是在表面上异相成核的结果，在这种表面上晶核密度高，且球晶垂直于表面增长。

1.2.2.2　等规聚丙烯的晶型

IPP的晶体结构有α、β、γ、δ和拟六方几种。它的主链实际上呈螺旋构型，其结晶属于单斜晶系或三斜晶系，其中分子的螺旋方向并排地规整间隔，其晶体结构及性质列于表1-1。

表1-1　IPP的晶体结构及性质

晶型	晶系	晶胞参数				单体/晶胞	密度/(g/cm³)	熔点/℃	链构象
		a/nm	b/nm	c/nm	角				
α	单斜	0.665	2.096	0.650	99°20′	12	0.936	176	4×3/1
β	六方	1.908	1.908	0.649		27	0.922	147	2×3/1
γ	三斜	0.654	2.140	0.650	88°, 100°, 99°	12	0.946	149±2	2×3/1
δ									
拟六方		约0.65	约0.65				约0.88		

① α晶型　它是IPP中最常碰到的也是热稳定性最好的晶型，属单斜晶系，每个晶胞中有4个3/1螺旋。IPP在较高温度下（>130℃）结晶主要生成α晶。由左、右两种螺旋构象。但由于甲基侧基的存在，还有甲基取向（向上或向下）的问题。α-IPP的DSC曲线上有时出现2个熔融峰，有人认为可能存在着两种结构——极限有序结构和极限无序结构，前者比后者具有较低的自由能和较高的熔点。当有氧化产物存在时，α-IPP有2个熔融峰，认为是由规整性不同的晶体产生的；同时发现在快速冷却时，成核效果差的样品结晶后重熔融，出现2个熔融峰，且随结晶时冷却速率增大，高温侧峰值增大，认为是由于在快速冷却时，结晶区域被迅速冷冻，在区域间的分子链受到一定应力而被拉紧，产生熔点较高的原纤状晶体，成为晶桥，随着冷却速率增大，应力增大，这部分晶体增多，因而高温峰值增大。

② β晶型　为六方晶系，一般较少遇到。与α晶不同，在β晶中，所有IPP螺旋状的大分子链皆以相同的方向进入到晶格中。在128℃以下结晶的样品中发现了单个的βⅢ球晶，在132~128℃结晶的样品中发现了单个βⅣ球晶。β晶在高等规即高结晶性IPP中出现。较小的晶粒由β晶转变为α晶发生在130℃以上，因此要产生β晶需将熔体快速冷却到130℃以下。IPP薄膜在210℃熔融10min，迅速淬火（水或水-甘油浴），0~90℃时主要生成α晶，80~90℃时，有少量β晶生成，120℃时β晶占主要部分，130℃时又以α晶为主。当固定

在合适淬火温度时，熔融温度对生成 β 晶有影响。在 190~230℃熔融时，主要生成 β 晶；在 240℃熔融时，α 晶和 β 晶各占一定比例；250℃以上熔融时仅得 α 晶。用 IPP 薄膜进行等温结晶，结果是生成 α 晶的同时也生成 β 晶。在 200~210℃熔融后结晶，β 晶含量最高，并认为在此温度下，一些原来取向的结构未完全消失，有利于 β 晶生成。IPP 的特性黏数越大，β 晶含量越高。某些成核剂也对 β 晶生成有作用。用永固红 E3B 颜料作成核剂可得到 β 球晶，用酞菁红作成核剂制得的 PP 制品中 β 晶相对含量为 83%。β-IPP 比 α-IPP 有较低的弹性模量和屈服强度，较高的拉伸强度，明显的应力硬化及高的冲击强度。在高速拉伸下 β-IPP 显示出高的韧性与延展性，不像 α-IPP 那样发生脆裂。在应力诱导下也能得到 β 晶，在高剪切速率诱变下，IPP 形成了一种纤维状结构，并且起到 β 晶型成核剂作用，使 IPP 迅速生成 β 球晶。β 晶的含量可用 X 射线衍射法测定，即根据 α 晶的主要衍射面的衍射峰高以及 β 晶衍射面（300）的衍射峰高进行计算。用 DSC 法测定 β 晶含量时，用 α 晶和 β 晶熔融峰高之比可表征 β 晶相对含量，变化趋势与 X 射线衍射法相似。

③ γ 晶型　在 IPP 的 α、β、γ 三种晶型中，碰到 γ 晶型的机会最少，只在一些特殊条件下才得到。γ 晶仅从低分子量、等规度不太低的样品中得到，因为短链容易堆积得更紧密，特别是在 b 轴方向上。未分级 IPP 常伴生少量 γ 晶。γ 晶的密度高于 α 晶。α 晶和 γ 晶在生长模型方面是相似的，所以 γ 晶不能像 β 晶那样通过形态观察与 α 晶区分开来。

④ δ 晶型　δ 晶是由 SPP 组成（但也有人认为 δ 晶不一定是 SPP），在无定形组分含量较多的 PP 中也可以看到这种晶型。

⑤ 拟六方晶型　也叫次晶结构、蝶状液晶。把 IPP 急冷，或者在冷拉伸时则形成拟六方晶。这种结构不稳定，在 70℃以上热处理就会由固相转变成 α 晶。在薄膜的冷加工或成型中常常可以见到这种晶型，其表面由于急冷形成了拟六方晶系，而其内部则是单斜晶系。形成拟六方晶系后，硬度和刚性降低，而冲击强度和透明性提高。

1.2.2.3　等规聚丙烯的聚集态结构

（1）球晶形态

按照光学各向异性，根据双晶双折射的大小及正负号，把球晶分成下面五类。Ⅰ 类：由 α 晶组成（$α_I$），约 134℃以下结晶时出现的主要球晶形式。在径向表现有正的双折射，平均值 0.003±0.001，正交偏振光间显示简单的 Maltese 十字，在正交偏振光和无偏振光的情况下用显微镜观察可分辨出粗糙的枝形结构。Ⅱ 类：由 α 晶组成（$α_{II}$），在 138℃以上生成，与 Ⅰ 类球晶的区别仅仅是双折射的符号不同，双折射为 -0.002±0.0005。混合型：亦由 α 晶组成（$α_m$），这类球晶在任何结晶温度下都可以生成，包括在 134~138℃间形成的大多数球晶在内，因为它们不能归入 Ⅰ~Ⅳ 类的任何一类，所以称之为"混合型"球晶。这类球晶没有明确的正负双折射区间。Ⅲ 类：由 β 晶组成（$β_{III}$），在约 128℃以下出现，可从熔体冷却到适宜此种结晶的温度生成。球晶中间是亮的，n_r=1.496，n_t=1.509，Δn=-0.013。球晶外观不规整，多呈块状，其 Maltese 十字也不清晰。Ⅳ 类：由 β 晶组成（$β_{IV}$），在 128~132℃生成，有明暗相隔的区域，呈环状鳞片结构。亮区的大分子链方向与表面平行，而暗区的大分子链方向垂直于表面，二者的光学性能相差很大。

IPP 五类晶体的特性列于表 1-2（表中没有列入 γ 球晶，这是因为 α 晶和 γ 晶在晶型方面是相似的，不能通过形态观察区分开）。

表 1-2　IPP 五类晶体的特性

类型	晶型	记号	晶体结构	特性	环结构	结晶温度/℃
Ⅰ	α	α_I	单斜	正双折射	无	<134
Ⅱ	α	α_{II}	单斜	负双折射	无	>138
混合型	α	α_m	单斜	混合双折射	无	全部区间
Ⅲ	β	β_{III}	六方	强度负双折射	无	<128
Ⅳ	β	β_{IV}	六方	负双折射	有	128～132

电镜观察表明，α 晶的无定形区集中在球晶之间的边界区，在球晶中心存在着很严重的应力开裂，球晶之间的联系很少；β 晶是由层状片晶组成，内部疏松，无定形区存在于各层之间，边界之间有一定的联系，不像 α 晶那样各自截然分开。β 晶有几种图像，有的是绕一个中心螺旋状晶片生长而成，整体像一朵花，有的像中间切开的包心菜，晶片呈弧形散射开去。

（2）骤冷态结构形态

像许多其它聚合物一样，从熔体快速骤冷得到的 IPP 结构是无序的（弥散状的 X 射线衍射图可以说明这一点）。然而红外光谱表明，在骤冷态中存在着螺旋结构，因此又有某种程度的有序结构。先后提出了六种骤冷 PP 的结构模型。第一种由 Natta 和 Corradini 提出，认为是近晶型（smetic），由在单斜相中发现的 3/1 螺旋组成，但在垂直于晶轴方向链的堆积是无序的。第二种模型由 Miller 提出，认为骤冷态可用 Hosemann 提出的酞晶型（paracrystal）来描述，即基本上是三维有序的，但受缺陷的影响很大。第三种模型首先由 Gailey 和 Ralston 提出，认为是由非常细的六角相晶粒组成。Boder 等利用 X 射线衍射数据提出了第四种模型，认为其结构是由单斜性质的微晶组成。第五种模型是根据 X 射线衍射数据由 Mc Allister 等提出的，认为骤冷态中约 60%的 IPP 材料是无定形的，余下的是扭曲的六方或四方晶系的微晶。最后一种是由 Glotin 等根据红外光谱数据提出的，认为在骤冷 IPP 中含有有序的螺旋状分子的枝条，但它们是不连贯的，不能堆砌发展成三维晶体胶束，这些枝条和无序物是无规分布的。

1.2.2.4　聚丙烯的结晶度和晶体结构表征

聚丙烯的结晶度是一个重要的结构参数，聚丙烯的许多宏观力学性能都与结晶度直接相关。聚丙烯的结晶度不仅与分子链的立构规整性有关，而且与结晶条件、是否添加成核剂等因素密切相关。对聚丙烯而言，常用的表征方法有溶解度法、密度法、广角 X 射线衍射（WAXD）法、热分析法（如 DSC）等。WAXD 法利用晶区与非晶区的衍射峰面积之比确定结晶度。DSC 法是通过测量结晶熔融热熔与 100%结晶时的标准熔融热熔之比确定结晶质量分数。对于同一样品，不同的测定方法得到的结晶度的结果可能不同，因此在进行不同样品比较时注意测定方法的一致性。

等规聚丙烯结晶有 α、β、γ 等晶型，其中 α 晶最稳定，β 晶易出现在有剪切力作用的情况下，添加 β 晶成核剂是最为有效的 β 晶生成方法。γ 晶通常出现在聚丙烯立构规整性不高的情况下，即等规序列较短的情况下，在高压下结晶有利于 γ 晶的生成。当然，结晶温度对各种晶型的形成也是很关键的。对等规聚丙烯而言，往往出现几种晶型同时存在的情况，而且不同的晶型在一定的条件下可以互相转换。不同晶型的表征可以通过 WAXD 进行。图 1-3 为 IPP 的 α、β、γ 晶型的 WAXD 图，不同晶型的衍射峰对应于不同的晶面，对纯的 α 晶，沿 2θ 角递增的顺序，分别为（110）、（040）、（130）、(111)和 (131) 晶面的衍射峰。对 β 晶而言，通常以 2θ 为 16.5° 处的衍射峰作为其特征 X 射线衍射峰，γ 晶的特征衍射峰在 2θ 为 19.8° 处。利用特征峰可以判定该晶型是否存在。对于几种晶型混合存在的样品，可以通过特征衍射峰的相对强度来计算其相对含量。比如在 α 晶和 γ 晶共存的晶体中，利用 2θ 为 19.87° 处的衍射强度与 2θ 为 18.6°（α 晶特有的衍射峰）处的衍射峰强度之比，可以计算出混晶中 γ 晶的比例。

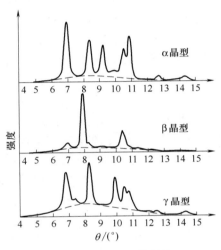

图 1-3　IPP 的 α、β、γ 晶型的 WAXD

参考文献

［1］　钟晓萍.2017—2018 年世界塑料工业进展（Ⅰ）［J］.塑料工业，2019，47（3）：1-7.

［2］　杨桂英.2016 年我国五大合成树脂市场回顾及 2017 年展望［J］.当代石油化工，2017，25（8）：16-20.

［3］　洪定一.聚丙烯——原理、工艺与技术［M］.2 版.北京：中国石化出版社，2011.

［4］　赵敏，高俊刚，邓奎林，等.改性聚丙烯新材料［M］.北京：化学工业出版社，2002.

［5］　刘来英.塑料成型工艺［M］.北京：机械工业出版社，2005.

［6］　杨明山.塑料改性工艺、配方与应用［M］.北京：化学工业出版社，2013.

第2章

聚丙烯化学改性
新材料

2.1
化学改性基本原理

　　化学改性包括嵌段和接枝共聚、交联、互穿聚合物网络（IPN）等。大部分聚合物本身就是一种化学合成材料，因而也就易于通过化学的方法进行改性。嵌段和接枝共聚的方法在聚合物改性中应用颇广。嵌段共聚物的成功范例之一是热塑性弹性体，它使人们获得了既能像塑料一样加工成型又具有像橡胶弹性体一样弹性的新型材料。接枝共聚产物中，应用最为广泛的当属 PP 接枝马来酸酐（PP-*g*-MAH），这一材料使聚丙烯获得了更为广泛的应用。IPN 可以看作是一种用化学方法完成的共混。在 IPN 中，两种聚合物相互贯穿，形成两相连续的网络结构。总之，聚丙烯化学改性新材料不断出现，大大促进了聚丙烯的发展。

2.1.1　接枝共聚改性原理

　　接枝共聚是高分子化学改性的主要方法之一。所谓接枝共聚就是在一种聚合物成分（主干和主链聚合物）存在下，使一定的单体聚合，在主干聚合物上将分支聚合物通过化学键结合上一种分枝的反应。接枝共聚物通常是在反应性的大分子存在下，将单体进行自由基聚合、离子聚合、开环聚合等得到，其结构特征如下所示：

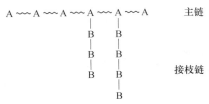

各种接枝物的位置及反应类型如表 2-1 所示。

表 2-1　各种接枝物的位置及反应类型

主链结构	反应位置	机理
∼CHCH=CHCH∼ ｜　　　　｜ H　　　　H	烯丙基氢	自由基
CH₃ ｜ ∼CH₂C∼ ｜ O ｜ OH	过氧化氢	自由基
∼CH₂CH∼ ｜ OH	氧化-还原	自由基
∼CHCH=CH∼CH₂CH∼ ｜　　　　　　　　｜ Cl　　　　　　　　Cl	PVC 上的烯丙氯或叔氯	阳离子
∼CH₂CH=CH∼ M⊕	金属化的聚丁二烯	阴离子
CH₃ ｜ ∼CH₂C∼ ｜ HC=O ｜ O ｜ CH₃	酯基	阴离子

自由基接枝方法有两种,一种是烯烃单体在带有不稳定氢原子的预聚体存在下进行聚合,可通过过氧化物、辐射或加热等方法进行引发。其接枝聚合的机理是过氧化物引发剂或生长链从主链上夺取不稳定氢原子,使主链形成自由基。接枝链和主链间的连接是通过主链自由基引发单体聚合,或者通过和支链的重新结合形成的。另一种方法是先在主链上形成过氧化氢基团或其它官能团,然后以此引发单体聚合。例如:通过聚丙烯链上的过氧化氢基团引发马来酸酐单体聚合,以及铈离子氧化还原引发甲基丙烯酸甲酯接枝聚合到聚丙烯上等。

接枝效率的高低与接枝共聚物的性能有关。

$$接枝效率 = \frac{已接枝单体质量}{已接枝单体质量 + 接枝单体均聚物质量} \times 100\%$$

影响接枝效率的因素有很多,例如:引发剂、聚合物主链结构、单体种类、反应配比及反应条件等。一般认为,过氧化苯甲酰(BPO)的接枝效率比偶氮二异丁腈(AIBN)好,

原因是 $C_6H_5\cdot$ 比（CH_3）$_2$—CN$\cdot$ 活泼，更易获取主链上的 H。容易发生聚合的单体也容易接枝。

利用辐射可使聚合物产生自由基型的接枝点与单体进行接枝共聚。辐射接枝有直接辐射法和预辐射法两种。直接辐射法是将聚合物和单体在辐射前混合在一起，共同进行辐射。常用的辐射源为紫外光，主链聚合物是那些容易受紫外光激发产生自由基的结构，如侧链含有 $\overset{|}{C}H{=}O$ 或 $\overset{|}{C}H{-}Cl$ 的基团：

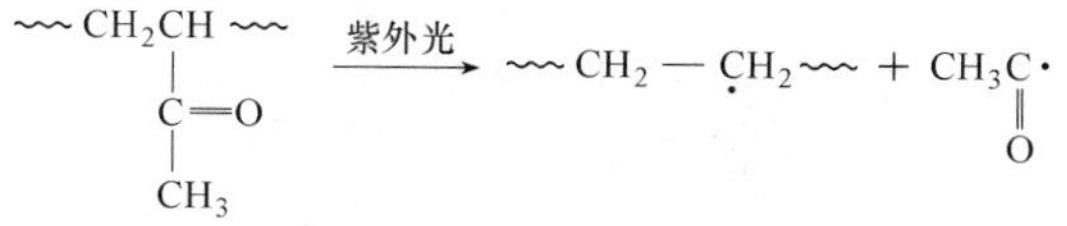

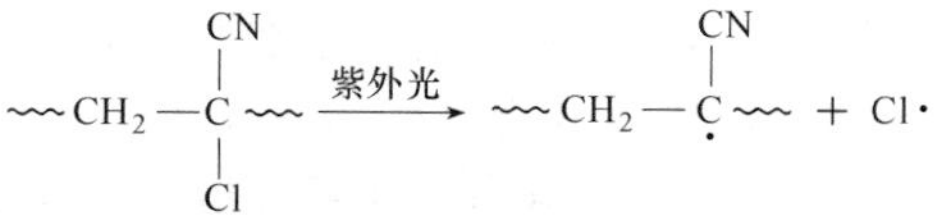

$$\sim CH_2CH \sim \xrightarrow{\text{紫外光}} \sim CH_2 - \overset{\cdot}{C}H_2 \sim + CH_3\overset{\cdot}{C}\cdot$$

（中间为 $\overset{|}{C}{=}O$，$\overset{|}{CH_3}$；右侧为 $\overset{\cdot}{C}$，下 O）

$$\sim CH_2 - \overset{\overset{CN}{|}}{\underset{\underset{Cl}{|}}{C}} \sim \xrightarrow{\text{紫外光}} \sim CH_2 - \overset{\overset{CN}{|}}{\underset{\cdot}{C}} \sim + Cl\cdot$$

加入光敏剂如二苯甲酮可提高接枝效率，但在形成接枝共聚物的同时也生成均聚物。

预辐射法是先辐射均聚物，使之产生捕集型自由基，再用乙烯基单体继续对已辐射过的聚合物进行处理，得到接枝共聚物。预辐射法所用的辐射源为高能量 γ 射线。在无氧的情况下，γ 射线有两种主要作用：

① 聚合物链无规地失去侧基或氢原子，产生自由基：

$$\sim CH_2CH_2CH_2 \sim \xrightarrow{\gamma\text{辐射}} \sim CH_2\overset{\cdot}{C}HCH_2 \sim$$

② 主链断裂，产生自由基：

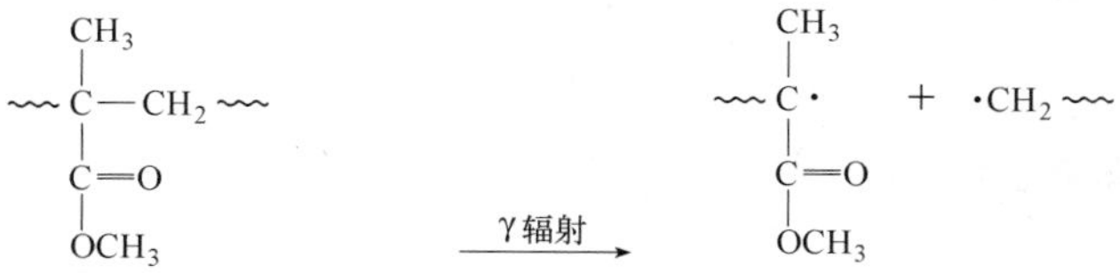

$$\sim \overset{\overset{CH_3}{|}}{\underset{\underset{C=O}{|}}{C}} - CH_2 \sim \xrightarrow{\gamma\text{辐射}} \sim \overset{\overset{CH_3}{|}}{\underset{\underset{C=O}{|}}{\overset{\cdot}{C}}} + \cdot CH_2 \sim$$

（左下 OCH_3，右下 OCH_3）

在接枝反应中，第二种情况是不希望发生的反应，为此，要求辐射的剂量必须控制在一定范围内，但因此也会导致聚合物产生的自由基减少。总之，预辐射法产生的接枝点较少，但是其接枝效率较高，在该体系中，很少产生均聚物。

2.1.2 嵌段共聚改性原理

嵌段共聚指的是聚合物主链上至少由两种以上单体聚合而成的末端相连的长序列（链段）组合嵌段共聚物，链段序列结构有三种基本形式：

二嵌段共聚物：A_m—B_n；

三嵌段共聚物：A_m—B_n—A_m 或 A_m—B_n—C_n；

多嵌段共聚物：$\text{+}A_m\text{—}B_n\text{+}_n$。

此外，还有不常见的放射型嵌段共聚物，它是由单个或多个二嵌段从中心向外放射，所形成的星型大分子结构如图 2-1 所示。

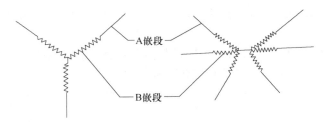

图 2-1　放射状嵌段共聚物的链段序列结构

制备嵌段共聚物最常用的方法有两种：活性加成聚合法和缩合聚合（又称逐步生长聚合）法。活性加成聚合法是带有活性端基的聚合物 A 单体与 B 单体进行聚合，形成～AAA～BBB～AAA～BBB～嵌段共聚物。缩合聚合法是带有官能团的聚合物 A 与带有官能团的聚合物 B 进行聚合。这两种方法制备的嵌段共聚物具有三个特点：a.活性位置和浓度已知；b.受均聚物污染程度最小；c.链段的长度和排列位置可以控制。

活性加成聚合法可以得到三种嵌段共聚物结构：A_m—B_n 型、A_m—B_n—A_m 型和$\left(A_m$—$B_n\right)_n$ 型。活性加成聚合比缩合聚合体系更容易获得长嵌段和窄分子量分布的共聚物。其原因是在缩合聚合体系中高分子量低聚物的末端浓度太低，分子量呈高斯分布，对杂质的敏感度比活性加成聚合方法小等。A_m—B_n 和 A_m—B_n—A_m 序列结构主要通过阴离子活性聚合制备，$\left(A_m$—$B_n\right)_n$ 结构则常通过缩合聚合法制备。

2.2
聚丙烯共聚改性新材料

2.2.1　聚丙烯共聚合催化剂的发展

PP 的共聚改性主要源于 PP 催化剂的发展，特别是茂金属催化剂的发展推动了 PP 的共聚技术发展。自 1967 年用齐格勒-纳塔催化剂合成出 IPP 以来，PP 聚合催化剂的活性达到 40kg PP/g 催化剂以上，比早期的催化剂提高了几十倍到几万倍，PP 的等规度已达到大于 98%的水平，生产工艺也大为简化。茂金属催化剂是由第ⅣB 族[钛（Ti）、锆（Zr）或铪（Hf）]组成的茂化合物，它需要和铝氧烷（MAO）一起构成催化剂体系。茂金属催化剂给聚烯烃工业带来真正的革命，其单活性中心的特点不仅可制得窄分子量分布、窄组成分布的聚合物，而且这种催化剂还有利于不同单体的共聚反应，使用共聚单体的范围广，共聚物中的共聚单体含量高，在主链上分布均匀，且能实现精确控制聚合物的结构，甚至能定制聚合物，这是以往齐格勒-纳塔催化剂所无法达到的。由于每个金属离子都是活性中心，所以其催化效率非常高，甚至是较早催化剂活性的上亿倍。由于茂金属催化剂能精确控制整个聚合过程，因此可以生产具有很高立构选择性的 IPP、SPP、APP、半等规 PP 和立构嵌段 PP。非茂有机金属烯烃聚合催化剂的研究从中心金属为前过渡金属（第ⅣB 族）转移到后过渡金属如镍（Ⅱ）、钯（Ⅱ）、铁（Ⅱ）、钴（Ⅱ）和钌（Ⅱ）等。后过渡金属烯烃聚合催化剂在许多性能方面比茂金属催化剂更好，并保持了茂金属催化剂生成聚合物分子量分布窄、聚合物结构可控、可对聚合物进行分子剪裁等特点，同时还有自己突出的特点，如催化剂比较稳定，助催化剂用量少（甚至可以不用），亲氧性弱，能用于极性单体与烯烃单体的共聚等。因此利用茂金属催化剂可容易地对 PP 进行共聚改性，制备 PP 共聚改性新材料。

2.2.2　立构嵌段共聚聚丙烯

（1）结构及聚合原理

立体嵌段 PP 的结构式为：

$$+CH-CH_2 \frac{}{]_m} [CH_2-CH_2-CH_2-CH \frac{}{]_n}$$
$$\quad\ \ CH_3 \qquad\qquad\qquad\qquad\qquad CH_3$$

立构嵌段 PP 又称热塑性弹性体 PP（thermoplastic elastomers，TPE-PP），它是茂金属催化剂催化丙烯聚合中一个非常有意义的例子。TPE-PP 是第一例只含一种单体（丙烯）的热塑性弹性体，这种聚合物是等规链段（或结晶链段）和无规链段（或无定形链段）的嵌段共聚物，可以表示为[（cry-PP）$_m$-（am-PP）$_n$]$_p$。在溶解温度 T_m 以下时 TPE-PP 呈现网状弹性体，而在 T_m 以上时则为可流动流体。

在茂金属催化剂中，目前已有许多成功地用于合成 TPE-PP，如：先后用非对称的 rac-[CH$_3$CH（C$_5$Me$_4$）（Ind）TiCl$_2$]/MAO 和 rac-[CH$_2$（C$_5$Me$_4$）（Ind）TiMe$_2$]/MAO 催化体系分别合成了 TPE-PP。几种相类似的茂金属催化剂如图 2-2 所示，用这些催化剂同样可以在不同条件下合成出窄分子量分布的 TPE-PP。

利用图 2-2 中催化剂体系（a）对丙烯的催化聚合中，当聚合压力为 152kPa、[Al]/[Zr]=200、反应温度为 50℃、反应时间为 1h 的条件下，该催化体系的活性为 2.5×10^5g PP/（molTi·h），产品具有很强的力学性能及良好的弹性回复性能。利用催化剂（2-PhInd）$_2$ZrCl$_2$[图 2-2（c）]，在 MAO 助催化剂作用下，催化丙烯低温聚合，可交替形成 IPP 与 APP 链段，其立体选择性和聚合活性高达 1.7×10^6gPP/g（以 Zr 计），M_w/M_n 约为 2。图 2-2 中的催化剂（b）有桥联的限制，配位基没有旋转，但是因为两个配位中心的化学环境不同，同样可以用来合成等规链段和无规链段重复交替的 TPE-PP。最近，又合成了两种非对称性二茂 $meso$-d 和 rac-e 催化剂（图 2-3），用它们可分别生产出低分子量（$M_n<2000$）和高分子量（$M_w=50 \times 10^3 \sim 100 \times 10^3$）的 TPE-PP。

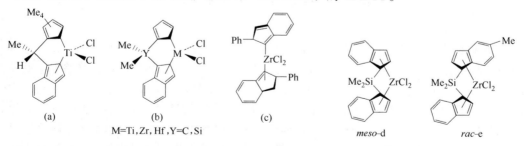

(a)　　　　　　　(b)　　　　　　(c)

M=Ti,Zr,Hf,Y=C,Si

$meso$-d　　　　　rac-e

图 2-2　TPE-PP 合成所用的茂金属催化剂　　　　图 2-3　嵌段 PP 聚合用茂金属催化剂

TPE-PP 的聚合机理是：催化剂（CH₃CH₂）（Me₄Cp）（Ind）TiCl₂可以形成两种立体异构的催化活化性中心（图 2-4），一个催化活性中心（a）对丙烯可以实现立构聚合，生成 IPP 链段，另一个催化活性中心（b）则具有无规立构选择性，因而可以生成 APP 链段，这两种状态的活性中心在同一个丙烯链的增长过程中是不断地发生变换的，丙烯分子不断插入这两个立体选择性不同的活性中心，从而形成一个大分子链中既有无规链段又有等规链段的TPE-PP。

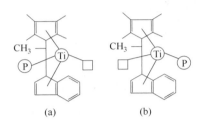

图 2-4　TPE-PP 的聚合机理

等规链段 ←—k_{pb}—(b) $\underset{k_{ba}}{\overset{k_{ab}}{\rightleftharpoons}}$ (a) —k_{pa}→ 无规链段

k_{pa}、k_{pb} 分别为等规及无规链段的增长速率常数，p 为聚合物增长链。

当聚合温度高于 25℃时，两种活性中心的变换速率小于聚合生长速率，可以生成热塑性弹性体，而当两活性中心变换速率快于生长速率时（$T_p \leq 0℃$），则最终聚合物为无定形的。在利用茂金属催化剂（2-PhInd）₂ZrCl₂对丙烯的聚合中，这种催化剂的配位基是不断旋转的，同一个 PP 分子链上同时存在着结构不断转换的两种活性中心（图 2-5），因而可生成 TPE-PP。

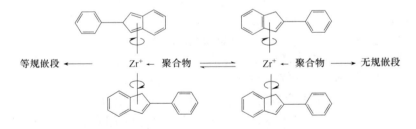

图 2-5　摆动式催化剂合成 TPE-PP

（2）物化性质

丙烯-乙烯嵌段共聚物为末端嵌段共聚物或 PE、PP 和末端嵌段共聚物的混合物。这种共聚物的结晶度较高，具有与 IPP 和高密度 PE 相似的特点。其具体性能与乙烯含量、共聚物嵌段的结构、分子量及分子量分布有关。嵌段共聚物中的乙烯含量一般为 5%~20%（质量分数），此嵌段共聚物既具有较高的刚性，又具有较好的低温韧性。与丙烯-乙烯无规共聚物相比，冲击强度大大提高，脆化温度大大降低。如乙烯含量为 2%~3%的丙烯-乙烯嵌段共聚物，其脆化温度可降至−22~−35℃。与 IPP 和各种热塑性树脂的共混物相比，刚性降低不大，脆性有所改善；与高密度 PE 相比，耐热性强、耐应力开裂性好、表面硬度高、模塑收缩率低、抗蠕变性好。其主要力学性能如表 2-2 所示。

表 2-2 不同 MFR 的丙烯-乙烯嵌段共聚物主要力学性能

MFR/（g/10min）	脆化点/℃	简支梁冲击强度/（kJ/m²）	弯曲强度/GPa	浊度/%	软化点/℃
0.3	−40~−10	9.8~58.9	0.45~0.51	50~90	140~142
0.5	−40~−10	9.8~58.9	0.47~0.52	50~90	140~142
1.0	−30~−10	9.8~29.4	0.47~0.54	50~90	140~142
4.0	−15~0	4.9~14.7	0.54~0.62	60~95	140~142
8.0	−10~0	4.9~9.8	0.55~0.64	70~95	140~142

（3）制备工艺

丙烯-乙烯嵌段共聚物的制备工艺有溶剂法（泥浆法）、液相本体法和气相本体法等。泥浆法聚合工艺又有间歇法和连续法之分。间歇法是先将高纯度丙烯通入聚合釜，用齐格勒型催化剂在 50~90℃、0~10MPa 压力下于惰性溶剂（己烷或庚烷）中，在氢气存在下进行泥浆聚合，制得丙烯均聚物-预聚物。然后在同一聚合釜中通入氮气驱除丙烯，再通入乙烯继续进行聚合，即得丙烯-乙烯嵌段共聚物。连续法为两釜串联工艺。在催化剂存在下，使丙烯在第一聚合釜中制得丙烯均聚物，然后再将其送入第二个聚合釜，用闪蒸法排除未反应的丙烯（并回收再利用），同时通入乙烯进行气固相反应，即生成所需的嵌段共聚物，再经分离、干燥、挤出造粒而得产品。

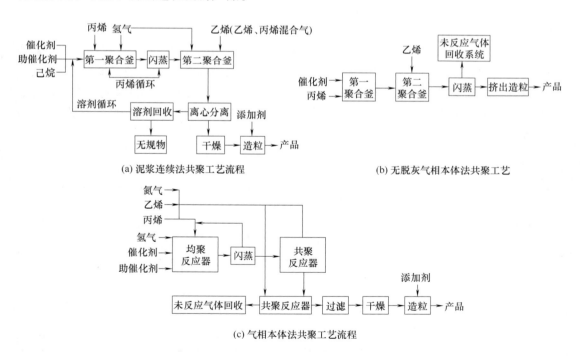

(a) 泥浆连续法共聚工艺流程　　　　　　　　(b) 无脱灰气相本体法共聚工艺

(c) 气相本体法共聚工艺流程

图 2-6 PP 嵌段共聚的各种工艺流程

气相本体法的具体过程是在催化剂和氢气存在下，使丙烯在第一聚合釜中聚合制得丙烯均聚物泥浆，然后将其送入第二聚合釜中，用闪蒸法驱除未反应丙烯进入循环系统，再通入乙烯或乙烯、丙烯混合气体继续进行聚合，即得丙烯-乙烯共聚物，再将此共聚物送入下一个反应釜，继而通入乙烯气体进行嵌段共聚即得嵌段共聚物，最后经过滤、干燥和挤出造粒获得成品。液相本体法采用两釜串联，先使丙烯在催化剂存在下于第一聚合釜中制得丙烯均聚物，然后送入第二聚合釜通入乙烯进行嵌段共聚，再经后处理即得所需产品。PP 嵌段共聚的各种工艺流程如图 2-6 所示。

2.2.3　无规共聚聚丙烯

（1）结构式

无规共聚聚丙烯结构式如下：

$$-\!\!\left[CH_2CH_2CHCH_2\right]_{\!x}\!-\!\!\left[CH_2CH_2\right]_{\!y}\!-\!\!\left[CHCH_2\right]_{\!z}\!-$$
$$\qquad\qquad\underset{CH_3}{\big|}\qquad\qquad\qquad\underset{CH_3}{\big|}$$

（2）制备工艺

丙烯-乙烯无规共聚物的生产方法、工艺过程与立构嵌段共聚聚丙烯基本相同，只是在聚合釜中同时加入丙烯和乙烯两种单体，使其进行共聚合，制得主链中无规则分布的丙烯和乙烯链段的共聚物。因共聚物的溶解度与聚丙烯不同，所以操作条件和后处理工艺不完全相同。溶剂法、液相本体法和气相本体法均可生产丙烯-乙烯无规共聚物。

（3）物化性质

丙烯-乙烯无规共聚物中乙烯含量一般为 1%~4%（质量分数），也可根据需要控制在5%~10%。乙烯的引入降低了聚丙烯的结晶性，并随乙烯含量的增大而进一步降低，当乙烯含量达到 30%时，几乎成为无定形聚合物。与 IPP 相比，丙烯-乙烯无规共聚物具有韧性好、耐寒性强和冲击强度较高、透明性较好的特点，而熔点、脆化点、刚性和结晶度降低。其主要性能如表 2-3、表 2-4 所示。

表 2-3　不同 MFR 丙烯-乙烯无规共聚物主要力学性能（乙烯含量 2%）

MFR /（g/10min）	脆化点/℃	简支梁缺口冲击强度 （-30℃）/（kJ/m²）	弯曲模量 /MPa	浑浊度 /%	软化点 /℃
0.3	-5	5.88	470.4	40	140
0.5	-2	4.90	499.8	42	140
1.0	0	3.92	539	45	140
4.0	3	2.94	588	55	140
8.0	10	2.94	627.2	65	140

表 2-4　丙烯-乙烯无规共聚物主要性能

项目名称		性能指标	项目名称	性能指标
MFR/（g/10min）		4.5	热变性温度/℃	44.4
密度/（kg/m³）		901	脆化温度/℃	−15
断裂伸长率/%		320	洛氏硬度	78
弯曲弹性模量/MPa		850.6	维卡软化点/℃	131
悬臂梁冲击强度（缺口）/（J/m）	室温	74.7	吸水性/%	0.002
	−16.6℃	23.5		

（4）结构与典型产品

丙烯与 α-烯烃的无规共聚，主要是为了破坏 PP 的连续有序的链节结构，从而使它的结晶度降低，改善光学性能。作为包装材料，光学性能是很重要的。聚丙烯具有球晶结构和无定形结构，二者的折射率有差别，往往造成雾浊现象。丙烯-α-烯烃无规共聚物的目的就是要降低球晶尺寸，改变其熔融和结晶性能。通常用于与丙烯共聚的单体可以是乙烯或丁烯。丙烯-乙烯无规共聚物对 PP 熔点的降低比用丁烯共聚物更为有效，但前者对二甲苯的溶解性大于后者。为了克服这种弱点，将适量的乙烯和丁烯与丙烯无规共聚，即可得到熔点降低较多而二甲苯溶解性较差的共聚物。

PP-R 是聚丙烯无规共聚物的简称，是用于冷水和热水管材的专用料。PP-R 是随着气相聚合工艺的发展而开发出来的。德国标准化学会（DIN）和国际标准化组织（ISO）分别颁布了 DIN 8077-2008 和 ISO 15874-2003 的测试标准，用于 PP-R 管材的测试。PP-R 管材的优势是：a.可防水质生锈；b.在 70℃输水的情况下，可延续使用 50 年，并且热导率小，热能损失小；c.由于具有较大的内耗，可避免输水共振而产生的噪声；d.安装方便，可采用焊接技术；e.密度小（0.9~0.91g/cm³），运输方便；f.节约能源，生产 1t 钢铁比生产 1t PP-R 所消耗的能源要多得多。北欧化工和韩国晓星生产的牌号分别为 RA130E 和 R200P，其性能如表 2-5 所示。

表 2-5　PP-R 管材的性能

测试项目	测试标准 ASTM	数值	
		北欧化工 RA130E	韩国晓星 R200P
密度/（g/cm³）	D150	0.900	—
MFR/（g/10min）	D1238E	0.30	0.20
屈服强度/MPa	D638	26.0	27.0
断裂伸长率/%	D638	360	400
悬臂梁缺口冲击强度/（J/m）	D1843	163	NB
洛氏硬度	D2240	88.0	75
维卡软化点/℃	D1025	131.0	120

2.2.4 高合金共聚物

PP 常温和高温性能优异，但其低温脆性极大地限制了其使用范围。改善 PP 的脆性即冲击性能主要有两个途径：a.通过丙烯与乙烯或 α-烯烃共聚；b.PP 均聚物与弹性体和/或乙烯材料机械共混。对 PP 抗冲改性有两个基本要求：a.在不损坏 PP 主要性能的前提下改善其抗冲性能；b.不使用昂贵的工艺技术。通过机械共混使弹性体组分以微小的颗粒形式分散于 PP 基体中是目前广泛应用的工艺路线，但存在技术上和经济上两方面的限制。一方面是在 PP 分子量较高或同时使用不同分子量的 PP 时，分散相组分不易均匀分散；另一方面是需要再投资共混设备和厂房，生产成本加大。为克服这两个问题，发展了 PP 釜内增韧技术。

丙烯与乙烯或 α-烯烃序贯聚合是改善 PP 抗冲性能的主要途径，目前已有很高的市场占有率。序贯聚合工艺分为两步反应，分别在两个反应器中进行。在第一个反应器中进行丙烯均聚，然后将含有活性催化剂的聚合产物转移至第二个反应器中进行共聚反应，同时加入氢气以调节产物的分子量。在第二步反应中，共聚单体扩散进入均聚 PP 颗粒中，并与催化剂接触进行共聚反应，最终使弹性体组分均匀分散于 PP 颗粒中。序贯聚合方法使弹性体组分通过共聚-分散相的形式均匀分布于 PP 基体中，从而起到吸收冲击能量、改善 PP 韧性的目的，实现 PP 刚性/韧性的最佳平衡。这种从聚合釜中直接制备出高抗冲 PP 材料的方法称为"PP 釜内增韧"。在 PP 釜内增韧技术中，对所用催化剂有六点要求：a.具有足够长的寿命，以保证在第二个反应器共聚时有足够高的活性；b.具有足够高的活性，能够免去脱除催化剂残渣工序；c.能够生产宽分子量范围的产品；d.使 PP 均聚组分具有高的立体规整性，能够免去脱除无规物工序；e.具有较好的工艺性能，使共聚物组分链结构均匀，实现低结晶性；f.使聚合产物具有良好的颗粒形态。

Himont 公司的颗粒反应器技术（reactor granule technology）可用于釜内增韧 PP 的生产，该技术所用催化剂为 Himont 第四代高活性大颗粒催化剂。采用两个反应器进行聚合反应。第一个反应器进行液相丙烯均聚，闪蒸后，含有活性催化剂的大颗粒球状 PP 粒子被转移至第二个反应器进行丙烯与乙烯或其它 α-烯烃的气相共聚，经造粒或直接加入各种添加剂得到最终产品。该产品的技术特点是多孔性，高比表面的催化剂颗粒经反复复制效应得到多孔性、高比表面的 PP 均聚物粒子，共聚单体能够扩散进入 PP 粒子内部进行共聚反应，使黏性的低熔点共聚物包含于硬的 PP 粒子壳体内，从而避免了粒子间的粘连和"挂釜"现象。

尽管釜内增韧 PP 产品由于其优异的物理性能获得了广泛的工业应用，但由于其产品是由多组分形成的复杂体系，其组成和链结构仍不清楚。可采用二甲苯溶剂分级的方法将 PP 釜内增韧产品分为两个级分，发现二甲苯不溶级分含有全同 PP 均聚物和少量的 PE，二甲苯可溶级分为乙烯-丙烯无规共聚物，没有嵌段共聚物存在的迹象。用升温淋洗分级（TREF）技术对 PP 釜内增韧产品进行了详细的分级，并对每个级分进行了表征。分析结果表明，这种釜内增韧产品含有 75%（摩尔分数）全同 PP、17%（质量分数）高度无规的非晶性乙丙共聚物、8%（质量分数）含 0~8%（摩尔分数）丙烯的长乙烯序列乙丙共聚物。认为丙烯/乙烯序贯聚合产品的优异性能不一定来自于所谓"PP-PE"嵌段结构的存在，而可能来自于产品中存在的超高分子量 PE。用传统 TiCl₃ 催化剂和 MgCl₂-载体高活性催化剂分别进行丙烯/乙烯和丙烯/乙丙混合气相序贯聚合，对产品进行溶剂分级和 TREF 分级，对所得级分进行 ^{13}C NMR、DSC、TEM 等表征。表征结果表明以 TiCl₃ 为催化剂，序贯聚合产物中含有一定量（质量分数为 10%左右）的嵌段结构（如 PP-*b*-EPR，PE-*b*-EPR），而 MgCl₂-载体高活性催化剂所得产物中仅含有极少量的嵌段结构（质量分数小于 2%）。由此初步澄清了齐格勒-纳塔序贯聚合产物的链结构问题显然与所用催化剂有关。

高合金共聚物（high alloy copolymer）也是一种釜内增韧共聚物，其中弹性体的含量特别高，弹性体的含量可达 70%（采用机械共混法无法得到橡胶相分散细微的共混物）。在一般加工情况下 PP 仍为连续相，保持了 PP 的刚性、耐热性，同时又具有超高韧性。

2.2.5　三元共聚聚丙烯

双向拉伸聚丙烯薄膜（BOPP 薄膜）的热封层要进行热封合加工，要求材料的热熔性要好，热封温度范围要宽，目前热封层使用二元共聚聚丙烯已不能满足要求，国内许多大型的 BOPP 薄膜生产厂家已经采用三元共聚聚丙烯。三元共聚物的生产是将丁烯、乙烯加到丙烯中，三种组分在催化剂的作用下，在反应器中反应生成三元共聚物。三元共聚聚丙烯与二元共聚聚丙烯相比，具有更好的低温热封性能和透明性，以及优异的抗粘连性，因此更适合做高档膜料，广泛应用于食品包装的蒸煮袋、复合膜、香烟包装膜、热收缩膜、金属复合膜等的加工和制造领域中。

目前国内的生产厂家还没有大批量生产三元共聚聚丙烯产品，究其原因主要是聚丙烯装置不具备生产三元共聚聚丙烯的配套设施，催化剂进口成本高，国产催化剂尚处于研发阶段；生产三元共聚产品时，装置产能降低，过渡料多，影响装置能耗及物耗。由于三元共聚单体 1-丁烯组分的加入，直接导致三元共聚产品的等规度下降，熔点温度降低，易导致聚合系统出现粘料、堵料停车现象，危险性较大。国内三元共聚聚丙烯整体需求呈平稳上升的趋势，2016 年，国内的总需求量超过 30 万吨，年增长率超过 12%。目前上海金山石化、北京燕山石化、天津石化等公司有少量产品已投放市场，但仍没有改变国外公司垄断市场的局面。

独山子石化公司在 55 万吨/年的聚丙烯装置上，采用美国英力士（INEOS）公司的 Innovene 气相聚丙烯技术，采用独特的接近活塞流的卧式搅拌床反应器，实验了三元共聚聚丙烯的生产，可以避免催化剂短路，生成大颗粒共聚物，可以减少细粉的产生，降低粘料、结块的风险。装置引入了 1-丁烯加料线和 1-丁烯在线分析色谱，满足三元共聚物的生产条件，工艺流程见图 2-7。

图 2-7 中，聚合反应器是一个带卧式搅拌器的反应容器，催化剂由催化剂进料罐上的两个催化剂喷嘴进入聚合反应器以确保反应更加均匀，丙烯、1-丁烯以气相形式连续进料，在反应器中连续气相聚合，反应生成的粉料通过压力输送到粉料失活和脱挥单元，反应循环气经冷凝循环后，以急冷液形式从反应器上部喷入，依靠急冷液蒸发撤走反应热，独山子石化三元共聚聚丙烯 TF1007 生产工艺控制参数见表 2-6 和表 2-7。

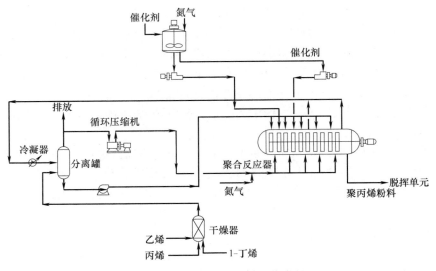

图 2-7　三元共聚聚丙烯工艺流程

表 2-6　独山子石化三元共聚聚丙烯 TF1007 生产工艺参数

项目	控制指标
反应器压力/MPa	1.75~1.90
反应器温度/℃	55~80
反应器料位/%	65~75
n（Al）：n（Si）	1~4
n（Al）：n（Mg）	8~15
氢气与丙烯摩尔比	0.015~0.040
乙烯与丙烯摩尔比	0.015~0.030
1-丁烯与丙烯摩尔比	0.100~0.120
总乙烯质量分数/%	2.5~3.5
总 1-丁烯质量分数/%	6.5~7.5

表 2-7　独山子石化三元共聚聚丙烯生产工艺参数

项目	位号	控制指标
模板热油温度/℃	TI40044	220~290
切粒水温度/℃	TI40036	40~65
切粒水流量/（m³/h）	FI40036	≥480
二段筒体温度/℃	TI40011	50~200
三段筒体温度/℃	TI40012	50~200
四段筒体温度/℃	TI40013	170~285
五段筒体温度/℃	TI40014	170~285
六段筒体温度/℃	TI40015	170~285
七段筒体温度/℃	TI40016	170~285

生产过程中，MFR 控制较平稳，但生产初期结块、粘料较为严重，大的结块及粘料会导致下料旋阀堵塞卡停，通过调整催化剂活性，优化共聚单体加入量等措施，可解决粘料、堵料现象，使生产平稳运行。产品性能见表2-8。

表 2-8　独山子石化三元共聚聚丙烯 TF1007 产品性能

项目	试样 1	试样 2	TF1007
MFR/（g/10min）	6.9	8.1	7.1
弯曲模量/MPa	777	737	724
弯曲强度/MPa	26.0	25.3	25.0
屈服应力/MPa	23.5	24.0	21.8
透光率/%	94.8	94.8	94.8
雾度[①]/%	1.8	0.9	0.7
黄色指数	0.9	2.3	1.5
冲击强度/（kJ/m²）	7.0	6.1	7.1

① 采用厚度为 30μm 的流延膜测试。

表 2-9　产品的分子量及其分布

试样	$M_n/\times10^{-4}$	$M_w/\times10^{-5}$	$M_z/\times10^{-5}$	$M_{z+1}/\times10^{-5}$	M_w/M_n
1	7.63	2.38	4.87	7.64	3.1
2	5.38	2.17	5.55	9.19	4.0
TF1007	6.95	2.30	4.71	7.30	3.3

三元共聚物主要用于产品的热封层，因此，起始热封温度及强度为该产品的关键指标，杨鸣波等认为，聚丙烯的各种晶型中 γ 晶型熔点最低，其制品更容易具有较低的起始热封温度，而分子量低，分布窄则更易生成 γ 晶型，如表2-9所示，TF1007 与试样 1 分子量分布（M_w/M_n，其中，M_n 为数均分子量）相当，试样 1 的 M_n 最大，低分子量部分最多，较试样 2 可能更易形成 γ 晶型。M_w 和高分子量部分 z 均分子量（M_z）、z+1 均分子量（M_{z+1}）共同影响着产品的热封强度，M_w 影响较大，TF1007 与试样 1 较试样 2 的热封强度高，见表 2-10。

表 2-10　产品的起始热封温度及热合强度

试样	1	2	TF1007
起始热封温度/℃	111	113	112
膜厚/μm	31	32	11.0
热合强度/（N/15mm）	11.3	11.0	11.5

国外主要三元共聚聚丙烯产品主要有：英力士（INEOS）公司生产的三种不同类型的热封树脂，有高乙烯含量的无规共聚聚丙烯 KS400 系列，高共聚单体含量的丙烯/乙烯烃共聚聚丙烯 KS341/349/399、丙烯/丁烯/乙烯三元共聚聚丙烯 KS300 系列树脂，KS300 系列树脂用于共挤 BOPP 的热封层，热封温度为 90~115℃。新加坡公司也有系列牌号的三元共

聚聚丙烯系列产品投放中国市场，具有标准的热封性能、良好的光学性能和优异的加工性能，适用于作薄膜表面的热封材料，与中间层的均聚聚丙烯材料共挤可生产可热封的及可镀铝的 BOPP 薄膜。巴塞尔（Basell）公司的 Adsyl3Hp 系列树脂起始热封温度都是105℃，都属于三元无规共聚 PP 热封树脂，部分三元无规共聚 PP 产品性能详见表2-11。

表 2-11　部分国外三元无规共聚 PP 产品性能

制造商	牌号	MFR/（g/10min）	熔点/℃	起始热封温度/℃
Basell	3C37F HP	5.5	137	115
Basell	5C30F/5C37F	5.5	132	105
INEOS	KS300/309	5.0	126	105
INEOS	KS351	7.3	131	105
INEOS	KS333 N8061	5.0	128	108
INEOS	KS350/357/359	5.0	131	105
新加坡	FSS611L	5.5	132	120
TPS	FS6612L	5.0	128	115
TPC	FL7632L	7.0	132	120
TPC	FL7540L	7.0	138	125
北欧化工	TD220BF	6.0	132	108
Borealis	TD2103F	6.0	130	103

北京燕山石化用 Innovene 气相法工艺完成了丁烯加入装置的改造，实现了三元共聚 PP 的稳定化生产，其产品性能见表2-12。

表 2-12　燕山石化三元共聚 PP 产品性能

测试项目		单位	C5908	C5608	F5606	F5006
MFR		g/10min	8±2	8±2	5±1	5±1
弯曲模量 ≥		MPa	600	600	550	550
简支梁冲击强度（23℃） ≥		kJ/m²	8	8	8	8
洛氏硬度 ≥		R	78	75	75	80
维卡软化温度		℃	119	119	119	119
负荷变形温度（0.45MPa）≥		℃	54	54	54	54
拉伸断裂标称应变 ≥		%	500	500	500	500
雾度 ≤		%	2	2	1	1
黄色指数 ≤		%	0	0	0	0
鱼眼	0.8mm	个/1520cm²	1	1	1	1
	0.4mm	个/1520cm²	5	5	5	5
熔点		℃	130~135	130~135	130~135	130~135
起始热封温度 ≤		℃	120	120	120	120
用途		—	流延膜镀铝膜	流延膜复合膜	热收缩膜	BOPP 烟膜、医用料

使用过程中，用户反映 C5908 作为 MCP 薄膜热封层时摩擦系数高。C5608 粒料偏软，单独使用时，薄膜容易产生清洁辊压痕，小分子颗粒较多，析出污染辊面，还需要改进。

上海石化是国内第一家生产三元共聚聚丙烯的企业，其生产的三元共聚聚丙烯性能见表 2-13，该共聚物起始热封温度较高，厂家反映其起始热封温度为 127℃，有些厂家在应用生产流延膜复合膜时出现压痕。

表 2-13　上海石化生产的三元共聚聚丙烯性能

牌号		单位	F500EP	F500EPS	F800EPS
MFR		g/10min	5.0	5.0	8.0
拉伸屈服强度	≥	MPa	19.5	19.5	22
悬臂梁冲击强度（23℃）	≥	J/m	35.0	35.0	—
弯曲模量	≥	GPa	0.43	0.43	0.52
维卡软化点	≥	℃	112	112	112
雾度	≤	%	2	2	1.8
光泽度	≥	%	76	76	85
主要用途		—	双向拉伸膜	双向拉伸膜	流延膜

随着国内聚丙烯产能不断增加，聚丙烯市场的多元化发展，通用产品越来越没有市场优势。而三元共聚聚丙烯的市场前景广阔，内市场竞争很小，国内大多数聚丙烯装置（Spheripol 工艺和 Hypol 工艺）经过适当的技术改造后，具备开发生产三元共聚聚丙烯的客观条件，而且国内丁烯供应充足，因而开发丁烯系列三元多相共聚产品具有广阔的市场前景。

2.3
聚丙烯接枝改性新材料

近年来，随着聚烯烃产量的增大，其应用范围也越来越广泛，对其各种各样的改性也随之出现。马来酸酐（MAH）接枝聚烯烃就是典型的例子。为满足使用要求，扩大应用范围，常常对 PP 进行共混、填充、增强等改性。但由于 PP 是非极性聚合物，它与极性无机填料和一些极性工程塑料（如尼龙等）的相容性差，因此影响了其复合物的性能。MAH 接枝 PP 正是为了解决这一问题而发展的。在 PP 大分子链上接枝 MAH，赋予了 PP 极性，而对 PP 的原有性能改变极小。通过加入该接枝共聚物，可大大改善无机填料和极性聚合物与 PP 的相容性，能够制备出综合性能优异的复合材料。因此对 PP 接枝改性的研究一直方兴未艾。常用的接枝方法有：

① 溶液接枝　溶液接枝所用的溶剂可以是甲苯、二甲苯或苯，在 100~140℃下待 PP 完全溶解后，加入接枝单体，采用自由基、氧化还原或辐射等手段引发接枝反应。溶液法的优点是反应温度较低，反应条件温和，PP 的降解程度低，接枝率高。但缺点是溶剂的使

用量大，回收困难。

② 悬浮接枝 悬浮法接枝是在不使用或只使用少量有机溶剂的条件下，将 PP 粉末、薄膜或纤维与接枝单体一起在水相中引发反应的方法。该法不但继承了溶液法反应温度低、PP 降解程度低、反应易控制等优点，而且没有溶剂回收的问题，有利于保护环境。

③ 熔融接枝 该法是目前广泛使用的接枝方法，它是在 PP 熔融状态下加入单体与引发剂，从而发生接枝反应。一般是在单、双螺杆挤出机等加工设备上进行的。由于加工温度一般要在 180℃以上，故要求单体的沸点要高，马来酸酐、丙烯酸（AA）及其酯类可用于该法。该法直接在加工设备上接枝 PP，不需溶剂，工序简单，可以大批量连续生产。但缺点是反应温度高，PP 降解严重，对材料性能的负面影响较为严重。MAH 接枝 PP 是熔融接枝研究最多的一个体系。用熔融法可制备 PP 接枝甲基丙烯酸缩水甘油酯（GMA），其它单体如 AA，甲基丙烯酸 β-羟乙酯（HEMA）、丙烯酰胺（AM）、马来酸二丁酯（DBM）等均可以用熔融法接枝到 PP 主链上。近年来第二单体在熔融接枝 PP 时所起的作用正逐渐受到重视和研究。第二单体的加入可以提高接枝率，并能抑制 PP 的降解。如：对 GMA/（苯乙烯）St 双单体熔融接枝 PP 的机理进行了详细的分析，认为共单体 St 的加入可以在提高接枝率的情况下有效抑制 PP 降解，这是因为 PP 在自由基的作用下脱除 α-氢后，形成 PP 大分子自由基，该自由基不稳定，可能发生断链反应，由于 St 的反应活性高于 GMA，St 会先接到 PP 上，形成较为稳定的苯乙烯基大分子自由基，这样 PP 链断裂的倾向会被极大地被抑制，苯乙烯基大分子自由基与 GMA 的反应速率要远大于 GMA 与 PP 大分子自由基的反应速率，因此可以提高接枝率。对 MAH/St 双单体熔融接枝 PP 进行的研究也得出了相似的结论，认为共单体 St 的存在既可以提高 MAH 的接枝率，也可以降低 PP 的降解。共单体应同时满足下列点要求：a.反应活性高，本身具有强的稳定 PP 大分子自由基的作用，如 St、对甲基苯乙烯等。b.共单体与接枝单体的 Q 值较接近，这样才能保证共单体与 PP 大分子自由基反应生成的自由基能与接枝单体进行共聚反应。如选择的共单体仅能满足第一条件，而其 Q 值却与接枝单体的 Q 值相差很大，则虽能抑制 PP 的降解，但也会导致接枝单体的接枝率下降。马来酸酐熔融接枝 PP 虽然应用广泛，但也存在许多缺点，如：反应不完全，参与单体较多，致使加工过程产生刺激性有毒气体，损害健康，同时也给制品带来气泡、气味、变色等缺陷；未消耗的引发剂会对 PP 产生负面作用，引起加工过程中的分解；接枝率较低等。固相接枝反应可以解决上述问题，是较好的接枝方法。

④ 固相接枝 固相接枝是一种能广泛应用于各种聚合物接枝改性的较好方法，该法一般是在 N$_2$ 保护下将 PP 固体与适量的单体混合，在 100~120℃下用引发剂引发接枝聚合。固体 PP 可以是薄膜、纤维和粉末，但通常所指的固体接枝主要是针对粉末 PP。固相接枝与其它接枝方法相比有许多显著的优点，主要有：a.反应在较低温度（100~120℃）下进行，粉末 PP 几乎不降解；b.不使用溶剂或仅使用少量溶剂作为界面活性剂，溶剂被 PP 表面吸收，不用回收；c.反应结束后，通过升温和通 N$_2$ 等方法，可除去未反应的引发剂和单体；d.反应时间短，接枝率高且设备简单。例如，以过氧化二苯甲酰（BPO）为引发剂，使用固相接枝法将 MAH 接枝到粉末 PP 上，同时使用固相法合成 PP-g-GMA 接枝物，其产物接枝率为 4%~6%，适量邻苯二甲酸二烯丙酯（DAP）和异氰尿酸三烯丙酯（TAIC）的加入，可进一步抑制 PP 降解，也可提高接枝率。

2.3.1　马来酸酐熔融接枝聚丙烯

马来酸酐（MAH）熔融接枝 PP 较佳的配方为 MAH 6~10 份（以 100 质量份树脂为基准，下同），过氧化二异丙苯（DCP）0.6~0.8 份，TAIC 2~3 份；较佳的反应条件为在190℃下反应 5~8min；控制不同的条件，则可制得具有不同接枝率的产物；双螺杆挤出机比双辊开炼机有更好的接枝效果。特别重要的是 TAIC 能明显促进接枝反应。随接枝率的增大，接枝物的流动性下降、冲击强度提高、拉伸强度先升后降。在过氧化物为引发剂的熔融接枝反应体系内制备的具有良好性能的 PP-g-MAH 接枝物，其接枝率不会超过 5%。通过控制工艺条件，可制备出具有不同接枝率的 PP-g-MAH。

接枝率可按下述方法进行测试：准确称取 1.52g 左右试样（粉碎，100 目过筛），在 100mL 丙酮中回流 0.5h 后过滤。将过滤后的固体物干燥后称重，然后在 100mL 二甲苯中回流 1h，冷却后加入 10mL KOH-乙醇溶液，回流 15min 后，用乙酸的二甲苯溶液滴定测得皂化值。接枝率（G）计算如下式：

$$G=凝胶含量/W$$

式中　W——过滤后的干燥物质量，g；

凝胶含量——皂化值，即 1g 试样中 KOH 的质量，mg/g。

影响 PP 接枝的主要因素有：

① 温度　随着温度的升高，接枝率出现极大值，即在 200℃以前，接枝率随温度的升高而增大；在 200℃以后，接枝率则随温度的升高而降低。其主要原因有一下三个方面：a.温度升高，DCP 的分解速率增大，产生的自由基浓度增大，同时，PP 大分子链和自由基的反应活性均增强，因此导致接枝率增大；b.温度太高（超过 200℃），则 PP 的降解、交联等倾向增大，导致接枝率下降；c.温度太高，MAH 挥发性增大（MAH 沸点 202℃，且易升华），在温度达 200℃以上后，刺激性气味加重，正是由于高温下 MAH 易挥发所致，因此接枝率下降。上述三个方面可说明温度对接枝反应的影响结果，表明接枝反应温度不能太高，在 190~200℃较适宜。

② 反应时间　同一温度下，反应时间越长，接枝率越高。但在反应时间达 8min 以后，接枝率的变化已不明显，时间过长（15min）反而有下降趋势，而且，由于时间太长，PP 在高温下会严重降解（伴有少量交联），影响接枝物的性能。因此适宜的反应时间应为8~10min。

③ 单体浓度　随着单体浓度的增大，接枝率增大，但在单体浓度达 10 份以后，接枝率的增长幅度降低。但单体反应率随单体浓度的变化而呈现不同的变化。在单体浓度为 4 份以前，单体反应率低，而达 4 份以后，单体反应率急剧上升，单体浓度达 8 份以后，单体反应率又开始下降，单体浓度在 6~10 份时，单体反应率最大，可见，这将会影响接枝共聚物的性能，导致起霜、变色、气泡等缺陷。因此单体浓度有一最佳值，即 6~10 质量份。如果要制备接枝率更高的接枝共聚物，用过氧化物引发熔融接枝的工艺是不妥当的，而较好的工艺是辐射接枝和固相接枝，可消除未反应单体浓度高的缺点。

④ 引发剂浓度　引发剂浓度未达到 1.0 份时，接枝率随引发剂浓度的增大而增大，但在 1.0 份以后，接枝率则变化很小。因此适宜的引发剂浓度为 0.8~1.0 份。若引发剂浓度加大，不仅对接枝率影响不大，反而会加速 PP 降解或交联的倾向，所以引发剂浓度不

能太高。

⑤ 助剂　TAIC 是一种交联助剂，在乙丙橡胶、聚氯乙烯（PVC）交联、PE 交联等领域已获得应用。用 TAIC 来促进接枝反应，结果见表 2-14。

表 2-14　TAIC 对接枝反应的影响

序号	TAIC 加入量/质量份	DCP/质量份	MAH/质量份	反应时间/min	反应温度/℃	接枝率/%
1	0	1.0	10	8	200	3.9
2	2	1.0	10	8	200	4.6
3	2	0.8	8	5	190	4.0
4	3	0.8	6	5	190	3.7

从表 2-14 可看出，TAIC 对接枝反应的确有促进作用。加入 TAIC 后，可提高接枝率，并且能降低 DCP、MAH 的用量，缩短反应时间，降低反应温度，即 TAIC 的加入提高了接枝率，同时改善了接枝物的性能。但 TAIC 不能加入太多，一是 TAIC 成本高，二是加入多了以后会增大 PP 交联的倾向（由于 PP 在高温化学作用下交联倾向比 PVC、PE 低，因此，采用 TAIC 才会有如此显著效果），较适宜的添加量是 2~3 份。

⑥ 反应设备　用开炼机进行熔融接枝反应和用双螺杆挤出机进行熔融接枝反应的对比实验结果见表 2-15。

表 2-15　反应设备类型对接枝反应的影响

设备类型	接枝率/%	MFR/（g/10min）	接枝物拉伸强度/MPa	接枝物冲击强度/（J/m）
开炼机	4.0	3.7	25.5	215
双螺杆挤出机	4.5	4.8	28.9	302

注：1. 接枝物配方（质量份）：PP 100，MAH 8，DCP 0.8，TAIC 2；

2. 反应时间 8min，反应温度 190℃；

3. 螺杆转速 50r/min，反应温度 190℃（螺杆末端及机头温度）。

从表 2-15 可看出，在配方相同的情况下，双螺杆挤出机显然比开炼机好，前者制备的产物接枝率及各项性能均高于后者，其主要原因是双螺杆挤出机的强混炼作用促进了物质的均质与分散，较高的剪切速率也相应地降低了 PP 的熔融黏度，使得接枝反应更容易、更均匀地顺利进行，大大提高了反应效率。同时，双螺杆挤出机的密闭性也减少了 PP 在高温下的氧化、交联作用，从而使接枝物有较好的流动性和力学性能。

⑦ 接枝共聚物的性能　随着接枝率的增大，拉伸强度先升后降，冲击强度逐步增强，流动性下降。这主要是单体接枝到 PP 上去后，影响了 PP 的微观结构，使 PP 结晶度下降，但阻滞了 β 型晶体的形成，而使其形成单一的 α 型晶体，消除了 PP 本身影响产品质量的有害因素，提高了制品的性能。但结晶度下降太多，将导致拉伸强度的下降。此外，单体接枝率增大，引起接枝物极性增大，因而流动性下降。实验证明，接枝率在 3% 左右时，接枝物的综合性能最佳。

综上所述，MAH 熔融接枝 PP 的工艺配方如下。接枝配方：PP 100 份，MAH 10 份，DCP 1 份；反应条件：温度 200℃，时间 8min。TAIC 对接枝反应有显著的促进作用，可提高接枝效率，其适宜的用量为 2~3 份。采用双螺杆挤出机具有较好的效果，螺杆转速

30~50r/min。控制配方和工艺条件可获得具有不同接枝率的接枝物。

2.3.2　马来酸酐固相接枝聚丙烯

① 引发剂的选择　因为固相接枝反应温度在 PP 的熔点以下，即在 170℃以下，因此引发剂的选择受到了限制。由于反应温度低，也就要求引发剂的分解温度低。表 2-16 列出了几种引发剂的分解温度及其半衰期。

表 2-16　几种引发剂的分解温度及其半衰期

分解温度/℃	半衰期				
	BPO/min	DCP/h	2,5-二甲基-2,5-二（叔丁过氧基）己烷（AD）/h	2,2-双（过氧化叔丁基）丁烷（BPB）	二叔丁基过氧化物（DBP）
100	24	50	—	18h	218h
115	10	10	17	8.1h	34h
130	1	2.3	2.8	0.55h	0.15h
150	0.2	0.15	0.28	5.5min	—
166	—	—	—	1min	—
171	—	1	—	—	—
179	—	—	1	—	—
193	—	—	—	—	1min

由表 2-16 可以看出，BPO 的分解温度最低，BPB 次之，DCP 和 DBP 最高。结合固相反应的温度范围（100~160℃），则选择 BPO 和 BPB 较为合适。

② 反应温度的选择　由于 PP 在 170℃有熔化现象，在 160℃有黏结成团现象，150℃以下 PP 既能保持流动性粉末状又不黏结成团，因此固相接枝反应温度上限为 155℃。但反应温度也不能太低，因为温度太低，一是引发剂分解速率慢，产生的自由基浓度低，影响接枝反应；二是温度太低，大分子链的活性降低，反应性下降，影响接枝率。实验证明，固相接枝反应温度为 100~155℃范围内。图 2-8 是反应温度对固相接枝率的影响。

从图 2-8 可以看出，使用 BPO 作引发剂时，接枝率随温度变化表现为先上升后下降的趋势，出现极大值，在 130℃时接枝率最高，温度超过 130℃以后，接枝率开始下降。使用 BPB 作引发剂时，在 140℃以前接枝率变化不大，而在 150℃时接枝率突然出现增大（5.8%）。出现这些现象的原因是引发剂的分解速率不同。在自由基反应中，自由基的浓度和单体的浓度要相适宜，自由基的分解速率和接枝反应速率要相适宜。在使用 BPO 引发剂时，在 100℃时分解速率太慢，反应体系中自由基浓度太低，所以接枝率低；而在 140℃以上时，分解速率又太快，超过了接枝反应速率，分解产生的自由基发生转化、歧化和终止，因此接枝效率低。所以 BPO 作为引发剂时适宜的反应温度为 120~130℃；BPB 作为引发剂时的反应温度要高一些，为 150~155℃，只要粉状 PP 不产生结团，接枝温度高一些更有利。

③ 反应时间　在以 BPO 和 BPB 为引发剂的体系中，时间的影响各不相同。在 BPO 为

引发剂的体系中，130℃下接枝率随时间的延长而增大，但在 30min 以后接枝率达到稳定值，不再上升，即使再延长时间对接枝率也无好处；而在 BPB 为引发剂的体系中，在 150℃下时接枝率随时间的延长也呈持续增长的趋势，但各阶段有不同的增长幅度。反应开始 10min 后，接枝率随时间的延长而急剧增大，到 30min 后增长幅度减缓，但仍呈增长趋势，1h 后接枝率高达 6.9%。因此对于 BPB 体系，反应时间可适当延长一些，对提高接枝率和减少残余单体都有利。

④ 引发剂浓度　见图 2-9。

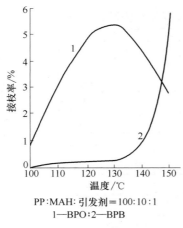

PP:MAH:引发剂=100:10:1
1—BPO；2—BPB

图 2-8　反应温度对接枝率的影响

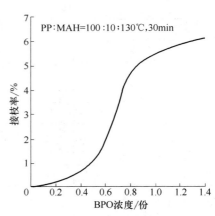

图 2-9　引发剂浓度对接枝率的影响

由图 2-9 可以看出，接枝率随引发剂浓度的变化分为三个阶段：第一阶段，引发剂浓度在 0.6 份以下，接枝率很低且变化小；第二阶段，引发剂浓度在 0.6~1.0 份之间，接枝率急剧上升；第三阶段，引发剂浓度在 1.0 份以上，接枝率缓慢上升。可见引发剂浓度有一个最佳范围，即在 0.8~1.0 份之间。太少，自由基浓度不够，接枝率低；太多，不仅对接枝率的提高没有太大作用，反而会使参与的引发剂量增多，不利于提高改性 PP 的性能。故引发剂浓度选定在 0.8~1.0 份之间。

⑤ 单体浓度　随着单体浓度的增大，接枝率增大，单体浓度在 4 份前接枝率增加缓慢，6 份后急剧上升，10 份增长再度趋缓，此时单体反应率下降。因此单体浓度不能太高，以 8~10 份为宜。如要制备较高接枝率的接枝共聚物，则需在工艺上加以改进，如单体分批加入、辐射接枝等，不能一味地提高单体加入量，否则易导致产物中 MAH 残留太多。

⑥ 搅拌速度　见表 2-17。

表 2-17　搅拌速度对接枝率的影响

搅拌速度/（r/min）	接枝率/%
0	1.8
30	4.1
60	5.5
90	5.2
120	3.2

从表 2-17 可以看出，随着搅拌速度的提高，接枝率在 60r/min 时出现极大值。因此适宜的搅拌速度为 60r/min。搅拌主要是加强物料的交换和加强传质、传热，使反应更均匀进行，加大单体的反应率。

⑦ 氧的影响　在空气中进行接枝反应，产物的接枝率大大低于在氮气保护下的接枝率，因为在空气中要生成过氧自由基 POO˙，其反应性较低，使这些区域不产生接枝反应，这对固相接枝影响较大，因此固相接枝反应必须在氮气保护下进行。

⑧ 固相接枝与熔融接枝的比较　见表 2-18。

表 2-18　固相接枝与熔融接枝的比较

接枝方式	配方/质量份	工艺条件		引发剂类型	接枝率/%
		温度/℃	时间/min		
熔融接枝	100：10：1	190	8	DCP	4.1
固相接枝	100：10：1	130	30	BPO	5.8

从表 2-18 可以看出，在单体浓度和引发剂浓度都相同的情况下，固相接枝 PP 的接枝率明显比熔融接枝 PP 的高。PP/$CaCO_3$ 复合体系的性能见表 2-19 所示。

表 2-19　PP/$CaCO_3$ 复合体系的性能［$CaCO_3$ 含量 20%（质量分数）］

接枝方式	接枝 PP 含量/%	拉伸强度/MPa	缺口冲击强度/（J/m）
对比实验	0	27.5	52
熔融接枝 PP	5	32.1	202
固相接枝 PP	5	36.2	251

从表 2-19 可以看出，在 PP/$CaCO_3$ 复合体系中添加接枝 PP 后，复合材料的性能大幅度提高。固相接枝 PP 对复合体系的力学性能贡献要优于熔融接枝 PP，可见固相接枝 PP 具有更好的填料增容和黏结作用。

肖潇等采用双单体固相接枝制备 PP-g-MAH/St 共聚物，系统研究了各反应因素对接枝率的影响，并通过正交实验确定最佳接枝工艺，该接枝反应的影响因素按影响大小的顺序依次为：反应温度>反应时间>单体摩尔比>引发剂浓度>单体浓度；最优的接枝反应条件为：反应温度 120℃，反应时间 1h，n（St）/n（MAH）=1.2：1，m（MAH）/m（PP）=0.14，m（BPO）/m（PP）=0.02；接枝前后 PP 的晶型保持不变，都为 α 晶。但分子链的断裂和支链的形成导致 PP 结晶度降低，接枝支链又对 PP 结晶起成核作用，成核密度增大，致使结晶温度有所提高；St 作为共聚单体提高了 PP-g-MAH/St 的接枝率，降低了 PP 链的断裂，同时形成 SMA（苯乙烯-马来酸酐共聚物）长支链，有利于在相容剂应用中提高 PP 复合材料的力学性能，尤其在冲击强度方面。

罗志等研究了超细聚丙烯固相接枝 MAH，制备出了粒径极小、平均粒径小于 100μm 的球形 PP 颗粒。超细 PP 颗粒相比于普通 PP 颗粒，粒径为普通 PP 颗粒的 1/10~1/5，其比表面积远高于普通 PP。对于固相接枝反应，接枝率在一定程度上与聚合物的比表面积相关。所以，采用超细 PP 进行固相接枝能够较大程度地提高接枝率（达 3% 左右）。

2.3.3　聚丙烯接枝改性新方法

与传统的接枝技术相比，多单体接枝（multi-monomer grafting）技术由于能抑制降解，提高接枝率，保持基体良好的力学性能，受到越来越广泛的关注。多单体接枝通常指用两种或两种以上单体实施的接枝反应。该技术主要针对传统的熔融接枝方法存在严重的降解而开发的。在多单体接枝技术中，共单体的选择至关重要。有人通过 Alfrey-Price 的半经验公式 $Q\text{-}e$ 式考察了单体的竞聚率：

$$R_1 = (Q_1/Q_2) \exp\left[-e_1(e_1-e_2)\right]$$
$$R_2 = (Q_2/Q_1) \exp\left[-e_2(e_2-e_1)\right]$$

式中，R_i（$i=1$，2）为竞聚率；Q 值是单体的共轭效应表征；e 值是单体的极性效应。

若两单体的 Q 值大小比较接近，则说明这两种单体容易发生共聚；反之，则表明它们不容易发生共聚反应。表 2-20 列出了一些单体的 Q 值和 e 值。

表 2-20　一些单体的 Q 值和 e 值

单体	Q	e
St	1.00	−0.80
GMA	0.96	0.20
MMA	0.78	0.40
HEMA	1.78	−0.39
MAH	0.86	3.69
VAc	0.026	−0.88

从表 2-20 中可清楚地看出各单体在 Q 值上的差别。接枝单体 GMA 及甲基丙烯酸甲酯（MMA）与 St 的 Q 值十分接近，因此当在熔融接枝体系中加入 St，在形成苯乙烯基大分子自由基之后，GMA 和 MMA 单体均能很容易地与苯乙烯基大分子自由基进行共聚反应，这样也就使更多的接枝单体通过 St 接枝到 PP 长链上，从而使它们的接枝率有大幅度的提高。但对于醋酸乙烯酯（VAc）单体，它与 St 的 Q 值相差甚远，难以与苯乙烯基大分子自由基发生反应。这样 VAc 单体就很难通过 St 接上，其接枝率不如无 St 单体时的情况。合适的共聚单体应满足两点要求：a. 本身具有强的稳定 PP 大分子自由基的作用，如 St、对甲基苯乙烯等，这样的单体与 PP 大分子自由基的反应性比一般接枝单体更大；b. 共聚单体与接枝单体的 Q 值较接近，这样才能保证共聚单体与 PP 大分子自由基反应生成的自由基能与接枝单体很好地进行共聚反应。如果选择的共聚单体仅能满足第一条件，而它的 Q 值却与接枝单体的 Q 值相差很大，虽然能有效抑制 PP 的降解，但也会导致接枝单体接枝率下降。用 $Q\text{-}e$ 式来帮助选择共聚单体，就提供了一种简单并且直观的方法。但应注意，由于 $Q\text{-}e$ 规则没有考虑空间位阻效应，同时因现有的研究中所选用的共聚单体主要集中在 St，对 $Q\text{-}e$ 规则的应用还需要更多的验证。

从总体上讲，多单体熔融接枝反应遵循自由基共聚的机理，如图 2-10 所示。

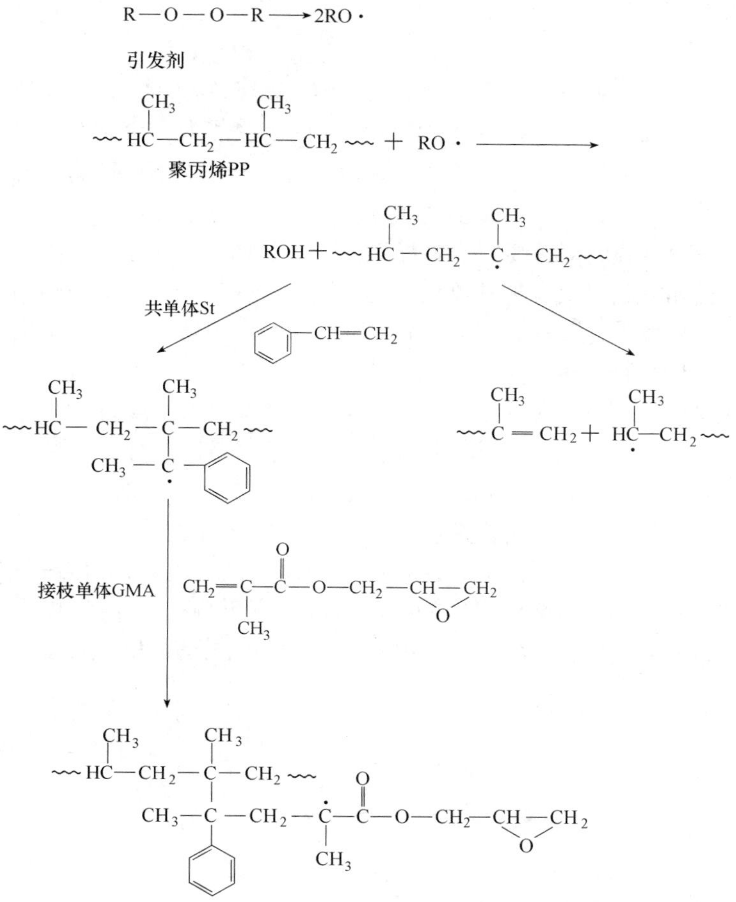

$R-O-O-R \longrightarrow 2RO\cdot$

引发剂

聚丙烯PP

$ROH + \sim\sim HC-CH_2-\overset{\cdot}{C}-CH_2\sim\sim$

共单体St

接枝单体GMA

图 2-10　双组分单体熔融接枝 PP 反应机理

　　在这种双组分单体熔融接枝体系中，首先是 PP 在过氧化物自由基的作用下发生氢消除反应，形成 PP 大分子自由基，该自由基可能发生接枝或断链反应；由于 St 对 PP 大分子自由基的反应活性比 GMA 高，St 优先接枝到 PP 上，形成更加稳定的苯乙烯基大分子自由基，之后再与 GMA 反应，其反应速率远大于 GMA 与 PP 大分子自由基的反应速率，因此可以提高接枝率。所以共单体共聚的基础在于其进行自由基共聚时的竞聚率。

　　由于超临界 CO_2（$SC\text{-}CO_2$）的许多独特性质，它已成为聚合物合成和改性中一种备受青睐的介质。$SC\text{-}CO_2$ 能够溶解、携带一些有机小分子并且溶胀聚合物基体使小分子渗透其中，然后通过快速卸压将溶质留在基体中。如果该溶质是活性单体，通过单体的聚合反应可以制备高分子共混材料或接枝材料。基于 $SC\text{-}CO_2$ 的这个性质，利用 $SC\text{-}CO_2$ 作为溶胀剂和携带剂，使小分子单体 MAH 和 St 单体及引发剂 BPO 插嵌进入 PP 基体中，从而制备接枝 PP，获得了较好的效果。具体工艺为：采用 $SC\text{-}CO_2$ 处理 PP，将 PP 粉末于熔融状态下热压成膜，在索氏提取器中用丙酮洗涤 8h，真空条件下烘至恒重，将聚合物膜和单体以及引发剂放入反应釜中充入 CO_2 至所需压力，6h 后卸压取出样品。将用 CO_2 处理后的 PP 膜放入另外的反应釜中，抽真空，充入氮气保护，于 100℃下反应 3h。反应后的样品溶于二甲苯中，并用丙酮沉淀以除去 MAH 和 St 的均聚物和共聚物以及未反应的单体。得到的沉淀物（接枝的和未接枝的 PP）在 80℃真空条件下干燥至恒重，测试接枝率。固定超临界流体压力，42℃是最佳温度，接枝率达到 2.2%。温度对 SC-CO$_2$/单体和引发剂/PP 基体体系有两方面的影响：a.升高温度提高了 SC-CO$_2$ 对 PP 基体的溶胀能力，PP 溶胀程度增大有利于小分子进入其中，因此接枝率提高；b.升高温度使 CO$_2$ 对小分子的溶解能力下降，导致单体及引发剂进入基体中的量减少，接枝率减小。这两种因素互相竞争并在 42℃时达到平衡，使接枝率出现极大值。在固定温度下，接枝率随着 CO$_2$ 压力的增大而减小。单体和引发剂被 CO$_2$ 溶解后在 SC-CO$_2$ 相和溶胀的聚合物基体相之间发生分配作用，当压力较低时，溶质在聚合物相的分配较多，接枝率就比较高；当压力较高时，CO$_2$ 的溶解能力急剧增大，溶质在 CO$_2$ 中的分配较多而进入聚合物的量减少，因此接枝率反而降低。10MPa 的压力为最佳条件，接枝率可达 2.3%。对样品的 FTIR 和 SEM 分析表明，共单体确实接枝到了 PP 分子链上。

利用半频哪醇休眠基在热、光作用下的再引发特性，将带有半频哪醇休眠基的甲基丙烯酸缩水甘油酯低聚物（PGMA-BPH）与 PP 进行熔融接枝，从而在 PP 大分子链上引入反应性环氧基团，实现 PP 的功能化改性。这种改性方法具有以下特点：a.反应体系简单，除基体 PP 和低聚物 PGMA-BPH 外，无过氧化物引发剂和其它组分，使得最终产物比较纯净，不存在残留单体和引发剂，不会对以后的共混造成不良影响；b.反应过程温和，不会造成 PP 的严重降解；c.反应过程中不存在小分子单体和引发剂的挥发，反应环境友好。PP-g-PGMA

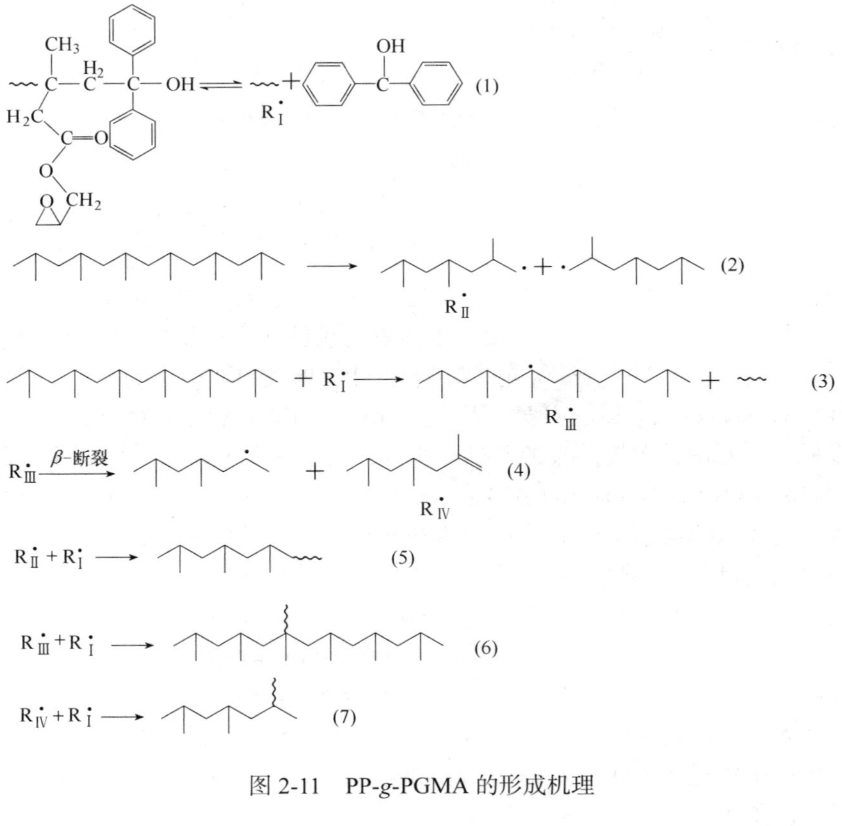

图 2-11　PP-g-PGMA 的形成机理

的形成机理见图 2-11。

当温度超过 80℃时，低聚物（PGMA-BPH）中半频哪醇休眠基与分子链相连的共价键发生断裂，形成低聚物自由基 $R_I^{\cdot}$ 和半频哪醇自由基 [图 2-11 中式（1）]。PP 大分子在高温下和加工设备的反复剪切挤压作用下发生热力学降解而导致大分子链的断链，形成大分子自由基 $R_{II}^{\cdot}$ [式（2）]，低聚物自由基 $R_I^{\cdot}$ 向 PP 分子链的转移也可形成 PP 大分子链自由基 [以 $R_{III}^{\cdot}$ 表示，见图 2-11 中式（3）]。$R_{III}^{\cdot}$ 容易发生 β-断裂形成自由基 $R_{IV}^{\cdot}$ [图 2-11 中式（4）]。然后，PP 大分子自由基 $R_{II}^{\cdot}$、$R_{III}^{\cdot}$ 和 $R_{IV}^{\cdot}$ 都可与自由基 $R_I^{\cdot}$ 进行偶合，形成 PP 与 GMA 的接枝物（PP-g-PGMA）[图 2-11 中式（5）~式（7）]。采用 FTIR 对接枝产物进行了表征，证实了接枝反应的发生。XRD 和 DSC 测试结果表明接枝 PP 的晶型由纯 PP 的 α 晶与 β 晶的混合体变为单纯的 α 晶型，并且其熔点、结晶度及结晶完善程度都有一定程度的提高。将所得接枝 PP 用作 PP 和聚酰胺 6（PA6）的共混相容剂，分散相 PA6 的相畴尺寸明显减小，两相的相容性提高。

张文龙等采用熔融密炼工艺制备 PP 接枝 4-丙氧烯基-2-羟基二苯甲酮（AHB），研究了接枝的工艺及其体积电阻率的变化。结果表明，当温度 200℃，转子转速 50r/min，时间 9min，物料比为 m（PP）：m（AHB）：m（DCP）=50：0.8：0.03（质量比）时，接枝率为 0.73%，其体积电阻率比纯 PP 有明显的提高，达 2.1 倍，将具有共轭结构的有机分子接枝到 PP 上为制备高电性能环保型 PP 电缆绝缘材料提供了有效的途径。

林建荣等利用转矩流变仪反应挤出制备 PP 接枝腰果酚，考察了螺杆组合对反应产物接枝率、流变性能和力学性能的影响。研究发现，螺杆组合 S4（图 2-12）熔融段采用有利于分开加料的两段式捏合块的设计，均化段采用两段式捏合块加一个反向螺纹元件的设计，分开加料制得的 PP-g-cardanol 接枝率最大（达 4.95%），流变性能和力学性能最优。

S4　7×24、K30°/4 /24、K45°/2 / 6、2×24、K45°/6/48、K90°/4/24、3×24、K45°/4 /24、K90°/2/12、2×24、K45°/2/12、K90°/3 /18、L6、5×24、3×14

图 2-12　聚丙烯接枝聚合最佳螺杆组合方式

9×24，表示输送螺纹元件数量为 9 个，输送螺纹元件长度为 24mm；K30°/4/24，
表示 4 个错列角为 30°的捏合元件组合的捏合盘，总长度为 24mm；L6，
表示反向螺纹元件，长度为 6mm

2.4
聚丙烯氯化改性新材料

2.4.1 氯化聚丙烯的结构、性能与应用

氯化聚丙烯（CPP）为聚丙烯的改性产品，外观为白色或微黄色固体，分子内含 Cl 基团，并因氯含量的不同，分为高氯化聚丙烯和低氯化聚丙烯两大类。CPP 熔点为 80~160℃，一般在 120℃左右，分解温度为 190℃。溶于除醇和脂肪烃以外的其它溶剂，具有较好的耐磨性、耐老化性和耐酸性，同时赋予 PP 以极性，可大幅度改善 PP 的印刷性，主要用于聚烯烃的印刷油墨，同时也可对 PP 进行改性。目前国外生产 CPP 采用工艺先进的水相悬浮法技术。从目前的消费情况看，各国 CPP 消费情况虽然不同，但大体上是涂料、黏合剂占 40%，油墨载色剂占 40%，其它占 20%。

中国 CPP 的开发研制工作始于 20 世纪 80 年代初。随着中国市场经济的不断发展，从 1999 年开始，中国对 CPP 的需求有了大幅度增长，特别是在油墨、涂料等方面，平均每年的需求量以 20%的幅度递增。2002 年中国 CPP 需求量达到 6000t，产量约 2000t，远远不能满足市场需要，需大量进口，尤其是油墨行业所需的 CPP 几乎全部依赖进口。2005 年中国对 CPP 的总需求量达到 10000t，市场潜力很大。

不同氯化度的 CPP 的熔点会随分子量的增加而迅速降低。在含 Cl 量为 30%时熔点最低。均相反应或非均相反应的 CPP 具有不同的最低熔点，即使含氯量相同，最低熔点也不同。氯化等规聚丙烯（CIPP）和氯化无规聚丙烯（CAPP）的熔化情况不同，随无规物的增多，熔点相应降低。低氯化度的 CPP 氯化度为 20%~40%，主要用于黏合剂、油墨和载色剂等，如将 CPP 用于聚丙烯薄膜热密封的顶涂层、双向拉伸等规聚丙烯干层与纸的黏合剂等。将双向拉伸等规聚丙烯薄膜层压在已经印刷的纸上，可大大提高印刷品的耐用性、防水性和色泽亮度，可用于书籍封面、广告品、包装品等。

CPP 的粘接性优于 PP，可用于 PP 管材等的密封、PP 膜涂层，特别可用于注塑制品如内部装饰材料、汽车内部装饰涂层、建筑和民用设备的涂料等，使用寿命长，经久耐用。高氯化度的 CPP 其氯化度为 63%~67%，用于替代氯化橡胶。CPP 的氯化度越高，溶解性越好。对于均相反应的 CPP 和非均相反应的 CPP，当氯化度相当时，前者比后者更易溶解；高氯化度的 CPP 也用于油墨、涂料、油漆等的黏合剂等，也可作为阻燃剂，用于塑料和橡胶制品中。CPP 具有优良的耐油、耐热、耐化学品和耐辐射性，在用氨处理后，具有半导体特性，用三聚氰胺改性后应用更加广泛。CPP 在电子电器业中，可用于黏结碳粉、制造碳电极，还可用于抗冲击性的耐特压助剂、配制切削液和医药栓剂、纤维纺织品的柔软改性剂等。具体性能见表 2-21、表 2-22。

表 2-21 涂料、油墨用 CIPP 的产品性能

项目	涂料用	油墨用
外观	白色或微黄粉末	白色或微黄粉末

项目	涂料用	油墨用
氯含量/%	35~48	60~68
溶解性（25℃下，20%甲苯溶液）	自由溶解，无不溶颗粒	自由溶解，无不溶颗粒
黏度（旋转黏度计法）/mPa·s	60~200	5~10
含水率（质量分数）/%	0.5	0.5

表2-22 水相法 CIPP（氯化等规聚丙烯）在油墨上的应用

指标	水相法产品	溶液法产品
细度/μm	25~27	25
黏度/mPa·s	52	73
遮盖力	近似	
光泽	近似	
附着力	≥95%（BOPP 处理后）	
初干性/mm	66~81	70
表面张力/（N/m）	<0.038	

　　研究人员用核磁共振（^{13}C NMR）研究了一系列 CIPP 的结构，发现在 0~52.84%的氯化度范围内，主要为单氯取代，其中伯、仲、叔三种氢的相对氯化活性为：R—（CH）>R—（CH$_2$）>R—（CH$_3$），并且氯化反应比较均匀地发生在 APP 的分子链上。IPP（等规聚丙烯）和 CIPP 粒子的结构形态见图 2-13。通过比较这三张图可以看出，经过较长时间的氯化，CIPP 粒子内部和 IPP 粒子内部的结构相似，都带有空隙，而 CIPP 粒子表面则是比较致密，空隙细小。由此可知，氯化反应首先在粒子表面进行，氯化产物将粒子表面孔隙填充，增加了氯粒子向内部扩散的阻力，致使粒子内部的氯化反应缓慢。

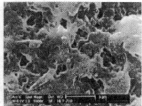

IPP粒子内部　　　　　氯化聚丙烯粒子内部　　　　氯化聚丙烯粒子表面
（1500倍）　　　　　　　（5000倍）　　　　　　　　（5000倍）

图 2-13　IPP 和 CIPP 粒子内部及表面的 SEM 照片

2.4.2 聚丙烯的溶液氯化

　　根据氯化反应的具体工艺不同，CPP 分为固相氯化法、悬浮水相氯化法及溶液氯化法。溶剂可采用四氯化碳、氯苯或四氯乙烷等，通常使用的溶剂是四氯化碳，使 PP 溶解，然后进行氯化，反应使用偶氮二异丁腈（AIBN）为引发剂。

目前工业上普遍采用的为均相溶液氯化法。具体工艺过程是将 PP 溶于有机溶剂中，加入少量的引发剂（AIBN、BPO），在常压及一定温度条件下通过氯气发生取代反应，根据副产物 HCl 的量来控制产品的氯化度。氯化后的溶液经干燥除去溶剂后即获得 CPP 产品。溶液氯化法的特点是氯化度比较均匀，反应比较容易控制，但不足之处是生产过程中采用了大量的溶剂，污染比较严重，而且生产劳动强度较大。此外有一些有机溶剂对 CPP 具有较强的溶剂化作用，不易从树脂中脱出除净而残存于 CPP 树脂中，这样不但消耗了溶剂，而且对产物的性能及应用也有一定的影响，因此工艺上需要特别注意。PP 溶液氯化工艺流程见图 2-14 所示。

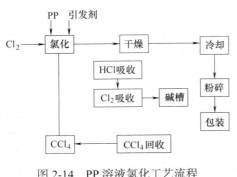

图 2-14　PP 溶液氯化工艺流程

（1）氯化工艺

① 用氯气（Cl_2）进行氯化　APP 的氯烃溶液在日光照射下同 Cl_2 作用，通过链式反应机理实现氯化。APP 氢原子的反应性按以下顺序递增：$CH < CH_2 < CH_3$；作为溶剂，CCl_4 和 $CHCl_3$ 比 $C_2H_4Cl_2$ 和 $C_2H_3Cl_3$ 好。研究表明，有碱或重金属存在下氯化会部分遵照离子机理进行，氯化程度也较低，此条件下—CH_2—中的氢最活泼。在塔式氯化工艺中，Cl_2 与 APP 的 CCl_4 溶液在 30~35℃光照下对流接触 150s，产生氯含量为 67.9% 的 CAPP。由于接触时间短，CAPP 不致发生降解。在间歇工艺中，Cl_2 鼓泡进入 APP 的 CCl_4 溶液，3h 氯含量可达 51.8%。在包括 PP 在内的聚烯烃催化氯化工艺中，聚烯烃溶液在 0.1%~5% 的 AIBN 催化下于 65~85℃氯化。APP 溶液光化学氯化中反应速率会随氯化程度增大而下降，这表明，取代的氯会妨碍相邻的氯进一步发生置换反应。

② 用硫酰氯（SO_2Cl_2）进行氯化　PP 的氯苯溶液在 AIBN 催化下同 SO_2Cl_2 反应，能够氯化，产物用邻苯二甲酸二辛酯增塑后，可用于配制金属防腐涂料。

③ 用光气（$COCl_2$）进行氯化　光气能使 PP 等聚烯烃氯化，要求 $COCl_2$ 在溶液中的含量≥20%，氯化均匀，氯化产物热稳定性好。

④ 用亚氯酸盐（Cl_2O）或次氯酸（HOCl）进行氯化　包括 PP 在内的聚烯烃同 Cl_2O 或 HOCl 反应会发生氯化，且无 HCl 释放出。

⑤ 用溶解氯进行光催化氯化　在 30~50℃用氯溶解 PP，然后进行紫外光辐射，直至氯的黄色消失；重复或连续实施该过程至预定氯化程度，可获得几乎不含未反应氯和副产物的氯化聚烯烃。

⑥ 不使用四氯化碳（CCl_4）溶液法　日本东洋化成工业公司开发出一种以氯仿（$CHCl_3$）为溶剂的 IPP 氯化新工艺。为稳定氯仿，在工艺中加入微量戊烯和少量水，在 120℃开始氯化，2h 后温度降到 110℃，再氯化 2h，温度降到 70℃，氯气与氯仿反应，将其转变为 CCl_4，该工艺能获得白度高的 CPP。

（2）后处理工艺

① 水蒸气蒸馏（热空气喷雾干燥法）　这是传统的 CPP 后处理方法。为减少 CPP 产品中 CCl_4 的残存量，可在 CPP 的 CCl_4 溶液中加入少量脱氯烃剂。脱氯烃剂有液态聚丁二烯、软石蜡 $C_{20~24}$、α-烯烃和十六烷基酰氯、氯化石蜡以及甲苯等。例如，加入少量软石蜡

进行后处理，所得 CPP 中残存 CCl$_4$ 能从 9.2%减少到 0.05%。

② 非水后处理方法（热蒸发工艺）　CPP 的 15%CCl$_4$ 溶液被喷入 150℃的 CCl$_4$ 蒸气中，产生 CPP 粉末和 CCl$_4$ 蒸气，它们被导入一台旋风分离器中，可获得粒径 50~200μm 的粉状 CPP；溢出的 CCl$_4$ 蒸气在 70℃冷凝、回收。此法 CPP 收率可达 95%，CCl$_4$ 收率达 94%（使用水蒸气蒸馏的传统工艺，CPP 收率只有 92%，CCl$_4$ 收率仍为 94%）。

③ 螺杆挤压工艺　专门设计的螺杆挤压机能够对 CPP 进行后处理，螺杆内、外都间接加热，机筒保持真空，回收 CCl$_4$，CPP 产品中残存 CCl$_4$ 含量小于 1%。

2.4.3　聚丙烯的悬浮氯化

悬浮氯化法比溶剂法所用溶剂少，从而降低了溶剂回收难度和环境污染问题，目前已有工业化产品。聚丙烯随着其氯化过程的进行，氯含量在不断增加，其溶解行为及分散性质也随之改变。二步悬浮光氯化法充分利用了聚丙烯氯化过程中的性质变化，更容易得到氯化均匀且氯化深度大的氯化聚丙烯。第一步氯化反应时间以 5h 为宜，紫外光从内部照射优于从外部照射，这是因为光量子的通量直接影响了自由基的活性和寿命，也就直接影响了反应速率。反应温度越高，氯化速度越快，产品的氯化度越高。这是因为助氯化剂的分解速率主要取决于温度，聚合物分子链上的伯、仲碳原子上的氢被取代也受温度影响。但温度太高，体系的副反应增多，产品颜色加深，因此反应温度取 110℃为宜。

在光氯化反应中，光照时间即光量子通量及光照方式都是影响氯化反应的主要因素。在固液质量比为 1∶9、反应温度为 110℃±2℃、恒定通氯速率的条件下，进行光照时间和光照方式的试验，结果如表 2-23 所示。

表 2-23　聚丙烯悬浮氯化工艺条件

氯化周期/h	无光照时间/h	有光照时间/h	氯含量/%
5	5	0	23.2
5	3	2	26.5
5	2	3	28.8
5	1	5	34.5

从表 2-23 可以看出，有无光照，氯化速率的差别是很大的，光氯化反应明显快于直接氯化反应。若把紫外光灯安装在氯化体系内，必然会产生结焦和结膜现象。为此设计了带有夹套的灯套管，在灯套管内通以滤波介质，滤去波长小于 30nm 和大于 400nm 的光，使进入氯化体系的光基本上都是有效紫外光，滤波介质以水溶液形式进入灯套管，既降低了灯管的周围温度，又克服了灯套管壁的结膜和结烧焦现象，从而解决了长期困扰高分子光化法中的技术难题。

在氯化的第二阶段，由于氯化等规聚丙烯的氯含量已达到了 30%~35%，在四氯化碳、氯仿、二甲苯等溶剂中都有较好的溶解性，因此选用稳定性更好的四氯化碳为溶剂进行深度氯化。随着氯化时间的延长，氯化度增加。开始阶段，氯化速率较快，但当氯化时间超过 7h 后，氯化度增加缓慢，这说明，随着氯化的深度进行，易取代的仲氢原子和叔氢原子都已被取代，而伯氢原子比较稳定，较难取代。随着氯化的进行，由于氯原子的排斥和位阻现象，氯化取代难以进行，从而使氯化速率降低，即使氯化时间延长至 15h，氯化度也达不到理论值（69.2%），所以氯化时间不宜太长，一般以氯化 6~8h 为宜。第二步氯化温度低于 55℃时，氯化反应基本不进行。温度为 75℃时，反应速率最快，提高温度对氯化反应有利。随氯化反应的进行，由于位阻和氯原子的排斥作用，氯化反应活化能就越高。但反应温度不能无限制提高，因 CCl₄ 的沸点是 76℃，只能在等于或略低于其沸点下进行氯化反应。

在第一阶段，由于紫外光的存在，加与不加助氯化剂，对反应速率影响不大；但在第二阶段，随着氯化反应的深度进行，反应速率降低，这时，助氯化剂的存在对稳定引发自由基、延长自由基寿命起了一定作用。通过考察反应温度、固液配比、反应时间、通氯速率等因素对反应的影响，并对乳化体系、抗凝剂、盐效应、光照时间和光照方式进行条件试验，从而筛选出最佳工艺条件：第一阶段，m（PP）：m（氯苯）=1：（8.5~9），反应温度 110℃±2℃，反应时间 5h 左右，光照时间 5h，通氯速率为 40mL/min。第二阶段，m（CPP）：m（CCl₄）：m（H₂O）=1：3：10，反应温度 70~75℃，反应时间 6~8h，光照时间 6~8h，通氯速率为 40mL/min。按照上述最佳工艺条件进行 PP 氯化，氯含量为 61%~63%，并且工艺重复性好。

2.4.4　聚丙烯的固相氯化

固相氯化法是将粉末状态的 PP 在沸腾床中氯化，氯化过程中不需加入溶剂，从而减少了环境污染，降低了生产成本。为了防止氯化过程中因热降解而引起的产品变黄，可在氯化过程中加入添加剂硬脂酸钙、硅酸等；为了防止固态微粒板结，可加入 MgO、TiO₂、滑石粉、SiO₂ 和表面活性剂等。该工艺可以采用由氮气稀释的含氟 0.75%、含氯 50% 的气体，采用有三层混合设备的反应器。

PP 的 MFR 不同，氯化反应速率有明显差别。MFR 越小，氯化反应速率越慢，且随氯化程度的加深，MFR 小的物料其氯化反应速率下降得也越快，产物色泽也差。原料 PP 的颗粒大小即粒度与气-固界面面积密切相关，因此原料 PP 的粒度及在反应中粒度的变化都会对氯化反应产生重要影响。为了比较反应物颗粒大小对反应速率的影响，采用同一种物料的四种筛分物进行氯化反应，反应中采用相同的氯化条件，研究结果如表 2-24 所示。

表 2-24　反应物颗粒大小对反应速率

粒径大小/目	氯化时间/min	氯含量/%	产物外观
>60	222	44.9	微黄色
60~100	151	46.9	白色
100~160	106	46.5	白色
>200	116	19.6	白色

从表 2-24 可以看出，反应物的颗粒越大，经历较长的反应时间也只能达到较低的氯含量。反应物的颗粒越小，经历较短的反应时间就能达到较高的氯含量。原料颗粒越大反应

界面越小，则反应速率减慢。再者，氯化反应过程中，氯气在参加反应时要经历由物料表面渗透进入物料内部的过程。因而，扩散作用成为一个重要的影响因素。显然，氯气扩散进入小颗粒内部比扩散进入大颗粒内部更为容易。物料粒度越大，越不易搅拌均匀，反应热越容易集中，造成局部过热较早出现，首先使部分晶区熔融，反应区域由无定形区扩大到晶区，结果较早地出现了最高氯化反应速率，而小粒度的物料颗粒最高氯化反应速率则出现得较晚。粒度大的物料颗粒在局部过热的作用下，只能熔融颗粒表面的部分晶区，粒度小的颗粒同时熔融的晶区较多，因而反应速率特别均匀。当筛分颗粒粒度较大时，由于反应界面较小，氯化反应长时间集中在物料颗粒界面层附近的区域，使物料表面发生焦化，产物色泽变深（成微黄色）。当筛分颗粒粒度较小时，反应界面较大，氯化反应可在较大的物料表面以及大部分的物料内部进行较均匀的反应，物料不易发生焦化，因而产物色泽好（氯化产物均为白色）。

2.4.5 聚丙烯的水相氯化

氯化聚丙烯通常溶解在甲苯或二甲苯等有机溶剂中，有机溶剂不但价格昂贵，且具有挥发性，因此在生产和使用过程中，存在着环境污染等问题。近年来，环境保护日益受到人们的重视，许多国家相继颁布了控制挥发性有机化合物（VOC）的法规，执行标准越加严格。朝着水性化方向发展已成为高分子界的共识。因此，水性氯化聚丙烯的研究得到了国内外学者的普遍重视，已经成为这一领域的研究热点。

采用水相悬浮体系，将聚丙烯细化处理（借助于球磨机、胶体磨、均质器等设备将树脂磨碎），然后加入乳化剂和水，剧烈搅拌即得树脂分散体。在反应温度为85℃和一定的氯气流速下进行氯化。在不同反应时间取样，然后对取得的试样进行洗涤、中和、干燥，即得产品。该反应是在等温下用氯气氯化等规聚丙烯（CIPP）的合成反应，是气-液-固三相并存的非均相反应。

另一种是采用高温高压的装置使氯化聚丙烯树脂熔化，然后在强搅拌下使其分散；也可以将树脂溶解在有机溶剂或者低分子量的增塑剂中，然后将树脂溶液和含有乳化剂的水溶液在高速搅拌下用均质器等混合分散，减压蒸馏除去有机溶剂，即得树脂分散液。相比较而言，借助有机溶剂所制备的分散液粒子尺寸小，甚至可以达到0.5μm，但它的缺点是工艺比较繁琐，且没有真正做到零污染。

相反转法是一种制备高分子树脂乳液比较有效的方法，几乎可将所有的高分子树脂借助外加乳化剂的作用并通过物理乳化制得相应的乳液，因此也可以用于聚丙烯的水相氯化。相反转原指小分子乳液体系在一定条件下,其连续相由水相变为油相(反之亦然)的过程。在相反转点附近，体系的物理性质发生了一系列显著变化，如体系的界面张力很低，乳液的分散相尺寸非常小。利用这一特点，可以在相反转点附近制备出分散相尺寸很小的乳液。同理，用相反转技术可直接将高分子树脂乳化为分散相尺寸很小的水基化体系。图2-15说明了用相反转法乳化氯化聚丙烯的过程。

相反转法制备水性CPP的具体过程是：先将CPP或者改性CPP溶解在适当有机溶剂中，在一定温度下加入乳化剂，在高速剪切作用下先将乳化剂和树脂溶液混合均匀，然后在一定的剪切条件下缓慢地向体系中加入蒸馏水，随着加水量增加，整个体系逐步由油包

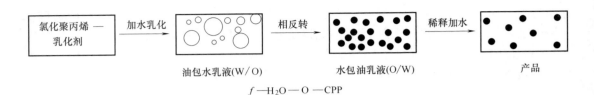

图 2-15 相反转技术制备水性 CPP 工艺示意

水（W/O）向水包油（O/W）转变，形成均匀稳定的水可稀释体系。然后减压蒸馏除去有机溶剂，并加适量胺调节乳液 pH 值，增加乳液稳定性。相反转法所用乳化剂有：非离子乳化剂［聚氧乙烯壬基苯基醚、聚氧乙烯十六烷基醚、聚氧乙烯十八烷基（硬脂）醚、聚氧乙烯十二烷基醚等］；离子型乳化剂（二烷基磺基琥珀酸钠、月桂基苯磺酸钠、十二烷基硫酸钠、十二烷基三甲基氯化铵等）。可以单独使用一种乳化剂，也可以两种或多种乳化剂混合使用。一般情况下，复合乳化剂的效果好于单独的乳化剂，不仅可以减小乳液粒子尺寸，增加乳液的稳定性，而且能提高涂膜的耐水性和耐油性。

将极性基团引入树脂分子骨架中，使其具有一定的亲水基团，从而具有表面活性剂的作用，可在水中分散形成乳液，称自乳化法。前两种方法制得的粒子粒径较大，通常为微米级，而自乳化法所制得的粒子较细，通常为纳米级。

PP 的水相悬浮热氯化涉及到气、液、固三相，是一个比较复杂的反应体系。除了温度和压力外，影响外扩散速率的主要因素有通氯速率和搅拌转速等。随着通氯速率和搅拌转速的增大，气-液界面表面更新频繁，气-液传质速率增大；另外，使 PP 颗粒表面的液膜减薄，减少了液-固间的传质阻力，综合结果是提高了外扩散速率。内扩散速率的影响因素主要是 IPP 粒子的粒径和结构等。随着反应时间的延长，氯含量明显提高，反应速率逐渐减小。氯化温度对氯含量有明显的影响，在相同的反应时间内，氯化温度越高产物的氯化度越大。这是因为随着温度的提高，氯自由基数量增多、活性增强，使得氯与 IPP 粒子的反应速率得到明显的加快。但随温度升高，氯在水中的溶解度减小，在 PP 粒子表面的氯含量也会降低，使得反应速率降低。因此，氯化温度不能太高或太低。随着 IPP 粒径的减小，CIPP 氯含量显著提高。这是因为 IPP 粒径越小，相同体积粒子的比表面积就越大，同时，氯扩散到粒子内部也更加容易，氯化反应的速率越大。

在氯化温度为 90℃、通氯速率为 40mL/min、分散剂为 3.31g/L、IPP 含量为 0.01g/mL 的反应条件下，研究不同粒径 IPP 的氯含量和氯化速率（单位时间氯质量分数的改变）随时间的变化，结果见图 2-16。

由图 2-16 可见，随着反应时间的延长，氯含量明显提高，但反应速率逐渐减小；10h 之后，氯含量增加和氯化速率减小均趋于平缓。这一方面是因为氯化反应首先发生在 IPP 粒子表面，随着反应的进行，未被氯化的表面逐渐减小，表面层的氯化产物使氯气向粒子内部扩散的阻力逐渐增大，反应速率下降；另一方面因为 IPP 非结晶区易被氯化，随着氯化的深入，非结晶区的氯化趋于饱和而结晶区的反应速率又较缓慢，这也导致反应速率下降，氯化度增加缓慢；最根本的是，IPP 分子中三种氢原子的相对活性大小依次为仲氢>叔氢>伯氢，随着反应的进行，仲氢优先被取代，而剩下的叔氢、伯氢被取代的速率又较缓慢，最终引起氯化速率下降。

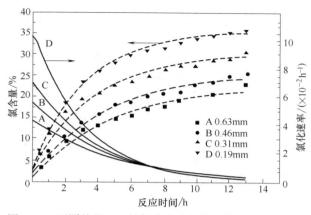

图 2-16　不同粒径 IPP 的氯含量和氯化速率随时间的变化

2.5
聚丙烯交联改性新材料

　　随着现代工业的发展，对聚丙烯的耐热性、耐久性和耐化学品性提出了更高的要求。如果要使它的热变形温度提高到 100℃，仅靠机械共混的办法是难以达到的。要提高聚丙烯树脂本身的耐热性、耐久性和耐化学品性，交联是比较有效的途径之一。由于聚丙烯是一种部分结晶聚合物，软化点与熔点非常接近，超过熔点后熔体强度迅速下降，导致在加热成型时器壁厚度不均匀，挤出涂布时边缘卷曲、收缩，挤出发泡时泡孔塌陷等问题。正是由于这些问题，限制了聚丙烯在更多方面的应用。为了改善上述不利因素，许多研究者都在致力于高熔体强度聚丙烯的开发研究。聚丙烯由于熔点以前几乎不流动，一旦超过熔融温度，其黏度急剧下降，熔体强度非常小，这样的熔体很难包住气体，气泡容易塌陷或合并，泡孔太大，且极不均匀。所以纯 PP 适合发泡的温度范围非常窄，一般只有几摄氏度，发泡过程很难控制。为了克服这个缺点，必需改善 PP 基体的黏弹性，目前一般采用下列三种方法：a.聚丙烯部分交联；b.采用高熔体强度聚丙烯；c.对聚丙烯共混改性。交联是提高聚丙烯发泡效率的有效方法。因此聚丙烯的交联改性是提高聚丙烯综合性能的有效手段。

2.5.1　辐照交联

　　当官能团单体存在时，低剂量下辐照可使 PP 主链上生成一些长支链，改性得到的 PP 在单轴拉伸时存在应变硬化效应，从而制得高熔体强度 PP。将普通线型 PP 改性成为具有长支链结构的高熔体强度 PP，研究辐照敏化剂的官能度、用量以及辐照剂量对凝胶含量的影响，认为增塑剂和抗氧剂的加入以及 PP 辐照前、后的热处理对辐照 PP 熔体强度的提高均有不同程度的促进作用。此外还有光引发和热引发。PP 由于其分子结构的特点，它的交联比其它聚烯烃如聚乙烯要困难得多，因为 PP 的大分子自由基优先起分解反应。

辐射交联是在光或各种高能射线的作用下进行的，比较常用的是 ^{60}Co 产生的 γ 射线。交联和降解反应同时发生，因此其交联效率是相当低的。对于无规聚丙烯，γ 射线辐射后，其降解和交联反应的比是 0.4，全同聚丙烯为 0.8。受辐射后无规聚丙烯本征黏度的变化表明聚丙烯分子链的断裂速率随辐射剂量的增加而减少，全同立构聚丙烯受电离辐射后，分子链的断裂速率在辐射刚开始时很高，随剂量的增加而降低，交联速率则是开始很低，随剂量的增加而升高。这是形成不饱和端基的裂解反应与受激分子与大分子自由基形成交联的竞争反应的结果。辐射剂量小时降解占优势，增大剂量时交联占优势。通过电子自旋共振的方法研究了聚丙烯受辐射后的降解过程，证明聚丙烯的辐射降解是一个自动氧化过程。聚丙烯受辐射后首先产生烷基自由基，烷基自由基经过一定时间后可以转化为多烯自由基。研究还表明在聚丙烯的非晶区自由基的活性较强，容易与氧作用而消失。受 γ 辐射的聚丙烯的自由基终止速率与结晶度有关，其结果是随着结晶度的增大，自由基终止速率降低。在聚丙烯中加入流动性助剂后，自由基的终止速率可以大大提高。

研究人员通过电子束辐照使聚丙烯交联，将辐照后的片材加热使其发泡，制备了密度约为 $0.10g/cm^3$ 的发泡片材，辐照敏化剂、辐照剂量、辐照的气氛对聚丙烯交联程度有较大影响，发泡温度对发泡材料拉伸强度有较大影响。研究发现，敏化剂用量与辐照剂量相匹配才能使体系交联程度高且降解少，在 230℃下发泡，发泡片材力学性能保持较好，密度为 $0.10g/cm^3$ 的发泡片材拉伸强度可达 2.59MPa。

为避免挤出过程中发泡剂部分分解，挤出片材时的温度要低于 170℃。片材要进行热处理，其目的是消除辐射交联后的残余自由基，热处理温度为 120℃，处理时间为 2h。

表 2-25 为发泡剂含量为 5% 的辐照片材，在 230℃下发泡，发泡前体系的凝胶含量及发泡后的拉伸强度、密度、硬度数值。由表 2-25 可见，凝胶含量为 18.72%~39.91% 的片材均可正常发泡，发泡材料密度接近 $0.1g/cm^3$，在此范围内，不同凝胶含量的片材发泡后的密度相差不大，拉伸强度在 2.5MPa 左右，密度大的发泡片材，拉伸强度相对高。而对于凝胶含量为 10.76% 的片材，发泡时会发现泡孔塌陷，而凝胶含量为 6.59% 的片材无法发泡。

表 2-25　PP 发泡片材的凝胶含量及力学性能

凝胶含量/%	拉伸强度/MPa	断裂伸长率/%	表观密度/（g/cm³）	邵尔硬度/A
39.91	2.59	50.97	0.1142	68
23.53	2.50	49.52	0.098	69
18.72	2.85	52.03	0.1470	72
10.76	泡孔塌陷	—	—	—
6.59	无法正常发泡	—	—	—

凝胶含量数据可以很好地表征体系的交联程度，敏化剂的用量、辐照剂量及辐照气氛都是影响凝胶含量的主要因素。辐照交联敏化剂为含官能团单体，一般为丙烯酸酯类，对于像 PP 这样辐照时有较严重降解倾向的聚合物材料，要达到一定交联程度，加入敏化剂是必要的。敏化剂用量对凝胶含量的影响如图 2-17 所示。

从图 2-17 可见，辐照剂量为 10kGy 时（在空气中辐照），凝胶含量随着敏化剂用量的增加而迅速上升，但当敏化剂用量增加到 2% 时，凝胶含量增加趋缓，当敏化剂用量为 5% 时，凝胶含量达到最大值，继续增加敏化剂用量，凝胶含量反而下降。

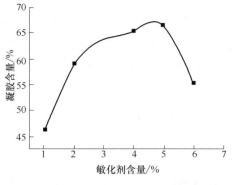

图 2-17　敏化剂含量对凝胶的影响

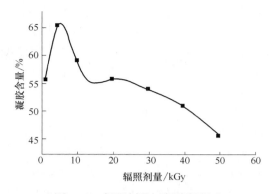

图 2-18　辐照剂量对凝胶的影响

辐照剂量对凝胶的影响如图 2-18 所示。敏化剂用量为 2%时（在空气中辐照），凝胶含量随辐照剂量的增加而增加，当辐照剂量为 5kGy 时凝胶含量达最大值，辐照剂量继续增加，凝胶含量下降。

由图 2-19 可知，在 N_2 保护下辐照时，敏化剂的含量为 0.8%时，相同辐照剂量下，比空气辐照体系的凝胶含量要高。N_2 保护会大大提高体系的凝胶含量，从图 2-19 可以看到，在较低的辐照剂量下，N_2 保护的作用非常明显，辐照剂量为 1~5kGy，N_2 保护下辐照产生的凝胶远高于在空气中辐照所产生的凝胶含量，这主要是因为在 N_2 保护下，自由基较在空气中消耗得少，辐照剂量先达到相对于敏化剂的过剩，即产生的大分子自由基相对于敏化剂过剩，交联作用大于降解作用，所以凝胶含量增加。

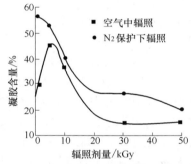

图 2-19　辐照气氛对凝胶的影响
（敏化剂质量分数 0.8%）

在 PP 中加入成核剂，经挤出机挤出后，用 γ 射线辐照，可大大提高交联 PP 的凝胶含量。加入成核剂后，可以使 PP 出现最高凝胶含量的辐照剂量提前到 1kGy，这是极为重要的变化。因为在 1kGy 辐照时，加入成核剂的 PP 有较好的辐照稳定性，所以加入成核剂的 PP 不但凝胶含量高，而且降解程度低，因而得到的交联 PP 性能优异。

2.5.2　过氧化物交联

以前的化学交联大多是在 PP 中加入少量过氧化物引发，认为具有多功能团的单体能促进 PP 的化学交联，具有较大活性的自由基能够提高交联速率。但后来发现仅加入过氧化物会引起 PP 降解。为了防止大分子链的无规断裂，使交联反应处于优先地位，提高交联效率，必须添加合适的助交联剂。具有多功能团的单体能促进 PP 的化学交联，常选用的单体是马来酸二丙烯酯（DAM）和四甲基丙烯酸季戊四醇（PETM），引发剂通常是选用过氧化苯甲酰。用过氧化异丙苯作引发剂交联全同立构聚丙烯时，DAM 和 PETM 对提高凝胶含量有不同的贡献。

过氧化物的种类对聚丙烯的交联效率有较大的影响。烷烃类过氧化物分解产生的自由基对引发聚丙烯的交联是无效的，而那些带有苯环的过氧化物分解产生的自由基对聚丙烯交联才是有效的。断链反应是交联的主要障碍。聚丙烯受到过氧化物激发时的交联比聚乙烯复杂得多，其主要困难在于 PP 因受到 β-断裂和歧化作用降解成很多的自由基团，这会导致 PP 发生缩聚、降解和氧化等化学反应。因此 PP 交联必须要在交联助剂存在的情况下才能有效地发生。

在聚丙烯的交联体系中，加入含有双键的单体，可以和大分子自由基发生加成反应，从而使聚丙烯大分子自由基消失，减少断链反应。接枝在聚丙烯分子链上的多功能团的单体捕捉另一个大分子自由基时，就会与另一个大分子连接起来，形成交联结构，在有多功能团的季戊四醇三甲基丙烯酸酯（PETMA）存在时，交联效率可以提高 3 倍就证实了这一点。因此，在聚丙烯的化学交联中，如何使大分子自由基稳定是提高交联效率的关键。通常情况下采用多官能团单体作为交联助剂。交联助剂的作用大小在于它们与大分子自由基的反应能力。如果这种新的自由基能使大分子的断链稳定下来，那么大分子自由基之间的偶合可能性就会增大，从而导致聚丙烯交联度的增大。

用 DCP 作为交联剂，用松节油和苯乙烯对 PP 进行化学交联，结果表明，交联反应必须在交联助剂存在下才能发生，交联助剂的结构不同对性能带来的影响不同。因为交联助剂苯乙烯中有苯环，而苯环的脆性大，所以其冲击强度低，从而影响聚丙烯交联体系冲击强度的提高。而对于拉伸强度来说，苯乙烯中的苯环是一个共轭结构，松节油中含有一个环状的结构，这些结构有利于聚丙烯交联体系拉伸强度的提高。通过改变引发剂 DCP 的含量和交联剂的种类，可以获得高凝胶含量和性能较好的交联 PP 产品。随 DCP 含量的增加，冲击强度、拉伸强度逐渐增大，出现极值后下降。以松节油为交联剂，DCP 含量在 0.2% 时，可得到力学性能好的材料。随 DCP 含量的增加，耐热温度先升高后降低，适度交联大大提高了聚丙烯的热变形温度，拓展了它在高温领域的应用范围。

段锦华等以 DCP 为引发剂，以二硫化四甲基秋兰姆（TMTD）为交联助剂，研究了四种交联单体，三烯丙基异三聚氰酸酯（TAIC）、二乙烯基苯（DVB）、N,N-亚甲基双丙烯胺（MBA）和硫黄（S）对 PP 力学性能的影响。在此基础上，考察了 DCP、TMTD 和 DVB 之间的相互作用对 PP 力学性能的影响，并对其相互作用机理进行了探讨。研究发现，当 PP/DCP/TMTD/DVB 的比例为 100/0.2/0.05/0.4 时，DVB 交联的 PP 力学性能达到最佳值，其拉伸强度、弯曲强度和冲击强度相对纯 PP 分别提高了 20%、32% 和 75%。DCP、TMTD、DVB 这三者之间的相互关系为：DCP 抑制 TMTD 与 PP 进行反应、DCP 促进 DVB 与 PP 进行交联、TMTD 抑制 DVB 与 PP 进行交联。

利用反应挤出机，通过反应挤出微交联的方法可制备出高熔体强度聚丙烯。在 100.00 份 PP 中加入 1.00 份的反应单体 DVB，以 0.04 份的 DCP 作为引发剂，料筒反应段温度为 190℃、螺杆转速为 40r/min 时，得到产物的熔体强度最佳，比原料 PP 的熔体强度提高 10 倍。由于产物中有微量的交联，产物的熔融峰温略有提高，但仍然可用与普通 PP 相同的成型方法成型。DVB 用量在 1.00 份之前，随 DVB 用量增加，凝胶含量显著提高，MFR 呈指数下降；当 DVB 用量为 1.00 份时，凝胶含量达到最大，比原料 PP 的提高 10 倍。再进一步增加 DVB 用量，凝胶含量基本保持不变。DVB 用量太多时，凝胶含量略微下降，表明 DVB 最佳用量为 1.00 份。这是因为随着 DVB 单体用量逐渐增加，反应体系中的大分子自由基与单体反应的概率增大，主要以偶联反应为主，从而大大提高了 PP 的凝胶含量；少量同一大分子如果与多个其它大分子偶联，会产生微量的交联；DVB 单体用量进一步增加，单体之间自聚的概率增大，偶联反应的效率下降，由于总偶联数量并没有增加，因而凝胶含量不再增大，甚至略有下降。当 DCP 用量低于 0.04 份时，产物的凝胶含量随着 DCP 用量的增加而显著增大，MFR 随着 DCP 用量的增加而减小；DCP 用量大于 0.04 份以后，凝胶含量随着 DCP 用量的增加而减小，MFR 随着 DCP 用量的增加而略有增大。在反应挤出机料筒反应段温度为 190℃以前，随着温度的升高，凝胶含量逐渐增大，MFR 减小；在 190℃以后，升高温度反而导致产物的凝胶含量下降。其原因是当温度较低时，产生的大分子自由基浓度相对较低，降解反应速率较慢，温度升高，则生成的大分子自由基浓度增大，分子间的偶联反应增多，就会使产物的凝胶含量提高；当温度超过 190℃时，DCP 分解较快，除了偶联反应加快之外，自由基引发的 PP 降解反应成为主流，综合作用的结果是使产物的平均分子量有所下降，从而使凝胶含量有所降低。物料在反应挤出机中的停留时间可由螺杆的转速来控制，螺杆转速越快，物料在挤出机中的停留时间就越短，物料进行化学反应的时间就越少。将 PP、DVB、DCP 按照 100.00∶1.00∶0.04 的质量配比混合均匀，控制反应段温度为 190℃，改变螺杆转速，研究其对凝胶含量、MFR 的影响。当螺杆转速低于40r/min 时，随螺杆转速的提高凝胶含量的变化较小，说明反应时间已经足够；当螺杆转速高于 40r/min 时，停留时间低于反应所需时间，凝胶含量略偏低，在所使用的反应挤出机和配方条件下，40r/min 是螺杆的最佳转速。用 DSC 考察交联前后聚丙烯结晶熔融行为，如图 2-20 所示。

从图 2-20 可以看出，曲线 b 是典型的普通 PP 特征，而产物的 DSC 谱有了较为明显的变化，一是产物的熔融吸热峰值比原料提高了 4℃；二是产物的吸热结束值（代表分子量较高的级分）比原料提高了 12℃，两者都表明在反应挤出过程中有大量的 PP 分子进行了偶联反应，生成分子量比原料大得多的级分或微交联物，但仍然可以使用加工 PP 的方法进行成型加工；三是产物的开始吸热较多，表明有少量 PP 分子降解。

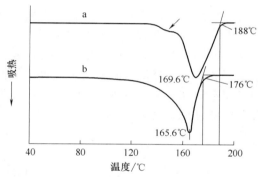

图 2-20　反应产物和原料 PP 的 DSC 图
a—反应产物；b—原料 PP

2.5.3　硅烷接枝交联

硅烷接枝聚丙烯一般采用过氧化物作引发剂，有机锡为水解催化剂。在少量过氧化物存在下，用带有烯类双键的三官能团的有机硅烷与 PP 在挤出机中熔融共混完成接枝反应，然后，在水的作用下硅烷水解成硅醇，经缩合脱水而使聚丙烯交联。交联产品的耐热性、耐化学品性能大大提高。不同过氧化物对 PP 的交联反应有不同的影响。要使 PP 交联，自由基浓度不能低于某一定值。当有机硅存在时，PP 大分子自由基可以打开硅烷分子上的双键，从而使 PP 分子链得到稳定。在二步法化学交联中，第一步接枝反应很重要，影响因素很多；第二步交联反应很容易发生。这种方法最早是由 Dow Corning 公司发展起来用于聚乙烯交联的，日本三菱油化公司经过多年研究，把这一技术用于聚丙烯的交联并获得了成功。技术的关键是在接枝反应时必须严格控制各种因素，抑制聚丙烯的降解。生成的自由基可以通过转移反应而使自由基消失，从而形成稳定的接枝点。接枝在聚丙烯上的—Si(OR)$_2$ 在催化剂的作用下易于水解，生成硅醇，硅醇脱水生成交联结构，从而把聚丙烯的分子链连接在一起，使聚丙烯变成交联网状结构。

由于聚丙烯主链上含有较多叔碳原子，在升温过程中，自由基存在时，其反应以叔碳原子的 β-断裂为主，这不是接枝反应或交联反应。因而既能抑制接枝过程中聚丙烯的降解，又能提高接枝率是硅烷交联技术在聚丙烯应用上的关键因素。利用加入接枝助剂方法抑制聚丙烯的裂解，研究人员通过试验发现随着接枝助剂含量的增加，聚丙烯的 MFR 逐渐下降，因而加入助剂是一种有效抑制接枝过程中聚丙烯降解的方法。通过对聚丙烯、接枝助剂、硅烷、引发剂进行配方优化，可使聚丙烯的断裂强度提高 50%，悬臂梁冲击强度提高约 16 倍，热变形温度提高 10.3℃。然而接枝助剂并不是对所有的硅烷都能发挥较好的抑制作用。硅烷交联聚丙烯的凝胶含量随着 DCP 的增加而上升，在 0.2% 时趋于稳定，MFR 随 DCP 的增加而下降，因此在尽可能提高凝胶含量的同时，应尽量降低 DCP 的用量。同时硅烷的种类、引发剂的种类、温度的高低对接枝交联反应都有很大的影响。研究人员研究了凝胶含量和硅烷单体种类和用量、引发剂种类和用量、苯乙烯用量之间的关系。发现 3-异丁烯酰丙基三甲氧基硅烷（VMMS）与乙烯基三乙氧基硅烷（VTES）和乙烯基三甲氧基硅烷（VTMS）相比，接枝聚丙烯的凝胶含量明显比后两者高。凝胶含量随着引发剂浓度的增大而增加，但趋势明显趋缓，并且相同反应条件和引发剂浓度下，BPO 与 DCP 相比由 BPO 作引发剂得到的产物凝胶含量比 DCP 要高；随苯乙烯与 VMMS 的质量比增大，凝胶含量增加，当摩尔比达到 15∶1 时趋势明显趋缓，MFR 则迅速降低；凝胶含量随着反应温度的升高而降低，随着螺杆转速的提高而升高。用 Haake 流变仪研究聚丙烯粉末熔融接枝不饱和硅烷时发现：VMMS 与 VTES 相比，前者不仅能使凝胶含量得到提高，而且在接枝过程中聚丙烯的降解明显比使用后者接枝要少；DCP 与 BPO 相比，前者引起聚丙烯在接枝过程中严重降解，其添加量越大降解越严重，而后者引起的降解比较少。

同溶液接枝相比，气相接枝反应具有不需要溶剂，接枝单体共聚反应的概率较低及利用率高等优点。在过氧化物作用下可采用气相接枝反应使硅烷气体在聚丙烯粉末表面进行气相接枝反应，从而制备聚丙烯交联改性新材料，这是一个新方法。例如，采用粉状聚丙烯（F401，MFR0.22g/min）、VTMS、DCP 进行气相接枝反应并进行水解交联。引发剂的用量为 1%（质量分数），硅烷浓度为 0.026mol/L，硅烷接枝聚丙烯的红外

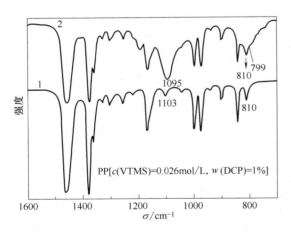

图 2-21　聚丙烯和气相硅烷接枝聚丙烯红外谱图
1—聚丙烯；2—气相硅烷接枝聚丙烯

谱图见图 2-21。图 2-21 中可见，硅烷在 1095cm⁻¹ 和 799cm⁻¹ 处分别存在硅氧（Si—O—CH₃）和硅碳（Si—C）键的伸缩振动吸收峰，这与聚丙烯在 1103cm⁻¹ 的碳-碳键伸缩振动吸收峰和 810cm⁻¹ 处的 CH_2、CH、CH_3 的摇摆振动吸收峰部分重叠。从聚丙烯的两个吸收峰的峰形变化可以清楚地看到，在自由基引发剂作用下，硅烷在气相状态下已成功的接枝到聚丙烯上。

在反应体系内加入甲苯溶胀 PP，可使单体和引发剂更易于在 PP 中进行扩散。随着甲苯摩尔浓度增大，单体和引发剂在 PP 中的扩散深度增加，硅烷接枝率上升。但甲苯的加入同时带来两种副作用：一是甲苯本身是自由基阻聚剂，会降低引发剂对接枝反应的引发效率；二是甲苯的加入稀释了反应容器中硅烷气体的浓度，从而降低硅烷单体发生接枝反应的概率。因此当体系中甲苯浓度增加到一定程度后，硅烷接枝率开始下降。在 DCP 含量不变的情况下，改变硅烷单体浓度，产物接枝率发生变化。研究发现随着容器中硅烷单体加入量的增大，有更多的硅烷单体能接触并吸附在 PP 粉末表面从而渗透进入 PP 内部，因此硅烷的接枝率上升。但受引发剂引发效率的影响，上升幅度随着硅烷单体加入量的增加而逐渐减缓。随着 DCP 含量的增加，硅烷的接枝率快速上升；在 DCP 含量较低时，硅烷交联产物的凝胶含量随着 DCP 用量的增加逐渐上升，在 DCP 用量为 0.6% 时达到最高。在 DCP 含量较低时，PP 发生链降解反应的概率低，因为 PP 分子量较大，少量分子链间的硅烷交联就可以使 PP 的分子量大为增加，从而凝胶含量较高[如图 2-22（a）所示]。随着 DCP 浓度的增加，更多的硅烷可能重复接枝在同一 PP 主链上，虽然接枝率提高了，但分子链间的重复交联并不能提高样品的凝胶含量[图 2-22（b）]，持续增加的引发剂引起 PP 分子链上产生多处降解断裂，当硅烷对断裂分子链间的交联作用不能弥补 PP 分子链降解所带来的损失时[图 2-22（c）]，交联产物的凝胶含量就呈现出下降趋势。

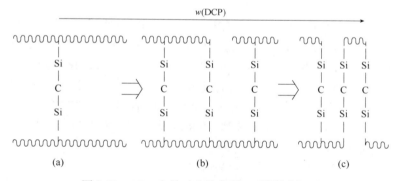

图 2-22　DCP 含量对硅烷交联 PP 的影响机理

以不饱和硅烷为接枝单体，不饱和烯烃为共单体，在双螺杆挤出机上实现均聚 PP 的接枝交联，制得高熔体强度 PP。通过 MFR 和凝胶含量的变化来研究原材料对交联 PP 性能的影响。在硅烷和共单体共存的条件下，材料的熔体流动性能随引发剂含量的增加而下降。共单体起到稳定大分子自由基的作用，增加了硅烷的接枝效率和接枝速率，共单体与硅烷最佳摩尔比为 1:1。目前，硅烷交联 PP 主要应用于耐高温、耐化学腐蚀的化工管道和汽车零部件，由于硅烷交联 PP 的各种性能较未交联 PP 有较大提高，因此，硅烷交联 PP 可应用于工业生产和日常生活的各个方面。

2.6
聚丙烯的控制降解

随着 PP 高速纺丝和大型精密注塑技术的发展，对材料的流动性要求越来越高，如注塑洗衣机滚筒，基本上要求 PP 的 MFR 在 30~50g/10min 以上，而大型石化企业生产这类高流动 PP 相对较难，因此在很多情况下，需要对 PP 进行可控降解，以实现高流动性。采用高流动性 PP，可使注射制品易成型加工，减少注射缺陷和废品率，而且在制品加工生产过程中可降低加工温度、注射压力和合模力等，从而降低能耗，缩短制品的成型周期，提高制品产量。此外，由于树脂的流动性提高，可进行薄壁制品的生产，减少原材料的使用。

常规方法生产的 PP 树脂分子量高、分子量分布宽、熔体黏度相当高，因此不但要求高温加工成型，且难以高速生产，不能纺制成细丝纤维。改善 PP 熔体流动性，即制备高 MFR 的 PP 树脂有两条途径：一种是通过控制聚合工艺控制分子量及分子量分布（氢调法），这种方法受到催化体系、反应条件等的限制，工业化生产比较困难；另一种方法是将常规聚合得到的 PP 树脂进行降解，控制分子量及其分布，称为控制降解法。可控降解法生产的 PP 比氢调法 PP 具有更好的加工稳定性和耐热氧稳定性，生产工艺简单，但对工艺条件要求比较苛刻。氢调法对聚合工艺和催化剂要求较高，且在环境温度高的情况下难以生产高 MFR 的 PP。

2.6.1　聚丙烯控制降解原理与降解剂

在常规反应釜中生产的 PP 通常具有较高的分子量和较宽的分子量分布，因而产生的高熔体黏度和弹性限制了它在一些实际应用中的应用。早期有人使用 MFR 为 0.5g/10min 的 PP，在一台 ϕ50.8mm 的挤出机内，与含有 3.8% 的叔丁基氢过氧化物的苯溶液（其用量相对于聚合物的浓度为 800mL/L），在温度为 230~266℃ 的条件下发生反应，产物的 MFR 为 10g/10min，表明通过自由基反应可以使高分子量 PP 断链。后来该加工方法改成使用过氧化物为引发剂提供自由基促进高分子量 PP 的断链降解，从而使其加工温度大大降低，这种方法就是 PP 的控制降解。

含有过氧化物的 PP 在熔融状态下，会通过一系列反应（包括链引发、链断裂、链转移和链终止的自由基反应）而发生降解。聚合物主链首先在过氧化物自由基作用下，其叔碳原子上的氢脱除，形成大分子自由基，这一大分子自由基又发生链断裂，从而降低聚合物的分子量。这一反应过程能通过大分子自由基的重组和歧化反应而终止。氧、加工稳定剂以及抗氧剂的存在都会通过自由基的竞争反应而影响聚合物的降解过程。具有低 MFR（230℃，2.16kg，<0.1g/10min）的 PP 均聚物通常直接从反应器中获得。有机过氧化物的用量在 0.001~1 质量份之间（可根据最终所要求的 MFR 而定）。这些过氧化物能够以液体（纯的或用惰性载体稀释的）、结晶固体或散粒状粉剂（或附着在惰性载体上的液体）以及聚烯烃母料等形式参与反应。对于 PP 的可控降解，通常认为反应的总速率受过氧化物的分解速率控制。因此，从一级分解的动力学来看，为确保 98% 的分解率，理想的加工时间应

为过氧化物半衰期的 6~7 倍。引发剂的浓度和效率是影响产物的分子量、分子量分布和流变性能的最重要的变量，MFR 是过氧化物浓度（这一浓度至少在质量分数约 0.1%的范围内）的线性函数。稳定剂的存在和副反应以及混合不充分都会降低引发剂的反应效率。

可控降解通常要求过氧化物在 PP 熔融前不能大量分解，但能在 PP 加工温度范围内迅速产生足够多的反应性自由基，以完成降解过程。在 135~155℃之间，半衰期为 1h 的二烷基过氧化物是比较常用的，表 2-26 按热稳定性递增的顺序列出了五种广泛使用的适用于 PP 降解的过氧化物。

表 2-26　用于 PP 控制降解的过氧化物

过氧化物名称	半衰期为 1h 的分解温度/℃
双（过氧化叔丁基）二异丙苯（DTBPIB）	137
过氧化二异丙苯（DCP）	137
2,5-二甲基-2,5-双（叔丁基过氧化）己烷（DTBPH）	140.3
过氧化二叔丁基（DTBP）	149.1
2,5-二甲基-2,5-双（叔丁基过氧化）己炔-3（DTBPHY）	151.8

选择过氧化物除了考虑加工温度外，还需考虑其它一些参数。分解产生的自由基必须有效地脱除叔碳原子上的氢原子，如叔丁氧自由基、苯基自由基、甲基自由基等。另外，还要考虑过氧化物的挥发性及安全性。过氧化物可以液体、固体或以溶剂稀释或以固体载体吸收后加入基础树脂。由于上述过氧化物分解会产生叔丁醇等挥发性物质，有异味，从而限制了其在食品包装领域的应用。德国外贸和批发商协会（BGA）及美国食品药品监督管理局（FDA）均对食品包装用 PP 作了规定，包装用 PP 采用 DTBPH、DTBP 和 DTBPIB 作降解剂，且最大用量为 0.1%（质量分数），FDA 则规定采用 DTBPH 作降解剂，产品中叔丁醇含量最大为 100μg/g。

2.6.2　聚丙烯控制降解工艺与设备

控制降解工艺中，通过添加过氧化物起到控制降解的作用，提高 PP 流动性。由于在 PP 控制降解中过氧化物用量极少，加入液体纯过氧化物不好计量，与 PP 熔体混合不均匀。因此 PP 的控制降解多采用过氧化物母粒（俗称降温母粒，为降低 PP 加工温度的意思）法，即先制备高浓度过氧化物母粒，然后再添加到 PP 中。通常采用 PP 作载体，将过氧化物制成质量分数为 1%~5%的浓缩母料，再将母料添加到 PP 中，使 PP 的 MFR 可以控制在 4~400g/10min 之间，而且 MFR 在较窄范围波动。另外，过氧化物是易燃易爆危险品，在运输、储存、使用等过程中均需要高度安全保障，这为过氧化物的使用带来了困难。通过把过氧化物制成高浓度母粒，大大降低了过氧化物的危险性，这种母粒就成为非危险品，这对过氧化物的运输、储存和使用的安全性具有极大的好处，大大降低了火灾、爆炸等灾难事故的发生概率，从而带来了极好的社会效益。采用降解法可生产纤维级 PP 专用树脂产品，所使用的固体过氧化物为 Trigonox301-20PP-pd，即 3,6,9-三乙基-3,6,9-三甲基-1,4,7-三过氧壬烷，分子量为 264.3，理论活性氧含量 18.16%，外观为白色粉末，总活性氧含量

3.63%。通过控制过氧化物加入量可以控制产品的 MFR，MFR 可达 50g/10min 以上，灰分<0.03%，拉伸强度>30MPa，黄色指数<0.5。

PP 分子由于存在叔碳原子，所以在光和热的条件下极易发生大分子链的断裂，导致材料性能劣化。考虑产品用途，根据抗氧剂反应机理和过氧化物作用机理，在保证抗氧剂和过氧化物充分发挥效率的前提条件下，尽量避免各助剂之间相互干扰，减少受热分解产生副反应的概率。PP 控制降解造粒工艺参数见表 2-27。

表 2-27 PP 控制降解造粒工艺参数

项目		设计控制范围
挤出机筒体温度/℃	二段	220~230
	三段	245~260
	四段	245~260
	五段	245~260
	六段	245~260
	七段	245~260
	八段	245~260
	九段	245~260
	十段	245~260
热油/℃	循环回路 1 温度	220~230
	循环回路 2 温度	225~235
水槽冷却温度/℃		42~47
节流阀开度		30~48
造粒产量/（t/h）		12~14

PP 控制降解产品性能指标见表 2-28。

表 2-28 PP 控制降解产品性能指标

项目	设计指标	测试标准
MFR/（g/10min）	30~40	GB/T 3682—2018
等规度/%	≥96.0	GB/T 2412—2008
拉伸强度/MPa	≥28	GB/T 1040—2018
黄色指数	≤4	GB/T 2409—1980
灰分/%	≤0.03	GB/T 9345—2008
清洁度/（个/kg）	≤20	GB/T 12670—2008

MFR 变化与固体降解剂加入量的关系如图 2-23 所示。

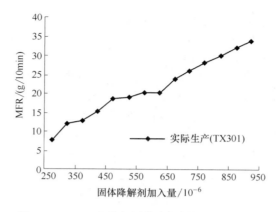

图 2-23　MFR 变化与固体降解剂加入量的关系

从图 2-23 可以看出，随着固体过氧化物降解剂加入量的增加，产品的 MFR 逐渐增大。母料中降解剂含量控制、载体树脂选择及生产工艺是影响母料质量的关键因素。用 T30S 粉料作基料，过氧化物作降解剂，ZSK-40 双螺杆挤出机造粒，具体工艺路线如下：

该方法比较简单，所用设备并不复杂，但必须有准确的计量方法和严格的安全措施。在实际操作中，过氧化物加入量少，要保证均匀分散，需要经过预混合工序。由于过氧化物闪点低，机械混合摩擦生热，易燃易爆，是生产中的安全隐患。在混料过程中，要尽量控制混料时间，使混合后的物料松散程度均匀一致，没有结块。混料机高速运转状态下，混合后的物料在出料口产生大量的静电聚集，易发生闪爆现象，所以混料机出料口必须静电接地，保证安全。出料口处易产生高浓度的气态过氧化物，要选择合适的接料容器，并避免铁器碰撞产生火花。在 PP 高浓缩降解母料生产过程中，双螺杆挤出机的加工工艺条件控制是一个关键，应根据母料塑化及造粒情况，调节挤出机的各项控制参数。当挤出机料筒中料温升高时黏度降低，有利于塑化。由于降解剂在高于 160℃ 时快速分解，随着料温的升高，造成降解剂大量散失。因此机头和口模温度过高时，挤出物的形状稳定性差，母料收缩率升高，甚至引起母料发黄、出现气泡等，使挤出不能正常进行。所以制备母料时的温度应尽可能低。但温度过低，塑化较差，且因熔体黏度大而使功率消耗增加。增大螺杆转速能强化对物料的剪切作用，有利于物料的混合和塑化，降低其熔体的黏度。但物料受到螺杆剪切力的作用，产生部分热量，会导致物料温度升高，易引起过氧化物的分解。在切粒机出料口及装料箱，也易产生大量静电聚集，所以出料口及装料箱必须静电接地，避免出现闪燃现象。准确计量后的装袋母粒应在干燥密封条件下保存，为防止降解剂的挥发，尽量做到现用现产。根据以上因素综合考虑，确定 PP 高浓缩降解母料的加工工艺条件，从进料段到模头，温度控制在 120~160℃ 之间，螺杆转速控制在 200~300r/min 之间，扭矩不超过机器总扭矩的 60%，料温控制在 170℃ 以下，切粒速度为 70~90r/min。

随着高分子科技的发展，目前出现了高浓度的过氧化物母粒[过氧化物母粒含量达到 20%（质量分数）以上]，过氧化物多采用 2, 5-二甲基-2, 5 二（叔丁基过氧基）已烷（D25），因此母粒制备的安全性极其重要。载体树脂的选择至关重要，一是加工温度不能高于 130℃（因为 D25 开始剧烈分解的温度为 130℃），二是要与 PP 的相容性好，因此载体树脂最好是 PP 类，但一般 PP 熔点高达 160℃以上，因此很难在低温下加工。选用 PP 蜡、PE 蜡、乙烯-乙酸乙烯共聚物（EVA）蜡，以及 APP，并添加无机填料（如碳酸钙等），可在低温下（130℃以下）制备过氧化物含量达到 20%（质量分数）的母粒，大大提高了高浓度过氧化物母粒生产的安全性、连续性和稳定性，可用于非纺丝领域的高流动 PP 的制备。由于碳酸钙、PE 蜡的加入可能会影响 PP 的高速纺丝（纺丝时断丝严重），因此载体树脂的选择更为重要。随着三元共聚 PP 的出现可很好地解决这一难点。由于三元共聚 PP 的熔点只有120℃左右，因此可以作为高浓度过氧化物母粒的载体，制备出不含碳酸钙等杂质的母粒，从而保证了控制降解 PP 的高速纺丝。

目前常采用双螺杆挤出机来生产控降解高流动 PP，但一般不选用剪切作用强的螺杆构型，因为这种结构会导致快速升温而使过氧化物提前分解。双螺杆挤出机常根据旋转方向、螺杆的啮合情况及是否带有捏合盘进行分类。研究发现，在同样条件下，PP 在异向旋转双螺杆挤出机中的降解程度比在同向旋转双螺杆挤出机中大，捏合盘有利于物料的混合，故使 PP 的降解程度加深，捏合盘的数目和位置也影响 PP 降解，捏合盘的数目越多，降解程度越大，捏合盘靠近加料斗比靠近机头更有利于 PP 的降解。

2.7
聚丙烯的表面改性

材料的表面特性是材料最重要的特性之一。随着高分子材料工业的发展，对高分子材料不仅要求其内在性能要好，而且对表面性能的要求也越来越高，诸如印刷、黏合、涂装、染色、电镀、防雾等都要求高分子材料有适当的表面性能。因此表面改性已成为包括化学、电学、光学、热学和力学等诸多学科的科学领域，成为聚合物改性中不可缺少的组成部分。

PP 是一种难粘性高分子材料，其表面有如下特性：a.表面能低，临界表面张力只有（31~34）× 10^{-3}N/cm，因而其水接触角大，油墨、胶黏剂、涂饰剂不能充分润湿基材，从而不能很好地黏附在基材上。b.PP 属于非极性高分子，油墨、胶黏剂、涂饰剂在非极性高分子表面只能形成较弱的色散力，不能产生更强的相互作用，因而黏结强度差。c.PP 结晶度高，化学稳定性好，溶胀或溶解都十分困难。当油墨、胶黏剂、涂饰剂涂在 PP 表面后，很难发生聚合物分子链间的互相扩散或缠结，因而不能形成较强的黏附力。d.PP 表面存在弱边界层，这种弱边界层来自聚合及加工过程中所带入的杂质、聚合物本身的低分子量成分、加入的各种助剂以及储运过程中所带入的污染物等，这种弱边界层的存在造成了材料表面黏附性差，不利于印刷、复合、黏结、涂饰等后加工过程。

2.7.1 聚丙烯表面的火焰及电晕处理

（1）火焰处理法

所谓火焰处理法就是采用一定配比的混合气体，在特别的灯头上烧蚀，使其火焰与 PP 表面直接接触的一种表面处理方法。火焰法也能将烃基、羰基、羧基等含氧极性基团和不饱和双键引入 PP 材料的表面，消除薄弱界面层，因而明显改善其黏结效果，是目前较流行的表面处理方法。火焰处理法成本低廉，对设备要求不高。影响火焰处理效果的主要因素有灯头形式、燃烧温度、处理时间和燃烧气体配比等。由于工艺影响因素较多，操作过程要求严格，稍有不慎就可能导致基材变形，甚至烧坏制品。所以，目前主要用于较厚的 PP 制品的表面处理。

（2）电晕处理

电晕处理也称火花处理，是将 2~100kV、2~10kHz 的高频高压施加于放电电极上，以产生大量的等离子气体及臭氧，与 PP 表面分子直接或间接作用，使其表面分子链上产生羰基和含氮基团等极性基团，表面张力明显提高，加之粗化其表面，从而改善表面的黏附性，达到表面预处理的目的。电晕处理具有时间短、速度快、操作简单、控制容易等优点，因此被广泛用于 PP 薄膜印刷、复合和黏结前的表面预处理。但是电晕预处理后的效果不稳定，因此处理后最好立即印刷、复合、黏结。影响电晕处理效果的因素有处理电压、频率、电极间距及温度等，印刷性和黏结力随时间的延长而增强，随温度的升高而升高。实际操作中，通过采取降低牵引速率、趁热处理等方法以改善效果。

2.7.2 聚丙烯表面的化学处理

工业中常用铬酸洗液作为 PE、PP 等聚烯烃镀金属前的清洗液，所用的铬酸配方为 $K_2Cr_2O_7$：H_2O：浓 H_2SO_4（密度：$1.84g/cm^3$）=4.4：7.1：88.5（质量比）。铬酸清洗液主要是清除无定形或胶态区，在清洗过的表面上可能形成极复杂的树根状空穴，具体形状与被清洗表面的结晶形态有关，某些表面还可能氧化。此法处理后的聚合物表面的润湿性和黏结性均大大提高，其原因可能是聚合物表面形成的复杂几何形状起主要作用，而表面引入的极性基团的作用不如前者。酸洗过程中，铬酸的作用如下：

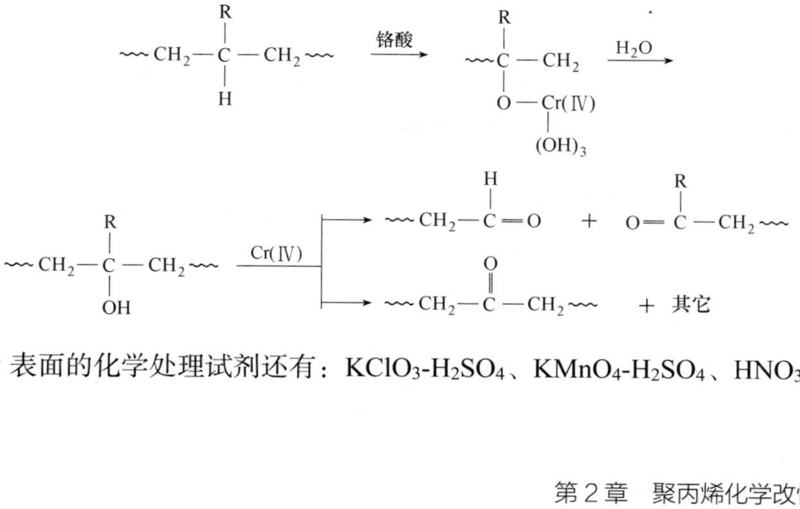

用于 PP 表面的化学处理试剂还有：$KClO_3$-H_2SO_4、$KMnO_4$-H_2SO_4、HNO_3、甲基苯磺

酸、发烟硫酸、烷基过氧化物、过硫酸盐、氟、臭氧等。一般认为在 H_2SO_4 中处理只能使润湿性和黏结性发生中等程度的变化；发烟硫酸在 PP 表面引入磺酸基，它可以与其它试剂反应得到进一步改性；硝酸首先腐蚀无定形区，使结晶形态暴露；氟可发生去氢氟化反应，促进碳-碳双键的生成并引起表面发生交联反应；臭氧能氧化 PP 表面，产生羟基、羰基和羧基等。总之经过这些试剂处理过的 PP，其表面粗糙度增大，极性增大，从而可以改善 PP 的印刷、黏结等性能。

2.7.3　表面光接枝聚合改性

光接枝聚合具有突出的特点，既能获得不同于本体性能的表面特性，又可保持本体性能，应用较多的是射线或电子束高能辐射，能在纤维素、羊毛、橡胶等材料的表面接上一层烯类单体的均聚物。由于高能辐射能穿透被接枝物，因而接枝层的厚度可以从很薄的表面层进入本体较厚的深度，这样本体性能会受到影响。紫外光因其较低的工业成本以及选择性使得紫外光接枝受到重视。选择性是指众多聚烯烃材料不吸收长波紫外光（300~400nm），因此在引发剂引发反应时不会影响本体性能。紫外光应用于聚合物表面改性最早追溯到 1883 年，当纤维素暴露于紫外光和可见光时，能观察到发生了化学变化。有关用紫外光进行接枝聚合改性聚合物表面的工作始于 1957 年 Oster 的报道，但直到近些年才涌现出大量的有关表面接枝改性的文献，其应用领域也已从最初的简单表面改性发展到表面高性能化、表面功能化、接枝成型方法等高新技术领域，显示了这种方法在聚合物表面改性方面的重要性和广阔应用前景。

2.7.3.1　表面光接枝的化学原理

生成表面接枝聚合物的首要条件是生成表面引发中心——表面自由基。对于一些含光敏基（如羰基）特别是侧链含光敏基的聚合物，当紫外光照射其表面时，会发生 Norrish Ⅰ 型反应，产生表面自由基：

这些自由基能引发乙烯基单体聚合，同时生成接枝共聚物和均聚物：

2.7.3.2　接枝方法及工艺

　　利用紫外光把单体接枝到聚合物表面的方法可分为液相接枝法和气相接枝法两种。a.气相法：聚合物和反应溶液放在充有惰性气体的密闭容器中，加热使溶液蒸发，从而在弥漫着溶剂、单体和引发剂的气氛中进行光反应。该体系的优点是单体和光敏剂以蒸汽形式存在，自屏蔽效应小；另外样品表面的单体浓度极低，故接枝效率高。缺点是反应慢，辐射时间长。b.液相法：把光敏剂、单体或其它助剂配在一起制成溶液，直接将聚合物样品置于溶液中进行光接枝聚合，也可先将光敏剂涂到样品上，再放入溶液中。Tazke 等人发明了一种特殊的液相表面接枝方法，较好地解决了溶液的自屏蔽问题，缺点是均聚物难以避免，难以实现连续化作业。还有一种是瑞典皇家理工学院Randy 等人针对条状薄膜和纤维开发的一种连续液相法。此方法一方面先将膜或纤维预浸过含有单体和敏化剂的溶液，让敏化剂附着在聚合物表面；另一方面又通过氮气鼓入单体和敏化剂，这样既加快了反应速度，又提高了反应效率，可望有工业应用前景。

　　根据是否添加敏化剂，可分两类接枝方法。a.不加敏化剂：先将聚合物表面氧化生成一层过氧化物，随后在不加敏化剂的情况下再利用紫外光照射，利用过氧化物分解出的自由基和单体加成聚合，将单体接枝到聚合物表面。利用此方法可把甲基丙烯酸酯接枝到经表面热氧化后的 PP 膜上，改善了膜的稳定性。b.添加敏化剂：制备含敏化剂的聚合物的方法，一种是把聚合物放入充满敏化剂蒸气的容器中，通过温度调节吸收量（用抽提后称重的方法来测量被吸附的敏化剂的含量）。另一种方法是把敏化剂溶在某种易挥发的溶剂中，将聚合物放入该溶液中浸泡，而后取出干燥。为使敏化剂能很好地附着在聚合物表面，可在敏化剂的溶液中加入某些聚合物，如乙酸乙烯酯等，然后再将覆有敏化剂的聚合物放在单体溶液中进行光接枝反应。当单体被接枝到聚合物表面后，通过化学键与聚合物表面连接，而不仅是物理地附着在表面上，采用能溶解单体及均聚物的溶剂抽提接枝聚合物，如果是通过化学键结合，接枝物则不会被溶剂抽提掉。将接枝率为 2.93% 的低密度聚乙烯（LDPE）膜抽提 24h 后所得接枝率为 2.90%，这就证明接枝物是通过化学键与聚合物结合的，而非物理附着。还可采用红外光谱（衰减全反射红外光谱 ATR）或光电子能谱（ESCA）检测接枝后的聚合物表面是否含有单体的结构（ESCA 和 ATR 对被测物表面的探测深度不同，前者在 10nm 左右，后者为 10μm左右）。

2.7.3.3　聚丙烯表面的光接枝

　　二步法光接枝是先经光还原把引发基团引入到塑料基材表面，然后再将基材放入单体溶液中，在光或热活化下进行接枝。该方法的优点是：a.接枝效率高；b.单体范围大，可适用于许多不适合光接枝的单体。该方法用于 PP 微孔膜和流延聚丙烯膜的表面改性，其接枝聚合主要是在光照下完成的。配制一定浓度的二苯甲酮（BP）-丙酮溶液，取 5μL 注于流延聚丙烯薄膜和 BOPP 膜之间（流延聚丙烯薄膜在上），然后将膜夹在两片石英玻璃之间，放置在加热台上加热 1min，经紫外光照射一定时间后取出，用丙酮洗去残余光敏剂，得到表面带有休眠基团的流延聚丙烯薄膜，反应机理如下：

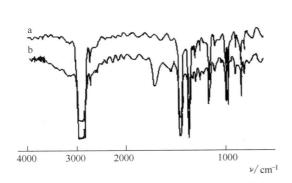

（I）

配制一定浓度的丙烯酸（AA）-醋酐溶液，加热至一定温度，将带有休眠基团的流延聚丙烯薄膜放入其中。在氮气保护下，反应一定时间后取出流延聚丙烯薄膜，经热水抽提10h洗去残余单体和均聚物，烘干、称重，测试接枝率。热聚合反应机理如下：

图2-24是流延聚丙烯薄膜和接枝AA后的流延聚丙烯薄膜的红外光谱图。比较两红外光谱图可以发现，CPP-g-AA的谱图在1720cm^{-1}处有较强的羰基吸收峰存在，表明流延聚丙烯薄膜上已接枝了AA链。

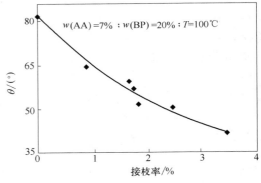

$w(\text{AA})=7\%$；$w(\text{BP})=20\%$；$T=100℃$

图2-24 流延聚丙烯薄膜和接枝AA后的流延
聚丙烯薄膜的红外光谱图
a—CPP；b—CPP-g-AA

图2-25 接枝率对水接触角的影响

图2-25表示了流延聚丙烯薄膜表面水接触角与接枝率的关系。测得空白流延聚丙烯薄膜表面水接触角为81°，随着流延聚丙烯薄膜表面的接枝率增大，水接触角不断减小，当流延聚丙烯薄膜表面接枝率达3.5%时，其膜表面水接触角减小到40°。若能控制流延聚丙烯薄膜表面的接枝率大小，则可得到不同水接触角的流延聚丙烯薄膜，就可人为调节流延聚丙烯薄膜的表面亲水性。以醋酐为溶剂的反应体系所得接枝率明显好于以水为溶剂的体系。流延聚丙烯薄膜表面接枝率随光敏剂浓度、单体浓度的增大而增加；提高聚合温度，使接枝率明显增大。随着接枝率增大，流延聚丙烯薄膜表面的亲水性明显改善。在水性体系中，通过紫外光辐射使AA接枝到PP膜表面，在辐射时间为7min、AA体积分数为

55%、ＢＰ用量为 0.075g、反应温度为 60℃时达到最大值。

　　传统的聚合物电解质大多以聚环氧乙烷（PEO）为基体，体系结晶度高，不利于离子迁移，在全固态锂离子电池领域还没有达到实用的室温电导率要求。以丙烯酸锂接枝到 PP 材料中并引入其它锂的低温共熔盐类可制得一种新型的固体电解质材料，既有较高的非结晶性，又有较好的力学性能，将离子的导电性和高分子材料的黏弹性很好地结合起来。同时，聚丙烯酸锂本身就是一种单离子导体，可提高锂离子的迁移率，从而大大改善电解质的导电性。以二苯甲酮为光引发剂，分别以甲醇、甲醇/水混合物为溶剂，采用两步法沉淀接枝，将丙烯酸锂接枝在流延聚丙烯薄膜表面。在丙烯酸锂二步法沉淀光接枝聚合中，时间、单体浓度、光强、水含量等对接枝效果有显著的影响。随着时间的延长，接枝率先增大后减小；短时间照射时，单体浓度增加有利于接枝率的增大，随照射时间延长，单体浓度为 1mol/L 时接枝率达到峰值而后下降；在 $8000\mu W/cm^2$ 之下，光强的增加有利于接枝；水的加入有利于接枝反应的进行。当水含量为 10% 的时候，接枝效果最好。采用扫描电镜观察接枝膜表面形貌，研究发现，甲醇为溶剂时，接枝稀疏处接枝物团簇成规则球冠，接枝密集处接枝链出现树枝状堆积，锂键对聚合物的生长方向有一定的引导作用；经过水处理后，由于锂键作用的削弱，原本团聚成蘑菇状的接枝链逐渐形成无规则的片状聚集。

2.7.4　等离子体表面改性

2.7.4.1　基本概念

　　等离子体（plasma）是正负带电离子密度相等的导电体，是由电子、离子、原子、分子或自由基以及光子等粒子组成的集合体，它是固态、液态、气态的物质存在形式之外的属于同一层次的又一种物质存在形式，又称为物质的第四态。等离子体宏观上是电中性的，其电离度范围为 $10^{-4} \sim 1$。等离子体的温度主要取决于其组成、离子密度等。理想情况下，热平衡等离子体中离子温度与电子温度相等，温度可高达 10^4K 以上，反应剧烈。在此温度下，一般的有机物和聚合物都被分解和裂解，难以生成聚合物。因此热平衡等离子体反应都用于生成耐高温的无机物质。与此相反，非平衡态等离子体中，重离子温度远远低于电子温度（电子温度高达 10^4K 以上），而离子、原子之类的"重离子"温度却可低至 300~500K，一般可以在 13300Pa 的低气压下形成。因此，非平衡态等离子体（又称冷等离子体）能够生成稳定的聚合物，常被用于等离子体聚合反应及其它高分子材料表面改性等。

　　等离子体的产生方法有气体放电法、射线辐射法、燃烧法、激光法和冲击波法等多种形式。其中，高频或射频光放电（10~100MHz）（简称 RF 放电）等离子体和微波（MW）放电（超过 1GHz）等离子体尤为受到关注。RF 等离子体称为辉光等离子体，它对于聚合物表面改性的优势在于电力强度和放电效率较高，可对绝缘物质进行等离子体反应，在较高的气压下仍能维持稳定均匀的回光放电，与射线、电子束、电晕处理相比，处理深度仅涉及表面，对聚合物基体相无影响。另外，作为一种干式处理工艺，可省去湿法工艺中的烘干、废水处理等工序，省能源，无公害。近年来，应用低温等离子技术对纤维进行改性处理取得了明显效果。温度在 300~500K 的低温等离子体，压力在 133~1333Pa（介质阻挡放电时为常压）的稀薄低压等离子体，可用紫外辐射、X 射线、放电、加热等方法使气体电离获得，实验室和工业上大多采用放电方式产生。低温等离子体的能量较低，一般只有几十电子伏特，具有作用强度高、穿透力小（约 5~50nm）、反应温度低、操作简单、经济实惠、不污染环境等优点。

2.7.4.2 等离子改性方法及效果

① 利用非聚合性气体（无机气体）进行等离子体聚合　非聚合性气体如 Ar、H_2、O_2、N_2、空气等的等离子体进行表面反应，参加表面反应的有激发态原子、分子、自由基和离子以及光子等，通过表面反应有可能在聚合物表面引入特定的官能团，产生表面刻蚀，形成交联结构层或自由基。

② 利用有机气体单体进行等离子体聚合　等离子体聚合（plasma polymerization）是指在有机物蒸气中生成等离子体，所形成的气相自由基吸附到固体表面形成表面自由基，再与气相单体或等离子体中形成的单体衍生物在表面发生聚合反应，从而可以形成高分子量的聚合物薄膜。

③ 等离子体引发聚合或表面接枝　首先用非聚性合气体对高分子材料表面进行等离子体处理，使表面形成活性自由基[这一点已被许多实验所证实，表面自由基可用电子顺磁共振（ESR）测定]，然后利用活性自由基引发功能性单体使之在表面聚合或接枝到表面。等离子体引发表面接枝通常有三种方法：a.表面经等离子体处理后，接触气化了的单体进行接枝聚合，即气相法。此法由于单体浓度低，与材料表面活性点接触机会少，故接枝率低。b.材料表面经等离子体处理后，不与空气接触，直接进入液态单体内进行接枝聚合，即脱气液相法。此法可提高接枝率，但同时产生均聚物而影响效果。c.材料表面经等离子体处理后，接触大气，形成过氧化物，再进入溶液单体内，过氧化物受热分解成活性自由基，即常压液相法。另外，等离子体接枝聚合还可以采用"同时照射法"，即先使单体吸附于材料表面，再暴露于等离子体中，在处理过程中进行接枝。

2.7.4.3 等离子体在聚丙烯表面改性中的应用

通常，聚丙烯纤维表面是光滑而平整的。比较等离子处理前后的聚丙烯纤维纵向形态发现，经低温空气等离子体处理后，聚丙烯纤维表面出现了明显的凹坑和细微的裂纹。这是因为低温空气等离子体中被高度激发的、不稳定的活性粒子对聚丙烯纤维表面产生了刻蚀、交联、基团引入、糙化等作用，实现了纤维改性。等离子体中的离子、电子、激发分子或原子等粒子对纤维表面溅射刻蚀，等离子体中的化学活性物质使材料表面产生氧化、降解等反应而引起化学微刻蚀。在两种刻蚀同时作用下，聚丙烯纤维表面形成凹坑和细微裂纹，同时产生凸状沉积物，生成一系列含氧、含氮的极性基团，因此增加了纤维表面的微观粗糙度。

图 2-26 为处理前后聚丙烯纤维表面的红外谱图。由图 2-26 可知经过等离子体处理的聚丙烯纤维吸收峰强度发生了部分改变，峰形轮廓更清晰、明显，验证了聚丙烯纤维表面得到了改性。

处理后聚丙烯纤维吸湿、导湿性能显著提高，这是由于低温空气等离子体粒子轰击聚丙烯纤维表面时，将自身的能量传递给纤维表面分子，使纤维经历了热蚀、蒸发、交联、

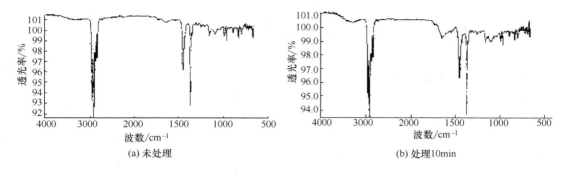

图 2-26　处理前后聚丙烯纤维表面的红外谱图

降解、氧化等过程，从而使聚丙烯纤维表面产生的自由基离子通过碎片化和异构化作用而引入大量亲水基团。这些亲水基团的存在，极大地增强了纤维表面的吸湿能力。同时，由于聚丙烯纤维经过低温等离子体处理后，纤维表面形成了微凹坑和一些细微的裂纹，增加了纤维的表面积，使聚丙烯纤维的吸湿、导湿性能进一步改善。

将 PP 膜剪成 1.5cm×2.5cm 若干片，用丙酮浸泡 12h 以上，干燥后把多片 PP 膜并列放置于连接有电容耦合（20cm、13.56MHz 高频电极围绕反应器）的等离子体反应装置中。通丙烯酸气体后，打开通大气的开关，压力保持在 20Pa，辉光放电（放电时间 0.5~20min，放电功率 20~80W）后，关闭通大气开关，再打开装有丙烯酸液体容器的开关，压力保持在 35Pa，辉光放电 2min 后，关闭此开关继续通丙烯酸 1min 后，取出 PP 膜放到空气中，迅速放到一定浓度的丙烯酸溶液中进行接枝反应，反应器装有回流冷凝管，用氮气保护，反应温度 50℃、反应时间 1h，将反应后的 PP 膜用去离子水反复浸泡 24h 以上，水洗，再超声波清洗（40℃），直至除掉 PP 膜上的均聚物，使 PP 膜的表面接枝上一定量的羧基，然后进行接枝率和表面能等的测定。红外谱图证明处理后的膜表面存在羧基，用染色法可定量测定羧基的含量。对修饰后的 PP 膜表面进行接触角的测定，结果表明，等离子体引发接枝聚合可明显改善 PP 膜表面亲水性，控制 PP 膜表面的接枝率大小，可得到不同水接触角的 PP 膜，进而能人为调节 PP 膜的表面亲水性。

辉光放电射频等离子体，对基材本体性质影响较小，且可使材料表面产生活性自由基和官能团，是活化 PP 材料有效、易行的方法。采用功率源为 300W、13.56Hz 的辉光放电射频氩气等离子体活化 PP 膜，利用紫外光作用并辅以光掩模板，引发甲基丙烯酸二甲氨乙酯（DMAEMA）单体在 PP 膜表面的自由基活性位点上发生接枝聚合反应，构建了尺寸分别为 80μm、60μm、40μm、20μm、10μm 和 5μm 的 PDMAEMA 图案化微结构。之后，再对各 PP-PDMAEMA 膜进行季胺化反应，使其成为带正电荷的聚阳离子电解质，具有抗菌性能。

参考文献

[1]　杨明山. 塑料改性工艺、配方与应用［M］.北京：化学工业出版社，2013.

［2］ 王帆，刘小燕，周玲，等. 抗冲共聚聚丙烯的结构与性能［J］. 合成树脂与塑料，2019，36（1）：58-62，68.

［3］ 邢倩，李荣波. 聚丙烯釜内合金物理分级方法进展［J］. 高分子材料科学与工程，2019，35（3）：185-189.

［4］ 朱军，刘昆，李祥军，等. 三元共聚聚丙烯 TF1007 的工业化开发［J］. 合成树脂与塑料，2018，35（5）：58-62.

［5］ 王春雷. 三元共聚聚丙烯产品及在包装中的应用［J］. 塑料包装，2018，28（1）：1-11.

［6］ 孙阁. 聚丙烯装置三元共聚产品生产可行性分析及展望［J］. 当代化工，2011，40（7）：754-755.

［7］ 江镇海. 三元共聚聚丙烯市场前景分析［J］. 合成材料老化与应用，2013，42（1）：48-49.

［8］ 许群，后振中，张延超，等. 超临界 CO_2 协助多单体接枝改性聚丙烯［J］. 应用化学，2007，24（4）：416-419.

［9］ 王卫卫，吴波震，邱桂学，等. 多单体接枝技术的研究进展［J］. 化学推进剂与高分子材料，2007，5（4）：22-25.

［10］ 梁淑君，刘莲英，杨万泰. PP 接枝甲基丙烯酸缩水甘油酯低聚物的制备及应用［J］. 北京化工大学学报，2006，33（4）：21-25.

［11］ 肖潇，郑玉婴，卢鑫，等. 双单体固相接枝聚丙烯的制备与应用［J］. 中国塑料，2019，33（6）：31-37.

［12］ 罗志，李化毅，张辽云. 超细聚丙烯固相接枝马来酸酐用作相容剂的研究［J］. 石油化工，2017，46（6）：731-738.

［13］ 张文龙，金姗姗，梁月，等. 聚丙烯接枝 4-丙氧烯基-2-羟基二苯甲酮材料的制备［J］. 功能材料，2018，49（11）：11080-11084.

［14］ 林建荣，邓毅，陈钦慧. 螺套组合对反应挤出聚丙烯接枝腰果酚的影响[J]. 福建师范大学学报（自然科学版），2018，34（2）：28-33.

［15］ 董雪茹，孙培勤，刘大壮，等. 水性氯化聚丙烯及其应用研究进展［J］. 化工进展，2006，25（12）：1386-1390.

［16］ 刘太闯，郑云生，李令尧，等. 电子束辐照交联制备聚丙烯发泡片材［J］. 中国塑料，2006，20（9）：49-52.

［17］ 乔金樑，高建明，洪萱，等. 成核剂对聚丙烯辐照交联行为的影响［J］. 合成树脂与塑料，2001，18（4）：42-44.

［18］ 张红宇. PP 交联研究［J］. 山西化工，2002，22（2）：12-15.

［19］ 吴长伟，王益龙，吴晓灵，等. 反应挤出方法制备高熔体强度聚丙烯［J］. 现代塑料加工应用，2006，18（2）：1-4.

［20］ 段锦华，李涛利，赵鑫鹏，等. 交联配方组分对微交联聚丙烯力学性能的影响［J］. 精细化工中间体，2017，47（5）：61-66.

［21］ 刘庆广，王利娜，龚方红. 硅烷交联聚烯烃研究进展［J］. 江苏工业学院学报，2006，18（3）：56-60.

［22］ 杨淑静，谷正，宋国君，等. 原材料对硅烷接枝交联高熔体强度聚丙烯流动性能影响的研究［J］. 塑料，2007，36（2）：26-29，8.

［23］ 胡森，王正洲，瞿保钧. 硅烷气相接枝水解交联聚丙烯［J］. 应用化学，2006，23（4）：349-352.

［24］ 古平. 高流动聚丙烯生产工艺进展［J］. 齐鲁石油化工，2007，35（2）：127-129.

［25］ 郝林. 采用降解法生产高融体流动速率的聚丙烯专用树脂［J］. 辽宁化工，2007，36（7）：457-459.

［26］ 李秀洁，李学军，黄松. 聚丙烯高浓缩降解母料生产控制［J］. 辽宁化工，2002，31（5）：191-195.

［27］ 刘松涛，晏雄，姜生，等. 低温空气等离子体改善聚丙烯纤维的吸湿性［J］. 纺织学报，2005，26（3）：19-23.

［28］ 王香梅，张菁，王庆瑞. 等离子体引发接枝聚合改善聚丙烯表面的亲水性［J］. 高分子材料科学与工程，2005，21（5）：78-81.

［29］ Franken T. Bipolar membrane technology and its application［J］. Membrane Tec-hnology，2000，125：8-11.

［30］ 宋婷，孙玉凤，杨万泰. 二步法聚丙烯/丙烯酸表面接枝聚合研究［J］. 高分子学报，2002，（5）：632-635.

［31］ 彭. 功能性单体丙烯酸锂在材料表面的结晶和光聚合研究［D］. 北京：北京化工大学，2006.

［32］ 孙义明，邹小明，彭少贤，等. 紫外光辐照聚丙烯膜接枝丙烯酸的研究［J］. 现代塑料加工应用，2006，18（2）：9-11.

［33］ Yasuda N，Irihama H. Method for regeneration of ion exchange resin［P］. JP：2005219011 A2，2005-08-18.

［34］ 黄葆同，沈之荃. 烯烃双烯烃配位聚合进展［M］. 北京：科学出版社，1998.

［35］ 徐鼐，史铁钧，吴德峰，等. 聚丙烯的接枝改性及其进展［J］. 现代塑料加工应用，2002，14（5）：57-60.

［36］ ［美］马里诺·赞索斯. 反应挤出：原理与实践［M］. 瞿金平，李光吉，周南桥，译. 北京：化学工业出版社，1999：31-42.

［37］ Irwan G S，Kuroda S I，Kubota H，Kondo T. Eeffet of mixed solvent consisting of water and organic solvent on photografting of glycidyl methacrylate on polyethylene film［J］. Journal of Applied Polymer Science，2004，93（2）：994-1000.

［38］ 姜柳，陈亚芍. 利用等离子体技术在聚丙烯薄膜表面构建图案化微结构［C］//第十八届全国等离子体科学技术会议，中国西安，2017：60.

第3章

聚丙烯填充与增强
改性新材料

3.1
聚丙烯填充改性性能特点及发展趋势

填充改性就是在塑料成型加工过程中加入无机填料或有机填料，改善塑料制品的性能，并降低成本，或在牺牲某些方面性能的同时，使人们所希望的另一些性能得到明显的提高。填充改性 PP 具有如下特点，a.降低成本：无机填料，如碳酸钙、滑石粉等，价格在 1000 元/t，大大低于 PP 的价格，从而可大幅度地降低填充 PP 的成本，具有优异的经济效益。b.提高耐热性：现在各种产品对塑料制件的耐热性要求越来越高，普通 PP 难以满足其要求，因此需要提高 PP 的耐热性，而添加无机填料是提高 PP 耐热性的有效途径。如添加滑石粉的 PP，其热变形温度可达 130℃。c.提高刚性：PP 在许多场合下使用，其刚性还显不足。一般 PP 的弯曲模量在 1000MPa 左右，通过添加无机填料，其弯曲模量可达 2000~3000MPa，具有明显的增刚作用。如果要进一步提高刚性，就需要使用增强性填料，如硅灰石、玻璃纤维等。d.降低成型收缩率，提高尺寸稳定性：PP 是结晶性聚合物，在成型加工过程中收缩率较大（收缩率在 1.5%~2.0%），容易造成尺寸不符合要求；另外，PP 容易出现后结晶，从而造成 PP 制件的翘曲和开裂。要降低成型收缩率和提高尺寸稳定性，添加无机填料是有效的手段，如添加 30%滑石粉的 PP，其成型收缩率可以降低到 1%左右。e.增加某些功能：通过添加无机填料，可以赋予 PP 以某些功能。如：大量填充碳酸钙，可以制备可降解的 PP 塑料；添加硫酸钡，可以大幅度地增加 PP 的密度，赋予 PP 音箱以木制音箱效果，还对 X 射线等辐射具有屏蔽作用；填充滑石粉可以提高 PP 的抗静电性等。

总之，由于具有以上特点和优势，填充 PP 的发展很快，也开发最早，得到了普遍应用，是 PP 改性的最重要技术之一。

填充材料种类繁多，按形状分为球形、立方体形、矩形、薄片形和纤维形；按化学成分分，有无机填料和有机填料，无机填料包括玻璃、炭黑、碳酸钙、金属氧化物、金属粉末、二氧化硅、硅酸盐、其它无机物，有机填料包括纤维素和塑料等。通常应用的填料为无机填料，如：碳酸钙价格低廉、来源丰富、无毒、无刺激性气味、白度好而折射率低、易于着色、粒度分布均匀、能增进塑料色泽、改进染色性；另外碳酸钙是球形结构且不含 α - 石英，所以对加工机械无磨损。表面处理后的滑石粉可使 PP 的性能大大改善。再如，滑石粉是一种层状结构的无机填料，添加到 PP 树脂时黏度变化较小、磨耗小、表面状态好，可改进塑料的刚性、细部成型性、不影响加工流动性。还有，炭黑有炉黑、槽黑、热裂黑、乙炔黑和灯黑，可提高制品的耐光老化性，降低制品的表面电阻，有抗静电作用，也可起着色剂的作用。有机填充材料有木粉和超细废橡胶粒子、废纸等，如木粉填充 PP 可以制备仿木制品。

随着新技术的发展，PP 填充改性主要向以下几个方面发展。a.向超细化和纳米化发展：纳米技术是 20 世纪 80 年代后期发展起来的新技术，现已在很多领域得到应用。近年来，纳米碳酸钙也相继研制出来，它对 PP 的结晶有明显的异相成核作用，提高了材料的结晶温度、熔点和热变形温度，对材料的力学性能也有明显改善，低温冲击和常温冲击都得到改善。超细微粒表面积大，增大了和 PP 的接触面和作用力，对 PP 有显著的增强增韧作用。b.向复合材料发展：在 PP 中加入不同含量的空心玻璃微珠，冲击性能、拉伸性能和弯曲性能都得到提高，同时提高了 PP 的隔热性能，降低了制品密度。碳酸钙晶须是近年来出现的一种新型材料，具有强度高、模量高等特点，填充改性 PP 后可以改善填充体系的加工性能，使体系的最大扭矩降低并有增韧作用。磁性氧化铁是一种新型填料，改性 PP 后可使体系具有高密度、高模量、稳定的刚性、低表面和抗静电性、屏蔽效应以及易循环回收利用等特点，可使 PP 耐热性提高，还可以提高 PP 的磨蚀性。几种填料可以复合使用，能产生一定的协同作用。如将一定量的碳酸钙和滑石粉混合并以一定的质量分数填充于 PP 中，可产生协同效应，在 PP 中分散更均匀。利用滑石粉、碳酸钙、硫酸钡和偶联剂以及脂肪酸类增塑剂组成的混合填料填充改性 PP，其弯曲强度及常温缺口冲击强度均大幅度提高，热变形温度也提高。c.填料表面改性技术不断发展：经不同偶联剂处理的粉煤灰填充改性 PP，可使体系的冲击强度、刚性和热变形温度有明显的提高，制品的尺寸稳定性好、耐热性强、手感好、成本低。采用钛酸酯偶联剂表面处理的碳酸钙以 70%（质量分数）填充改性 PP 可使 PP 的冲击强度提高 7.5 倍，同时它的熔融流动性没有受到不利的影响。碳酸钙用偶联剂等进行表面处理后，与聚合物有较好的界面黏合，有助于改善填充体系的力学性能，流变性能也得到改善。铝酸酯或烷基羧酸盐偶联剂表面可以和 $CaCO_3$ 发生某种理化作用，使偶联剂被牢固地键接在 $CaCO_3$ 表面，从而改善 $CaCO_3$ 与 PP 间的相容性，其冲击韧性也得到提高。采用季铵盐悬浊液表面处理超细高岭土改性 PP，则有较好的抗冲击性，高岭土粒子分散性更好。

3.2
聚丙烯填充改性原理

3.2.1 填充改性塑料的性能法则

提高填充改性塑料的力学性能是对塑料进行填充改性的主要目的之一。这方面的研究非常之多，研究人员已总结出了不少的基本规律。

3.2.1.1 刚性

一般用弹性模量表征刚性。填充改性塑料的弹性模量 E_c 与组分比例、填充材料的弹性模量 E_f、树脂基体的弹性模量 E_m 的关系如下式所示：

$$E_c = E_m \phi_m + E_f \phi_f$$

该式称为复合法则。式中，ϕ_m、ϕ_f 分别表示填充塑料中树脂基体、填充材料的体积分数。应用复合法则估算填充改性塑料的弹性模量很简单，但在很多情况下只能是一种很粗略的近似。因为复合法则没有考虑界面状态，填充材料的形态、尺寸、分散状态，尺寸的分散性，整体结构的不均一性，温度等因素。

对于球形填充材料，在填充塑料中无规分布，并且界面无滑动时，其弹性模量可用 Einstein 公式进行估算：

$$E_c = E_m \left(1 + 2.5 \phi_f \right)$$

对于含有近似球状粒子、界面有一定黏结的填充改性塑料，可用 Kerner 公式进行刚性估算：

$$\frac{E_c}{E_m} = \frac{\left[\dfrac{G_f \phi_f}{(7 - 5\nu_m) G_m + (8 - 10\nu_m) G_f} + \dfrac{1 - \phi_f}{15(1 - \nu_m)} \right]}{\left[\dfrac{G\phi}{(7 - 5\nu_m) G_m + (8 - 10\nu_m) G_f} + \dfrac{1 - \phi_f}{15(1 - \nu_m)} \right]}$$

式中，E、G 分别为杨氏模量和剪切模量；ν_m 为树脂基体的泊松比。如果填充材料的模量远大于树脂基体时，上式可简化为：

$$\frac{E_c}{E_m} = 1 + \frac{15(1 - \nu_m)}{8 - 10\nu_m} \times \frac{\phi_f}{\phi_m}$$

3.2.1.2 拉伸强度与断裂伸长率

一般来讲，用无机刚性粒子制得的填充改性塑料的拉伸强度和断裂伸长率比相应的纯基体树脂的低。其影响因素是非常复杂的。因为拉伸强度、断裂伸长率是塑料或填充改性塑料在相当大应变情况下的拉伸应力-应变行为，如果拉伸条件合适，纯基体树脂可能在各种取向单元（链段、高分子链、微晶等）充分取向后才断裂，这种断裂的断裂伸长率很大，断裂时可能要破坏许多化学键，若填充材料与树脂基体界面黏结良好，一方面会影响（约束）一些取向单元的取向，另一方面易产生微观应力集中，进而引发小银纹，断裂强度和断裂伸长率降低不多。若填充材料与树脂基体界面黏结不好，在拉伸力作用下，易产生界面脱黏，一方面会产生一些应力集中效应，另一方面，即使树脂基体中各类取向单元均充分取向了，因填充材料不承载，材料实际受力面积明显减小了，最终导致断裂强度下降。至于断裂伸长率，如果界面脱黏造成的应力集中效应不大，由于界面处空化，使断裂伸长率等于或大于相应纯基体树脂的。另外，还应考虑到填充改性塑料中残余热收缩应力的影响。若热收缩应力不太大，有利于界面区中树脂基体在拉伸作用下屈服产生大形变，会对拉伸强度、断裂伸长率有利；若热收缩应力过大，使界面区中树脂基体已产生微裂纹，或受到拉伸力作用时很易引发裂纹，对拉伸强度、断裂伸长率有不利影响。

对于界面黏结良好的填充改性塑料，断裂伸长率可用下式估算：

$$\varepsilon_c \approx \varepsilon_m \left(1 - \phi_f^{1/3}\right)$$

式中，ε_c、ε_m 分别为填充改性塑料、相应纯基体树脂的断裂伸长率。

由于是在相当大应变情况下的应力-应变行为，影响因素特别复杂，还有不少不确定因素，所以计算误差较大。

在考虑填充改性塑料界面对拉伸性能的影响时，要考虑界面区的组成和结构，如界面黏结强度、界面有无柔韧层或刚硬层等。如果界面黏结强度比较小，树脂基体的模量比较高，在拉伸力作用下易发生界面脱黏，并易引发微裂纹，其屈服行为与填充材料的表面积有关，也即与 ϕ_f 有关，提出了如下公式：

$$\sigma_{yc} = \sigma_{ym} \left[1 - \left(\phi_f / \phi_p\right)^{2/3}\right]$$

式中，σ_{yc}、σ_{ym} 分别为填充改性塑料和相应的纯基体树脂的拉伸屈服应力。

对于界面黏结强度比较小的填充改性塑料，有人认为其拉伸屈服应力是填充材料存在下由树脂基体的有效承载面积分数决定的。对于一些有良好界面黏结的填充改性塑料，如果界面区有模量太低的柔性层，填充改性塑料的拉伸强度比相应的纯基体树脂的低，断裂伸长率会比较高。若界面区有一坚硬层，坚硬层的强度和模量从填充材料粒子表面到树脂基体呈梯度下降，提高了填充材料粒子周围局部区域的屈服应力，又不易发生界面脱黏，有利于提高填充改性塑料的拉伸屈服应力。

如果填充粒子不发生附聚，粒子与树脂基体有良好的界面黏结，粒子尺寸小，拉伸强度高。因为粒子尺寸越小，粒子的比表面积越大。在填充材料体积分数相同的情况下，界面面积越大，填充材料的补强作用越大；另一方面，若粒子尺寸大，粒子周围一些区域产生应力集中效应，易发生开裂。但也不是说粒子的尺寸越小越好，因为粒子不仅承受一部分外力作用，而且还应具有终止银纹（裂纹）、阻挡银纹（裂纹）扩展的作用，如果粒子尺寸太小，会被增长着的银纹（裂纹）"吞没"，起不了终止、阻挡银纹（裂纹）扩展的作用，就不会显示太好的增强效果。用不同粒径填充材料进行合理级配制得的填充改性塑料，拉伸强度、冲击强度会有显著提高。合理级配后填充改性 PP，一方面能够大幅度地提高填充材料最大堆砌密度，有利于降低复合材料熔体的剪切黏度；另一方面可以提高 PP 结晶中 β

晶的含量，同时在结晶过程中有利于结晶体的重排，使由于异向成核引起的结晶速率过快造成的晶体缺陷得以修复，使晶体的排列更为紧密有序，这些均有利于填充改性 PP 力学性能的提高。粒子尺寸分布影响复合材料中的应力分布，也影响着粒子间树脂基体层厚度。

填充材料的形态往往会对填充改性塑料不同的力学性能显示出不同的影响趋势。采用高纵横比的填充材料（如云母等）可以得到较高的模量和强度；采用低纵横比的填充材料（如 $CaCO_3$ 等），在高含量的情况下呈现较高的冲击强度。将这两种粒子进行复配来填充改性 PP，则粒状填充材料无取向，片针状填充材料会呈一定程度的取向，从而产生形态配合增强效应。

粉粒状填充材料在填充改性塑料中容易以附聚体的形式存在，特别是粒度越细，自凝聚能力越强，若加工过程达不到使粒子达到单颗粒分散所需要的装备和工艺条件的情况下，更容易形成附聚体。附聚体内若粒子间有一定结合强度时，可以使填充改性塑料的弹性模量提高。如果形变量比较大，附聚体发生解离，这样附聚体就成为很强的应力集中物，将会导致填充改性塑料强度显著降低。另外，附聚体内部或多或少都裹有空气，这在一定程度上也会加剧对复合材料强度的损伤。

结晶性聚合物作基体树脂时，无机填充材料往往对树脂基体起结晶成核作用，使树脂基体的结晶形态、结晶结构与相应的纯树脂相比有比较大的差别，大多数情况下会提高填充改性塑料的力学性能。

3.2.1.3　填充改性塑料的热性能

（1）热膨胀系数

聚合物的热膨胀系数一般都比无机填充材料大得多。用热膨胀系数小的无机填充材料填充改性热膨胀系数大的塑料时，由于组分间热膨胀系数不匹配，会产生以下几个重要效应：a.当从加工成型温度或固化温度冷却时，树脂基体收缩量大会使填充材料受到挤压作用。这样，树脂基体就和填充材料紧紧地贴在一起，即使界面黏结强度很差，只要没有很大的外力作用，或外力作用时间不长，填充改性塑料的弹性模量也变化不大。b.填充材料表面附近的树脂基体可能受到切线方向很大的拉力，模量可能要比预计值小，相对模量 G_c/G_m 将随温度升高而变大；如果树脂基体受到的这种收缩应力过大，可能会使树脂基体产生裂纹，导致填充改性塑料强度下降。c.填充改性塑料的热膨胀系数比相应纯基体树脂的小得多，可以使成型收缩率降低，提高制品尺寸稳定性。d.对于长/径比大的填充材料，在填充改性塑料或制品中常常呈一定形式、一定程度的取向，就产生了沿取向方向和垂直于取向方向热膨胀系数的各向异性，随温度变化有可能出现"挠曲"现象，制品的尺寸稳定性反而因此变差。

（2）热导率

塑料的热导率比金属材料和无机非金属材料的热导率小。用金属或无机非金属材料对塑料填充改性，制得的填充改性塑料一般来讲热导率都不同程度地提高了。这至少有两点重要意义：a.热塑性塑料成型加工时，几乎都有加热熔融和冷却固化过程，填充改性可使这两个过程加快，从而提高成型速度；b.利用热导率大的填充材料与塑料复合，可以制备出具有良好导热性的改性塑料制品（填充改性塑料的热导率可以利用复合法则进行估算）。

（3）耐热性

热变形温度是塑料可以当作坚硬材料使用的最高温度，还可以看作是该材料在承受负荷下使用不发生大的变形的温度上限。

用无机粒子对塑料进行填充改性，可使塑料的热变形温度有不同程度的提高。热变形温度提高幅度大的填充改性体系，其基体树脂都是结晶的。这是由于纯结晶基体树脂的热变形温度在很大程度上受非晶区的制约，在远不到熔点温度时，在外力作用下，非晶区中大分子的链段等运动单元的重排运动已能比较快地进行，使基体树脂的形变量达到测定热变形温度规定的形变量，所以热变形温度均远低于熔点。加入填充材料后，可影响树脂基体的结晶成核机理、结晶形态、结晶度，更重要的是填充材料对树脂基体非晶区大分子链段的重排运动产生了大的约束作用，使热变形温度从主要由非晶区制约转变为由晶区制约。只有当温度升高到接近树脂基体的熔点时，在外力作用下，一些结晶结构很不规整的小晶粒熔融，或结晶结构较规整的较大晶体表面预熔，树脂基体大分子的一些链段等运动单元重排运动才能比较快地进行，才能使形变量达到测定热变形温度规定的形变量。因此填充改性塑料的热变形温度提高到了接近熔点的温度，得到大幅度提高。非结晶的基体树脂，其热变形温度是受玻璃化转变温度（T_g）支配的，所以热变形温度接近于 T_g；加入填充材料后，填充材料对树脂基体大分子链段等运动单元的重排运动有制约作用，只有当温度比纯基体树脂热变形温度高一些时，树脂基体大分子的一些链段等运动单元才能以较快的速度进行重排运动，使形变量达到测定热变形温度规定的形变量，因此填充改性塑料的热变形温度也有提高，但幅度较小（只是更接近于纯树脂基体的 T_g）。

3.2.2 影响填充改性塑料刚性的因素分析

以上介绍的粉粒状填充材料填充改性塑料弹性模量的计算公式，考虑了一些因素对模量的影响，但还有一些因素未考虑进去，如填充材料粒度大小和分布、界面黏结情况（有的公式考虑了）、填充改性塑料制品的"皮芯"结构效应、测试或使用温度等，这也是理论预期结果与实际结果时有偏差的一些原因所在。

（1）粒度大小及分布

填充材料粒径越小，填充改性塑料弹性模量越大。其原因在于：a.填充材料粒径减小，比表面积增大，如果树脂基体与填充材料粒子界面黏结强度比较高，粒子比表面积增大也就增加了界面区的比例，增大了对树脂基体一些运动单元，如链段等重排运动的约束；b.随着粒径减小，填充材料堆砌分数 ϕ_p 减小，使模量增大；c.填充改性塑料成型加工时，多数情况下制品都具有富树脂的"皮层"，这种"皮层"的存在会使弯曲弹性模量等降低，"皮层"的厚度与粒子粒径大小有关，粒径越大，"皮层"越厚，模量下降越多；d.填充材料粒子粒径大小不一，尤其当粒径之比为 7∶1 时，小粒子可以填充在大粒子与大粒子的缝隙之间，使堆砌体积分数 ϕ_p 增大，在相同填充量时，填充改性塑料的弹性模量值较低。

（2）"皮层效应"

填充改性塑料制品的富树脂的"皮层"对弹性模量的影响相当明显，尤其是薄制品，比不考虑"皮层"时降低 10%~20%。制件厚度越大，填充材料粒径越小，"皮层效应"

越小。

（3）界面黏结强度

上面讨论的情况都是在填充材料与树脂基体界面良好黏结的前提下进行的，这对于一般的填充改性塑料都是能成立的。因为即使界面区中无化学键或者其它强相互作用使填充材料和树脂基体连接在一起，由于填充材料受到树脂基体热收缩压应力的作用，在测定弹性模量这种小应变条件下，填充材料粒子也不会产生任何相对运动，填充材料完全能起到增加刚性的作用。但如果界面黏结特别不好，如填充材料与树脂基体间既无比较强的相互作用力，又无热收缩压应力作用的情况，在外力作用下，填充材料粒子两极处易产生空穴，粒子在空穴中可以进行相对运动（有点像泡沫塑料），实测的弹性模量就比计算的偏低了。而且，随着填充材料体积分数的增大，体系的弹性模量不是升高，而是在相应纯基体树脂的基础上逐渐降低。

（4）温度

当测试温度低于树脂基体的 T_g 或 T_m 时，随测试温度的降低，填充改性塑料的相对模量 M_c/M_m 往往明显下降。出现这种现象的原因在于，填充材料和树脂基体热膨胀系数不同，随着温度的降低，在界面区产生的收缩应力增大。这种收缩应力，对填充粒子是压应力，对界面区的树脂是拉应力，这就导致了界面区的树脂模量下降，也就是使填充改性塑料的相对模量下降。在极端的情况下，相对模量的测定值仅为理论计算值的一半左右。

（5）被弹性体包覆的刚性粒子

如果填充改性塑料中有相当数量的刚性粒子表面包覆了一层弹性体，体系的弹性模量的实测值将比按上述公式计算的低，PP/茂金属聚乙烯（MPE）/CaCO₃ 三元复合体系就属于这种情况。因为刚性粒子表面包覆的弹性体层厚度超过一定值时，这种刚性粒子呈现弹性体的力学行为，不仅没起到增加 PP/MPE 树脂基体弹性模量的作用，反而会降低树脂基体的模量。而且刚性粒子在弹性体包覆层内部，使弹性体相的体积分数增大，更使树脂基体的模量降低。复合弹性体对复合材料模量降低的作用比相应的纯弹性体的要小一些。

3.3
常用填充材料

3.3.1 碳酸钙

碳酸钙是最常用的无机粉状填料，可分为轻质碳酸钙、重质碳酸钙、胶质碳酸钙，为无臭、无味的白色粉末，在酸性溶液中或加热至 625℃ 就分解为氧化钙和二氧化碳。碳酸钙资源丰富，在一般填料中属于廉价填料。600℃ 以下不发生热分解和变色，容易制成不同的粒度。碳酸钙填充 PP 的耐冲击性能较好。

轻质碳酸钙是用化学方法制备的，又称沉淀碳酸钙，工业化生产有如下几种方法：a.氯化钙和碳酸钠溶液反应；b.氢氧化钙和碳酸钠溶液反应；c.炭化法，即首先用高纯度致密质石灰石和煤按一定比例混配，经高温煅烧产生二氧化碳气体和生石灰，生石灰经过精制再添加水制成石灰乳，然后再通入精制的二氧化碳气体，即产生沉淀碳酸钙。轻质碳酸钙的粒度随反应条件不同而异。一般反应速度较慢、搅拌速度较小时可得到大粒径轻质碳酸钙，反之得到的是小粒径碳酸钙。轻质碳酸钙粒径多在 $10\mu m$ 以下，其中 $3\mu m$ 以下的约占 80%，粒子呈纺纱锭子状或柱状结晶。重质碳酸钙是石灰石经选矿、粉碎、分级、表面处理而成的，也叫三飞粉、方解石粉，是无味、无臭的白色粉末，几乎不溶于水。分干式和湿式两种粉碎方法。重质碳酸钙粒子呈不规则块状，粒径也在 $10\mu m$ 以下，其中 $3\mu m$ 以下的约占 50%，因含有杂质呈浅黄色。活性碳酸钙是经过表面处理的碳酸钙，可减少碳酸钙颗粒的团聚作用，降低颗粒的表面能，增强与聚合物界面的结合能力，日本将其称为"白艳华"。

碳酸钙是价格最低的填料，无毒、无刺激性、无气味；色白，折射率与许多增塑剂、树脂的相近，对填充塑料的着色干扰极小；不含结晶水，在宽温度范围内稳定，大约在 $600\sim900℃$ 发生分解；硬度较低，大量填充对设备的磨损强度也较小；可改善塑料制品的电镀性能、印刷性能；填充 PP 时，提高强度、弯曲模量和热变形温度的效果不如滑石粉、石棉，但会使填充 PP 有较好的抗冲击性能。碳酸钙填料也有不足，如受到酸的作用放出二氧化碳气体，并形成可溶性盐类，因而使填料的耐酸性受到影响。

3.3.2 滑石粉

滑石粉是纯白、银白、粉红或淡黄的细粉，不溶于水，化学性质不活泼，性柔软有滑腻感，是典型的片状填料，其晶体属单斜晶系，呈六方形或菱形，常成片状、鳞片状或致密块状集合体。滑石粉化学成分为含水硅酸镁，分子式为 $3MgO \cdot 4SiO_2 \cdot H_2O$。将天然滑石粉碎、研磨、分级即可制成滑石粉。滑石粉的性质随原料滑石的品位及粉碎、分级程度的不同而异。我国滑石粉化学成分如下：SiO_2 58%~62%，MgO_2 8%~31%，其它杂质 CaO 1.5%，Fe_2O_3 0.04%，Al_2O_3 0.3%左右，烧失量 4.5%~6%。密度为 $2.7\sim2.8g/cm^3$；莫氏硬度为 1，是矿物填料中硬度最小的一种，其颜色有白色、灰色、黄色、苍蓝色、苍绿色、奶白色、浅灰色等，还有类似银或珍珠的颜色；在水中略呈碱性，pH 值为 9.0~9.5；对大多数化学试剂是惰性的，与酸接触不发生分解；在 $380\sim500℃$ 之间会失去缔合水（1mol 滑石粉失去 1mol 水），$800℃$ 以上则失去结晶水。因产地不同，有些滑石粉表面是亲水的，有些表面是疏水的。

滑石粉具有层状结构，相邻的两层靠微弱的范德华力结合，在外力作用时，相邻两层之间极易产生滑移或相互脱离。滑石粉的片状结构使得滑石粉填充塑料的某些性能得到较大的改善（有人把滑石粉看成是增强性填料）。第一，滑石粉可以提高塑料的刚度和在高温下抗蠕变性能。当滑石粉颗粒沿加工时物料流动方向排列时，按最小阻力的原理，其排列基本上都呈片状，由小片连成大片。因而在特定方向上材料刚度的提高是显著的。第二，滑石粉可以显著提高填充材料耐热性。第三，滑石粉可以赋予填充塑料优良的表面性能、低的成型收缩率。第四，滑石粉还可起到熔体流动促进剂的作用，使填充塑料更易进行成型加工。

3.3.3 高岭土

高岭土是黏土的一种，是一种水合硅酸铝矿物质，分子式可表示为 $Al_2O_3 \cdot 2SiO_2 \cdot 2H_2O$。一般含有 SiO_2 40%~50%、Al_2O_3 30%~40%、Fe_2O_3 1.2%~1.0%，烧失量为 11%~12%，此外还含有微量 Ti、Ca、Mg、K、Na 等金属元素的氧化物。

高岭土的单晶是一种双层水合硅酸铝，一层是二氧化硅，另一层是水合氧化铝，通过化学键结合而成。两个侧面的不同以及处于边沿处的断裂键的高活性，使得高岭土有强烈的结团倾向，且结团现象随颗粒变小而显著。同时，活性表面却容易与有机硅烷、各种金属盐（如乙烯稳定剂）、极性聚合物、润滑剂等物质起作用，易于表面处理，使分散容易。天然水合高岭土的密度为 $1.58g/cm^3$，充分煅烧后为 $1.63g/cm^3$。天然水合高岭土的莫氏硬度为 2，无腐蚀性，而充分煅烧后莫氏硬度为 6~8，具有酸性范围的 pH 值，若不进行表面处理抑制其酸性活化点，作为环氧树脂和聚烯烃的填料使用时，会引发副反应。高岭土极易吸潮，使用前必须干燥。高岭土往往与石英、云母、碳、铁、氧化钛及其它黏土矿伴生，经煅烧白度可达 90%以上，最好的可达 95%以上。用于塑料的填充改性时，可提高塑料的绝缘强度，在不显著降低伸长率和冲击强度的情况下，可使热塑性塑料的拉伸强度和模量提高，对 PP 可起到成核剂的作用，有利于提高 PP 的刚性和强度。高岭土对红外线的阻隔作用显著，这一特性除用于军事目的外，在农用薄膜中也得到应用，可以增强塑料大棚的保温作用。高岭土具有优良的电绝缘性能。要用各种化合物对高岭土表面进行亲油性处理，以改善其与塑料的亲和性能，如用叠氮硅烷处理高岭土，可提高填充量，改善聚合物的性能。在 PP 中，未处理的高岭土添加量为 6%~8%，经处理后添加量可达到 50%，其它性能也有很大提高。如在 PP 中掺入 40%的用叠氮硅烷处理过的高岭土，拉伸强度由原来的 22.9MPa 提高到 30.4MPa，弯曲强度由原来的 44.7MPa 提高到 58.1MPa，热变形温度由原来的 70℃提高到 75℃。

3.3.4 二氧化硅

二氧化硅在地壳中分布最多，占地壳氧化物的 60%左右，大部分形成硅酸盐矿物岩石，一部分是由石英、硅石、硅砂、无定形硅石堆积而成。将这些岩石粉碎、分级、精制或用化学反应合成二氧化硅都可作为塑料填料。一般天然硅石价廉、粒径较大，而合成出来的二氧化硅价格较高、粒径小，是一种超微粒子填料（又称白炭黑）。合成二氧化硅可用三种方法：a.沉淀法，即稀硅酸钠和稀盐酸进行反应→漂洗→过滤→干燥→粉碎→包装→成品。b.炭化法，即硅砂和纯碱反应→熔融→溶解→炭化→漂洗→脱水→烘干→粉碎→包装→成品。c.燃烧法，即四氯化硅与氢气和空气的均匀混合物反应→压缩→净化→高温水解合成→凝聚→旋风分离→脱酸→包装→成品。合成出来的二氧化硅呈白色无定形微细粉状，质轻，其原始粒子粒径在 0.3μm 以下，吸潮后聚合成细颗粒，有很高的绝缘性，不溶于水和酸，溶于氢氧化钠及氢氟酸。在高温下不分解，多孔，有吸水性，内表面积很大，具有类似炭黑的补强作用，所以也把这种合成出来的二氧化硅叫做白炭黑，能提高塑料制品的力学性能，其粒子为三级结构，原始单个粒子为 0.02μm，聚集态粒子为 5μm，集合体粒子为 30μm，比表面积为 20~350m²/g，只有当它的比表面积大于 50m²/g 时才有补强作用，补强作用仅次于炭黑。对提高塑料制品的电绝缘性也起一定的作用，但对设备有一定的磨损。白炭黑的表面羟基有亲水性，在塑料中有消光作用，在不饱和聚酯、聚氯乙烯糊、环氧树脂中有增黏作用。白炭黑的另外一个显著特点是粒径很小，比表面积大，表面的硅醇基（Si—OH）使粒子之间产生相互作用，可赋予聚合物一种所谓的摇变性，常作为涂料等产品的防沉剂使用。

3.3.5　硅灰石与云母

天然硅灰石具有 β 型化学结构，是一种钙质偏硅酸盐矿物，理论上含 SiO 51.7%，其余 48.3% 为 CaO。硅灰石属三斜晶系晶体，常沿纵轴延伸成板状、杆状和针状，集合体为放射状、纤维状块体。较纯的硅灰石呈金色和乳白色，具有玻璃光泽。硅灰石具有完整的针状结构，其长径比可达到 20∶1 以上，在显微镜下观察，即使是最微细的晶体也依然保持着针状结构。但在开采、细化过程中，它的长径比很容易减小。目前我国云南昆明超微材料有限公司生产的硅灰石粉其长径比可达 20∶1 以上，最高达 28∶1；白度可达 85%~90%。硅灰石粉最有希望的应用领域是充分利用自身针状结晶的特点，代替部分玻璃纤维，从而降低增强塑料的成本（因为二者的差价在 6 倍以上）。硅灰石粉填充塑料吸水性显著降低，可以改进吸水性较强的尼龙制品在潮湿环境下因吸水而导致强度和模量下降的缺点。

云母是叶硅酸盐族中一大类硅酸铝矿的属名，主要成分是硅酸钾铝。按来源和种类不同，可能含有不同比例的镁、铁、锂、氟等，因此各类云母的化学组成有很大差别。下面是一些云母近似的分子式：

白云母 K₂Al（Al₂Si₆O₂₀）（OH）₄　　金云母 K₂（Mg，Fe²⁺）₆（Al₂Si₆O₂₀）（OH，F）₄

黑云母 K₂（Mg，Fe²⁺）₆（Al₂Si₆O₂₀）（OH）₄　　锂云母 K₂Li₄Al₂（Si₆O₂₀）（F，OH）₄

铁锂云母 K₂Li₂Fe₂Al₂（Al₂Si₆O₂₀）（F，OH）₄　　钠云母 Na₂Al₄（Al₂Si₆O₂₀）（OH）₄

云母是由硅-氧四面体（SiO₂ 硅氧烷薄层）片状结构构成的，在两个硅氧烷层片之间夹一个由铝-羟基层排列成的八面体层。这种三层晶胞以阳离子形式同上下相似的薄层松散地连接起来，随云母种类的不同，这种阳离子可以是钾离子，也可以是锂、钠、钙离子。在白云母中，八面体层主要由水铝石[Al（OH）₃]构成，在金云母中则由水镁石[Mg（OH）₂]构成，每一个三重薄层的厚度约为 1nm。云母薄片坚韧有弹性，从理论上讲，云母薄片可剥离到 1nm 左右，但由于难以完全剥离，所以大多数云母薄片由多层构成，厚度很难小于 1μm（相当于 1000 个三重薄片）。随云母种类不同，密度在 2.75~3.2g/cm³ 之间，大部分白云母是无色透明的（也有不少品种是深色不透明的，如桃红色、琥珀色、黄色、棕色、绿色、紫色、黑色等）。大多数云母含有 2.5%~4.5% 的结晶水，在接近 200℃ 时就开始脱水；大多数云母不溶于强酸强碱，但是黑云母和金云母可被浓热的硫酸或磷酸所侵蚀，所有的云母都易被氢氟酸和熔融的碱金属腐蚀。用于填充改性塑料时，只要能在制品中使云母片保持比较大的径/厚比，就可明显提高塑料制品的刚性、耐热性。云母和玻璃纤维混合填充改性塑料时，效果更好，此时玻璃纤维提高强度和冲击韧性，云母提高硬度和尺寸稳定性。云母可与大量其它粉粒状填料（特别是滑石、皂土、玻璃粉、玻璃微球、珍珠岩、碳酸钙等）相容，适当选择粉粒填料和云母薄片的尺寸，混杂填充对塑料可能会有更好的增强作用。云母可大大提高散光率，同时对 7~25μm 波长的红外线的阻隔作用也是最好的，在农用塑料薄膜领域的应用前景很好。

3.3.6 硫酸钡

硫酸钡可分为两种，一种是天然硫酸钡（即重晶石粉），白色或灰色粉末，粒子较粗，粒径一般为 2~5μm，性脆，pH 值为 4.5，经粉碎分级而得，细度为 250 目通过，硫酸钡含量大于 90%。另一种是合成硫酸钡，也叫沉淀硫酸钡，是无色斜方晶系结晶或无定形白色粉末，几乎不溶于水、乙醇及酸，溶于热浓硫酸中，干燥时易结块。一般合成硫酸钡有两种方法：

a.芒硝-黑灰法，即重晶石（$BaSO_4$ 85%）与煤粉（固定炭 70%）还原焙烧后，再与硫酸钠反应制得硫酸钡，工艺流程如下：

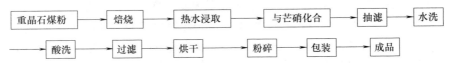

b.盐卤综合利用法，即钡黄卤（$BaCl_2$）与芒硝反应，再经盐酸酸煮、洗涤、干燥制得硫酸钡，工艺流程如下：

钡黄卤 → 石灰除铁 → 过滤 → 与芒硝反应 → 盐酸酸煮 → 洗涤 → 脱水 → 干燥 → 包装 → 成品

合成的硫酸钡质量较纯，粒径较小，pH 值为 6.6~8.0，比表面积为 22000~140000cm²/g。硫酸钡为球形粒子，可使制品表面平滑，光泽性好，可改善塑料的流动性。因硫酸钡不影响 X 射线显影，故常用于医疗卫生器械，可提高耐化学品性，增大制品密度，减小 X 射线透过率。

3.3.7 玻璃微珠

玻璃微珠可以从粉煤灰中提取，根据密度大小不同，可采用风选或水选进行提取。从粉煤中提取的玻璃微珠占灰重的 20%~70%，其中漂珠占粉煤灰的 1%~3%，密度为 0.4~0.8g/cm³，壳壁较薄（约 2μm），呈半透明或乳白色，耐火度 1650℃，属于一种中空玻璃微珠。沉珠密度为 0.8~1.4g/cm³，表面光滑晶莹，呈白色或灰白色。两种微珠的性质随着煤的化学成分及其工艺条件不同而有很大变化。玻璃微珠也可用人工方法制作，将微细的玻璃粉末鼓入高温火焰中，浮游在上面熔融而得，由于其表面张力的缘故，可以制成光滑的球状。在玻璃原料中加入无机或有机发泡剂，在加热时发泡剂放出气体，膨胀软化或熔融，形成中空玻璃球。也可用直接加热发泡法制备中空玻璃球，其原理是原料粒子加热软化或熔融后，内含的挥发物质汽化膨胀而成。

中空玻璃微珠的壳体很薄，在剪切作用下，易破裂成碎片，所以在混合混炼中应采用低速、低剪切力。玻璃微珠填充塑料时的成型方法主要有三种：a.真空浸渗法，即将玻璃微珠填入成型模具中，然后一边将模具抽真空，一边加入树脂，最后固化成型；b.注模法，即微珠与树脂在减压条件下混合，然后注入模具内固化成型；c.压塑法，即将微珠与树脂混合后，倒入模具中，加热加压使之成型。玻璃微珠的化学组成为 SiO_2 72%，Na_2O（或 KO）14%、CaO 8%、MgO 4%、Al_2O_3 1%、Fe_2O_3 0.1%、其它 0.9%，作为塑料填料，由于其表面光滑、球状、中空、密度小，所以流动性能好，残留应力分布均匀。因此玻璃微珠在尼龙、ABS、PS、PE、PP、PVC、聚苯醚、环氧树脂等塑料复合材料中获得广泛应用，尤其适用于挤出成型。用玻璃微珠做成的塑料复合材料可用于人工合成木材、海洋浮力材料、电气零件的封装材料、高频绝缘体等。如在塑料鞋跟、鞋楦等材料中可添加 5%~40%的玻璃微珠，在塑料板材中可添加 20%~40%的玻璃微珠。玻璃微珠分为漂珠和沉珠两种。若添加漂珠可降低制品密度，漂珠的粒度可选 40~100 目；若添加沉珠则可选 120~200 目粒度。由于玻璃微珠呈球体，故在混合混炼时流动性能比普通粉状填料的流动性能好些，因此在配方中可适当减少一些润滑剂的用量。

3.3.8　木粉与淀粉

把木材磨碎再干燥得到的粉状材料即为木粉，可用作酚醛树脂、脲醛树脂等热固性塑料的填料以及制备 PP、PE、PVC、PS 等木塑复合材料。例如，用作电工零件用的酚醛模塑料是添加一定量木粉，经粉碎、混炼、再粉碎后制得的。木粉是由木材加工中的锯末、刨花、碎木块等下脚料、废料粉碎加工而成的，是一种废物利用。从其形态看，一般呈针状和纤维状，对塑料有一定程度的补强效果。另外木粉填充塑料还有质轻和表面装饰性好的特点。但是，木粉填充塑料也有明显的缺点，就是木粉 180℃开始炭化，不适宜填充成型加工温度比较高的塑料。另外木粉一般呈淡黄色或黄色，甚至更深一些的颜色，与塑料一起成型加工时颜色还要变深，所以不适宜用于浅色塑料制品。

淀粉资源丰富，具有可再生性、可生物降解性。由于淀粉本身不宜单独作为降解材料使用，所以常制成淀粉基塑料，如：淀粉填充的不完全生物降解塑料、以淀粉及可生物降解的树脂为主要原料的完全生物降解塑料等。淀粉基塑料在降解塑料中占有重要地位，一些产品已实现了商品化。由原淀粉可制得淀粉基塑料，甚至可得到不含合成聚合物的纯淀粉产品，即热塑性淀粉。

淀粉是一种由重复的葡萄糖基单元构成的多糖类物质。由于植物种类和遗传背景的不同，其所含淀粉的结构也不相同。大多数淀粉是下面两类淀粉的混合物，即葡萄糖基单元通过 1,4-糖苷键连接的直链淀粉，以及含有以 1,6-糖苷键为短支链的高支化结构的支链淀粉。从物理角度讲，淀粉颗粒有结晶和无定形结构。支链淀粉为双螺旋层状区域结构，直链淀粉与支链淀粉共结晶形成的单螺旋结构可以提高结晶度。直链淀粉的分子量为数十万，支链淀粉的分子量为数亿。淀粉中直链淀粉与支链淀粉的比例依赖于淀粉的来源（植物的种类、产地）和提取淀粉的工艺方法。大多数商品化的高直链淀粉是玉米淀粉。除了上述的直链和短支链淀粉外，绿豆淀粉和藕粉还含有长支链结构。

对原淀粉进行物理、化学或酶法改性，可以改变原淀粉的分子结构和性质，可制备出适宜不同用途的改性淀粉，主要有以下几种。a.糊精：是用化学或酶法制得的局部或部分淀粉降解的产物。根据生产工艺和参数的不同，通常分为白糊精、黄糊精和大不列颠胶三种。白糊精是淀粉 α-1,4-键断裂后的降解产物，分子量较小，在水中有一定的溶解性。黄糊精是原淀粉经水解和重聚反应制得的糊化淀粉。将淀粉加热到 180~200℃，保温 20h，不加催化剂或加少量碱缓冲物，使淀粉较小程度地水解，即可得到大不列颠胶。b.可溶性淀粉：是用酸处理的改性淀粉，在水中溶解后仍保留淀粉的颗粒状态，溶液的透明性和流动性良好。c.氧化淀粉：原淀粉在氧化剂的作用下，淀粉颗粒表面上葡萄糖单元 C_6 位上的伯羟基，C_2、C_3 位上的仲羟基被氧化成醛基或羧基，削弱了分子间氢键的作用，从而使氧化淀粉具有易糊化、黏度低、沉凝性弱、成膜性好、膜的透明度高及强度高等特点。由于在氧化过程中淀粉无定形区分子被氧化成水溶物而流失，使氧化淀粉颗粒表面粗糙不平，具有皱纹和凹洞。但氧化淀粉仍保持原淀粉的结晶结构。d.交联淀粉：用多官能团的交联剂（如三氯氧磷、偏磷酸三钠、丙烯醛、环氧氯丙烷、二羧酸类等）与淀粉分子中脱水葡萄糖单元 C_6 上的伯羟基或 C_2 上的仲羟基等反应，使淀粉分子交联起来。例如，木薯淀粉用三氯氧磷改性后，颗粒仍然保持原淀粉的结晶结构，反应发生在淀粉颗粒的无定形区。e.淀粉磷酸酯：天然原淀粉就含有少量磷，这些磷以共价键与支链淀粉的组分相连接，并以磷酸单酯的形式存在。总磷量的 60%~70% 与 C_6 相连，其余的则位于葡萄糖残基的 C_3 位上。淀粉可以与磷酸二氢钠、三聚磷酸钠和三偏磷酸钠等磷酸酯化剂反应。若只有一个淀粉羟基包含在淀粉-磷酸酯键中，则称为淀粉磷酸单酯。这种淀粉磷酸酯可溶于冷水，水溶液的胶黏性较强而且稳定。淀粉磷酸酯的离子带负电荷，对水中的阳离子和带正电荷的物质有吸附能力。淀粉磷酸酯还具有抗腐、抗酸、无臭、无味、营养丰富等优点。磷酸与来自不同淀粉分子的两个羟基起酯化反应的二酯称为磷酸双淀粉酯，属于交联淀粉，具有水不溶性和好的热稳定性，在造纸、纺织、建材等方面广泛应用。f.淀粉黄原酸酯：淀粉在碱性介质中与二硫化碳反应，实质上是淀粉分子中的羟基被黄原酸基取代，形成淀粉黄原酸钠，是水溶性的。若用交联淀粉进行黄原酸酯化，可以生成不溶性的淀粉黄原酸酯。g.淀粉醚：用不同的醚化剂与淀粉反应，可制得功能与性质不同的淀粉醚产物。根据淀粉醚水溶液呈现的电荷特性不同，淀粉醚可分为非离子型和离子型。h.淀粉的接枝共聚物：具有代表性的是淀粉和带有极性基团的烯类单体的接枝共聚物，如淀粉与丙烯腈的接枝共聚物，淀粉与丙烯酰胺的接枝共聚物，淀粉与丙烯酸、淀粉与甲基丙烯酸的接枝共聚物，淀粉与丙烯酸酯、淀粉与甲基丙烯酸酯的接枝共聚物，淀粉与苯乙烯的接枝共聚物，淀粉与甲基丙烯腈、甲基丙烯酸酯的接枝共聚物，淀粉与乙酸乙烯酯的接枝共聚物，以及淀粉先与丙烯酰氯反应生成丙烯酰氧基淀粉，再与乙酸乙烯酯、甲基丙烯酸甲酯接枝形成的接枝共聚物等。

3.4
填料的表面处理

3.4.1　填料表面处理的目的、作用与发展

在填充改性塑料中所使用的填料大部分是天然的或人工合成的无机填料。这些无机填料无论是盐、氧化物，还是金属粉体，都属于极性的、水不溶性物质，当它们分散于极性

极小的有机高分子树脂中时，因极性的差别，造成二者相容性不好，从而对填充塑料的加工性能和使用性能带来不良影响。因此对无机填料表面进行适当处理，通过化学反应或物理方法使其表面极性接近所填充的高分子树脂，改善其相容性是十分必要的。填料表面处理的作用机理基本上有两种类型：一是表面物理作用，包括表面涂覆（或称为包覆）和表面吸附；二是表面化学作用，包括表面取代、水解、聚合和接枝等。前一类填料表面与处理剂的结合是分子间作用力，后一类填料表面是通过产生化学反应而与处理剂相结合。

一般来说，填料比表面积大，表面官能团密度大、反应活性高，表面处理剂与填料表面官能团反应率高，空间位阻小，则填料表面以化学反应为主，反之以物理作用为主。实际上绝大多数填料表面处理两种机理都同时存在。对一指定的填料来说，若采用表面活性剂、长链有机酸盐、高沸点链烃等为表面处理剂，则主要是通过表面涂覆或表面吸附的物理作用进行处理，若采用偶联剂、长链有机酰氯或氧磷酰氯、有机硅烷化合物及环氧化合物等为表面处理剂，则主要通过表面化学作用来进行处理。

粉体的表面处理（改性）与很多学科，如粉体工程、表面物理化学、胶体化学、有机化学、无机化学、高分子化学、无机非金属材料、高分子材料、复合材料、结晶学、化学工程、矿物加工工程、光学、电学、磁学、现代仪器分析与测试技术等学科密切相关，是表面科学及其它众多学科交叉的边缘学科。迄今为止，对这一学科的研究内容尚未有明确的说法，但它至少应包括以下四个方面：a.粉体表面改性的原理与方法：它是粉体表面改性技术的基础，它涉及各种粉体（包括改性处理后的粉体）的表面或界面性质；粉体表面或界面与表面改性（处理）剂的作用机理，如吸附或化学反应的类型、作用力或键合力的强弱、热力学性质的变化等；是各种表面改性方法的基本原理或理论基础。b.表面改性剂：在大多数情况下，粉体表面性质的改变是依靠各种有机或无机化学物质（即表面改性剂）在粉体粒子表面的包覆来实现的。因此，在某种意义上来说，表面改性剂是粉体表面改性技术的关键。它的选择还与应用领域密切相关，涉及表面改性剂的种类、结构、性能或功能及其与各种粉体表面基团的作用机理或作用模型，表面改性剂的分子结构、分子量大小或烃链长度、官能团或活性基团等与其性能或功能的关系，表面改性剂的用量和使用方法，以及新型、特效表面改性剂的制备或合成工艺。表面改性剂的发展方向：一是降低现有改性剂（尤其是各种偶联剂）的成本，这就涉及表面改性剂原料来源的选择和生产工艺的革新，二是研制应用性能好、成本低或有特殊功能的新型表面改性剂。c.表面改性工艺与设备：工艺与设备是最终实现按应用需要改变粉体表面性质的重要技术环节，其研究内容包括不同类型和不同用途粉体表面改性的工艺流程和工艺条件；影响粉体表面改性效果的因素；设备类型与操作条件等。表面改性工艺与设备是互相联系的，好的工艺必然包括良好性能的设备。d.改性过程控制与产品检测技术：表面改性或反应过程温度、浓度、酸度、时间、表面包覆率或包膜厚度等的控制技术，表面改性粉体的疏水性、表面能、表面包覆率或包膜厚度、表面包覆层的晶体结构、电性能、光性能、热性能等的检测方法；此外，还包括建立控制参数与质量指标之间的对应关系。

现代新材料的"设计"离不开粉体表面性质的"设计"——表面处理。因此，粉体表面改性技术的研究已引起粉体工程专家和材料科学界的广泛重视。总之，粒径微细化、表面活性化、晶体结构精细化被认为是未来无机填料发展的三大方向，并将发展"复合"处理工艺，即将粒径微细化（即超细粉碎）、表面活性化（即表面改性）、晶体结构精细化组合进行，在同一工艺设备中达到这几种目的。

根据所使用的处理设备和处理过程的不同，填料表面处理方法可分为干法、湿法、气相法和加工过程处理法等四种。

3.4.2 填料表面的干法处理

（1）干法处理的原理与过程

干法处理的原理是填料在干态下借助高速混合作用和一定温度下使处理剂均匀地作用于填料粉体颗粒表面，形成一个极薄的表面处理层。干法处理可用于物理作用的表面处理，也可用于化学作用的表面处理，尤其是粉碎或研磨等加工工艺同时进行的干法处理，无论是物理作用，还是化学作用，都可获得很好的表面处理效果，显然这种表面处理效果与加工过程中不断新生的高活性填料表面以及填料粒径变小有很大关系。

（2）表面涂覆处理

处理剂可以是液体、溶剂、乳液和低熔点固体形式，一般处理步骤为：先混合均匀，然后逐渐升温至一定温度，在此温度下高速搅拌 3~5min 即可出料。例如以三甲基丙烯酸甘油酯（0.3 份）、三甲氧基丙烷三缩水甘油醚（0.5 份）和亚乙基二硬酯酰胺（0.5 份）为处理剂，对碳酸钙（粒径小于 2μm 占 70%，比表面积 19m²/g 以上）在高速混合机中进行干法涂覆处理，在 140~145℃下混合 5min。所得活性碳酸钙用于 PP，用量为 20 份时，填充 PP 的冲击强度比纯 PP 提高 20% 以上，而未经过表面处理的碳酸钙填充 PP 则下降 10% 以上，同时耐热性大大提高。

（3）表面反应处理

干法表面反应处理方法有两类，一是用本身具有与填料表面较大反应性的处理剂，如铝酸酯、钛酸酯等直接与填料表面进行反应；二是用两种处理剂先后进行反应处理，即第一处理剂先与填料表面进行反应以后，以化学键形式结合于填料表面上，再用第二处理剂与结合在填料表面的第一处理剂反应。第一类方法已成为干法表面反应处理的主要手段，工艺成熟，已广泛应用，但可供选择的处理剂局限于已经工业化生产的各类偶联剂，很难满足各种填料在许多不同应用场合中要求各异的性能需求。第二类方法可以根据填料种类与其表面特性，填充的聚合物种类、结构与性质以及制品的要求，十分精细地选择处理剂，选择范围广，用量调节灵活，不仅可用于各种填料、颜料、阻燃剂等无机粉体的表面处理，还可对淀粉、木粉等有机粉体进行表面反应处理。

（4）表面聚合处理

许多填料表面带有可反应的基团，这些基团可与一些可聚合的单体反应，然后这些单体再进行聚合，这样就在粉体表面利用化学键包覆了一层聚合物，这样的聚合物再与塑料树脂混合时，就具有较大的混溶性，从而可以改进填料与基体树脂的界面黏合力，大大提高填充改性塑料的力学性能。填料干法表面聚合处理是一种较新颖的表面处理方法。通常有两种做法，一种是先用适当引发剂如过氧化物处理无机填料表面，然后加入单体，高速搅拌并在一定温度下使单体在填料表面进行聚合，获得干态的经表面聚合处理的填料；另一种是将单体与填料在球磨机中研磨，借助研磨的机械力作用和摩擦热使单体在无机填料表面聚合，可获得表面聚合处理的填料。例如，用含过氧化物结构的硅烷偶联剂处理胶态硅酸盐填料，形成带过氧化物引发剂的填料，再引发苯乙烯、甲基丙烯酸甲酯、丙烯酸丁酯等液体单体在填料表面聚合。又如，用丙烯酸及其酯类、甲基丙烯酸及其酯类以及苯乙烯、丙烯腈、丙烯酰胺等与碳酸钙在一起研磨，可以获得表面聚合处理的碳酸钙，与未经处理的碳酸钙比较，对填充 PVC 体系来说，加工捏合时间缩短，冲击强度、拉伸强度和伸长率都有明显的提高。

3.4.3　填料表面的湿法处理

填料表面的湿法处理是指填料粉体在湿态时，主要是在水溶液中进行表面处理，原理是填料在处理剂的水溶液或水乳液中，通过填料表面吸附作用或化学作用而使处理剂分子结合于填料表面，因此处理剂应是溶于水或可乳化分散于水中，既可用于物理作用的表面处理，也可用于化学作用的表面处理。常用的处理剂有脂肪酸盐、硬脂酸盐等表面活性剂、水稳定性的螯合型铝钛酸酯及硅烷偶联剂和高分子聚电解质等。湿法处理工艺有以下四种。

（1）吸附法

以活性碳酸钙为例，按轻质碳酸钙原生产工艺流程，在石灰消化后的石灰乳液中，加入计量的表面活性剂，在高速搅拌、7~15℃下通入二氧化碳至悬浮液 pH 值为 7 左右，然后按轻质碳酸钙原生产工艺离心过滤、烘干、研磨和过筛即得活性沉淀碳酸钙。又如将计量的油酸钠加入 60~70℃的氢氧化镁悬浊液中搅拌 30min，过滤后烘干。处理过的氢氧化镁填充于乙烯-丙烯共聚物中，阻燃性可达 V-0 级，较之未处理的氢氧化镁填充体系的冲击强度可提高近一倍。

（2）化学反应法

采用硅烷偶联剂、锆铝酸酯偶联剂、有机铬偶联剂、水溶性铝酸偶联剂以及通过水解反应进行表面处理的方法都属于这一类。

（3）聚合法

在碳酸钙的水分散体系中，用丙烯酸、乙酸乙烯酯、甲基丙烯酸丁酯等单体进行共聚合，在碳酸钙粒子表面产生聚合物层而获得聚合处理过的碳酸钙填料。将上述方法制成的碳酸钙填料按 1∶2 比例填充 PVC 树脂，所得到的填充塑料的拉伸强度比未处理的碳酸钙填充 PVC 塑料提高了 25%以上，甚至高于纯 PVC 的拉伸强度。在硅灰石粉的水悬浊液中加入甲基丙烯酸甲酯可实现表面聚合；碳酸钙、氧化锌等在正辛烷中于 75℃下，用偶氮二异丁腈为引发剂引发丙烯酸与甲基丙烯酸甲酯或苯乙烯、氯乙烯聚合；在亚硫酸钠水溶液中引发甲基丙烯酸酯类、苯乙烯、乙酸乙烯酯和丙烯腈等在金属粉表面聚合。用有机酸处理无机填料表面的方法有以下三种。a.喷雾法：无机填料经充分脱水干燥后，在捏合或混合机中高速搅拌，将定量的有机酸以雾状或液滴态缓缓加入反应。温度可控制在室温以上、有机酸的分解温度以下，一般在 50~200℃左右，反应时间为 5~30min。为避免有机酸在反应过程中聚合，可加入少量阻聚剂，如对苯二酚、甲氧基对苯二酚、邻苯醌、萘醌等，用量为有机酸的 0.5%左右。在反应过程中不能有液态水存在，因此使用时应选用无水有机酸。b.溶液法：将定量的有机酸溶于有机溶剂（如甲醇、乙醇、丙酮、甲乙酮、乙酸乙酯等）中配制成一定浓度的溶液，无机填料经充分脱水干燥后与溶液混合，搅拌反应 5~30min，温度为 25~50℃，并适量加入阻聚剂，以防止活泼双键遭到破坏。反应结束后，滤去溶剂，干燥后即得表面改性处理后的活性填料。c.过浓度法：无机填料经充分脱水干燥后，与过量浓度的有机酸反应。有机酸可用少量甲苯、二甲苯、乙烷、庚烷、四氯化萘、四氯化碳等非极性溶剂稀释，反应可用喷雾法或溶液混合法。反应结束后，用极性溶剂（如甲醇、乙醇等）清洗、过滤、干燥、精制即得活性填料。

（4）复合偶联处理

图 3-1 所示为碳酸钙复合偶联剂体系工艺流程。该复合偶联体系是以钛酸酯偶联剂为基础，结合其它表面处理剂、交联剂、加工改性剂对碳酸钙粒子表面进行综合技术处理（改性）的工艺。

图 3-1　碳酸钙复合偶联剂体系工艺流程

为了使所有碳酸钙粒子表面都能包覆一层偶联剂分子，可以改喷雾或滴加的方法作为乳液浸渍的办法，再经过烘干、粉碎后与交联剂等助剂高速捏合（或混合）、均匀分散。复合偶联体系中偶联剂及各种助剂分别如下。a.偶联剂：钛酸酯。b.表面处理剂：硬脂酸。单独使用硬脂酸处理碳酸钙，效果并不理想，将硬脂酸与钛酸酯偶联剂混合使用，可以收到良好的协同效果。硬脂酸的加入基本上不影响偶联剂的偶联作用，同时还可以减少偶联剂的用量，从而降低生产成本。c.交联剂：马来酰亚胺。采用交联剂可以使无机填料通过交联技术与基体树脂更紧密地结合在一起，进一步提高复合材料的各项力学性能，这是"白艳华"或简单的钛酸酯偶联剂表面改性处理难以达到的。d.加工改性剂：M80 树脂等。加工改性剂可以显著改善树脂的熔体流动性能、冲击韧性及制品表面的光泽等。因此，碳酸钙复合偶联体系的主要成分是碳酸钙和钛酸酯偶联剂。钛酸酯偶联剂作为一种多效能的助剂发挥了主要作用。在此基础上，再配合交联剂、表面活性剂、加工改性剂等可进一步增强碳酸钙填料的表面活性，增大填料的用量，可提高复合材料的性能。复合偶联处理后的碳酸钙填料为白色粉末，密度为 2.7~2.8g/cm³，pH 值为 7~8，疏水性能好。

3.4.4　其它表面改性方法

高能改性是利用紫外线、红外线、电晕放电和等离子体照射等方法进行表面处理，如用 Ar、C_3H_6 低温等离子体处理后的 $CaCO_3$ 与未处理的 $CaCO_3$ 相比，可改善 $CaCO_3$ 与 PP 的界面黏结性。这是因为经低温等离子体处理后的 $CaCO_3$ 粒子表面存在非极性有机层作为界面相，可以降低 $CaCO_3$ 的极性，提高与 PP 的相容性。将这些方法与前述各种表面改性方法并用，效果更好。但是，高能改性方法由于技术复杂，成本较高，在粉体表面处理方面用得不多。

酸碱处理也是一种表面辅助处理方法，通过酸碱处理可以改善粉体表面（或界面）的极性和复合反应活性。此外还有化学气相沉积（CVD）和物理沉积（PVD）等方法。

3.5
表面处理剂

从物质结构与特性来划分，填料表面处理剂主要有四大类，即表面活性剂、偶联剂、有机高分子和无机物。下面主要介绍表面活性剂和偶联剂。

3.5.1 表面活性剂

所谓表面活性剂（surfactant），是指极少量就能显著改变物质表面或界面性质的物质，其分子结构特点是包含两个组成部分，其一是一个较长的非极性烃基，称为疏水基；另一是一个较短的极性基，称为亲水基。由于表面活性剂这种不对称的两亲分子结构特点，因此其具有两个基本特征，一是很容易定向排列在物质表面或两界面相上，从而使表面或界面性质发生显著变化；二是表面活性剂在溶液中的溶解状态是少部分以分子分散状态存在，大部分以胶团（缔合体）状态存在。表面活性剂的表（界）面张力、表面吸附起（消）泡、润湿、乳化、分散、悬浮、凝聚等界面性质及增溶、催化、洗涤等实用性能均与上述两个基本特征有直接或间接关系。表面活性剂按溶于水是否电离分为离子型和非离子型两大类，而离子型又可分为阴离子型、阳离子型和两性离子型。表面活性剂视分子大小可分为小分子表面活性剂和高分子表面活性剂。

3.5.2 偶联剂

偶联剂（coupling agents）的分子结构特点是含有两类性质不同的化学基团，一类是亲无机基团，另一类是亲有机基团，其分子结构可用下式表示：

$$(RO)_x—M—A_y$$

RO 代表以进行水解或交换反应的短链烷氧基；M 代表中心原子，可以是硅、钛、铝、硼等；A 代表与中心原子结合稳定的较长链亲有机基团，如脂酰基（—CR—）、长链烷氧基（RO—）、磷酸酯酰基等。用偶联剂对填料表面处理时，两类基团分别通过化学反应或物理化学作用，一端与填料表面结合，另一端与高分子树脂缠结或反应，从而使表面性质悬殊的无机填料与高分子相较好地相容。偶联剂已广泛用于塑料、橡胶、涂料、油墨、黏结剂等方面，用其处理填料、颜料和无机阻燃剂，对塑料填充改性和高分子复合材料的发展起到了巨大的促进作用。偶联剂问世至今已 50 余年，偶联剂的研究与应用仍在迅速发展，其用量呈逐年增长的趋势。目前其主要动向是寻找更高效、更廉价的新型偶联剂，并且向多功能化发展，逐渐形成专用化、系列化品种，同时解决高填充（60%以上）条件下的加工与制品力学性能问题。

3.5.2.1 硅烷偶联剂

硅烷偶联剂的基本结构如下：

$$R—SiX_3$$

式中，R 为有机疏水基，如乙烯基、环烷基、氨基、甲基丙烯酸酯、硫酸基等；X 为能水解的烷氧基，如甲氧基、乙氧基及氯等。

当应用于玻璃纤维表面处理时，硅烷偶联剂分子中 X 部分首先在水中水解形成反应性活泼的多羟基硅醇，然后与填料表面的羟基缩合而牢固结合；而偶联剂的另一端，即有机疏水基 R—，或与树脂高分子长链缠结，或发生化学反应。硅烷偶联剂的偶联作用如图 3-2 所示。

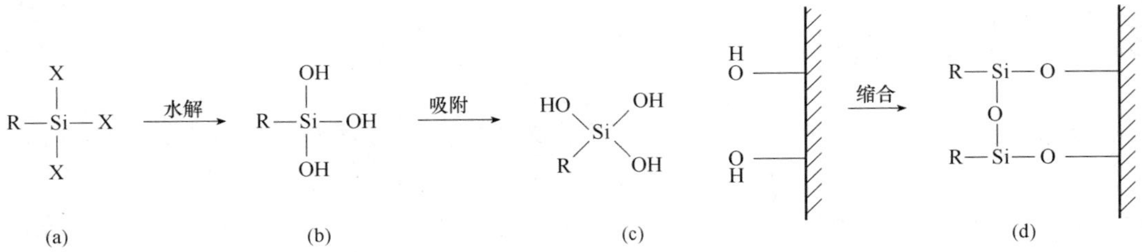

图 3-2　硅烷偶联剂的偶联作用示意

在图 3-2 中，当 R 基中含有氨基时，可与含羟基、环氧基、异氰酸基等的聚合物反应；当 R 基中含有环氧基时，可与含烃基、氨基等的聚合物反应；当 R 基中含有双键时，可与含双键的聚合物交联；当 R 基中含有叠氮基时，几乎可与所有类型的有机聚合物反应。

硅烷偶联剂一般都要用水、醇、丙酮或其它混合物作为溶剂配成一定浓度（0.5%~2.0%）的溶液来处理填料。填料为粉体时，可直接进行高速搅拌或一定温度下直接加入或喷雾加入定量的硅烷偶联剂溶液；填料为纤维时，可将纤维牵引通过硅烷偶联剂溶液，再在一定温度下烘干。因为硅烷偶联剂对填料进行表面处理首先要水解成相应的多烃基硅醇，因此要注意以下几点：a.添加适量酸碱或缓冲剂调节处理液维持一定的 pH 值，以控制水解速率和处理液的稳定时间。b.控制会影响缩合、交联的杂质或添加适量催化剂，调节缩合或交联反应性。c.控制表面处理时间和适宜的烘干温度，保证表面处理反应完全。d.对某一指定的填料来说，要注意选择适合的硅烷偶联剂品种来处理。大多数硅烷偶联剂可以处理含二氧化硅或硅酸盐成分多的填料，如白炭黑、石英粉、玻璃纤维的效果最好，高岭土、三水合氧化铝次之。e.还应考虑经硅烷偶联剂处理的填料应用于什么体系的高分子中。

3.5.2.2　钛酸酯偶联剂

钛酸酯偶联剂基本结构可用如下通式表示：

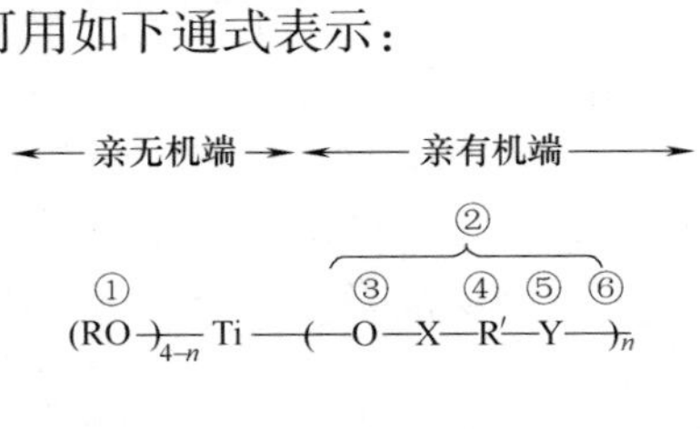

其基本结构包括六个功能部位。功能部位①：是易水解的短链烷氧基或对水有一定稳定性的螯合基，可与填料表面的单分子层结合水或羟基的质子（H^+）作用而结合于无机填

料表面。功能部位②：是较长链的酰氧基（—R—C—O—）或烷氧基（RO—），可与带羧基、酯基、羟基、醚基或烷氧基的高分子发生反应而使填料与聚合物偶联。功能部位③：可选择采用不同类型的烷氧基或酰氧基，该部位不同显现不同的特性。功能部位④：—R'—为长链烃基，碳原子数为11~17，易与聚合物分子发生缠结，借分子间范德华力结合，这种作用在聚烯烃等热塑性塑料中可转移应力、提高冲击强度、伸长率和剪切强度，并可增大填充量，此外可完全包覆填料表面，降低其表面能，使体系黏度下降，从而显示良好的加工流动性。功能部位⑤：即钛酸酯较长链末端，最普遍为氢原子，也可为双键、氨基、环氧基、羧基或硫基，它们与聚合物大分子反应形成化学偶联，尤其适用于填充热固性塑料的填料表面处理。功能部位⑥：改变 n 值为1、2或3，可以调节偶联剂与填料及聚合物的反应性及各种特性。

改变以上六个功能部位，可以根据应用要求合成出众多不同的钛酸酯偶联剂，但受到空间位阻、结构稳定性、产品色泽及原料成本等诸多因素限制，实际上应用的大约有十几个品种。至今获得实际应用的钛酸酯偶联剂主要有以下四个类型。a.单烷氧基型，即分子中只保留一个易水解的短链烷氧基，因此适用于表面不含游离水而只含单分子层吸附水或表面有羟基、羧基的无机填料，如碳酸钙、氢氧化铝、氧化锌、三氧化二锑等，目前应用最多的是这一类的三异硬脂酰基钛酸异丙酯（TTS）。b.单烷氧基焦磷脂基型，即分子中较长链基为焦磷脂基，适用于含水量较高的无机填料，除短链的单烷氧基与填料的羟基、羧基反应之外，游离水会使部分焦磷脂水解成磷酸酯。c.螯合型，即分子中短链单烷氧基改为对水有一定稳定性的螯合基团，因此可用于处理高湿度填料，如沉淀白炭黑、陶土、滑石粉、硅铝酸盐、炭黑及玻璃纤维，主要代表品种有螯合100型和螯合200型，其螯合基分别为氧化乙酰氧基和二氧亚乙基。d.配位型，即中心原子钛为六配位，并含有烷氧基，以避免四价钛原子易在聚酯、环氧树脂等体系中发生交换而引起交联副反应。其主要品种有四辛氧基钛二[二（十三烷基）亚磷酸酯]（KR-46B）和四辛氧基钛二（二月桂基亚磷酸酯）（KR-46），其处理填料表面的偶联机理与单烷氧型类似。

3.5.2.3 铝酸酯偶联剂

以前都认为铝酸酯因易水解和缔合不稳定而不能作为偶联剂使用，通过合成具有下列通式和空间结构的铝酸酯，采取部分满足中心铝原子配位数的特殊结构，才使得铝酸酯作为偶联剂使用成为现实：

$$(RO)_x\ Al\overset{\overset{D_n}{\downarrow}}{}(OCOR')_m$$

铝酸酯偶联剂具有与无机填料表面反应活性大、色浅、无毒、味小、热分解温度较高、适用范围广、使用时无须稀释以及包装运输和使用方便等特点，还发现在PVC填充体系中铝酸酯偶联剂有很好的热稳定协同效应和一定的润滑增塑效果，因而获得了广泛应用。经铝酸酯偶联剂处理的各种填料，其表面因化学或物理化学作用生成有机长链分子层，因而亲水性变成亲有机性，吸水率下降，颗粒度变小，吸油量减少，沉降体积增大，因此用于塑料、橡胶或涂料等复合材料中，可改善加工性能，增大填料用量，提高产品质量，降低能耗和生产成本，因而有明显的经济效益。经铝酸酯偶联剂处理的填料，其原有的表面性质发生变化，带来所希望的新性质，如疏水性、热稳定性、防沉降和抗静电性等。铝酸酯偶联剂对许多无机填料/有机基体体系的黏度都有明显的降黏作用，其效果与相应钛酸酯偶联剂一样优异。和钛酸酯偶联剂一样，经铝酸酯处理的无机填料在有机分散基体中的填充量可大幅度提高。

3.5.2.4 超分散剂

传统的分散剂（表面活性剂）的分子结构含有两个在溶解性和极性上相对的基团，其分子结构存在如下局限性：a.亲水基团在极性较低或非极性的颗粒表面结合不牢靠，易解吸而导致分散后粒子的重新絮凝；b.亲油基团不具备足够的碳链长度（一般不超过18个碳原子），不能在非水性分散体系中产生足够多的空间位阻效应起到稳定作用。为了克服传统分散剂在非水分散体系中的局限性，开发了一类新型的聚合物分散剂，对非水体系有独特的分散效果，称为超分散剂，它的主要特点是：a.快速充分地润湿颗粒，缩短达到合格颗粒细度的研磨时间；b.可大幅度提高研磨基料中的固体颗粒含量，节省加工设备与加工能耗；c.分散均匀，稳定性好，从而使分散体系的最终使用性能显著提高。

超分散剂的分子结构分为两部分，其中一部分为锚固基团，常见的有—R_2、—NR_3、—$COOH$、—COO^-、—SO_3H、—PO_4^{2-}、多元胺、多元醇及聚醚等，它们可通过离子键、共价键、氢键及范德华力等相互作用紧紧地吸附在固体颗粒表面，防止超分散剂脱附。另一部分为溶剂化链，常见的有聚酯、聚醚、聚烯烃及聚丙烯酸酯等，按极性大小可分为：a.低极性聚烯烃链；b.中等极性的聚酯链或聚丙烯酸酯链等；c.强极性的聚醚链。在极性匹配的分散介质中，链与分散介质具有良好的相容性，采取比较伸展的构象，在固体颗粒表面形成足够厚的保护层。

吸附在颗粒表面的超分散剂要具有以下三个条件：a.锚固段（A段）与固体颗粒表面能形成牢固的结合；b.超分散剂在颗粒表面能形成较完整的覆盖层；c.溶剂化段（B段）在分散介质中有一定的厚度。若颗粒表面含有—OH、—$COOH$、—O—等极性基团则更易与A段形成牢固的结合，在颗粒表面棱角凸凹部位有较强的吸附强度。对于B段，其作用是形成足够厚的溶剂化层以克服颗粒间引力，对分散体系起到空间稳定作用，因此一方面B段与分散介质应有较好的相容性，另一方面要有足够的分子量。为获得足够厚的溶剂化层以达到空间位阻作用，对B段应按照与分散介质极性相似、溶度参数接近、相互作用因子小于0.5三个原则进行选择。在一定的分散体系中，能起到稳定作用的B段的最低分子质量与固体颗粒大小有关，一般随粒度增大，对B段分子量的要求越高。在一定的分散介质中，对一定粒度的颗粒进行分散，B段长度存在一最佳值，B段若太短，不足以起到空间位阻稳定作用；B段若太长，一方面会在粒子表面发生"折叠"（压缩空间位阻层）或引起颗粒间的缠结（架桥絮凝），另一方面介质对B段的溶剂化作用可能太强，对锚固基团所发生的拔离力太大，引起锚固基团脱附，这均不利于分散体系的稳定。

3.6
聚丙烯的增强改性

聚丙烯的强度还达不到工程塑料的强度，满足不了有些方面的应用要求，因此需要进行增强。一般采用玻璃纤维增强聚丙烯（FRPP），FRPP有以下优点。a.比强度高：增强塑料的比强度优于一般金属材料，密度在1.1~1.6g/cm³之间，只有钢铁密度的1/6~1/5，而它所增加的力学强度却很显著，是一类轻质高强度的新型工程结构材料。b.良好的耐热变形性能：一般未增强的PP，其热变形温度是较低的，但增强改性后热变形温度则显著提高，可在100~150℃进行长期使用。c.良好的电绝缘性能：由于玻璃纤维是良好的电绝缘体，所以FRPP的电绝缘性由本体高分子树脂所决定，仍是一种优良的电气绝缘材料，可作电机、电器、仪表中的绝缘零件。另外FRPP在高频作用下仍能保持良好的介电性能，不受电磁作用，不反射无线电波，微波透过性良好，因而在国防上也受到重视。d.良好的耐化学腐蚀性能：除氢氟酸等强腐蚀性介质外，玻璃纤维的耐化学腐蚀性能是优良的。综上所述，玻璃纤维增强PP是PP工程化的重要途径，大大扩大了PP的使用范围和应用领域，是发展快速的新材料。

3.6.1 增强材料

增强塑料由高分子树脂和增强材料两大部分组成。随着工程领域对增强塑料的性能要求越来越高，新型无机增强材料正在迅速发展。

3.6.1.1 玻璃纤维

玻璃纤维具有一系列优越性能，作为增强材料其增强效果十分显著，产量大、价格低廉，使用量最大。玻璃是一种非晶体，将其加热则可由固态玻璃逐渐变成液态玻璃，但没有固定的熔点，是在一个比较宽的温度范围内变化，这个温度区域称为玻璃的软化区域。将玻璃加热熔融并拉成丝，即为玻璃纤维。通常所说的玻璃纤维和普通应用的玻璃纤维是指硅酸盐类玻璃纤维，它的化学成分比较复杂，按不同生产方式以及不同组分进行划分。

一般可按玻璃中碱金属氧化物（一般指K_2O、Na_2O）的含量多少划分为以下四种。a.无碱玻璃纤维：其碱金属氧化物含量小于1%（相当于E玻璃纤维），它有优良的化学稳定性、电绝缘性和力学性能，主要用于增强塑料、电器绝缘材料等。b.中碱玻璃纤维：其碱金属氧化物含量为8%~12%（相当于C玻璃纤维）。由于含碱量较高，耐水性较差，不适宜用作电绝缘材料。但它的化学稳定性较好，尤其是耐酸性能比E玻璃纤维好。虽然机械强度不如E玻璃纤维，但由于来源较E玻璃纤维广泛，而且价格便宜，所以对于机械强度要求不高的一般增强塑料，可用这种玻璃纤维。c.高碱玻璃纤维：其碱金属氧化物含量为14%~15%（相当于A玻璃纤维），它的机械强度、化学稳定性、电绝缘性能都较差，主要用于保温、防水、防潮材料。d.特种玻璃纤维：由于在配方中添加了特种氧化物，因而赋予玻璃纤维各种特殊性能，如高强度玻璃纤维（S-玻璃）、高弹性模量玻璃纤维（M-玻璃）、耐高温玻璃纤维、低介电常数玻璃纤维、抗红外线玻璃纤维、光学玻璃纤维、导电玻璃纤维等。

玻璃纤维的直径越小则强度越高，扭曲性也越好，主要原因是纤维直径越小，其表面裂纹越少，因此拉伸强度随着纤维直径的减小而急剧上升。增强塑料常用的玻璃纤维直径在 6~15μm，拉伸强度一般在 1000~3000MPa 之间，因而增强塑料有很高的机械强度。

按纤维长度可分为三类。a.连续玻璃纤维：主要是用漏板法拉制的长纤维。b.定长玻璃纤维：主要是用吹拉法制成长度为 300~500mm 的纤维，用于制毛纱或毡片。c.玻璃棉：用离心喷吹法、火焰喷吹法制成长度为 150mm 以下、类似棉絮的纤维，主要用作保温吸声材料。由坩埚拉制的长玻璃纤维，可制成两类制品，即加捻制品和无捻制品。自坩埚下来的玻璃纤维，经石蜡乳化型浸润剂黏结成原纱后，通过加捻合股而成为加捻玻璃纤维纱、绳，或再将其纱织成布、带等有捻玻璃纤维制品。自坩埚下来的玻璃纤维，经强化型浸润剂黏结成原纱后，不经加捻而成为无捻粗纱，或者切成短切纤维，加工成为玻璃纤维席或毡。将无捻粗纱纺织，就成为无捻粗纱织物，如无捻粗纱平纹布等。其中无碱无捻玻璃纤维主要用来增强塑料。

3.6.1.2 碳纤维

最近几年，高强度、高弹性模量的新型碳纤维的出现特别引人注目，它已进入商品化生产，例如，碳纤维在塑料增强领域已有相当规模的应用，尤其是在宇宙、航空方面发展甚为迅速。碳纤维与玻璃纤维比较，特点是弹性模量很高，在湿态条件下的力学性能保持良好，热导率大、可导电、蠕变小、耐磨性好。碳纤维及其复合材料具有高比强度、高比模量、耐高温、耐腐蚀、耐疲劳、抗蠕变、导电和传热及热膨胀系数小等一系列优异性能，它们既作为结构材料承载负荷，又可作为功能材料发挥作用，因此碳纤维及其复合材料近年来发展十分迅速。

碳纤维是纤维状的炭材料，碳元素占总质量的 90%以上。元素碳根据其原子结合方式的不同，可形成金刚石、石墨等结晶态，也可形成非晶态的各种过渡态炭。碳元素的各种同素异形体根据形态的不同，在空气中于 350℃以上的高温中就会不同程度地氧化。在隔绝空气的惰性气氛中（常压下），元素碳在高温时不会熔融，只是在 3800K 以上的高温时不经液相直接升华。碳在各种溶剂中不溶解，因此碳纤维不能按一般合成纤维那样通过熔融纺丝或使用溶剂进行湿法或干法纺丝来制造。为制取碳纤维，人们研究了各种有机纤维（如纤维素纤维、木质素纤维、聚丙烯腈纤维、聚乙烯醇纤维等树脂制成的合成纤维）的炭化来制备碳纤维。同样，将沥青纺丝形成的沥青纤维经不熔化炭化后同样可制得碳纤维。从产率、生产技术的难易以及成本等多种因素综合考虑，由纤维素纤维、聚丙烯腈纤维和沥青纤维制得的碳纤维已实现了工业化。要从纤维素纤维得到高性能碳纤维，必须在高温条件下进行复杂的应力石墨化，从而成本大大提高，近年来纤维素基碳纤维发展较慢。目前世界上生产和销售的碳纤维绝大部分都是聚丙烯腈基碳纤维和沥青基碳纤维。

除此之外，还正在研究气相法生产碳纤维，这种纤维是低分子烃气体和氢气在高温下与金属铁或其它过渡金属接触时气相热解生长而成，其生产过程简单，不需纺丝、熔化、炭化等多段工序，在用超微粒子金属作催化剂时可在流化床中连续生成，因此气相生长碳纤维在制造成本上具有很多的潜在优势。另外，这种纤维结构类似石墨单晶，有优良的传热、导电性能，可得到极高模量的产品，极有发展前途。

碳纤维中微晶的取向度和结晶度愈高，其热导率愈大，电阻率愈小。碳纤维的模量也是随微晶的取向度的增加而增大。因此高模量和超高模量碳纤维的热导率高。标准模量聚丙烯腈基碳纤维的热导率为 20~40W/（m·K），而高模量碳纤维则达 640W/（m·K），已超过铜[380W/（m·K）]，超高模量碳纤维（Thornel p-130X）的热导率甚至达到 1180W/（m·K），是铜的两倍多，但其质量仅为铜的 1/4，其复合材料的热导率也可达到 400W/（m·K）。

3.6.1.3　碳纳米管

　　1991 年，日本 NEC 公司基础研究实验室的电子显微镜专家 Iijima 在高分辨率投射电子显微镜下检验石墨电弧设备中产生的球状碳分子时，意外发现了由管状的同轴纳米管组成的碳分子，这就是今天被广泛关注的碳纳米管。从石墨、金刚石到富勒烯，再到碳纳米管，晶体碳的结构日趋完美（从零维到三维）。在碳纳米管发现之前，在晶形碳的同素异性体中，石墨是二维的（面），金刚石是三维的（体），C_{60} 是零维的（点）。人们自然会联想到，是不是还存在一维的晶形碳呢？自 1991 年 Iijima 发现了碳纳米管后，这个问题最终有了答案。

　　采用高分辨率电镜技术对碳纳米管的结构观察证明，多层纳米管一般由几个到几十个单壁碳纳米管同轴构成，管间距为 0.34nm 左右，这相当于石墨的（0002）面间距，碳纳米管的直径为零点几纳米至几十纳米，每个单壁管侧面由六边形的碳原子组成，一般为几十纳米至微米级，两端由五边形的碳原子封顶。单壁碳纳米管可能存在三种类型的结构，分为单壁纳米管、锯齿形纳米管和手性纳米管，这些类型的碳纳米管的形成取决于碳原子的六角点阵二维石墨片是如何"卷起来"形成圆桶形的。碳纳米管的制备方法很多，除了用碳棒做电极进行直流电弧放电法外，碳氢化合物的热解法也同样可获得大量碳纳米管。通过乙炔在 Co 或 Fe 等催化剂粒子上热解可生长出几十纳米长的碳纳米管，有的为线圈形；在充氧及稀释剂的低压腔中燃烧乙炔、苯或乙烯等也获得了碳纳米管。多壁碳纳米管的生长不需要催化剂，单壁碳纳米管仅仅在催化剂的作用下才能生长，但有催化剂的情况下也能生长多壁碳纳米管。在电弧放电阳极碳棒尖端置入 Fe 或 Co 催化剂，获得了单壁碳纳米管。

　　碳纳米管具有独特的电学性质，这是由其电子的量子限域所致，电子只能在单层石墨片中沿纳米管的轴向运动，径向运动受限制，因此它们的波矢是轴向的。对于一个单壁纳米管和一个锯齿形纳米管，只需要无限小的能量就能将一个电子激发到一个空的激发态，因此具有金属性。占据态和空态之间只有一个有限的带隙，因此纳米管可是导体或半导体。

　　碳纳米管具有与金刚石相同的导热性和独特的力学性质，拉伸强度比钢高 100 倍，延伸率达百分之几，并具有好的可弯曲性；单壁纳米碳管可承受扭转形变并可弯成小圆环，应力卸除后可完全恢复到原来状态，压力不导致碳纳米管的断裂。这些十分优良的力学性能使它们有极大的应用前景。例如，可用作工程塑料的增强剂。

3.6.1.4　有机聚合物纤维

　　有机聚合物纤维包括芳纶（芳香族聚酰胺）和聚对苯二甲酸乙二醇酯（PET）纤维。芳纶通常以短切和经表面处理的两种形式存在。用芳纶制造的复合材料特别适用于制备要求高阻尼的部件。由于这些纤维的压缩强度较低，因此在复合时极易磨损（缩短），芳纶纤维复合材料的力学性能优势并不明显，尤其是在考虑其成本时更是如此。芳纶纤维不像玻璃纤维或碳纤维那样呈直棒状，而是呈卷曲状或扭曲状。这个特点使得芳纶复合材料中的芳纶纤维在加工过程中不完全沿流动方向取向，因而在各向性能分布上更加均匀。PET 短切纤维束可以用来与玻璃纤维混合以提高脆性树脂基体的抗冲击强度。PET 纤维虽然也不能显著提高复合材料的力学强度或硬度，但是相对其它玻璃纤维增强材料而言，它的成本较低，而且对模具的磨蚀作用也大大降低。

芳香族聚酰胺纤维与一般聚酰胺的区别是在聚合物主链上大部分为脂（肪）族和环脂（肪）族，如美国杜邦的聚对苯二甲酰对苯二胺纤维（凯芙拉，Kevlar）、聚间苯二甲酰间苯二胺纤维（诺梅克斯，Nomex），日本帝人的聚间苯二甲酰间苯二胺纤维（康纳克斯，Con-ex）、聚对苯二甲酰对苯二胺纤维（Technora）和荷兰阿克苏的聚对苯二甲酰对苯二胺纤维（Twaron）。我国研制的两种纤维与凯芙拉纤维结构一致，命名为芳纶 1414 和芳纶 14，总称为芳纶纤维。凯芙拉纤维具有超刚硬分子链、超高模量，用湿法纺丝的纤维拉伸模量达 50GPa 以上，比玻璃纤维高 2.5 倍，在相同质量下，比玻璃纤维更刚硬。利用干喷-湿纺工艺，纤维强力可提高 2 倍，纺丝速度提高 4 倍。

3.6.1.5　金属纤维、陶瓷纤维、石棉纤维和晶须

金属纤维包括不锈钢纤维、铝纤维、镀镍的玻璃纤维或碳纤维，这类纤维主要用在要求防静电或电磁屏蔽的复合材料中，不太适合作为增强成分，而且在加工过程中很容易发生卷曲。在复合材料中加入低含量的金属纤维（通常为 5%~10%），不仅能够获得令人满意的电磁屏蔽性能，力学性能也基本能够满足要求，但韧性和模量通常都低于传统的碳纤维或玻璃纤维增强复合材料。与碳纤维相比，金属纤维用于电磁屏蔽的优势在于成本低。目前，不锈钢纤维是使用最广泛的金属纤维。

陶瓷纤维（不包括玻璃纤维）包括氧化铝纤维、硼纤维、碳化硅纤维、硅铝纤维以及其它金属氧化物-硅纤维。与玻璃纤维相比，陶瓷纤维增强塑料的物理性能更好一些，尤其是高温下的压缩强度和性能稳定性更好。但陶瓷纤维有两个显著缺陷，成本高和脆性大。氧化铝纤维和石棉纤维很相似，可以添加在氟聚合物和热固性树脂中，用作制造化学加工设备中的部件和制造制动部件的衬面。

石棉纤维是一种天然的多结晶质无机纤维。适宜作热塑性塑料增强材料的是一种温石棉，它是一种水和氧化镁硅酸盐类化合物，近似化学式为 $3MgO \cdot 2SiO_2 \cdot 2H_2O$，化学组成随产地的不同而有所变化。温石棉的单纤维是管状的，内部具有毛细管结构。其内径为 $0.01\mu m$，外径约为 $0.03\mu m$，当十万根石棉纤维集成一束时，其直径约为 $20\mu m$，拉伸强度约为 3800MPa，弹性模量 210GPa（玻璃纤维拉伸强度 3500MPa，弹性模量 74GPa）。与玻璃纤维增强塑料比较，石棉纤维增强塑料制品变形小，阻燃性增强，对成型机磨损减小，价格低廉，但电气性能、着色性变差。

晶须是单丝形式的小单晶体，是在人为控制的情况下以单晶形式生长成的针状纤维。通常材料中含有许多颗粒界面、空洞、位错和结构不完整性等缺陷，而晶须的直径极小，不含这些结构缺陷，具有接近完整的结构，所以，机械强度基本上等于相邻原子间的价键力，可用于制备具有优良力学性能的复合材料。以前主要的研究工作都放在 γ-Al_2O_3 晶须

（蓝宝石）方面，而今天的注意力更多地集中在比较便宜的碳化硅（SiC）晶须上。晶须兼有玻璃纤维和硼纤维的突出性能，它们具有玻璃纤维的伸长率（3%~4%）和硼纤维的高弹性模量 [（4~7）×10^5MPa]。绝大多数晶须是通过气相反应制备的，为了获得最大的增强作用，必须具有合适长度、形状和正确的横截面积。如果晶须在聚合物熔体中能很好地润湿和取向，塑料的拉伸强度往往能够提高 10~20 倍。为了降低成本，必须开发全新的晶须制备工艺。

硫酸钙晶须是无水硫酸钙的纤维状单晶体，其尺寸稳定，平均长径比约 80：1，价格为 SiC 晶须的 1/100，具有耐高温、耐化学腐蚀、韧性好、强度高、易进行表面处理、和橡胶塑料等有机材料亲和力强等优点，其应用范围正在不断扩大。晶须具有很大的长径比，如晶须原棉（有三种形式的制品：原棉、松纤维、纸或毡），纤维直径为 1~30μm，长径比是（500~5000）：1，一束 100 根晶须的粗细相当于一根玻璃纤维，10000 根晶须捆在一起的粗细相当于一根硼纤维。晶须的截面呈六角形、三角形、薄带形。外力作用下，晶须能产生弹性，可以承受高达 4%的应变而无永久形变，而块状晶体则小于 0.1%。晶须在高温时显示出比最好的通用高强合金少得多的强度损失。

3.6.2　玻璃纤维的表面处理

玻璃纤维有许多优点，但也存在着很多缺点。例如，纤维表面光滑、有吸附水膜、与高分子树脂黏合力很差；另外它还有脆性大、不耐磨、僵硬、伸长率小等缺点。对于热塑性增强塑料制品来说，玻璃纤维长度比较短，所以玻璃纤维与高分子树脂的黏结性能尤为重要。如何提高玻璃纤维与树脂的黏结力（亦即树脂与纤维界面的抗拉应力）涉及玻璃纤维的表面处理。当玻璃表面处于不平衡状态时，有强烈吸附类似状态的极性分子的倾向。而大气中的水汽就是最容易遇到的极性分子（根据共价键理论，在水分子中，由于氧的电负性大，共用电子对偏向于氧原子，使氧原子显负电性而氢原子显正电性，所以 O—H 键是有极性的）。因而在玻璃纤维表面就牢固地吸附着一层水分子，厚度约为水分子的一百倍。并且湿度愈大，吸附层就愈厚，玻璃纤维愈细，表面积愈大，则吸附的水量也愈多。吸附过程异常迅速，在相对湿度为 60%~70%时，仅需 2~3s。这种吸附力很强，大约在 500℃和负压的情况下方能把这层水膜除去。由此可以看出，玻璃表面和水分子之间的吸附力有多么牢固。这层水膜的存在会严重地影响玻璃纤维与高分子树脂的黏结强度。此外，吸附水还会渗入到玻璃纤维表面的微裂痕中，使玻璃水解成庞大的硅酸胶体，从而降低玻璃纤维的强度。玻璃纤维中含碱量愈高，水解性就愈强，强度降低也就愈大。由于玻璃纤维表面的光滑性，本来就不易与其它材料黏合，再加上这层水膜，黏结力就更差了。另外，玻璃纤维之间摩擦系数很大，与其它材料之间，也常常有很大的摩擦系数，在使用过程中容易因摩擦而损坏，耐磨性差。

所谓表面处理，就是在光洁的玻璃纤维表面涂上一层均匀的表面处理剂（或称中间黏合剂、偶联剂）。表面处理方法有三种：a.热-化学处理法，即先将玻璃纤维的石蜡乳化型浸润剂烧去，然后再用表面处理剂处理（主要用于有捻纺织制品）；b.前处理法，即将表面处理剂加入到玻璃纤维浸润剂配方之中，在拉丝作业中处理（主要用于无捻粗沙及其纺织制品）；c.迁移法，即将表面处理剂掺和到树脂中使用（主要用于缠绕、模压成型）。

热处理法是在 420~580℃的加热炉中烘烧 1min 左右，处理后浸润剂的残留量为 0.1%~0.2%，随即浸入特定配方的表面处理剂中充分浸渍，然后再进入烘干炉进行干燥（150~180℃，10~20min）。表面处理剂的功能在于表面处理剂分子的一端与玻璃表面作用，而另一端则与高分子树脂发生反应或溶解于树脂之中，致使玻璃纤维-树脂界面黏结力提高，从而使增强塑料的强度（特别是湿强度）得到显著提高。

常用的偶联剂品种有很多，如甲基丙烯酸氯化铬配合物（Volan），其偶联作用是先水解，使配合物中的氯原子被羟基取代，并与吸水的玻璃纤维表面的硅羟基形成氢键，然后干燥脱水，在配合物之间以及配合物与玻璃纤维之间发生醚化反应，生成共价键结合（图 3-3）。虽然这种界面作用是化学键结合，但由于醚化反应的概率以及各种缺陷和结构的非对称性，其间不可能形成完全的化学键结合，还存在次价键和物理吸附的现象。偶联剂中比较常用的还有硅烷类，其通式为 $R_n\text{-}SiX_{(4-n)}$。式中 R 代表能与有机树脂反应或相互溶解的有机基团（不同的 R 基团适用于不同类型的树脂）。X 是能与玻璃纤维表面发生反应的官能团。通常硅烷类偶联剂处理纤维表面的过程是：偶联剂 Si 上的三个不稳定的 X 基团发生水解，进而缩合成低聚物，低聚物与基体表面的—OH 形成氢键，最后在干燥或固化过程中脱水而与基体形成共价键连接，反应过程如图 3-4 所示。X 基团的种类和个数对水解、偶联效果和界面特性的影响很大。X=1 的硅烷偶联剂，往往亲水性差；X=2 时，所得的界面较为柔性，更适用于玻璃纤维与低模量热塑性树脂的复合。

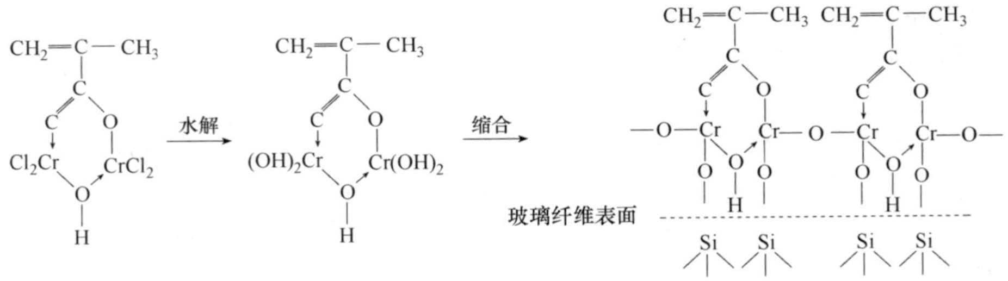

图 3-3 Volan 偶联剂的反应过程

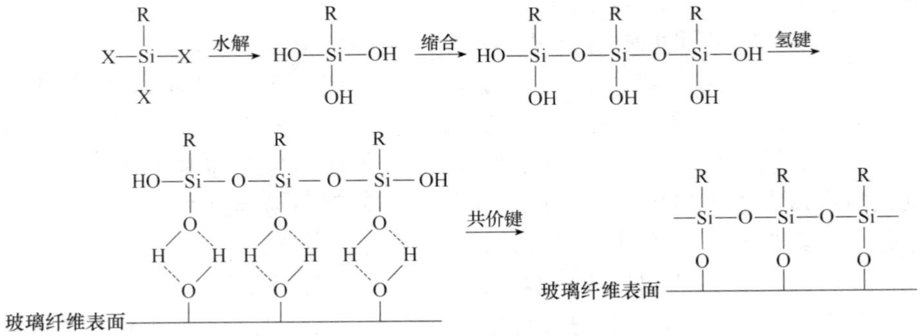

图 3-4 有机硅烷偶联剂与玻璃纤维表面的作用

偶联剂与树脂反应或连接是通过 R 基。R 基有乙烯基或甲基丙酰基时，适用于不饱和聚酯树脂和丙烯酸树脂，二者之间的不饱和双键可发生反应。R 基含有环氧基时，能与羟基反应或不饱和双键加成，也能与酚羟基发生化学作用，因此能与环氧、不饱和树脂和酚醛树脂等形成良好的化学键作用，如图 3-5 的结构模型。但这种结构往往因其化学键在很小的应变下就会被破坏，而且在加工中，界面两侧的材料因热收缩性不同，极易造成在固化后界面就已破坏。改变这种过分刚性化界面的方法通常有两种：一是改善纤维表面区域周围的基体树脂的固化行为或增大基体表面的塑性区；二是采用含长链 R 基团的硅烷偶联剂，使固化成型后的纤维和树脂之间出现一层性质不同于树脂的物质层。这两种方法都是一个目的，就是克服轻薄的刚性界面层，形成一定厚度又有松弛和缓冲作用的界面过渡区。

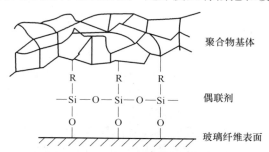

图 3-5　有机硅烷与树脂基体和玻璃纤维表面的作用示意

目前已有的偶联剂达百余种，上市销售的商品也有 50 余种，如改性氨基硅烷、过氧基硅烷以及新型非硅烷类偶联剂等，使纤维增强复合材料的界面多样化。目前也出现了高分子偶联剂，其主要制备方法是将适当的有机官能团的过氧化物接枝于高分子链上，使树脂与玻璃纤维能很好地结合。

3.6.3　纤维增强材料的界面

3.6.3 .1　界面黏结理论

（1）界面浸润理论

界面浸润理论是基于液态树脂对纤维表面的浸润亲和，即物理和化学吸附作用，基体在液态时不能对纤维表面形成有效的浸润，而在接触面间留下空隙，将导致界面的缺陷和应力集中，使界面的黏结强度下降。如果达到良好的浸润或完全浸润，则界面的黏结强度大大提高，甚至优于基体本身的内聚强度。最大黏着功在数值上直接与固体的临界表面张力 γ 相关，它相当于最佳的黏结效果。浸润理论给出了浸润性表征指标及其影响因素。实际应用中，干净的具有较强物理、化学吸附作用的纤维表面和较好的流动性、较小固化收缩量的液态基体是获得优良浸润作用和提高纤维复合材料界面黏结性的关键。

（2）化学键理论

化学键理论认为复合材料的纤维基体界面是由化学键作用完成其黏结或吸附的，这种作用的基础是界面层中的化学键接形式。最典型的是玻璃纤维与偶联剂作用。例如，将甲基三氯硅烷、二甲基二氯硅烷、乙基三氯硅烷和丙烯基烷氧基及二烯丙基烷氧基硅烷用于不饱和聚酯/玻璃纤维体系中，含饱和基的硅烷其界面黏结强度明显地差于含不饱和基的硅烷。用含不饱和基的硅烷处理表面显然有助于改善树脂/玻璃纤维间的黏结作用，其原因就是更易形成化学键接。当然在没有偶联剂作用时，如果基体与纤维间也能形成化学反应的吸附过程，在纤维基体界面间产生有效的化学键接，同样也能将两物质紧密地结合在一起。许多表面活化处理和改性，就是寻找这种相互作用力较强而又稳定的化学结合形式。化学键理论有别于界面浸润理论。界面浸润理论基于物质的吸附热力学平衡作用，界面浸润的最佳状态是完全浸润。而化学键作用本身就是一个完全的浸润，加上化学键能远高于分子间的其它作用能，故化学键形成的界面结合更为牢固。化学键理论包含界面间的化学作用、化学键能量、数量和形式以及化学键生成和破坏的机制，这是提高以化学键作用为主的复合材料性能的基础。

（3）变形层理论和抑制层理论

纤维增强复合材料大都由高强度、低伸长率纤维和低强度、高伸长率基体复合而成，这样纤维与基体的热膨胀性差异就很大，就会在基体-纤维界面产生残余应力，从而导致复合材料性能的下降。另外，在外力作用下，复合后界面会因此而产生应力集中现象，导致界面缺陷和微裂纹的发展，使复合材料性能迅速衰减。变形层理论认为，如果纤维表面处理后，能在纤维表面覆上一层塑性层，再经基体复合成后，这层塑性层即界面就会使收缩内应力发生松弛，以减少界面中的应力集中现象。但变形层理论很难解释玻璃纤维经偶联剂处理后仍不能满足界面应力松弛的现象。故在此基础上，又出现抑制层（柔性层）理论。该理论认为偶联剂是可以导致柔性层界面的生成，但柔性层的厚度与偶联剂在界面区的数量多少有关。这一理论在解释碳纤维或石墨纤维复合材料界面时更为适宜。抑制层理论认为，表面处理剂是界面的一个部分，它的力学性质尤其是模量应介于纤维与基体之间，这样可以起到均匀传递应力、减缓界面应力集中的作用。该理论认为，界面过渡层的密度应随纤维表面到基体表面距离的不同而逐渐变化，形成一个密度梯度区，以起到均匀和缓冲作用。

（4）扩散层理论

扩散层理论认为黏结是由化学键和分子扩散的共同作用，并在一定厚度的界面层中相互穿插的网络连接。化学键理论基于双官能团的偶联剂与纤维和聚合物基体的化学作用，它是发生在纯粹高分子材料间的，但无法解释基体高分子有向纤维表面的扩散过程和作用。事实上，大分子也能像低分子物质一样，在相互接触的两物质间互相渗透、扩散和转移，只是高分子的扩散往往更多是像错综、纠缠、渗入的网状结构。其中官能团完成化学键接，长链分子本身相互纠缠并对微观空隙渗入。

3.6.3.2　界面效应

界面效应是指复合材料在受物理、化学作用时所产生的响应和所呈现的特征。纤维增强复合材料的组成不同（如采用不同的增强纤维和基体）、成型方式不同（如用不同的复合方式和复合工艺）以及使用状态不同（如静态或动态受力和变形）都可使复合材料的界面产生各种不同的效应。其本质应该说是界面层的结构不同所导致，而这些效应正是复合材料区别于其它物质或单一组分材料的最主要的特征。主要有以下四种界面效应。a.分割效应：是指一形似连续体的复合材料被界面分割成许多区域，而且界面本身亦非一个几何面，而是一个很薄的区域，这些区域的分布、大小、分离的程度与排列形式都对整体性质发生影响。b.非连续效应：非连续特征在广义上普遍存在于纤维复合材料的纤维增强体、树脂基体和界面这三个基本构成要素中。纤维可能是分散的短纤维，或纤维本身纵向的间断或缺陷；基体在某些区域显示独立性以及在界面区的非连续都是纤维复合材料的非连续的表现。尤其是界面的非连续性，包括了缺陷、结构相不同以及本身的间断等，这种结构上的非连续必然导致材料性质的不连续，如热学性质、力学性质、光学性质、电磁学性质以及形态尺寸稳定性等的不连续。c.能量吸收和散射效应：由于复合材料最典型的区域是界面区，界面区的结构特征不同、形态和排列不同，对光波、声波、力学冲击波和热弹性能量恢复不同，会产生有别于纤维或基体本身作用的吸收和散射，这种特有的能量损耗方式以及能量损失大小是界面性状的反映，如透光性、抗冲击性、隔热性、耐疲劳性、介电损耗等都会不同。d.感应效应：是指在受力作用下（如在应力、应变或应力、应变的变化过程中）复合材料界面上所产生的感应效应，如强的弹性、弱的热膨胀性、抗冲击性、耐热性、折光性和介电损耗的变化等，这些感应均是受力条件下界面结构转变和应力集中所产生的响应结果，是界面研究中非常有趣的、重要的现象。

3.6.3.3　界面间的相互作用

综上所述，界面效应由纤维复合材料的结构和性状所致，包括界面的微观结构和密度、界面尺寸和排列、界面层中的化学组成及作用形式等。除此之外，界面两侧材料的浸润性、相容性、扩散性、本身的表面结构也都会对界面效应发生影响。如图 3-6 所示有以下几种作用：a.在相互扩散后由分子缠结形成的结合；b.化学键形成的结合；c.由静电引力形成的结合；d.分子端部的阳离子群受另一表面阴离子群吸引导致聚合物在表面的取向结合（含氢键作用）；e.当液态聚合物浸润一个粗糙表面后所形成的机械锁结。

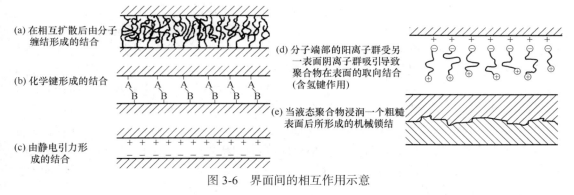

图 3-6　界面间的相互作用示意

3.7
改性新材料种类

3.7.1　碳酸钙与滑石粉填充改性聚丙烯

碳酸钙是最常用的无机填料，具有来源丰富、价格低廉、易于使用、表面易于处理、颜色易调、对设备磨损小等优点，在 PP 中应用广泛。在制备碳酸钙、滑石粉填充 PP 时，加入一定量的极性单体接枝改性 PP，有利于改善无机矿物填料与 PP 间的相互作用，可以显著改善填充材料的力学性能。目前常用的接枝单体有丙烯酸（AA）、马来酸（MA）及 MAH、丙烯酸环氧酯、顺丁烯二酸酐等，采用的接枝方法主要有溶液法、熔融法、固相接枝技术、原位反应接枝技术和力化学反应熔融接枝技术。在与 PP 复合时，可以直接使用，不用再进一步对碳酸钙进行活化处理。近年来，超细碳酸钙也相继研制出来，超细碳酸钙表面积大，增大了和 PP 间的接触面和作用力，因此有利于填充量的提高和性能的改进。

经过合理的颗粒级配可以在一定程度上提高 $CaCO_3$ 填充 PP 体系的拉伸强度并可使冲击强度提高一倍以上。将粒径分别为 325 目和 1500 目的 $CaCO_3$ 粒子按照不同比例进行级配混合，并以 30%（质量分数）的填充比例填充 PP，发现通过合理的粒径级配填充，可以有效地降低 PP 填充体系的剪切黏度，并可使材料的拉伸和冲击性能得到提高。325 目/1500 目 $CaCO_3$ 级配填充 PP 时，体系剪切黏度大幅度下降，而在 325 目/800 目的体系中黏度变化则较为复杂，只有当 325 目的 $CaCO_3$ 含量为 40% 时体系的剪切黏度才略有下降。在高填充的悬浮体系中，填充粒子在剪切流动的过程中易发生粒子间的相互接触和碰撞，造成体系流动阻塞，进而引起体系剪切黏度的大幅度上升。因此，提高填料的最大堆积密度，减小填料颗粒间相互碰撞，可以有效地降低高填充聚合物体系的剪切黏度。当以 1500 目和 325 目的 $CaCO_3$ 颗粒进行级配填充时，由于 1500 目的 $CaCO_3$ 颗粒正好可以填充在 325 目的 $CaCO_3$ 颗粒的间隙之中，因而能够大幅度地提高填料的最大堆积密度，降低体系的剪切黏度。而将 325 目和 800 目的 $CaCO_3$ 颗粒进行级配填充时，由于 800 目的颗粒半径较大，无法填入 325 目的 $CaCO_3$ 颗粒的间隙中，因而无法提高填料的最大堆积密度。

合理的粒径级配填充可有效地促进 PP β 晶的生成和结晶重排的发生，级配填充后 PP 的 β 晶含量要高于未级配填充 PP 的 β 晶含量。在 DSC 图谱中，单一粒径填充 PP 的结晶峰较为尖锐，而级配填充 PP 的结晶峰则较宽而平缓，结晶峰变宽，原因是结晶体在结晶过程中同时发生了结晶体的重排。在异相成核的过程中，由于结晶速率过快，往往容易造成较多的晶体缺陷，而结晶体的重排则可以使由于异相成核引起的结晶速率过快所造成的晶体缺陷得以修复，并使得结晶体的排列更为紧密有序。因此，经过一定的粒径级配填充后的 PP 在结晶过程中，发生结晶重排，有利于 PP 晶格缺陷的减少和晶体排列有序提高，有利于力学性能的提高。同时，考虑到当小粒径填料比例较多时，由于总的填充比例不变，必将使受力点增加，形成应力的相对分散，在一定程度上降低了单个应力点所受的应力，也有利于力学性能的提高。

滑石粉是一种廉价的填料，对 PP 改性后可显著提高热变形温度和弯曲模量。由于滑石粉的力学特性和平面结构对 PP 的晶形排列有很大影响，稍微增加一点滑石粉的量，就会改变 PP 的晶形状态，而 PP 的晶形改变是引起宏观性能变化的主要原因。滑石粉对 PP 具有成核剂的作用，能大大提高 PP 的弯曲强度，降低成型收缩率。滑石粉对 PP 的刚性和耐热性提高作用较大，需要高刚性、高耐热的 PP 经常采用滑石粉进行改性。另外，滑石粉填充 PP 的产品尺寸稳定性好于碳酸钙填充 PP，因此滑石粉填充 PP 用途极为广泛，在汽车、家电等领域得到了主导性的应用。

滑石粉填充改性 PP 有以下几种工艺。a.粉体直接加入法：把滑石粉直接和 PP 原料混合，经双螺杆挤出机挤出造粒，这是塑料改性中常用的方法，也是最经济的方法。b.无载体母粒法：将滑石粉通过特殊的工艺制成一种无载体的松散的颗粒，然后再把这种颗粒和PP原料混合，经双螺杆挤出机造粒，这种方法有两个优点，一是减少生产过程中的粉尘污染，改善改性工作环境；二是改善混料过程中的颗粒和粉料之间的分层现象，提高混合过程物料的均匀性，从而提高产品的质量。c.填充母粒法：将滑石粉和塑料载体混合，通过挤出机造粒而制成高含量的母粒，这种母粒可和PP原料直接混合，经挤出、注射等完成加工。此法使用方便，但分散性不好，一些质量要求高的制品此法不行。使用滑石粉要注意以下几点事项：a.滑石粉必须进行表面活化处理，改善滑石粉和PP之间的相容性，增强改性效果。b.滑石粉在PP中的分散性，对改性PP最终理化性能影响很大，在生产过程中应严格控制，影响滑石粉在PP中的分散性的主要因素有配方、温度、产量、工艺过程等。此外，当滑石粉加入量大时，可采用分步加入的办法，以达到好的分散效果。c.对于不同的性能要求应选择不同规格的滑石粉，才能达到理想的效果。

　　滑石粉表面处理的好坏可以用接触角来衡量。接触角是表征无机填料亲水亲油性的量度。图3-7为改性滑石粉接触角与偶联剂用量的关系。由图3-7可见，经偶联剂改性处理后，滑石粉与极性溶剂水的接触角都是呈增大趋势，这表明填料表面疏水性加强。而对于不同规格的滑石粉（T-1、T-2），随着偶联剂用量的增多，表面的疏水性增大，偶联剂达到一定量后，接触角逐渐趋于平稳。经P2改性处理的T-3也显示了类似的变化趋势，但是经P1改性处理的T-3接触角出现了先增大后变小的情况。

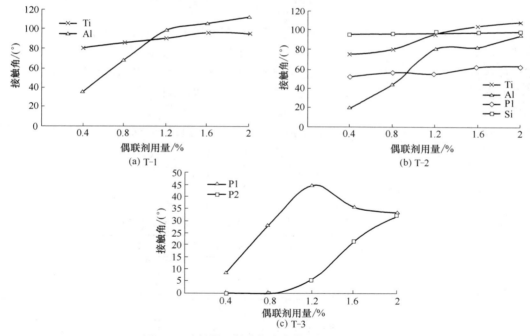

图3-7　改性滑石粉接触角与偶联剂用量的关系

滑石粉：T-1—1000目；T-2—1250目；T-3—2200目（辽宁艾海滑石有限公司）；

偶联剂：Ti—钛酸酯类；Al—铝酸酯类；P1、P2—硼酸酯类；Si—硅烷类

　　对于T-1，钛酸酯改性填充PP复合体系的综合性能较好；对于T-2，钛酸酯和硅烷改性的综合性能较好；对于T-3则是采用P1硼酸酯改性的综合性能较好。总之，几种偶联剂

对滑石粉进行表面改性处理，都明显改变了填料表面的极性，即由亲水性转为疏水性，由极性转为非极性，从而提高了与基体树脂 PP 的相容性。

采用钛酸酯偶联剂 NDZ-311 对滑石粉进行处理非常有效。将滑石粉置于烘箱里，在120℃烘干 5~8h，按配方准确称取滑石粉，加入高速混合机中，然后加入用丙酮配制好的 NDZ-311，在 150℃高速搅拌 15min 后，即得改性滑石粉，其 HLB（亲水亲油平衡值）都有不同程度的增大，在加入 0.5% 的 NDZ-311 时，HLB 出现了极大值。根据红外谱图出，所有经 NDZ-311 改性的滑石粉与未经改性的滑石粉相比，都在 2851.76cm^{-1}、2921.23cm^{-1} 处出现了新的波峰，分别对应 C—H 的不对称弯曲振动和对称弯曲振动。将经 NDZ-311 改性的滑石粉于 230℃烘干，然后再经甲苯和乙醇两步抽提后进行红外测试，发现这两个峰依然存在，且相对强弱也未发生改变，这说明 NDZ-311 在滑石粉表面上不仅仅是物理吸附作用，主要是化学作用，从而形成了抽提不掉的物质。这种结合作用越牢固，就越容易使无机刚性粒子与基体树脂之间有良好的应力传递，因而能有效地促进基体树脂发生屈服和塑性形变，以吸收更多的冲击能，提高材料的韧性。

3.7.2　玻璃微珠改性聚丙烯新材料

空心玻璃微珠（HGB）是一种尺寸微小的空心球，属无机非金属材料，有坚硬的外壳，壳内为 N_2 或 CO_2 气体，壁厚为其直径的 8%~10%，具有质轻、耐高低温、电绝缘性和热稳定性好、耐腐蚀等优点，可作为一种新型填充材料在塑料工业中广泛应用。由于 HGB 表面光滑，不会造成界面及基体内部应力集中，故用来填充改性 PP 树脂，可制备具有轻质和力学性能优良的 PP/HGB 复合材料。通过熔融共混可制备出高性能 PP/HGB 复合材料，具体的工艺有一步法和二步法。一步法是先采用偶联剂对玻璃微珠进行表面处理，再与一定比例的 PP 混合，用双螺杆挤出机挤出，加热段温度 170~200℃，螺杆转速 100r/min，挤出后用水冷却、干燥、切粒机切粒。二步法是先采用偶联剂对玻璃微珠进行表面处理，然后将其与 PP 以 5∶10 的质量比混合后，在双螺杆挤出机上制成高浓度母料，母粒再与不同比例 PP 混合，再次挤出造粒，制备出不同含量的玻璃微珠改性 PP。一步法与二步法制备的 PP 复合材料性能对比见表 3-1。

表 3-1　不同加工工艺制备 PP/HGB 复合材料性能比较

玻璃微珠含量/质量份		拉伸强度/MPa	弯曲强度/MPa	冲击强度/（kJ/m²）	MFR/（g/10min）	维卡软化点/℃
一步法	5	28.58	28.87	14.98	2.16	151
	10	29.31	29.20	14.33	2.17	151.5
	15	28.69	28.41	13.88	2.03	154
	20	27.95	27.22	12.94	1.93	156
二步法	5	29.35	29.11	16.52	2.12	151
	10	31.05	30.48	16.28	2.25	153
	15	30.39	30.11	15.66	2.07	153.5
	20	29.17	29.58	14.81	2.01	155

从表 3-1 可以看出，二步法制备的复合材料具有更好的韧性，拉伸强度和弯曲强度也比一步法高。一步法制备的材料中粒子分散较不均匀，有许多粒子呈团聚状。二步法制备的复合材料中粒子分散基本呈单分散状态，且分散均匀，所以力学性能好。在 PP/HGB 复合体系中，随着玻璃微珠含量的增加，复合材料的拉伸强度呈上升趋势。当玻璃微珠含量为 10 份时，出现最大值 31.05MPa，然后随着玻璃微珠含量的进一步增加而下降。这是因为经过表面处理后的玻璃微珠和 PP 间可以形成一个较好的黏结界面，同时可以提高玻璃微珠在树脂中的分散均匀性，所以添加适量玻璃微珠的复合材料拉伸强度有一定程度提高。由于 HGB 的表面活性基团很少，因此采用偶联剂 KH-550 对其表面进行处理，但与 PP 大分子间的作用力并没有得到很大提高。当活化玻璃微珠大量添加到 PP 中后，由于产生团聚现象，最终导致材料的拉伸强度有所下降（但仍然高于纯 PP）。

将 PP 与 HGB 进行简单混合后，在双螺杆挤出机中进行熔融共混、造粒，制成 PP/HGB 复合材料体系。HGB 的体积分数分别为 0、5%、10%、15%、20%。用塑料注塑机注射成型试样，用平板法测量了 PP 树脂、PP/TK35 和 PP/TK70 复合体系的等效热导率。HGB 粒径近似地呈正态分布，TK35 粒径的微分分布率 λ 的最大值位于粒径为 30μm 附近，其平均粒径为 27.76μm，TK70 粒径的 λ 最大值位于粒径为 75μm 附近，其平均粒径为 72.08μm。另外，TK70 的粒径分布比 TK35 的粒径分布宽。PP/TK35 复合体系的有效热导率（K_{eff}）随微珠体积分数（ϕ_f）的增大而下降，二者之间大致上呈线性函数关系：$K_{eff} = \alpha + \beta\phi_f$，式中，$\alpha$ 和 β 是与材料热性能有关的常数。类似地，PP/TK70 复合体系的有效热导率（K_{eff}）随着微珠体积分数（ϕ_f）的增大而下降，二者之间同样呈近似的线性函数关系。应用线性回归分析方法可确定实验条件下两复合体系的 α 和 β 值，结果见表 3-2。从表 3-2 可以看出，线性相关系数 R 均大于 0.97，相对而言，PP/TK70 复合体系的有效热导率对 ϕ_f 的敏感性稍强。

表 3-2　复合体系的 α 和 β 值

材料	α	β	R
PP/TK35	0.23724	−0.00195	0.98023
PP/TK70	0.23569	−0.00211	0.97117

在相同的 ϕ_f 值时，PP/TK35 体系的 K_{eff} 值高于 PP/TK70 体系，二者的差异随着 ϕ_f 的增大而扩大。这表明粒径大的 HGB 填充聚合物体系的隔热保温性能较为优越。原因在于，当 HGB 的厚径比一定时，粒径越大，其内含气体越多（密度减小），导致有效热导率下降。此外，TK70 的粒径分布相对较宽，当 HGB 含量不高且在基体均匀分布时，有利于改善复合体系的隔热性能。

用燃煤电厂产生的废弃物粉煤灰（主要组分为玻璃微珠）作为填料，将粉煤灰进行物理球磨细化改性，再用硅烷偶联剂活化改性，然后与 PP 通过熔融共混制备成复合材料。结果表明，球磨后的粉煤灰制成的复合材料相比于纯 PP 弯曲强度提高了 11.5%，而且这种复合材料的拉伸强度和抗冲击强度相比于填充未球磨粉煤灰的材料分别提高了 10.7%和

34.1%，并且其 MFR 和热稳定性都有较大提升。

3.7.3 其它无机粒子填充聚丙烯新材料

（1）沸石改性聚丙烯

沸石是一种硅氧四面体结构的硅酸盐，由于含有均匀的微孔结构，使其有极高的比表面积，而且该无机盐化学性质稳定，热稳定性好，并有较高的吸附能力，在化工、石油、材料、医药等方面获得广泛应用。由于沸石是亲水性材料，而 PP 是亲油性材料，因此改善二者相容性是制备该复合材料的重要条件。采用三辊四筒棒磨机对沸石研磨 24h，然后将沸石与 50%乙醇溶液（质量比 1:1）混合制成浆液，再将聚乙二醇（PEG）分别以不同比例加入到浆液中，并采用强力加热搅拌器进行反应 3h。反应完成后将浆液置于真空干燥箱中于 80℃进行抽真空干燥 12h，最后进行研磨并过 200 目筛，从而制成聚乙二醇有机化沸石粉体。将有机化沸石粉体与 PP 按不同的比例通过双螺杆挤出机进行熔融共混、造粒，双螺杆挤出机各区温度为：一区 180℃，二区 200℃，三区 220℃，机头 220℃。研究发现，沸石用量适当增加有利于 PP/沸石复合材料冲击强度的提高，当沸石质量分数为 5%时，复合材料的冲击强度达到最大值，且冲击强度比纯 PP 提高 60%左右；当沸石用量继续增加时，复合材料冲击强度有下降趋势，但仍比未改性的 PP 高。当沸石用量较低时，PEG 能够提高沸石与 PP 间的相容性，且沸石富含 0.3~1nm 的微孔，可使 PEG 分子链更牢固地嵌于孔洞中，从而使沸石与 PP 形成更稳定的相容结构；另外，沸石微粒会引导 PP 进行异相成核，生成大量微晶，从而使 PP 的结晶更加完善，冲击强度提高。当沸石用量增加到一定程度时，沸石粒子团聚比较严重，产生应力集中，致使冲击强度下降。沸石的加入对 PP 复合材料的拉伸强度有较大影响，当沸石质量分数为 3%时，拉伸强度最大，相比纯 PP 有近 10%左右的提高；但随沸石用量的进一步增加，复合材料的拉伸强度略有下降。原因是沸石微粒的加入引起 PP 的异相成核，减少了结晶过程因晶核生长所需的时间，因而为结晶生长提供了更充分的时间，结晶度也会因此提高，所以拉伸强度增大；当沸石用量进一步增加时，沸石容易团聚，聚集体颗粒较大，会阻碍 PP 分子链的运动，产生应力集中的，导致拉伸强度下降。

PEG 作为相容剂在一定程度上抑制了沸石的团聚，使其在 PP 中能实现更好的分散，而且可使沸石与 PP 两相界面有更强的作用力，因此用适量的 PEG 处理沸石，复合材料的冲击强度得到提高；但是，当作为有机化剂的 PEG 用量继续增加时，其小分子的增塑作用以及在沸石与 PP 两相界面间形成较厚的低分子层，必将引起复合材料的应力集中，从而致使冲击强度下降。当 PEG 用量适度增加时，复合材料的拉伸强度增加，PEG 用量为沸石质量的 1%时，拉伸强度最高；继续增加 PEG 用量时，拉伸强度略有下降。由于采用 PEG 对沸石进行改性，抑制了沸石的团聚，减少了因为应力集中所带来的材料缺陷，从而在整体上体现了材料拉伸强度的提高；然而随着改性沸石中 PEG 用量的增加，小分子在沸石与 PP 的相界面的增塑作用更为明显，最终导致复合材料拉伸强度的下降。

（2）云母填充改性 PP

云母（M）填充 PP 复合材料（PP/M）具有绝缘性好、刚性大、尺寸稳定、翘曲性低、二维增强作用及渗透性小等优点，作为一种新型复合材料引起人们的广泛兴趣和高度关注，尤其在迅猛发展的电子、仪器仪表、汽车等行业中有着潜在的市场前景。但 PP 与 M 之间相容性差、附着力小，需用偶联剂（包括 MAH 或丙烯酸熔融接枝 PP 和 MAH、丙烯酸和甲基丙烯酸甲酯三单体同时熔融接枝 PP）作增容剂。其中采用甲基丙烯酸甲酯（MMA）固相接枝 PP 制得的 PP-g-MMA 作为增容剂能够很好地改善 PP/M 的界面层结构，提高其力学性能。表 3-3 是 M 粒径为 800 目时 PP-g-MMA 接枝率对 PP/M 力学性能的影响。

表 3-3　M 粒径为 800 目时 PP-g-MMA 接枝率对 PP/M 力学性能的影响

材料	拉伸强度 /MPa	断裂伸长率 /%	弹性模量 /MPa	弯曲强度 /MPa	无缺口冲击强度 /（kJ/m²）	缺口冲击强度 /（kJ/m²）
纯 PP	39.53	299.8	234.5	72.42	66.04	14.37
PP-M800	36.98	113.1	276.9	91.17	32.00	12.34
PP-M800-MMA4.05	39.43	76.62	306.9	95.46	23.03	8.23
PP-M800MMA8.60	39.56	77.34	315.4	104.0	19.44	8.11
PP-M800-MMA11.20	43.07	62.3	332.5	107.9	20.05	6.53

注：M800 表示云母为 800 目，MMA4.05 表示 PP-g-MMA 的接枝率为 4.05%，其它类推。

由表 3-3 可看出，M 的填充提高了弹性模量和弯曲强度；但由于 PP 和 M 之间相容性差，降低了拉伸强度、冲击强度，并大幅度减小了断裂伸长率。在 PP-g-MMA 增容后，在 M 与 PP 界面上，其极性基团与 M 表面以氢键等化学键的形式结合，其非极性 PP 端与 PP 缠绕，从而增强 PP 与 M 之间的相容性，强度（尤其是弯曲强度和弹性模量）有明显的提高，且提高幅度随接枝率的增加而增大，但断裂伸长率和冲击强度却下降。

表 3-4 是 PP-g-MMA 接枝率为 11.20%时 M 粒径对 PP/M 力学性能的影响。

表 3-4　PP-g-MMA 接枝率为 11.20%时 M 粒径对 PP/M 力学性能的影响

材料	拉伸强度 /MPa	断裂伸长率 /%	弹性模量 /MPa	弯曲强度 /MPa	无缺口冲击强度 /（kJ/m²）	缺口冲击强度 /（kJ/m²）
PP-M200-MMA11.20	38.82	57.82	307.9	88.62	12.56	6.03
PP-M400-MMA11.20	41.62	63.70	312.2	103.8	14.54	7.48
PP-M600-MMA11.20	40.82	60.61	331.5	98.85	14.72	7.05
PP-M800-MMA11.20	43.07	62.30	332.5	107.9	20.05	6.53

从表 3-4 可看出，M 粒径减小，PP/M 弹性模量和无缺口冲击强度均增加，而拉伸强度、断裂伸长率和弯曲强度则都是先升后降再升，缺口冲击强度则是先升后降，这是 M 粒径和 PP-g-MMA 增容两种影响的综合结果。M 粒径愈小，PP/M 韧性愈好，拉伸强度、弹性模量和弯曲强度减小，断裂伸长率和冲击强度增大；而 PP-g-MMA 的加入，增强了 PP 与 M 之间的结合，使拉伸强度、弹性模量和弯曲模量增大，断裂伸长率和冲击强度减小。所以通过调整 M 粒径和 PP-g-MMA 接枝率可以制得合适强度和韧性的 PP/M 复合材料。

DSC 非等温结晶分析结果表明，M 有异相成核作用。当 PP、PP-g-MMA 和相同粒度 M 的质量比固定时，PP-g-MMA 接枝率的增加，由于 M 对 PP 大分子吸附作用的加强，既增强成核能力，使 T_p 向高温区域移动，也阻碍 PP 球晶生长，使 T_p 向低温区移动。所以 PP-

g-MMA 接枝率为 8.60%时 T_p 最高。当 PP、接枝率相同的 PP-*g*-MMA 和 M 质量比固定时，M 粒径的减小，单位体积复合材料所含有的 M 粒子数增多，既增强成核力，又限制了 PP 大分子的运动，阻碍 PP 球晶的生长。M 粒径为 600 目时复合材料 T_p 最小，PP 结晶较不完善，导致拉伸强度和弯曲强度比 400 目和 800 目的都低。

（3）硅藻土填充改性 PP

硅藻土的主要化学成分为非晶质的 SiO_2，它稳定性好，密度小，具有良好的吸附性、分散性、悬浮性、耐磨性和电绝缘性，且可溶盐含量低，比表面积较大，吸油值较高，近年来在声学材料、建筑材料、涂料、隔热保温材料等行业的应用日趋广泛。三种牌号硅藻土（700、499、281，相应的平均粒径分别为 5μm、7μm 和 13μm，密度为 0.230g/cm^3），用硅烷偶联剂进行表面处理，然后与 PP 在高速混合机中混合，硅藻土的体积分数分别为 5%、10%、15%。最后，将 PP/硅藻土用双螺杆挤出机进行熔融共混、造粒，制备成 PP/硅藻土复合材料，在 90℃下干燥 4 h。当体积分数小于 5%时，复合体系的 V 形缺口冲击强度随着体积分数的增大而迅速增大。当体积分数大于 5%以后，复合体系的抗冲击性能略微下降。U 形缺口和 V 形缺口两种试样的冲击强度的变化情况相似，可见 PP/硅藻土复合体系的缺口冲击性能得到大幅度的提升。硅藻土的体积分数为 10%时，无论是 U 形缺口、V 形缺口试样还是悬臂梁的窄边 V 形缺口、宽边 V 形缺口，粒径为 7μm 硅藻土填充 PP 复合材料（即 PP/499 复合体系）的冲击强度均为最高，可见粒径为 7μm 的硅藻土能够更好地提高 PP 的冲击性能。对于微细无机填料（粒径为 1~10μm），在一定条件下存在着增韧效果最好的最佳粒径。其机理可能是该粒径的粒子能够更好地与树脂基体产生协同效应，形成更多的银纹，吸收更多的冲击能，从而提高了复合材料的缺口冲击性能。

PP/硅藻土复合体系的 MFR 与硅藻土的体积分数有关。当体积分数小于 5%时，MFR 随着体积分数的增大而急剧下降，然后变化平缓。这表明，加入少量的硅藻土就可以显著提高 PP 的黏度。硅藻土是多孔结构，吸附性能较好，可吸附聚合物分子链和链段，阻碍大分子链的运动和滑移，使体系黏度上升。在较高的填充量下，复合体系的 MFR 不再随体积分数的增大而变化。在较低的硅藻土含量（体积分数为 10%）下，随着硅藻土粒径的增大，复合体系的 MFR 呈非线性函数减小。这是因为，硅藻土粒子的粒径越大，其表面形状越复杂，在相同的体积分数下，复合材料挤出过程中的流动阻力随着填料粒径的增大而增大，导致 PP/硅藻土复合体系的 MFR 相应地下降。

（4）凹凸棒土改性 PP

凹凸棒土简称凹土，英文的简写是 AT。它是一种黏土矿，主要成分是层链状过渡结构的含水富镁硅酸盐。AT 这种材料有非常好的热稳定性和抗盐性，它具有充填、脱色、漂浮等特点，被大量应用在交通运输、餐饮、建筑以及环境保护等领域。AT 这种材料已经成为塑料行业科技研究的重点，通过酸化法、偶联剂法等方式改性后，材料本身的性能也有所改变，与其它材料能够更好地兼容。在 PP 结构中，存在不同温度下的形变不同和材料韧性的高低不等等问题，合理地使用 AT 与 PP 结合成复合材料，可以提高 PP 的结晶温度和缩短结晶时间，同时能够增强复合材料的韧性和蓄能功能。在 AT 的实际应用中，研究人员以 PP 为载体，AT 为无机粒子填充物，通过加热熔化混合的方式制成 AT/PP 混合物，分析 AT 对 AT/PP 混合物的相关温度变化、力学性能和流动性能的影响。研究发现：当 AT 的质量数为 2%时，AT/PP 混合物的韧性强度可达 35.5MPa，它的冲撞能力随 AT 的增加而表现出递减趋势；AT 的含量增加也可以提升材料的结晶温度，但对材料的熔点影响较小；随着 AT 含量的增加，AT/PP 混合物的弹性得到了极大的提高，当 AT 的质量数为 3%时，材料的熔体流动速率达到顶点，材料结构的黏度变小。分析表明，当 AT 取代膨胀型阻燃剂（IER）时，可以提高混合物中的极限氧指数（LOI），减慢混合物的热释放速度和烟生成速度，加强混合物在 550℃时的稳定性。在当 AT 的质量分数在 3%~7%时，混合物的韧性会有所提升。

3.7.4　玻璃纤维增强聚丙烯新材料

玻璃纤维增强塑料最早应用于热固性塑料，如玻璃纤维增强酚醛树脂、玻璃纤维增强环氧树脂等。玻璃纤维增强热塑性塑料大约出现在 20 世纪中叶，经过几十年的发展，目前用量已超过玻璃纤维增强热固性塑料。玻璃纤维增强热塑性塑料是一种轻质高强度的复合材料，玻璃纤维添加量一般为 20%~50%，所用基体材料一般有 PP、PE、PS、PA、PC、POM、PVC、PTFE、ABS、PET、PBT 等，具有良好的拉伸、弯曲、压缩弹性模量及抗蠕变性能，尺寸稳定、加工性能好、成型周期短、生产效率高，已被广泛用于汽车、机械、电器、建筑、船舶、航天等部门及行业，尤其是在汽车中应用日渐增多，如保险杠、挡泥板、发动机罩、仪表盘、车门、座椅靠背、暖气机叶轮等。在电气电子和信息技术方面，因尺寸精度高、线膨胀系数小、电性能好，可用以制造仪表罩壳、接线盒、电视机后盖、风扇叶片等。在化工防腐方面，玻璃纤维增强塑料用作储罐、管道、内管等。

玻璃纤维增强 PP 分长纤维增强和短纤维增强。在中国，以长纤维增强为主，短纤维增强还处在发展中。玻璃纤维增强作用的好坏，与它在聚合物中的长度、分散状态或分布均匀性、取向以及被聚合物润湿的均匀性有关。玻璃纤维在树脂中应有合适的长度。太短，只起填料作用，不起增强作用，太长；则会影响玻璃纤维在树脂中的分散性、成型性能和制品的使用性能。一般认为，增强热塑性塑料中玻璃纤维的理想长度应为其临界长度的 5 倍。所谓临界长度，是指对于给定直径的纤维增强热塑性塑料中玻璃纤维承受的应力达到其冲击断裂时的应力值所必需的最小长度。因为在玻璃纤维增强塑料中，玻璃纤维只有达到一定长度才能传递应力，起到增强材料的作用，而低于临界长度时只起填料作用。一般说来树脂中的玻璃纤维平均长度在 0.1~1.0mm 之间，这既能保证良好的性能，又能使玻璃纤维具有良好的分散性。影响玻璃纤维在树脂中的平均长度的因素很多，如塑料和玻璃纤维的种类、玻璃纤维加入量及其表面处理、混合设备和工艺等。用于制备玻璃纤维增强粒料的工艺和设备有许多，如包覆法、混合法，单螺杆挤出机、双螺杆挤出机及其它连续混炼挤出机（如 Buss Kneader 等）都可用来进行混合法造粒。但目前主流工艺仍是采用双螺杆混炼挤出造粒法，啮合同向双螺杆挤出机以其优异的混合性能、方便而灵活的积木式结构、高的生产能力、自动化操作在玻璃纤维增强 PP 的生产中得到广泛应用，其典型工艺流程如图 3-8 所示。

在图 3-8 中，短玻璃纤维和长玻璃纤维是相互替补的，并不同时使用。短玻璃纤维是采用双螺杆侧向加料器定量加入的，而长玻璃纤维则是通过挤出机双螺杆的旋转而带入的，计量不如短纤的侧向加料精确。如果玻璃纤维含量较大，则可以采用分段加入的形式，如

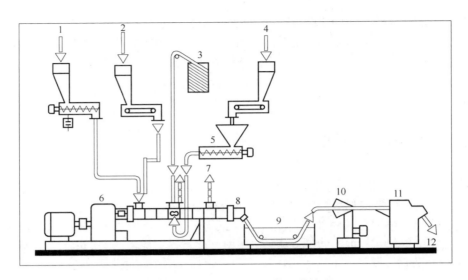

图 3-8　玻璃纤维增强 PP 的工艺流程

1—PP+助剂；2—增韧剂；3—长玻璃纤维；4—短玻璃纤维；5—双螺杆侧向喂料器；6—平行同向啮合；7—排气口；
8—拉条机头；9—水槽；10—风干机；11—切粒机；12—包装双螺杆挤出机

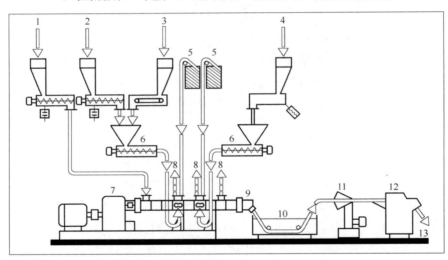

图 3-9　高玻璃纤维含量增强 PP 的工艺流程

1—PP；2—增韧剂；3—助剂；4—助剂；5—玻璃纤维；6—自动称重器；7—双螺杆挤出机；8—排气口；9—机头；
10—冷却水槽；11—吹风机；12—切粒机；13—称重包装

图 3-9 所示。如图 3-10 所示，长玻璃纤维/PP 复合材料的拉伸强度随着玻璃纤维用量的增加而呈现先升后降的趋势。当玻璃纤维用量较低、长度较短时，拉伸强度随用量的增加基本呈线性上升趋势，玻璃纤维在基体中形成三维空间交叉结构，部分纤维会缠结。当玻璃纤维用量较低、长度较短时，纤维缠结程度很低，因此拉伸强度增大。玻璃纤维较长时，即使纤维用量较低，纤维缠结也比较大，导致纤维难以在基体中均匀分布，因此拉伸强度随着玻璃纤维用量的增加起伏较大，长度越大越容易在加工过程中发生断裂，这也可能是

起伏的一个较大的原因。

如图 3-11 所示，拉伸强度随玻璃纤维长度的增加呈现先增后降的趋势。这是由于纤维长度越长，三维交叉结构骨架越牢固，界面结合力越小，受拉伸时，纤维易拔出。当纤维长度较长时，玻璃纤维可以将应力由一端传递到另一端，使所受的应力能被较大的区域来承担，因此可以承担的最大应力远大于其拔出时所需的力。但当纤维长度超过 30mm 时，力学性能反而下降，这是因为长度过长时，在加工过程，纤维发生断裂现象，断裂后长度大幅度减小，因此其拉伸强度又呈现下降趋势。

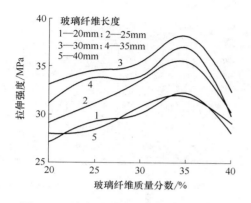

图 3-10　玻璃纤维质量分数对复合材料
拉伸强度的影响

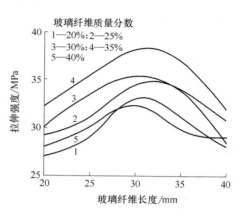

图 3-11　玻璃纤维长度对复合材料
拉伸强度的影响

图 3-12 为玻璃纤维质量分数、玻璃纤维长度对复合材料冲击强度的影响。由图 3-12 可知，冲击强度随着玻璃纤维用量呈现先升后降趋势。这是因为玻璃纤维在复合材料中起骨架作用，吸收主要的冲击能量。当玻璃纤维用量较低时，随着玻璃纤维用量的增加，这个骨架越牢固，抗冲击性能越好。随着用量的继续增加，其冲击性能反而降低，这可能是因为用量过高，物料的流动性变差，在密炼过程中玻璃纤维断裂。玻璃纤维用量增加，纤维与纤维之间的相互作用增强，使纤维断裂程度增大。同时用量过高导致部分纤维得不到充分浸渍，基体与纤维界面结合性能较差。冲击强度随着玻璃纤维的长度增加呈现先升后降

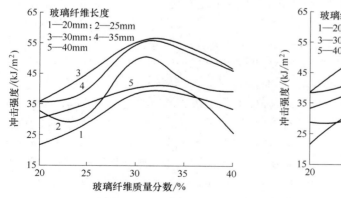
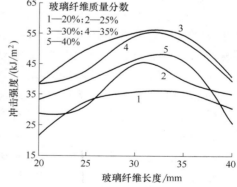

图 3-12　玻璃纤维质量分数、玻璃纤维长度对复合材料冲击强度的影响

趋势。这是因为玻璃纤维长度越长越容易形成三维交错结构，使冲击能量分散到较大的区域。纤维端部是裂纹增长的诱发点，长纤维端点的数量少，也使材料的冲击性能进一步增强。而长度超过某一定值后，在加工过程中会发生剧烈的断裂，又使材料的冲击强度降低。

在玻璃纤维增强 PP 中，对玻璃纤维的表面处理至关重要，其中偶联剂处理是主要途径。以乙醇为溶剂，将偶联剂配成 0.5%~1%（质量分数）的稀溶液，充分浸渍玻璃纤维后，将玻璃纤维均匀分散，在 60~80℃下烘干，用扫描电镜观察。图 3-13 为偶联剂对复合材料拉伸强度、冲击强度的影响，图 3-14 为经偶联剂处理后复合材料的电镜照片。

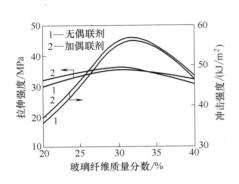

图 3-13　偶联剂对复合材料拉伸强度、
冲击强度的影响

(a) 无偶联剂　　　　　　(b) 加入偶联剂

图 3-14　经偶联剂处理后复合材料的电镜照片

由图 3-14 可知，加入偶联剂 KH-550 后，复合材料的拉伸强度、冲击强度都有了一定程度的提高。这是因为基体树脂 PP 不存在极性基团和反应基团，难以实现与玻璃纤维表面良好的结合。玻璃纤维经偶联剂 KH-550 处理后，由于 KH-550 的一端与 PP 形成分子链缠结，一端在玻璃纤维表面形成牢固的化学键，从而增强了增强材料与树脂之间的黏合强度，提高了复合材料的性能。从图 3-14 可以看出，加入 KH-550 后，断裂纤维表面明显附着基体，说明其界面结合性能有所改善。

硅烷类偶联剂虽能有效地改善超强型玻璃纤维增强聚丙烯树脂材料（GFRPP）的部分性能，但也会引起其它性能（如外观、耐热性能等）的劣化。采用 PP-g-MAH 作为化学增容剂来改善 GFRPP 的性能是行之有效的途径。从图 3-15（a）可看出，未加 PP-g-MAH 的GFRPP 拉伸强度随着玻璃纤维含量的增加先增大后减小，玻璃纤维质量分数为 23% 时拉伸强度最大（为 54.3MPa）。而加入 PP-g-MAH 的 GFRPP 的拉伸强度随玻璃纤维含量的增加持续增大，玻璃纤维质量分数为 43% 时，拉伸强度已达 82.5MPa。这是由于加入 PP-g-MAH后，玻璃纤维和 PP 界面处形成了具有一定强度的化学键，将二者连接在一起，较强的界面作用使得应力平稳地从基体树脂传入玻璃纤维处，且不会因外力过大而从基体树脂中脱出，此时玻璃纤维充分发挥了增强作用。PP-g-MAH 对复合材料的冲击强度影响更为显著，如图 3-15(b)所示，未加 PP-g-MAH 的 GFRPP 缺口冲击强度随玻璃纤维含量增加持续下降，当玻璃纤维的质量分数为 43% 时，GFRPP 的缺口冲击度已降至 46.7J/m；但加入 PP-g-MAH的 GFRP 缺口冲击强度随玻璃纤维含量的增加先增大，达到最高值（160.0J/m）后减小，缺口冲击强度基本维持在 140.0J/m 左右。由此可见，加入 PP-g-MAH 的 GFRPP 缺口冲击强度远大于未加入 PP-*g*-MAH 的 GFRPP。

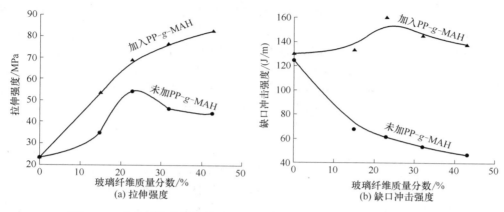

图 3-15　玻璃纤维质量分数对 GFRPP 拉伸性能、缺口冲击强度的影响

由图 3-16 可看出，未加入 PP-*g*-MAH 的玻璃纤维外表面光滑，与周围基体树脂界面明确，二者之间没有相互作用。而加入 PP-*g*-MAH 后，玻璃纤维的表面变得粗糙不平，这表明 PP-*g*-MAH 的加入明显提高了 PP 树脂基体与玻璃纤维之间的黏结，使二者有机结合在一起，在拉伸时玻璃纤维不易从树脂基体中脱出，应力平稳地传递到玻璃纤维上，从而起到了良好的增强作用。

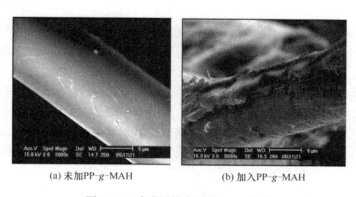

图 3-16　玻璃纤维表面的 SEM 照片

总体说来，与纯 PP 比较，玻璃纤维增强 PP 的韧性下降，对于要求较高韧性的应用需要进一步提高玻璃纤维增强 PP 的韧性，这可以在复合体系中加入聚烯烃弹性体（POE）来很好地解决。通过在 GFRPP 中添加 POE，并同时加入 PP-*g*-MAH，可制备高韧性的 PP/玻璃纤维复合材料。PP-*g*-MAH 增大界面结合力，可使玻璃纤维/PP/POE 复合体系表现出良好的综合力学性能，其拉伸强度达 51.9MPa，弯曲强度达 68.1MPa，冲击强度达 44.2kJ/m^2。POE 的弹性可使材料的冲击强度大大提高，当受到冲击力时，POE 粒子产生形变可以吸收冲击能，减少或减轻裂纹的破坏。从断裂机理分析，是由于 POE 的侧链在分子链间起到一种连接、缓冲，减少银纹因受力发展成裂纹。此外 POE 的加入也使 PP 的结晶度下降，大分子链的柔顺性增强，从而提高冲击强度。

采用注射成型工艺制备 GFRPP 薄壁制品时常存在翘曲变形缺陷，材料收缩不均匀是导致注射制品产生翘曲的主要原因。PP 在注射成型过程中的收缩率一般为 1.8%~2.5%，加入质量分数为 30%的玻璃纤维后可使收缩率降低到 0.7%左右。当模具温度为 80℃时，试样的成型收缩率最大，其中 S_f（流动方向）、S_t（垂直于流动方向）分别为 0.631%、0.886%。模具温度为 60℃时，试样成型收缩率最小，S_f、S_t 分别为 0.478%和 0.698%。S_f、S_t 均随着模具温度的升高而增大。这是因为模具温度对成型收缩率的影响主要是在浇口冻结后至制品脱模之前这段过程。随着模具温度的升高，制品冷却速率变慢，停留在高结晶速率的温度区间内的时间更长，分子有充分的松弛时间，结晶趋于更完全，结晶度高，成型收缩率变大。ΔS（两方向的差值）在 65℃附近时出现最小值，说明模具温度为 65℃时制品在两个方向上的成型收缩率差异最小，由此产生的内应力也最小，不易发生翘曲。随着模具温度的不断升高，制品的翘曲有增大趋势。随着注射速率的增大，ΔS 则呈减小趋势，制品翘曲变形趋势减小。这是因为提高注射速率后，料流速率快，剪切作用加剧，分子定向作用增大，引起收缩率增大。但另一方面，由于注射速率增大后，在相同注塑压力下，充模时间大大缩短，这有助于提高熔体在浇口封闭前的充模，相对地延长了补料时间，使制品更密实，不易发生翘曲。随着保压压力的增大，成型收缩率呈明显下降趋势。这可解释为熔融树脂在成型压力作用下受到压缩，压力越高压缩量越大，使得制品尺寸更加接近型腔尺寸，因此成型收缩率越小。虽然较高的保压压力能使型腔内制品密实，收缩率减小，但是过高的保压压力对制品的质量不起促进作用，只会加大制品脱模后的翘曲。随着保压时间的延长，制品的成型收缩率有减小趋势。因为延长保压时间有利于减少熔体向浇口倒流，增强补缩作用，使制品越密实，成型收缩率越小。但在浇口冻结以后再延长保压时间，只会延长成型周期，起不到补缩作用。因此，在模具结构不变的情况下，快速充模、适当降低喷嘴温度和模具温度、避免过高的保压压力和过长的保压时间，皆可减小制品的翘曲，提高 PP/玻璃纤维制品的质量。

以玻璃纤维增强的 PP 具有较低的密度、低廉的价格以及可以循环使用等优点，正在取代工程塑料与金属在汽车仪表板、发动机罩、暖风机外壳等零件中的应用。目前，在国外新型汽车前端部件系统的设计和生产中，注塑成型的长玻璃纤维增强 PP 的复合材料已成为主要材料。宝马公司的微型底盘汽车的前端部件系统采用 30%玻璃纤维增强的 PP 复合材料。这种 PP 部件是通过集成悬架式前端部件系统来降低成本的，比如散热器、喇叭、电容器等部件，取得了良好的效果，可以减少 30%的部件质量，经济效益十分明显。宝马公司目前已经使用 Stamax P30YM20（30%长玻璃纤维 PP 复合材料）在英国制备其新型迷你底盘汽车，其前端部件仅有 2.1kg。美国 DOW 化学公司正在推广一种塑钢混合体系，这种体系以长玻璃纤维增强 PP 加入到钢铁中，并且使用了 DOW 化学公司最新的结构性粘接系统，称作低能量表面结合（LESA），它是一种环氧丙烯黏合剂，将 PP 与金属结合起来，不用加热处理和电晕处理。DOW 化学公司已与德国大众汽车公司合作制造了采用 LESA 的汽车前端部件系统。DOW 化学公司认为长玻璃纤维增强 PP 复合材料是制造汽车前端部件系统的最好材料，因为与其它材料相比，它具有低廉的价格和低的密度，具有很好的市场前景。

3.7.5 晶须增强聚丙烯新材料

晶须是指以单晶形式生长的针状晶体，形状类似短纤维，而尺寸远小于短纤维。晶须可由金属、氧化物、碳化物、卤化物、氮化物、无机盐类、石墨、有机聚合物、稻壳等上百种可结晶的原材料，在人为控制下，以单晶形式生长而成。由于晶须在结晶时原子结构排列高度有序，以致容纳不下能够削弱晶体的较大缺陷，如颗粒界面、空洞、位错及结构不完整等，近乎完全晶体，致使晶须的强度接近材料原子间价键的理论强度，远远超过目前大量使用的各种增强剂。晶须最早的工业化产品出现于1962年，因其价格极高（碳化硅晶须3000~5000元/kg），从而限制了它的应用。直至20世纪80年代，较廉价的钛酸钾晶须在日本问世后，晶须的应用才有所突破。之后又有硫酸钙、碳酸钙晶须相继开发成功，造价更低。1991年日本可小批量生产硼酸铝晶须（10t/a），后形成2000t/a的生产规模。我国在20世纪90年代已有钛酸钾晶须的生产，还开发生产了硫酸钙晶须，价格很低（10~12元/kg），使晶须的扩大应用成为可能。1998年氧化锌晶须生产技术开发成功。当前，世界各国对晶须的研究开发非常活跃，生产规模日益扩大，应用领域不断拓宽，展示了十分广阔的前景。

晶须具有纤维状结构，当受到外力作用时较易产生形变，能够吸收冲击振动能量。同时，裂纹在扩展中遇到晶须便会受阻，裂纹得以抑制，从而起到增强作用，同时加入晶须后使断裂表面能提高，使脆性降低，韧性增大，并可提高树脂的耐热性，因而利用晶须对树脂进行增韧增强改性无疑是一种良好的途径。

3.7.5.1 晶须增强复合材料的增强机理

晶须在聚合物基复合材料中主要起强化作用。通常认为，这类复合材料的强度σ_f是基体的强度σ_{fm}和晶须的强度σ_{fw}按体积分数的比值之和，即：

$$\sigma_f = \sigma_{fm} f_m + \sigma_{fw} f_w$$

式中，f_m和f_w分别是基体和晶须的体积分数。对于弹性模量，也有类似的关系式。这种强化理论显然是比较粗糙的，完全未考虑材料的内部结构。因此，对于晶须增强的聚合物基复合材料，除了经典的载荷传递强化机理外，还提出了其它许多强化机理，例如弥散强化、残余应力强化、织构差别引起的强化、热膨胀系数的差别而使位错密度增大引起的强化、高位错密度而形成的细小亚晶粒引起的强化等。

晶须增韧补强聚合物的研究相对开始得较晚，对于晶须增强聚合物的增强增韧作用机理研究的也较少。概括起来，晶须的增强增韧机理一般有三种方式：裂纹桥联、裂纹偏转和拔出效应。

（1）裂纹桥联

由于晶须的存在，紧靠裂纹尖端处存在晶须与基体界面开裂区域。如图3-17所示，在此区域内，晶须把裂纹桥联起来，并在裂纹的表面加上闭合应力，阻止裂纹扩展，起到增韧作用。晶须桥联对增韧的贡献为：

$$dK^{WT} = \sigma_{fw} \left[\frac{V_f r}{3} \cdot \frac{E^c}{E^w} \cdot \frac{G^m}{G^i} \right]^{1/2}$$

式中，σ_{fw}、E^w、V_f、r分别为晶须的断裂强度、弹性模量、体积分数和半径；E^c为复合材料的弹性模量；G^m、G^i分别为基体和界面的应变能释放率。由以上方程式可知增韧效果随晶须的强度、体积分数、半径的增大而增强，而且应使E^c/E^w和G^m/G^i的比值大一些。

对于特定位向和分布的晶须，裂纹很难偏转，只能按原来的扩展方向继续扩展，此时紧靠裂纹尖端处的晶须并未断裂，因而会在裂纹表面产生一个压应力，以抵消外加拉应力的作用，从而使裂纹难以进一步扩展；换言之，晶须在裂纹两岸搭起小桥，使两岸连在一起。

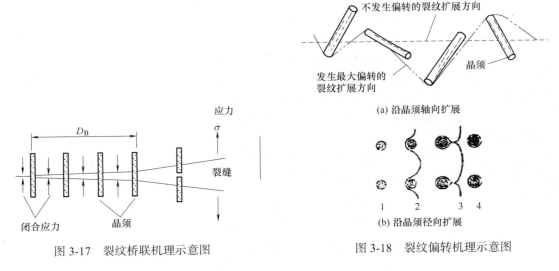

图 3-17　裂纹桥联机理示意图

图 3-18　裂纹偏转机理示意图

（2）裂纹偏转

当裂纹扩展到晶须时，因晶须模量极高，由于晶须周围的应力场，基体中的裂纹一般难以穿过晶须按原来的扩展方向继续扩展。相反，裂纹只得而且更易绕过晶须（尽量贴近晶须表面）而扩展，即裂纹发生偏转（图 3-18）。当裂纹沿着晶体和基体界面进行扩展时，使晶须与基体界面发生解离，称之为界面解离。偏转后的裂纹所受的拉应力往往低于偏转前的裂纹，而且裂纹的扩展路径增长了，故裂纹扩展过程中需消耗更多的能量，这些都导致裂纹难以继续扩展，图 3-18（a）和（b）分别表示裂纹沿晶须轴向和径向的扩展。图 3-18（b）中 1~4 分别表示裂纹和晶须相遇、裂纹弯曲向前、裂纹在晶须前面相接、形成新的裂纹前沿并留下裂纹环的过程。裂纹偏转改变裂纹扩展的路径，从而吸收断裂能量，因为当裂纹平面不再垂直于所受应力的轴线方向时，该应力必须进一步增大才能使裂纹继续扩展。对于晶须长径比恒定时，研究表明增韧效果随晶须所占的体积分数增大而增强，直至体积分数等于 0.3；当体积分数是常数的情况下，增韧效果则随晶须长径比增大而增强。

（3）拔出效应

在界面开裂区域后面，还存在晶须拔出区，拔出效应是指仅靠裂纹尖端的晶须在外应力作用下沿着它和基体的界面滑出的现象。显然这种效应会使裂纹尖端的应力松弛，从而减缓了裂纹的扩展。不过由于晶须很短，其拔出效应远不如连续纤维那样显著。材料断裂时由基体传向晶须的力在二者界面上产生剪应力，达到了基体的剪切屈服强度，晶须的抗拉强度较高而不致断裂，此时晶须就从基体中拔出。拔出效应是由于裂纹扩展过程中晶须拔出而产生能量的耗散。

拔出效应与裂纹桥联是相似的，重要的区别在于界面剪切应力。当晶须与基体的界面剪切应力很低，而晶须的长度较大（>100μm）、强度较高时，拔出效应显著；界面剪切应力增大时，拔出效应减弱，当界面剪切应力足够强时，作用在晶须上的抗拉强度可能引起晶须断裂而无拔出效应。

晶须的拔出常伴随着裂纹桥联。当裂纹尺寸微小时，晶须桥联起主要作用，而随着裂纹位移增加，裂纹尖端处的晶须进一步被破坏，晶须拔出则起到主要作用。

除了以上的三种主要机理之外，还有一些其它的机理，如微裂纹增韧机理（图3-19）。它认为残余应变场与裂纹在晶须周围发生反应，从而使主裂纹端产生微裂纹分支，在裂纹尖端的应力场和残余应力作用下，晶须成为微裂纹源，而在裂纹前方形成散布的（不连通的）微裂纹区，此区的弹性模量较低，并能吸收应变释放的能量，因而使材料增韧。吸收效应是由于微裂纹在残余应力作用下膨胀而造成主裂纹闭合的结果，它使裂纹尖端钝化，以致终止裂纹扩展，起到钉扎作用；当裂纹尖端遇到晶须时，必须施加更大能量或使晶须破坏才使裂纹越过晶须，而裂纹尖端的应力还不足以将晶须折断，阻止了裂纹的进一步扩展。在这一点上，桥联和钉扎作用是难以区分的。此外还有负荷传递效应（即外力通过基体的变形传递到晶须上）、基体预应力效应（晶须与基体的热膨胀失配，使复合材料引入内应力，这种预应力对抗拉强度低的基体是有利的）等。

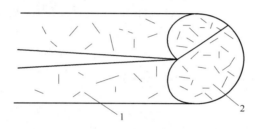

图 3-19 微裂纹增韧机理

1—扩展中的在裂纹尖端后方的微裂纹区；2—在裂纹开始扩展时的微裂纹区

晶须通过以上几种机理对基体进行增强增韧，晶须和基体的结合界面对复合材料的性能起着至关重要的作用。界面粘接如果良好的话，外力通过基体变形将负荷传递给晶须的效率增大，使晶须能有效地承担外力，同时晶须在外力作用下沿着它和基体的界面滑出时，要吸收更多的能量，并且基体中的裂纹遇到晶须时，尽量贴近晶须表面扩展，不仅使裂纹扩展的路径增长了，还增加了破坏晶须和基体良好粘接界面的能量，这些都使裂纹难以继续扩展从而达到改善材料性能的目的。

3.7.5.2 晶须增强增韧聚丙烯复合材料的影响因素

（1）晶须含量对增强增韧的影响

材料强度一般随着晶须含量呈先上升后下降的趋势。初期晶须含量增加时，可强化裂纹桥接等机理对裂纹传播的抑制作用。当含量达到一定程度后，强度和韧性将达到一个平衡且较高的状态。但若含量过高时，基体的含量将相对减少，因晶须分子间的作用力远小于基体分子与晶须分子间的作用力，因此材料强度降低。

（2）晶须在基体中的分散程度对增强增韧的影响

晶须均匀地分布于基体中，避免发生团聚，是保证材料的力学性能的关键。因为团聚体会在基体内形成缺陷，当受到应力时，首先会被破坏而形成裂纹，使材料的强度下降。为改善这种现象，一般可对晶须进行表面处理，或选用一定的分散剂和分散介质以促进填料在基体中的分散，使晶须彼此分离，并使晶须与基体均匀混合。例如，在晶须加入量相同的情况下，经过偶联剂处理的晶须与聚合物混合物的黏度要远小于没有经过偶联剂处理的黏度，这样易于晶须与基体混合。这是因为经过表面处理的晶须与基体树脂的相容性好，可以减小晶须与基体间的摩擦力。

（3）晶须在基体中的取向对增强增韧的影响

一般的晶须多为针状或棒状，当被混入基体材料中时，会沿着应力作用方向发生取向，使材料的性能呈现各向异性，导致材料在承受特定方向上的应力时会具有更好的性能，但同时会使材料在承受到其它方向应力时更加易于破坏。这有可能是所期望的，也有可能是必须避免的，因此材料中晶须取向是一定要被严格控制的。例如在材料成型的过程中，基体中的晶须易于随物料的流动方向、剪切力等方向发生取向。因此应根据材料的具体需要，在把晶须混入基体中时，就应当从加工方法等因素着手，有选择地强化或避免、减小晶须的取向。

晶须的长径比、复合材料的成型压力等因素也都对增强增韧效果有不同的影响。晶须必须具有一定的长径比，这样才能通过拉伸剪切作用把应力由基体传递到晶须上，达到增强增韧目的。较大的成型压力可以使材料中的微孔减少、变小并使材料的密度增大，从而使材料的强度、韧性增强。

3.7.5.3 碳酸钙晶须增强聚丙烯新材料

碳酸钙是重要的无机化工产品，粒径一般在 $1{\sim}10\mu m$，常用作填料，广泛应用于橡胶、塑料、涂料、造纸和油墨等领域，普通碳酸钙通常以石灰石为原料，经过煅烧制得生石灰，然后生石灰加水消化并吸收二氧化碳进行炭化，最后脱水、干燥得到产品。碳酸钙晶须长度约 $20{\sim}30\mu m$，直径 $0.5{\sim}1.0\mu m$，能提高 PP 的拉伸模量、弯曲模量及抗冲击强度，改善塑料制品热稳定性及表面光滑性，因此碳酸钙晶须是很有发展前途的新型材料，其性能如表 3-5 所示。

表 3-5　晶须碳酸钙的性能

性能	指标
成分/%（质量分数）	$CaCO_3{\geqslant}98$
外观	白色粉末
密度/（g/cm³）	2.86
pH 值	9~9.5
水分/%	≤1
比表面积/（m²/g）	7.0
粒子形态	针状晶须
长度/μm	20~30
直径/μm	0.5~1.0
吸油量/（mL/g）	50

碳酸钙晶须的制备方法归纳起来主要有四种：a.用可溶性钙盐与 CO_3^{2-} 盐制备；b.用 $Ca(HCO_3)_2$ 制备；c.尿素水解法制备；d.$Ca(OH)_2$-CO_2 气液反应法制备。以上四种方法中以 b、d 最为实用，可以大批量工业化生产，因为这两种方法与传统轻质碳酸钙制法相似，所不同的是 $Ca(OH)_2$ 水浆料中通入 CO_2 时，b 法是使 CO_2 过量先制成 $Ca(HCO_3)_2$ 溶液，然后通过控制 $Ca(HCO_3)_2$ 溶液的温度（75℃）、升温速率、搅拌速率等因素制备 $CaCO_3$ 晶须。d 法是通过添加针状 $CaCO_3$ 晶种和有利于晶须向长度方向生长的磷酸盐化合物，并控制反应条件制得 $CaCO_3$ 晶须。为了使传统碳酸钙生产企业也能制备碳酸钙晶须，必须开展以工业石灰石为原料制备碳酸钙晶须的研究。

使用碳酸钙晶须改性 PP 时，可以明显改善体系的加工性能，对体系拉伸强度的影响优于轻质碳酸钙，将晶须经偶联剂处理后，拉伸强度可以得到提高。硅烷处理晶须的效果优于钛酸酯处理晶须。碳酸钙晶须可以在材料受到冲击作用时起到延缓裂纹发展和加速能量逸散的作用，因而具有一定的增韧效果，经过偶联剂处理后可进一步提高材料的抗冲击性能。制备碳酸钙晶须增强 PP 的工艺流程如图 3-20 所示。

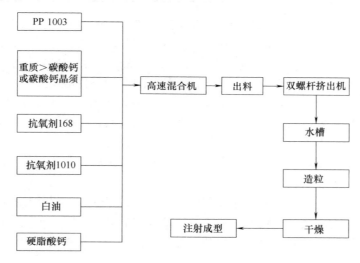

图 3-20　制备碳酸钙晶须增强 PP 的工艺流程

碳酸钙晶须对 PP 的改性配方如表 3-6 所示。

表 3-6　碳酸钙晶须对 PP 的改性配方

配方组成	配方 1/质量份	配方 2/质量份
PP 1003	85	85
重质碳酸钙（1000 目）	15	
碳酸钙晶须		15
抗氧剂 168	0.2	0.2
抗氧剂 1010	0.1	0.1
硬脂酸钙	0.5	0.5

材料性能如表 3-7 所示。

表 3-7 材料性能测试结果

测试项目	配方 1	配方 2
拉伸强度/MPa	27.5	28.3
拉伸断裂强度/MPa	17.7	24.7
断裂伸长率/%	25.0	26.1
弯曲强度/MPa	24.6	27.9
弯曲模量/MPa	2288	2826
冲击强度/（kJ/m²）	6.8	7.1
热变形温度/℃	119.1	118.9
熔体流动速率/（g/10min）	4.19	6.31

从表 3-7 中可以看出，碳酸钙晶须对 PP 进行改性，其拉伸强度、弯曲强度、冲击强度都有所增大，可见碳酸钙晶须能够增强材料的刚性、韧性，达到增强增韧的目的。并且碳酸钙晶须改性 PP 的流动性也有所提高，其加工性要优于普通重质碳酸钙填充的 PP，耐热性与普通重质碳酸钙填充 PP 相当。之所以晶须填充 PP 力学性能明显优于普通重质碳酸钙填充 PP，其原因是：当试样内部宏观裂纹前端或微裂纹发展到含有晶须的微区时，由于晶须的存在，紧靠裂纹尖端处存在晶须与基体界面开裂区域，在此区域内，晶须把裂纹桥联起来，并在裂纹的表面加上闭合应力，阻止裂纹扩展，起到增韧作用。对于特定位向和分布的晶须，裂纹很难偏转，只能按原来的扩展方向继续扩展，此时紧靠裂纹尖端处的晶须并未断裂，因而会在裂纹表面产生一个压应力，以抵消外加拉应力的作用。而随着裂纹的进一步扩展，必须将其拔出或折断才能继续扩展，即拔出效应，显然这种效应会使裂纹尖端的应力松弛，从而减缓了裂纹的扩展。所以基体内的晶须有阻止裂纹扩展、加速能量逸散的作用。重质碳酸钙的颗粒为纺锤形或四方体，不能在裂纹发展过程中形成类似的结构，所以基本上没有增强、增韧效果。

3.7.5.4 钛酸钾晶须增强聚丙烯新材料

钛酸钾晶须是一种新型增强纤维，具有尺寸细微（长度与玻璃纤维的直径相当）、机械强度高、耐磨性优异、耐热和隔热性好、耐腐蚀性好、红外反射率高、高温下热导率极低等特点，因此用途十分广泛。用钛酸钾晶须增强的 PP 具有力学性能好、隔热性好、循环使用性好等诸多优点。钛酸钾晶须最初是由美国航空航天局（NASA）作为土星火箭喷嘴的隔热材料进行开发的。针对火箭发射时高温高压气流的剧烈冲刷，急需一种具有优良隔热性能、耐磨、抗冲击的材料，以替代石棉纤维，从而选用了钛酸钾晶须。钛酸钾晶须化学式为 $K_2O \cdot nTiO_2$，式中 n 可以为 1、2、4、6、8。六钛酸钾呈隧道状结构，Ti 原子的配位为 6，以 TiO_2 八面体通过共面和共棱连接而成隧道状结构，K^+ 占隧道中间，隧道轴与纤维轴平行。由于 K^+ 被这种隧道状结构包裹住，从而使 K^+ 具有很高的化学稳定性。也正是由于这种隧道状的结构，决定了六钛酸钾的某些特殊性能。

制备钛酸钾晶须改性 PP 的配方见表 3-8。

表 3-8 改性 PP 配方中各组分质量分数

原料	配方							
	1#	2#	3#	4#	5#	6#	7#	8#
PP	100	96	91	86	81	76	88	84
POE	0	4	4	4	4	4	2	6
钛酸钾晶须	0	0	5	10	15	20	10	10

在使用钛酸钾晶须之前，需要对其进行表面处理。其方法是将 2% 的硅烷偶联剂与钛酸钾晶须在高速混合机中进行高速搅拌，通过混合产生的摩擦热使硅烷偶联剂均匀包覆在钛酸钾晶须的表面。按表 3-8 配方分别称取 PP、活化处理的钛酸钾晶须、增韧剂 POE，依次投入高速混合机中进行高速混合，混合均匀后用单螺杆挤出机挤出，经水槽冷却、切粒，挤出工艺参数为：机筒温度分布为一区 100~105℃，二区 160~170℃，三区 180~190℃，机头 190℃，螺杆转速 60r/min。钛酸钾晶须用量对钛酸钾晶须改性 PP 性能的影响如图 3-21 所示。

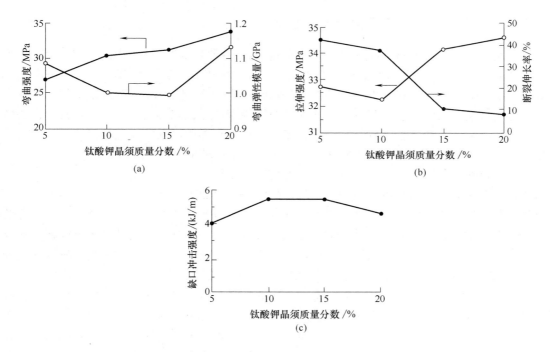

图 3-21 钛酸钾晶须用量对钛酸钾晶须改性 PP 性能的影响

由图 3-21 可见，在 POE 存在的情况下，随着钛酸钾晶须用量的增加，改性 PP 的弯曲强度明显提高。这是由于在改性 PP 受到弯曲应力时，应力通过 PP 基体传递给钛酸钾晶须，因钛酸钾晶须的弯曲强度大于 PP 基体，因此当改性 PP 受到弯曲应力时钛酸钾晶须的强度就体现出来。当然，钛酸钾晶须在 PP 基体中的长度必须满足大于临界长径比 30~100 的要求。而弯曲弹性模量虽然在钛酸钾晶须质量分数为 10%~15% 范围内有所降低，但而后又逐步提高。在试验数据范围内，随着钛酸钾晶须含量的增加，改性 PP 的拉伸强度开始有所降低，在钛酸钾晶须质量分数为 10% 之后则逐渐提高。这是由于经过硅烷偶联剂表面处理的钛酸钾晶须与 PP 基体界面接触良好，因钛酸钾晶须的拉伸强度比 PP 基体的拉伸强度大，当改性 PP 受到拉伸应力时，拉伸应力通过 PP 基体传递给钛酸钾晶须，此时钛酸钾晶须的力学性能就体现出来；同时因钛酸钾晶须还有成核剂的作用，有利于 PP 的结晶，导致拉伸强度增大。由图 3-21 还可看到，随着钛酸钾晶须用量的增加，改性 PP 的断裂伸长率有所降低。这是由于改性 PP 结晶度的增加导致拉伸变形量减小的缘故。改性 PP 的缺口冲击强度在钛酸钾晶须质量分数为 10%~15% 范围内出现最大值。这是由于钛酸钾晶须的加入有利于 PP 晶体的细化，PP 球晶变小，导致冲击强度增大。但当其质量分数超过 15% 后，因影响到材料的聚集态结构，改性 PP 的缺口冲击强度又逐渐降低。加入钛酸钾晶须后，体系的微观结构变得均匀。这是由于钛酸钾晶须微粒渗透到 PP 微裂纹内部，通过钛酸钾晶须表面与高分子链的作用力形成"丝状连接"结构，从而使产生的裂纹又转化为银纹状态。因而随着钛酸钾晶须填充量的增加，改性 PP 的裂纹逐渐减小而变得均匀。

3.7.5.5 硫酸钙晶须增强聚丙烯新材料

硫酸钙晶须（又称石膏晶须），是无水硫酸钙的纤维状单晶体，为白色疏松针状物，具有完善的结构、完整的外形、特定的横截面、稳定的尺寸，其平均长径比一般为 50~80。微溶于水，在水溶液中呈中性、耐高温、耐酸碱性、抗化学腐蚀好、韧性好、电绝缘性好、强度高、易进行表面处理，与树脂、塑料、橡胶相容性好，能够均匀分散，具有优良的增强功能和阻燃性。和其它无机晶须相比，硫酸钙晶须是毒性最低的绿色环保材料。硫酸钙晶须有二水硫酸钙晶须、半水硫酸钙晶须和无水硫酸钙晶须之分。

采用硫酸钙晶须对聚丙烯进行改性，发现随晶须用量的增加，材料的硬度、屈服强度等都有较大的提高。而采用偶联剂对硫酸钙晶须进行表面改性，晶须在树脂基体内能均匀分散，发挥晶须的承载作用，进一步提高复合材料的力学性能。$CaSO_4$ 晶须添加质量分数为 5%~10% 的复合材料具有极佳的力学性能，经硅烷偶联剂预处理后的晶须能大幅度提高复合材料的强度和韧性。因此硫酸钙晶须增强 PP 复合材料需要合理的掺混工艺和表面处理方法，以提高复合材料的力学性能。界面改性剂对硫酸钙晶须/PP 复合材料的性能有较大的影响。在含界面改性剂的复合体系中，晶须的增强作用、异相成核作用以及提高复合材料耐热性的效果更佳，且在晶须添加量小于 30%（质量分数）时，复合材料的拉伸强度随晶须用量的增加而增大，随后又随晶须添加量的增加而呈下降趋势。可见晶须的长径比和表面性能、晶须在基体中的分散程度制约着复合材料的性能。硫酸钙晶须在加工过程的断裂较为严重，在制备复合材料时，必须考虑制备工艺的影响。

由表 3-9 可以看出，当界面改性剂用量为 4% 时，硼酸酯表面活性剂（SBW-181）改性硫酸钙晶须的效果最好。

表 3-9　不同改性条件对硫酸钙晶须改性效果的影响

固定条件	变化条件			活化指数	接触角/（°）
硫酸钙晶须的用量为 1.0kg，改性温度 100℃，改性时间 10min，搅拌速率 650r/min，烘干温度 100~105℃，烘干时间 1h	改性剂用量/%	1		0	20.0
		2		0.378	50.3
		3		0.996	60.1
		4		0.998	93.5
		5		1	93.3
硫酸钙晶须的用量为 1.0kg，改性剂用量 4.0%，改性时间 10min，搅拌速率 650r/min，烘干温度 100~105℃，烘干时间 1h	改性温度/℃	70		0.864	96.7
		80		0.972	92.9
		90		0.998	96.5
		100		1	105.2
		110		1	93.6
硫酸钙晶须的用量为 1.0kg，改性剂用量 4.0%，改性温度为 100℃，搅拌速率 650r/min，烘干温度 100~105℃，烘干时间 1h	改性时间/min	2		0.639	73.2
		4		0.801	86.3
		6		0.945	96.6
		8		0.996	103.4
		10		0.997	105.2
硫酸钙晶须的用量为 1.0kg，改性剂用量 4.0%，改性温度为 100℃，烘干温度 100~105℃，烘干时间 1h	搅拌速率/（r/min）	650	改性时间 2min	0.639	73.2
			4min	0.801	86.3
			6min	0.945	96.6
			8min	0.996	103.4
			10min	0.997	105.2
		950	2min	0.687	74.6
			4min	0.893	97.3
			6min	0.982	101.1
			8min	1	110.2
			10min	1	112
		1440	2min	0.734	79.2
			4min	0.912	100.8
			6min	0.994	103.2
			8min	1	110.4
			10min	1	112.3

注：活化指数 = $1 - \dfrac{\text{样品中沉淀部分的质量}}{\text{样品总质量}}$。

硼酸酯表面活性剂 SBW-181 改性硫酸钙晶须的工艺过程如下：a.首先在改性前将硫酸钙晶须置于烘箱里干燥 2h，以除去硫酸钙晶须表面的物理吸附水，然后再把干燥后的硫酸钙晶须加入到表面改性混合釜中，待充分分散后加入硼酸酯表面活性剂 SBW-181；b.SBW-

181 开始向硫酸钙晶须表面进行迁移，并在硫酸钙晶须表面吸附；c.SBW-181 中的烷氧基和硫酸钙晶须表面的羟基发生化学反应，在二者之间形成 B—O 化学键，而 SBW-181 的另一端具有烷烃基、酰氧基以及酯基长链，使得硫酸钙晶须表面由亲水性变成疏水性；d.随着改性剂的用量增加，改性剂在硫酸钙晶须表面逐渐形成单分子层（即化学吸附层）；当改性剂用量继续增加至过量时，由于长烃链分子间的相互缔合作用，使得改性剂在硫酸钙晶须表面的单分子层外又形成了多分子层（即物理吸附层），从而造成界面结构的不均匀性；e.当对改性硫酸钙晶须进行水洗时，处于多分子层的改性剂发生水解（即物理吸附层发生解吸），在水解时，首先发生 Dn 配位键的断裂，接下来才发生酯键的断裂，最终水解生成醇、低级醛和硼酸（水解过程如图 3-22 所示）；f.生成的大部分的醇、所有的低级醛和硼酸随水被一起过滤掉，仅剩少量的醇在烘干过程中与硫酸钙晶须表面单分子层上的醇羟基发生反应，形成了醚键，长烃链的空间位阻效应进一步增加了硫酸钙晶须表面的疏水性。

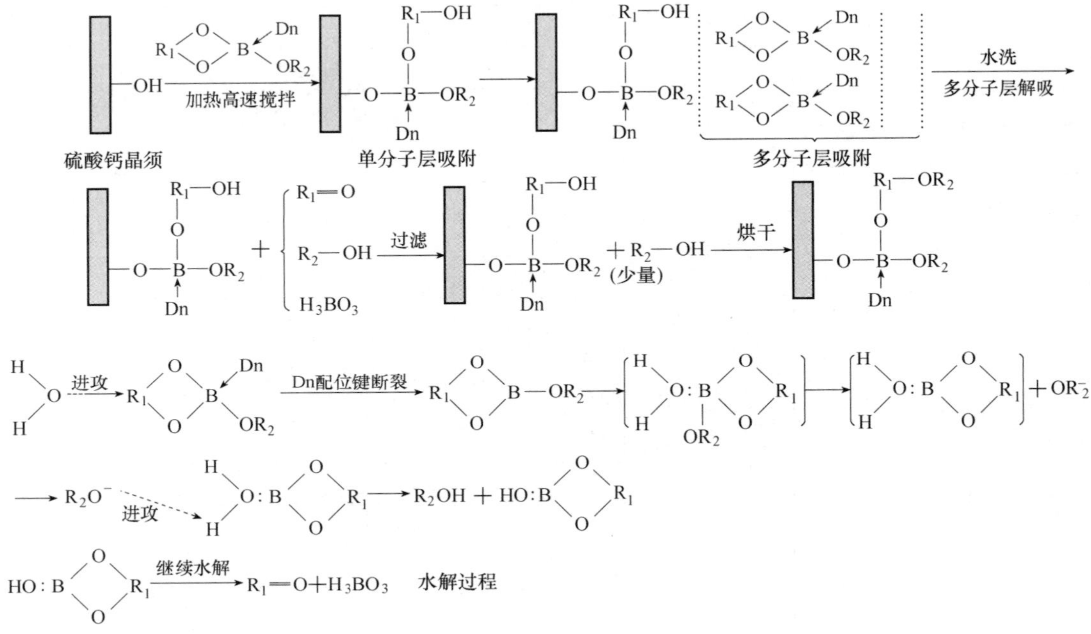

图 3-22　硼酸酯表面活性剂 SBW-181 与硫酸钙晶须的作用模型

从以上分析可以得出，硼酸酯表面活性剂 SBW-181 在硫酸钙晶须表面既存在化学吸附又存在物理吸附，但以化学吸附为主。

较好的界面改性剂为 PP-*g*-MAH，在 IPP/硫酸钙晶须复合材料中添加界面改性剂 IPP-*g*-MAH 后，缺口冲击强度增加（高于未加 PP-*g*-MAH 时的复合物的缺口冲击强度）。这是由于加入的界面改性剂 PP-*g*-MAH 分子链上的羧基与硫酸钙的钙离子形成了化学键合，而 PP-*g*-MAH 分子主链与聚丙烯相容。硫酸钙晶须通过界面改性剂 PP-*g*-MAH 作为过渡层，提高了和聚丙烯的相容性。在 IPP/CaSO₄ 复合体系中，因不加 PP-*g*-MAH，分散相（硫酸钙晶须）与连续相（IPP）界面明显，分散相粒径大于 5μm；而 PP-*g*-MAH/IPP/CaSO₄ 复合材料中，分散相硫酸钙晶须粒度变小，与连续相 IPP 相界面模糊，这说明 PP-*g*-MAH 确实起到了界面改性剂的作用。

长玻璃纤维及短玻璃纤维在增强 PP 时，纵向和横向性能产生差异，特别是纵向和横向收缩率的差异较大，从而使制品发生挠曲和变形，这对于高精密的电子、家电零部件的质量产生极大的影响。而硫酸钙晶须改性 PP 时，纵向和横向收缩率差异较小，能保证制品尺寸和外观的精密度，具体见表 3-10。

表 3-10　玻璃纤维与硫酸钙晶须增强材料收缩率的比较

指标	玻璃纤维增强	晶须增强
纵向收缩率/%	2.1	0.41
横向收缩率/%	0.8	0.16
纵向收缩率/横向收缩率	2.65	0.56

在电子、电器和日用生活品中，制品的表面光洁度是人们所要求的质量指标之一。硫酸钙晶须，在增强 PP 时，不表现类似长玻璃纤维增强时所表现的粗糙、不平整、不光泽等现象，表面质量好。利用玻璃纤维增强聚合物时，混合元件受到的磨损相当严重，主要是因为玻璃纤维具有高的表面硬度，硫酸钙晶须不仅表面硬度较低，更在于其细微的结构和具有良好的流动性，因而对设备的磨损小。硫酸钙晶须改性 PP 的具体性能如下：

　　　　商品名：LA-PP-H01

　　　　拉伸强度：30.8MPa（23℃）　　　　弯曲强度：60.2MPa

　　　　断裂伸长率：238.33%　　　　　　　缺口冲击强度：69.06J/m^2

　　　　邵尔硬度：44　　　　　　　　　　　维卡软化点：155.94℃（1kg）

　　　　热变形温度：123.9℃（0.45MPa）　熔体流动速率：5.46g/10min

　　　　成型收缩率：纵向 0.41%　　　　　　横向 0.16%（23℃）

该产品可用于汽车前护板、后车罩、空气过滤器罩、风扇罩、加热器壳、电池箱及内部装饰面板、各种仪器表壳和盖及各种零部件、真空过滤壳体、过滤板、阀门、管件等。

3.7.5.6　镁盐晶须增强聚丙烯新材料

镁盐晶须是一种功能型晶须，不仅能增强而且具有阻燃性，是高性能的阻燃增强纤维，特别适合增强 PP，且价格与玻璃纤维相当。用镁盐晶须增强的 PP 复合材料，加工流动性好、弹性模量和热变形温度高、冲击强度高且具有优异的表面光泽，可广泛应用于汽车、家电、电子、机械、建筑等诸多行业，尤其适用于加工形状复杂、尺寸精度要求高的制品。镁盐晶须包括碱式 $MgSO_4$ 晶须、$Mg(OH)_2$ 晶须、$MgO \cdot Mg(OH)_2$ 晶须等。碱式硫酸镁晶须是一种白色针状单晶纤维，尺寸十分细小，具有十分优异的力学性能，如强度高、模量高、电气性能好。填充镁盐晶须后 PP 的冲击强度提高 1.5~2.5 倍，同时弯曲强度也有所增加。当晶须添加量低于 30%（质量分数，下同）时，拉伸强度随晶须用量的增加而增大，当晶须添加量超过 30% 时，拉伸强度则降低。晶须的表面处理方法对改性 PP 的性能也有影响。将经过钛酸酯表面处理的碱式硫酸镁晶须和 PP 共混，增强效果十分明显。处理后的晶须添加量达到 10% 时，材料的拉伸强度最大，为纯 PP 的 1.17 倍，而湿法处理的晶须添加量为 20% 时，材料达到最大拉伸强度，是纯 PP 的 1.23 倍。在镁盐晶须/PP 复合材料体系中添加 β 晶型成核剂后，不改变镁盐晶须增强 PP 复合材料的机理，能大幅度提高复合材料的冲击强度，可得到一种具有高强度、高模量、高韧性的 PP 复合材料，可替代部分工程塑料，已被用于汽车内饰件材料，如仪表板、支架、操纵台等。

氢氧化镁晶须是一种极细的纤维状单晶，是经过碱式镁盐或针状结晶的氢氧化镁在 900℃以上烧结而制得，晶须直径 0.5~5μm，长 200~2000μm，热导率是氧化铝的 3 倍。由于氢氧化镁晶须具有晶须的共性和自身特点，常被用作各种复合材料的增强材料。在 PP 中加入针状氢氧化镁，可大大提高其阻燃性能。纯 PP 的氧指数为 17，加入 40 份氢氧化镁晶须后，氧指数提高为 26，而加入 60 份氢氧化镁时，PP 氧指数才达到 26，阻燃性能明显优于普通氢氧化镁。MgO·Mg（OH）$_2$ 晶须比表面积大，微粒易趋向于二次凝聚，在树脂中分散性差。因此 MgO·Mg（OH）$_2$ 晶须用作复合材料填料时，冲击强度、断裂伸长率下降，加工性能恶化，使其应用受到一定的限制。采用表面改性有利于提高复合材料的力学性能，但是对工艺的要求相对较高。

将 PP、镁盐晶须、PP-g-MAH、分散剂及抗氧剂等按比例称量，经高速混合后，加入双螺杆挤出机熔融混炼造粒，注塑制成标准试样。双螺杆挤出机造粒温度为：一区 220℃，二区 230℃，三区 210℃，四区 220℃，五区 230℃，机头 235℃，喂料转速 60r/min，螺杆转速 180r/min。注射成型温度 180~220℃，保压时间 30s，注射压力 80MPa。结果表明，随着镁盐晶须用量增加，材料的拉伸强度大幅增加。当镁盐晶须用量达到一定值时，继续增加晶须的用量，拉伸强度反而呈下降趋势。

镁盐晶须对 PP 还有明显的增韧效果，这可用银纹理论来说明。当试样受到外力冲击时，一方面，改性材料内部的宏观裂纹或微裂纹会继续扩展，当裂纹前端扩展到含有晶须的微区时，基体内的晶须有阻止裂纹扩展和加速能量逸散的作用；试样受到外力冲击的同时，晶须周围会产生许多新的银纹，在发展、中止过程中吸收和消耗冲击能量，从而达到增韧的目的。另一方面，晶须的存在对 PP 基材的结晶性能有一定的影响，尽管对基材的结晶度影响不大，但晶须的存在有利于结晶的生成和晶粒的细化，因此也能在一定程度上改善材料的冲击性能。对于加工黏度较大的 PP 基体，在加工过程中，晶须易产生断裂，使晶须材料细微化，有利于 PP 基材的结晶和晶粒的细化，更符合银纹理论，所以填充改性材料的冲击性能较好。PP-g-MAH 和 PP-g-GMA 能显著提高复合材料的力学性能（表 3-11 和表 3-12）。这是由于相容剂大分子链上的 MAH 基团和缩水甘油酯基团与镁盐晶须在界面上发生化学反应，PP 大分子链相互缠结形成牢固的结合，提高了二者的界面黏结力，不但有利于晶须在基体树脂中的均匀分散，同时还克服了加工过程中因热胀冷缩而出现的基体树脂与晶须之间微裂纹的形成，有利于提高力学性能。

表 3-11　PP-g-MAH 用量对复合材料性能的影响

PP-g-MAH 质量分数/%	拉伸强度/MPa	弯曲强度/MPa	断裂伸长率/%
0	39.027	62.591	16.786
2	39.406	60.314	15.822
5	46.492	69.612	12.378
7	49.050	71.994	12.932
10	53.620	77.472	14.266

表 3-12　PP-*g*-GMA 用量对复合材料性能的影响

PP-*g*-GMA 质量分数/%	拉伸强度/MPa	弯曲强度/MPa	断裂伸长率/%
0	39.027	62.591	16.786
2	39.908	62.068	14.866
5	43.702	65.014	11.800
7	43.618	64.56	11.512
10	43.886	63.878	11.666

3.7.6　纳米粒子增强聚丙烯新材料

在纳米 PP 复合材料中,分散相的尺寸至少在一维方向小于 100nm。由于分散相的纳米尺寸效应,大比表面积与强界面结合,使纳米 PP 复合材料具有一般 PP 不具备的优异性能。近几年,国内外一些研究部门对纳米 PP 复合材料从纳米粒子改性、纳米粒子与聚合物的作用机理,到宏观制造等方面做了不少工作。由于无机纳米粒子与 PP 极性相差较大,表面能高,故二者相容性差,纳米粒子极易团聚,无机刚性纳米粒子与 PP 之间界面黏合力极弱,会使无机刚性纳米粒子成为共混体系的应力集中点,导致共混物的冲击强度降低,从而不能起到增韧增强的作用。为了增加纳米粒子与聚合物的界面结合力,提高纳米粒子的分散能力,必须对纳米无机粒子进行表面改性。纳米粒子的表面改性包括表面物理吸附、包覆改性和表面化学改性。选择含有长碳链的有机物作为无机刚性纳米粒子的改性剂,一方面有机改性剂较长的碳链可与 PP 大分子链发生物理缠结,改善微粒与 PP 间的界面结合力;另一方面,表面改性剂中柔性链段能有效增强粒子的变形能力,避免应力集中而导致破坏。目前,用无机刚性纳米粒子增韧增强 PP 大多采用熔融共混法,在双螺杆挤出机中依靠剪切力的作用将无机刚性纳米粒子分散到 PP 基体中。常用的无机刚性纳米粒子主要有 $CaCO_3$、SiO_2、TiO_2、Fe_2O_3 等,其中纳米 $CaCO_3$ 的应用尤其广泛。无机刚性纳米粒子还常与其它弹性体协同增韧增强 PP。

3.7.6.1　纳米二氧化钛复合改性聚丙烯

以硅烷偶联剂对纳米 TiO_2 进行表面处理,在此基础上以聚甲基丙烯酸(PMA)对其表面接枝包覆,以 PP-*g*-MAH 为载体,通过母料复合工艺制备 PP/纳米 TiO_2 复合材料,结果表明,PMA 在纳米 TiO_2 表面接枝率可达 50%,与未处理 TiO_2 及单独硅烷处理 TiO_2 相比,PMA 接枝包覆的纳米 TiO_2 在 PP 中的分散均匀性及抗紫外老化性能均获得了极大改进。

用钛酸酯偶联剂 NDZ-201 对纳米 TiO_2 进行表面改性处理,然后与 PP 复合。图 3-23 是 PP/TiO_2 复合材料的弯曲强度(a)、弯曲模量(b)、冲击强度(c)与纳米 TiO_2 含量的关系,可见,随着纳米 TiO_2 含量的增加,PP 的强度和韧性都有不同程度的提高。在相同条件下,未经表面处理过的纳米 TiO_2,其与 PP 的复合材料力学性能低于经表面处理过的纳米 TiO_2/PP 复合材料。偶联剂 NDZ-201 含量为 2%的体系,其力学性能高于含量为 1%体系的力学性能。

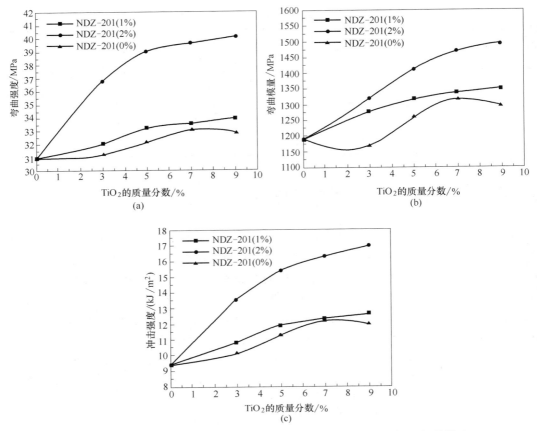

图 3-23　纳米 TiO$_2$ 对弯曲强度（a）、弯曲模量（b）、冲击强度（c）的影响

图 3-24 是纳米 TiO$_2$/PP 冲击断面的 SEM 照片。从图中可以看出，未经处理的纳米 TiO$_2$/PP 复合材料，裂纹的起始区、扩展区、失稳区之间没有明显的界限。而经过处理的复合材料这三部分区域界限明显，裂纹呈韧窝型扩展，纳米 TiO$_2$ 粒子均匀分散在 PP 基体中。当裂纹在扩展过程中遇到纳米 TiO$_2$ 粒子时，扩展中止，说明 TiO$_2$ 粒子阻止了裂纹的扩展，吸收了能量，增大了裂纹的扩展能。TiO$_2$ 粒子没有从 PP 基体上剥落，说明它与基体界面黏结良好，力学性能增强显著。

(a) 未经表面处理　　　　　(b) 1%钛酸酯偶联剂处理　　　　　(c) 2%钛酸酯偶联剂处理

图 3-24　纳米 TiO$_2$/PP 冲击断面的 SEM 照片

钛酸酯偶联剂 NDZ-201 除了与纳米 TiO$_2$ 表面进行反应外，还能提高填料的浸润吸附性能。由于 NDZ-201 含有焦磷酸基，它能提高纳米 TiO$_2$ 与 PP 的黏结性能，同时 NDZ-201 含有长的脂肪酸碳链（辛酸酯基），能和有机基体进行缠绕，增强与基体的结合力，引起填料边界上的表面能变化，导致黏度大幅度下降，提高纳米粒子与基体的相容性。

3.7.6.2　纳米二氧化硅和纳米碳酸钙复合改性聚丙烯

纳米 SiO$_2$ 是一种性能极其优异的无机改性填料，既能增强 PP 的拉伸强度，又能增强其冲击强度。并且在其用量极少的情况下，纳米 SiO$_2$ 的增强增韧效果都要优于滑石粉和 CaCO$_3$ 的增强增韧效果。对比测试了滑石粉和纳米 SiO$_2$ 对 PP 改性效果的差异。研究发现仅添加 5%纳米 SiO$_2$ 的 PP 的各项性能均要优于添加了 40%滑石粉的 PP。纳米 SiO$_2$ 同时提高了 PP 的拉伸模量和屈服强度，提升比例分别为 90%和 5%。而滑石粉却仅对屈服强度有提升效果，不能提高拉伸模量。尽管滑石粉的填充量比纳米 SiO$_2$ 的高 8 倍，但实验表明滑石粉的增韧效果仍旧弱于纳米 SiO$_2$ 的增韧效果。实验结果说明一般粒径大小的滑石粉会对 PP 的冲击性能造成不利影响。在 PP/纳米 SiO 复合体系中，随着纳米 SiO$_2$ 含量的增加，复合材料的拉伸强度提高，当纳米 SiO$_2$ 含量为 2%时，纳米 SiO$_2$ 对 PP 具有较好的增强增韧作用。这可能是因为当纳米 SiO$_2$ 含量为 2%时，纳米 SiO$_2$ 在 PP 基体中的分散性好；而当纳米 SiO$_2$ 粒子含量较高时，由于纳米粒子自身表面效应造成的团聚和在 PP 基体中的难分散性，反而会使复合材料的性能劣化。在 PP/纳米 SiO$_2$ 复合体系中加入 PP-g-MAH，复合材料的拉伸强度增加，在 PP-g-MAH 含量为 10%时，拉伸强度达到最大值，缺口冲击强度也有相同的趋势。PP-g-MAH 分子一端带有极性酸酐，可以与纳米 SiO$_2$ 表面尚未被表面处理剂包覆的羟基发生键合，并且 PP-g-MAH 在纳米 SiO$_2$ 外层，形成一个结构与聚合物基体相似的高分子柔性界面层，因此 PP-g-MAH 的加入既起到了进一步阻止纳米 SiO$_2$ 团聚的作用，又在无机纳米粒子和有机聚合物之间起到桥梁作用，形成界面过渡层，导致复合材料力学性能的提高。但是如果 PP-g-MAH 的用量过大时，PP-g-MAH 柔性界面层体积分数上升，柔性界面层在外力作用下就会先于基体材料发生屈服，从而使复合材料的力学性能下降。也就是说，表面处理剂、PP-g-MAH、聚合物三者的界面层黏结强度大小要适当，既能在相当大的应变范围内与基体保持部分黏结，以使受到的应力得到有效传递，又能在适当的时候发生界面脱落，使改性纳米 SiO$_2$ 发挥其稳定裂纹扩展的作用。因此 PP-g-MAH 可作为 PP/纳米 SiO$_2$ 复合体系的相容剂，且在适当的配比时才能发挥最好的协同改性效应。

用丙烯酸酯修饰 SiO$_2$ 纳米粒子可大大提高 PP/纳米 SiO 复合体系的性能，其合成反应原理及基团的红外光谱见图 3-25。在反应中，由于甲苯二异氰酸酯（TDI）过量，反应活性较高的对位—NCO 基团与硅羟基（—OH）反应而保留活性较低的邻位—NCO 基团。在图 3-25 中，曲线 a 是 SiO$_2$ 的红外光谱，它的吸收峰相对简单，其中 810cm^{-1} 是 Si—O 键的对称振动吸收峰，1106cm^{-1} 是 Si—O 键的不对称振动吸收峰，1639cm^{-1} 和 3444cm^{-1} 是 SiO$_2$ 表面羟基伸缩振动吸收峰。曲线 b 是 SiO$_2$-TDI 的红外光谱，2273cm^{-1} 吸收峰是 SiO$_2$-TDI 表面—NCO 基团的特征吸收峰，1653cm^{-1}、1545cm^{-1} 是反应生成的氨基甲酸酯（—CONH—）的特征吸收峰，1605cm^{-1} 和 1472cm^{-1} 是 TDI 分子中苯环的吸收峰。这些都有力地表明 TDI 与 SiO$_2$ 表面羟基（—OH）确实发生了化学反应，TDI 以化学键形式键接到 SiO₂ 表面并保留一个未反应的—NCO 基团。曲线 c 是 SiO₂-丙烯酸羟丙酯（HPA）的红外光谱，与曲线 b 相比，曲线 c 中在 2270cm⁻¹ 左右—NCO 基团的特征吸收峰消失，这说明 SiO₂-TDI 表面—NCO 基团与 HPA 中的羟基发生了化学反应；同时在 1713cm⁻¹ 出现一个新的吸收峰，这是 HPA 中羰基的吸收峰。同时还可以发现，曲线 c 中 1653cm⁻¹、1545cm⁻¹ 处的吸收峰强度明显增强，这是由于 SiO₂-TDI 表面—NCO 基团与 HPA 反应生成另一个氨基甲酸酯（—CONH—），从而使得 1653cm⁻¹、1545cm⁻¹ 处吸收峰强度明显增强。这些都有力地表明 SiO₂-TDI 表面的—NCO 基团与 HPA 发生了化学反应，成功地将丙烯酸酯键接到 SiO₂ 粒子表面。

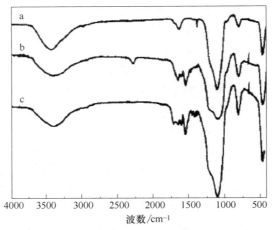

图 3-25　丙烯酸酯修饰 SiO₂ 纳米粒子合成和红外光谱图

　　SiO₂ 纳米粒子表面经丙烯酸酯修饰降低了其表面能，在熔融共混过程中纳米粒子能均匀地分散在 PP 基体中，同时表面接枝丙烯酸酯使得有机聚合物/无机物两相界面相容性得到了很大的改善，降低了表面能，有效防止了纳米粒子团聚，使纳米粒子均匀地分散在 PP 中，达到增韧增强目的。在包覆处理后的纳米 SiO₂ 含量为 3.5%（质量分数）时，其冲击强度比纯 PP 提高了 9 倍左右。

　　在 PP/纳米 CaCO₃ 复合体系中，随纳米 CaCO₃ 增加，复合材料的冲击强度、断裂伸长率逐渐增大，在纳米 CaCO₃ 含量达 4.21%（质量分数）后增加不明显。所以，当纳米 CaCO₃ 为 4.21%（质量分数）时，冲击强度和断裂伸长率得到较大的提高，分别为纯 PP 的 149% 和 439%，拉伸强度基本不变。从图 3-26（a）可以看出，纳米 CaCO₃ 均匀地分散在 PP 基体中，从图 3-26（b）看出，当添加量较大时，纳米 CaCO₃ 仍然会发生一定的团聚，从而影响了其力学性能。

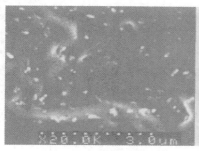

(a) 纳米CaCO₃的质量分数为4.21%　　　　(b) 纳米CaCO₃的质量分数为9.60%

图 3-26　PP/CaCO₃复合材料冲击断面的 SEM 照片

3.7.6.3　碳纳米管复合改性聚丙烯

碳纳米管（CNT）自 1991 年被发现以来，以其特有的力学、电学和化学性能以及独特的准一维管状分子结构，迅速成为化学、物理及材料科学领域的研究热点。CNT 的 C—C 共价键链段结构能通过配位键作用与高分子材料进行复合，能获得强度或导电性等性能优良的纳米复合材料。但由于 CNT 的表面积很大，碳管间的自聚集作用非常显著，使得其在聚合物中的分散比较困难。因此如何获得纳米级分散是聚合物基 CNT 复合材料的技术难点。表 3-13 是几种聚烯烃/CNT 复合材料的制备方法及其特点。

表 3-13　几种聚烯烃/CNT 复合材料的制备方法及其特点

方法	优点	缺点
聚合	分散均匀，界面结合强	单体残留，基体强度下降大，残余应力大
溶液混合	分散均匀，适应面广	溶剂残留，界面结合强度低，稳定性差
熔融共混	适应性广，工艺简单	分散性差，残余应力大
研磨混合	工艺简单	分散性差

为了提高 CNT 与聚合物界面间的黏结力，采用炉法催化裂解苯制备出的 CNT，用液相阳极氧化法对其进行表面处理，使 CNT 表面含氧量增加，增加了其表面含氧官能团。也可用等离子（如 NH₃ 等）射线在 CNT 表面上引入功能基团，把多糖链固定到等离子射线处理后的 CNT 表面上。先利用机械力化学过程将 PP 和 CNT 粉碎成粉末，然后将该粉末在双螺杆挤出机中共混，得到 PP/CNT 复合材料。将 PP 小颗粒研磨成粉状，预冷却 5min，然后以 10Hz 的频率研磨 2~3min，在每个研磨周期，样品都有 1min 的间歇冷却，再将 PP 和 CNT 预混后投入到 Haake 小型实验室双螺杆挤出机中，以 200℃、100r/min 的条件混炼 10min，然后通过 1.75mm 的圆柱形口模将复合材料挤出。将适量 CNT 加入二甲苯中，超声分散 30min，制成 CNT 的悬浮溶液。将 PP 颗粒按比例加入二甲苯中，在三颈瓶中加热至完全溶解，将两种溶液混合，超声分散 3h，得到的混合溶液摊膜后放入真空烘箱中于 60℃干燥，得到 CNT 含量不同的复合膜，其 SEM 见图 3-27。

  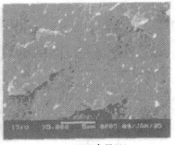

| (a) 纯PP | (b) CNT含量1% | (c) CNT含量2% |

图 3-27   CNT/PP 共混薄膜截面的 SEM 照片

当 CNT 含量较低时见图 3-27（b）和（c），绝大部分的 CNT 被 PP 包裹在其中，只有少量的 CNT 裸露在外而呈线状，同时 CNT 没有相互缠绕，基本上以单分散的状态分布于 PP 基体中。由此可见，采用超声波分散可以弥补高剪切分散的不稳定性，使得 CNT 在形成团聚体之前被进一步粉碎和细化，减小了纳米粒子间的作用能，增强了纳米粒子间的排斥作用能，使得 CNT 以纳米尺寸分布在 PP 中。

从图 3-28 可见，纯 PP 球晶粗大，球晶边界清晰，填充 CNT 后，PP 的球晶尺寸变小，球晶边界变得模糊，随着 CNT 含量的增加这种现象更加明显。球晶结构的这种变化与 CNT 的成核作用有关。当 PP 熔体中含有 CNT 无机微粒时，这种微粒在 PP 降温结晶时充当了成核剂，使 PP 有利于异相成核，PP 在相同时间内晶核密度增大，大量 PP 分子得以在较多的晶核周围生长。因此 CNT 改性 PP 的球晶尺寸明显小于纯 PP。

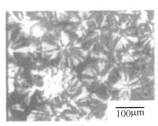 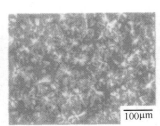 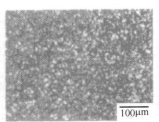

| (a) 纯PP | (b) CNT含量1% | (c) CNT含量2% |

图 3-28   不同 CNT 质量分数的 CNT/PP 复合材料结晶时的偏光显微镜照片（×200）

CNT 由于具有优异的力学性能和独特的电学性能等，是轻质高强复合材料的理想增强体。CNT 具有良好的导电性，均匀分散在聚烯烃中可形成导电通道，从而制成抗静电材料。随着 CNT 含量的增加，复合材料的体积电阻率从 $10^9\Omega\cdot cm$ 降到 $1.3\Omega\cdot cm$，而电流的渗滤阈值在 CNT 质量分数为 1%~2% 出现。当 CNT 携带了有机抗静电剂后可以有效地提高 PP 纤维的抗静电能力，CNT 质量分数为 3% 时，其摩擦静电荷数由纯 PP 的 200nC 以上下降到了 70nC 左右。CNT 的抗静电效果受其结构影响，随着 CNT 管径和管壁曲度的减小而有所提高。这是由于同样的质量含量，管径和管壁曲度小，在"岛"相中就构造了更多的电导路径。CNT/PP 复合材料的阻燃性能和热稳定性比纯 PP 明显提高，热分解峰值从纯 PP 的 300℃左右升高到 CNT/PP（CNT 质量分数为 2%）复合材料的 375℃左右。

参考文献

[1] 郝旭飞，鲁守钊. 刚性无机填料增强增韧聚丙烯（PP）研究进展 [J]. 汽车文摘，2019，（6）：22-26.

[2] 赵文聘，黄平，黄海清，等. 滑石粉在塑料改性中的作用与效果 [J]. 中国非金属矿工业导刊，2006，53（2）：17-18，28.

[3] 田春香，谢洪勇，孙彩霞，等. 滑石粉表面改性填充 PP 复合体系研究 [J]. 塑料科技，2006，34（1）：19-22.

[4] 樊泽东，罗筑，于杰，等. 超微细滑石粉的表面改性及对聚丙烯性能的影响 [J]. 高分子材料科学与工程，2007，23（3）：143-147.

[5] 马乔宇，袁斌，申嘉祥，等. 聚丙烯/玻璃微珠复合材料的研究进展 [J]. 合成树脂与塑料，2019，36（1）：76-79.

[6] 薛颜彬，邱桂学，吴波震，等. 玻璃微珠填充 PP 结构与性能研究 [J]. 塑料科技，2007，35（5）：34-37.

[7] 梁基照，李锋华. 中空玻璃微珠填充聚丙烯复合材料导热系数的测定 [J]. 塑料科技，2006，34（2）：49-51.

[8] 王曾鹏，杨丽庭，李彦涛，等. 粉煤灰细化与表面改性及其填充改性聚丙烯性能的研究 [J]. 中国塑料，2019，33（6）：12-18.

[9] 冯伟军，郭静，牛常秋，等. PEG 改性沸石填充聚丙烯的研究 [J]. 塑料工业，2006，34（9）：20-22.

[10] 林水东，林志勇，丁马太，等. PP-g-MMA 对云母填充聚丙烯体系增容作用的研究 [J]. 功能材料，2005，9，（36）：1359-1362.

[11] 梁基照，彭万. 硅藻土含量和粒径对填充 PP 冲击强度影响 [J]. 现代塑料加工应用，2007，19（3）：35-37.

[12] 梁基照，朱志华. 硅藻土含量及粒径对聚丙烯复合材料流动特性的影响 [J]. 塑料科技，2006，34（1）：12-14.

[13] 丁益雯. 凹凸棒土在塑料中的应用研究进展 [J]. 石化技术，2017，（5）：57.

[14] 李星明. 玻璃纤维增强热塑性塑料的发展概述 [J]. 太原科技，2006，（8）：28-29.

[15] 钱伯章. 长纤维增强热塑性塑料的进展 [J]. 国外塑料，2007，25（3）：42-44.

[16] 张宁，李忠恒，陶宇，等. 长玻纤增强聚丙烯复合材料的研究 [J]. 塑料工业，2006，34（12）：29-31.

[17] 邵静波，刘涛，张师军. PP-g-MAH 对玻璃纤维增强 PP 的影响 [J]. 合成树脂及塑料，2006，23（4）：50-53.

[18] 庄辉，刘学习，程勇锋，等. 长玻璃纤维增强聚丙烯复合材料的力学性能 [J]. 塑料科技，2007，35（5）：54-58.

[19] 倪晓燕，陶杰，钱惠慧. 玻璃纤维增强聚丙烯制品翘曲变形的研究 [J]. 工程塑料应用，2006，34（10）：32-34.

[20] 李之琦，陶杰，李杨，等. 高强高韧 GF/PP 复合材料的研究 [J]. 中国塑料，2005，19（9）：53-56.

[21] 周健，王毓琦，孟海宾. 钛酸钾晶须改性聚丙烯的性能研究 [J]. 工程塑料应用，2005，33（11）：21-24.

[22] 李凝，高诚辉，林有希. 无机盐晶须增强树脂基复合材料研究进展 [J]. 无机盐工业，2006，38（6）：8-11.

[23] 张良均，童身毅，樊庆春，等. iPP-g-MAH 对 iPP/CaSO$_4$ 复合材料的影响. 武汉化工学院学报，2004，26（2）：18-20，42.

[24] 印万忠，王晓丽，韩跃新，等. 硫酸钙晶须的表面改性研究 [J]. 东北大学学报（自然科学版），2007，28（4）：580-583.

[25] Peng W，Xu X F，Zhang L F. Improvement of a dicing blade using a whisker direction-controlled by an electric field [J]. Journal of Materials Processing Technology，2002，129：377-379.

[26] 张峻珩，熊丽君，吴璧耀. PP/镁盐晶须复合材料的性能研究 [J]. 化工新型材料，2006，34（7）：51-54，47.

[27] 徐立新，蒋东升，费正东，等. PMA 表面接枝包覆纳米 TiO$_2$ 及其在 PP 中抗紫外老化的研究 [J]. 塑料工业，2007，35（1）：45-48.

[28] 薛颜彬，吴波震，夏琳，等. 无机纳米填料改性聚丙烯的研究进展 [J]. 塑料科技，2007，35（6）.

[29] 伍玉娇，杨红军 p，骆丁胜，等. PP/纳米 SiO$_2$/PP-g-MAH 复合材料的研究 [J]. 塑料，2007，36（2）：9-12.

［30］欧宝立，李笃信. 表面修饰纳米 SiO$_2$ 与聚丙烯共混制备聚丙烯/SiO$_2$ 纳米复合材料［J］. 材料导报，2006，20（Ⅶ）：229-231.

［31］季光明，陶杰，汪涛，等. 纳米 TiO$_2$ 填充改性 PP 的力学性能研究［J］. 复合材料学报，2005，22（5）：100-105.

［32］王勇，赵华，刘洪杰，等. PP/针形纳米 CaCO$_3$ 复合材料的力学性能［J］. 合成树脂与塑料，2007，24（2）：54-57.

［33］Lin Z D，Huang Z Z，Zhang Y，et al. Crystallization and melting behavior of nano-CaCO$_3$/polypropylene composites modified by acrylic acid［J］. Journal of Applied Polymer Science，2004，91：2443-2453.

［34］陈燕，张慧勤. 多壁碳纳米管/聚丙烯复合材料的微观结构及结晶性能研究［J］. 河南工业大学学报（自然科学版），2007，28（4）：81-83.

［35］许广洋，陈光明，马永梅，等. PP/CNT 复合材料制备及表征研究进展［J］. 现代塑料加工应用，2007，19（3）：61-64.

第**4**章

聚丙烯共混改性新材料

共混改性是指在原来塑料基体中，再通过各种混合方法（如开放式炼塑机、挤出机等）混进另外一种或几种塑料或弹性体，以此改变塑料性能，有时也称之为塑料合金，如丙烯腈-丁二烯-苯乙烯共聚物（ABS），就是综合了丙烯腈、丁二烯、苯乙烯三者的特性，其微观形态结构类似于合金。

聚丙烯具有许多优点，但也存在许多缺点，如成型收缩率较大、低温易脆裂、耐磨性不足、热变形温度低、耐光老化性差、不易染色等。通过共混对聚丙烯改性获得显著成效，例如聚丙烯与乙丙共聚物、聚异丁烯、聚丁二烯等共混均可改善其低温脆裂性，提高冲击强度；与尼龙共混可增强韧性，耐磨性、耐热性、染色性也获得改善；与乙烯-乙酸乙烯共聚物共混可提高冲击强度的同时，还可改进加工性、印刷性、耐应力开裂性。聚丙烯的共混改性普遍采用机械共混法，具有操作简单、投资低、生产效率高、可连续生产等优点。

4.1
共混改性原理

聚合物共混物（polymer blend）是指含两种或两种以上均聚物或共聚物的混合物。聚合物共混物中各聚合物组分之间主要是物理结合，因此聚合物共混物与共聚高分子是有区别的。但是，在聚合物共混物中，不同聚合物大分子之间难免有少量化学键存在，例如在强剪切力作用下的熔融混炼过程中，可能由于剪切作用使得大分子链断裂，产生大分子自由基，从而形成少量嵌段或接枝共聚物。此外，近年来为强化参与共混聚合物组分之间的界面粘接而采用的反应增容措施，也必然在组分之间引入化学键。

聚合物共混物有许多类型，但一般是指塑料与塑料的共混物以及在塑料中掺混橡胶。对于在塑料中掺混少量橡胶的共混体系，由于冲击性能获得很大提高，故通称为橡胶增韧塑料。塑料虽然具有很多优良的性能，但仍存在很多缺点，一些对综合性能要求高的领域，单一的塑料难以满足要求。因此，共混改性塑料的目的如下。a.提高塑料的综合性能。b.提高塑料的力学性能（如强度、低温韧性等）。c.提高塑料的耐热性（大多数塑料的热变形温度都不高，对于一些在一定温度下工作的部件来讲，通用塑料就难以胜任）。d.提高加工性能［如PPO的成型加工性较差，加入聚苯乙烯（PS）改性后其加工流动性大为改善］。e.降低吸水性，提高制品尺寸稳定性（如聚酰胺的吸水性较大，引起制品的尺寸变化）。f.提高塑料的耐燃烧性（大多数塑料属于易燃材料，用于电气、电子设备的安全性较低，通过阻燃化改性，使材料的安全性有所提高）。g.降低材料的成本（尤其是工程塑料的价格较高，用无机填料与工程塑料共混改性，既降低了成本，又改善了成型收缩性）。h.实现塑料的功能化，提高其使用性能（如塑料的导电性弱，对一些需要防静电、需要导电的材料，可以与导电聚合物共混，以得到具有抗静电功能、导电功能和电磁屏蔽功能的塑料材料，满足电子、家电、通信、军事等的要求）。

总之，通过共混改性，可以提高塑料的综合性能，在投资相对低的情况下增加塑料的品种，扩大塑料的用途，降低塑料的成本，实现塑料的高性能化、精细化、功能化、专用化和系列化，促进塑料产业以及高分子材料产业的发展，同时也促进了汽车、电子、电气、家电、通信、军事、航空航天等高技术工业的发展。

4.1.1　聚合物共混理论及改性技术的发展

（1）增韧理论的发展

20世纪50~70年代在聚合物共混物领域先后出现了微裂纹理论、多重银纹理论、剪切屈服理论和银纹-剪切屈服理论。这些理论的基本思想是：银纹的产生消耗了大量的能量，橡胶粒子和剪切带的存在则阻碍和终止了银纹的发展，使得材料的韧性增强。20世纪80年代，Yee提出了空穴化理论，Wu提出了逾渗理论和多个模型定量描述弹性体增韧PA66过程，并提出基体厚度、粒子间距等概念，成为当今世界一个重要理论。此外，日本的Kuranchi还提出了非弹性体增韧理论。首次提出了有机刚性粒子增韧塑料的新概念，并用"冷拉机理"解释共混物韧性提高的原因。我国学者李东明等发现了无机粒子对塑料的增韧作用，提出了无机粒子增韧机理。近年来世界各国很重视橡胶增韧的微观研究，把银纹、剪切带和空穴化等主要耗能方式的形变过程联系起来综合考虑。

（2）聚合物共混相容化理论的发展

聚合物共混相容化理论是在统计热力学的基础上发展起来的。Hildebrand首先提出溶解度参数的概念，经很多科学家的研究得到各种聚合物的溶解度参数，这些参数是用来预测聚合物相容性的判据之一。后来有人在研究共混体系相容化基础上提出了共混物界面层理论，认为两种聚合物共混体中，存在两种聚合物共存区，共存区就是两相的界面层，界面层的厚度在一定程度上反映出相容性大小。

（3）共混改性技术及其发展

随着汽车、电子、通信等相关行业的发展，改性塑料的应用不断增长，其应用领域不断扩展，市场需求日益增长，促进了塑料改性技术的发展，主要表现为以下几个方面：

① 高分子合金相容化技术　开发出不同合金体系的相容性，实现了共混高分子合金的

实用化。各种共聚物、接枝聚合物的问世，有效地解决共混体系中不同聚合物间的相容性问题，促进了共混合金的发展。

② 液晶改性技术的应用　液晶聚合物的出现及其特有的性能为聚合物改性理论与实践增添了新的内容。液晶聚合物具有优良的物理、化学和力学性能，如高温下强度高、弹性模量大、热变形温度高、线膨胀系数极小、阻燃性优异等。利用这种高性能液晶聚合物作为增强剂与尼龙共混，能制造高强度改性尼龙。这种技术称为"原位复合"技术，液晶聚合物与尼龙熔融共混时沿挤出流动方向取向，形成微纤分散在尼龙基体中，从而起到增强作用，这种技术改变了传统的填充增强方式。

③ 互穿网络（IPN）技术的应用　如预先在尼龙等树脂中分别加入含乙烯的硅氧烷及催化剂，在两种聚合物共混挤出过程中，两种硅氧烷在催化剂作用下进行交联反应，在尼龙中形成共结晶网络，与硅氧烷的交联网络形成相互缠结的结构。这种半互穿网络结构，使尼龙的吸水性减弱，具有优良的尺寸稳定性和滑动性。

④ 动态硫化与热塑性弹性体技术　所谓动态硫化就是将弹性体与热塑性树脂进行熔融共混，在双螺杆挤出机中熔融共混的同时，弹性体被"就地硫化"。硫化过程就是交联过程，它是通过弹性体在螺杆高速剪切应力和交联剂的作用下发生一定程度的交联，并分散在载体树脂中。交联的弹性体微粒主要提供弹性，基体树脂则提供熔融温度下的流动性（即热塑性），这种技术制造的弹性体/树脂共混物称为热塑性弹性体。在这种热塑性弹性体的制备中，往往是交联反应和接枝反应同时进行，即在动态交联过程中，加入接枝单体与载体树脂，弹性体同时发生接枝反应，这样制备的热塑性弹性体，既具有一定的交联度，又具有一定的极性。

⑤ 接枝反应技术　应用双螺杆挤出反应技术，将带有官能团的单体与聚合物在熔融挤出过程中进行接枝反应，在一些不具极性的聚合物大分子链上引入了具有一定化学反应活性的官能团，使之变成极性聚合物，从而增强了一些非极性聚合物与极性聚合物间的相容性。

⑥ 分子复合技术　如将聚对苯二甲酸对苯二胺（PPTA）加入到己内酰胺或己二酸己二胺盐中进行聚合，PPTA 以微纤的形式分散在基体中，并产生一定的取向。加入量为 5%时，复合材料的强度与纯尼龙比提高了 2 倍之多，这种达到分子水平的分散技术是制备高强度复合材料的重要途径。

4.1.2　聚合物-聚合物相容性

聚合物-聚合物之间的相容性是塑料共混改性的基础，它决定了聚合物共混物或塑料合金的基本性能。聚合物相容性的判别基础是混合热力学原理。根据热力学第二定律，两种液体等温混合时，应遵循下列关系：

$$\Delta G_{m} = \Delta H_{m} - T\Delta S_{m}$$

式中，ΔH_{m} 为摩尔混合自由焓；ΔG_{m} 为摩尔混合能；ΔS_{m} 为摩尔混合熵；T 为热力学温度。

当 $\Delta G_{m}<0$ 时，两种液体可自发混合，即两液体具有互溶性。对于聚合物体系，常常根

据聚合物溶解度参数和 Flory-Huggins 相互作用参数来判断。

① 溶解度参数 摩尔混合自由焓 ΔH_m 是由于同一聚合物结构单元键的作用能与该聚合物结构单元和另一聚合物结构单元之间作用能的不同而产生的，$\left(\dfrac{\Delta E}{V}\right)^{1/2}$ 称为溶解度参数，用 δ 表示，$\left(\dfrac{\Delta E_1}{V_1}\right)^{1/2}$ 和 $\left(\dfrac{\Delta E_2}{V_2}\right)^{1/2}$ 分别为组分 1 和组分 2 的溶解度参数 δ_1 和 δ_2，δ_1 与 δ_2 的差值愈少，溶解过程吸热愈少，愈有利于溶解。因此可根据溶解度参数预测聚合物之间的相容性。一般认为，具有相近的溶解度参数（$|\delta_2 - \delta_1| < 0.5$）为相互混溶。

② Flory-Huggins 作用参数 $\chi_{1,2}$ 根据热力学第二定律：

$$\Delta G_m = RT \left(n_1 \ln V_1 + n_2 \ln V_2 + \chi_{1,2} n_1 V_2 \right)$$

从上式可知，使聚合物能溶于溶剂，则 $\chi_{1,2}$ 应很小或为负值。因此只有当 $\chi_{1,2}$ 很小或为负值时，两聚合物才能实现完全相容。

③ 研究聚合物相容性的方法 研究聚合物之间相容性的方法很多，有上述的热力学为基础的溶解度参数 δ 及聚合物相互作用参数 $\chi_{1,2}$，还有以显微镜来观察共混物形态结构来判断相容性等。玻璃化转变温度（T_g）法是通过测定共混物的 T_g 判断共混物之间的相容性。当两个聚合物完全不相容时，测得共混物的 T_g 为两个，分别为两聚合物的 T_g；若两种聚合物部分相容时，所测的共混物的 T_g 同样是两个，但两个 T_g 会互相靠拢。这是因为当构成共混物的两聚合物之间具有一定程度的分子级混合时，相互之间有一定程度的扩散，界面层有不可忽略的作用，虽然共混体仍有两个 T_g，但这两个 T_g 并不是两聚合物原来的 T_g，两个 T_g 相互靠近，但靠近的程度取决于分子级混合的程度，分子级混合程度越大，两个 T_g 就靠得越近。因此，由共混物的 T_g 不仅可推断组分之间的混溶性，还可提供形态结构方面的信息。所以，测定共混物 T_g 是研究共混体系各组分相容性的重要方法。测定聚合物 T_g 有很多方法，如体积膨胀法、动态力学法、热分析法、介电松弛法、热-光分析法等。

④ 相容性原则 a.溶解度参数相近原则：聚合物相容规律为 $|\delta_1 - \delta_2| < 0.5$，分子量越大其差值应越小。但溶解度参数相近原则仅适用于非极性组分体系。b.极性相近原则：即体系中组分之间的极性越相近，则相容性就好。c.结构相近原则：体系中各组分的结构相似，则相容性就好。所谓结构相似，是指各组分的分子链中含有相同或相近的结构单元，如尼龙 6 与尼龙 66 分子链中都含有—CH$_2$—，—NH$_2$—，—CO—NH—，故有较好的相容性。d.结晶能力相近原则：当共混体系为结晶聚合物时，各组分的结晶能力即结晶难易程度与最大结晶相近时，其相容性就好。一般来讲，晶态/非晶态、晶态/晶态体系的相容性较差，只有在混晶时才会相容，如 PVC/尼龙、PE/尼龙体系。两种非晶态体系相容性较好，如 PS/PPO 等。e.表面张力 γ 相近原则：体系中各组分的表面张力越接近，其相容性越好。这是因为共混物在熔融时，与乳状液相似，其稳定性及分散度受两相表面张力的控制。γ 越相近，两相间的浸润、接触与扩散就越好，界面的结合也越好。f.黏度相近原则：体系中各组分的黏度相近，有利于组分间的浸润与扩散，形成稳定的互溶区，所以相容性就好。

4.1.3　聚合物共混物的形态结构

（1）非结晶（性）聚合物/非结晶（性）聚合物体系

这种体系有三种结构，即单相连续结构、两相互锁结构和相互贯穿结构。

单相连续结构的体征是：一个组分（往往是树脂基体）是连续相，另一个组分是分散相，又称为海-岛结构，连续相也可看作分散介质，分散相的各个小区域称为相畴。根据分散相相畴的形状、大小、内部的结构以及其形态结构特征，又可分为如下三种类型：其一，分散相形状不规则，呈颗粒状；其二，分散相颗粒较规则，一般为球形，颗粒内部不包含或只包含极少量的连续相成分；其三，分散相为香肠状（胞状）结构，分散相颗粒内包容了相当多的连续相成分构成的更新的颗粒，其截面形状类似于香肠，所以称为香肠状结构。就分散相颗粒而言，分散相成分则为连续相，包容构成更小颗粒的连续相成分则为分散相。也可以把分散相颗粒当作胞，胞壁由分散相成分构成，分割包容是由连续相成分构成的更小颗粒，因此也称为胞状结构或蜂窝状结构。图 4-1 是本体-悬浮接枝共聚-共混法制得的 ABS 的 SEM 照片，黑色部分为橡胶，白色部分为基体树脂（连续相，丙烯腈-苯乙烯共聚物，AS）；橡胶颗粒粒径为 0.5~5μm；适度交联的橡胶作为胞壁，分割包容了占分散相 80%~90% 的连续相成分——AS 树脂。

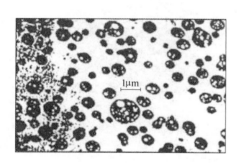

图 4-1　本体-悬浮接枝共聚-共混法制
得的 ABS 的 SEM 照片

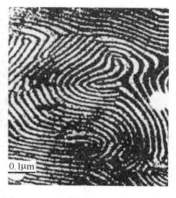

图 4-2　丁二烯含量为 60% 的 SBS
形态结构的 SEM 照片

两相互锁或交错结构是指每个组分都有一定的连续性，但都没形成贯穿三维空间的连续相。典型的例子是两种嵌段含量相近的嵌段共聚物的形态结构。图 4-2 所示的是丁二烯含量为 60% 的苯乙烯类热塑性弹性体（SBS）形态结构的 SEM 照片，黑色部分为聚丁二烯嵌段聚集区，白色部分为聚苯乙烯嵌段聚集区。一些共混改性塑料如 PS/聚甲基丙烯酸甲酯（PMMA）、PS/PB 等在相逆转的组成范围内也常形成两相互锁或交错的形态结构。

相互贯穿的两相形态结构是指两种组分都形成三维空间连续的形态结构。典型的例子是互穿网络聚合物（IPN）。IPN 间不是分子级相互贯穿，而是分子微小聚集体相互贯穿。两组分的相容性和交联度越大，两相结构的相畴就越小。

（2）结晶（性）聚合物/非结晶（性）聚合物体系

这一类共混改性塑料比较多，如弹性体增韧 PP、弹性体增韧高密度聚乙烯（HDPE）、聚碳酸酯（PC）/PE、PC/PP、PS/PP、弹性体增韧聚对苯二甲酸乙二酯（PET）、弹性体增韧尼龙等。其形态结构既包括相态结构，又包括结晶（性）聚合物组分的结晶形态结构。从相态结构上讲，也可以分为单相连续、两相互锁和相互贯穿两相连续的相态。

结晶形态结构有如下类型：a.晶粒分散于非晶介质中［图4-3（a）］；b.球晶分散于非晶介质中［图4-3（b）］；c.非晶态成分分散于球晶中［（图4-3c）］；d.非晶态成分形成较大相畴分散于球晶中［图4-3（d）］；e.球晶几乎充满整个共混体系（连续相），非晶成分分散于球晶之间；f.非晶成分分散于球晶之间和穿插于球晶中；g.结晶（性）聚合物形不成结构比较完整的球晶，只能形成细小的晶粒；h.球晶被轻度破坏，成为树枝晶并分散于非晶（性）聚合物中；i.结晶（性）聚合物未能结晶，形成非晶（性）/非晶（性）共混体系（均相或非均相）；j.非晶（性）聚合物产生结晶，体系转化为结晶（性）/结晶（性）聚合物共混体系（也可能含有一种或两种聚合物的非晶区）。

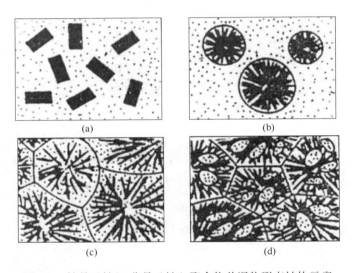

图4-3　结晶（性）/非晶（性）聚合物共混物形态结构示意

（3）结晶（性）聚合物/结晶（性）聚合物体系

对于由两种结晶（性）聚合物制得的共混塑料的形态结构，研究比较多的是结晶形态。其结晶形态有如下类型。a.非结晶的结晶（性）聚合物共混物：两种结晶（性）聚合物均未形成结晶聚合物，实际上是形成了非结晶（性）/非结晶（性）共混体系。两种组分各自形成微小聚集体，相互分散。相容性好时，各自聚集体相畴尺寸小些，相互分散均匀性好些；相容性差时，各自聚集体相畴尺寸大些，相互分散均匀性差些。例如 PET/PBT 熔融共混，因为发生酯交换形成了无规嵌段共聚物，均丧失了结晶能力，就形成了非晶(性)/非晶(性)共混体系的这种结构。b.分别结晶的聚合物共混物：两种聚合物分别结晶。根据晶区、非晶区的相对数量、分散形式以及结晶形态的特征，还可分为以下几种：ⅰ.两种聚合物分别形成小晶粒，分散于非晶介质中；ⅱ.一种聚合物形成球晶，另一种聚合物形成小晶粒，分散于非晶介质中；ⅲ.两种聚合物分别结晶形成球晶，晶区充满整个共混物，非晶成分分散于球晶中［这种类型的共混改性塑料比较普遍，如 PP/超高分子量聚乙烯（UHMWPE）、聚苯硫醚（PPS）/PA、PA/PP、PET/PP 等］。c.共晶的聚合物共混物：两种聚合物形成共晶。根据共晶的形态，又可分为两种。一种是共同形成球晶，如果结晶度相当大，球晶就充满整个共混物，非晶成分分散于球晶中。另一种是共同形成串晶。这种共晶现象也称为附晶（又称附生晶、外延结晶），是一种结晶物质在另一种结晶物质上取向生长。

4.1.4　共混改性塑料的界面层

（1）界面层的形成

共混改性塑料两相间界面层的形成可分为两个步骤：第一步是两相之间相互接触，第二步是两种聚合物大分子链段之间相互扩散。两种聚合物接触时相互扩散的速率与聚合物大分子的活动性相关。若两种聚合物大分子活动性相近，两种聚合物大分子链段就以相近的速率相互扩散；若两种聚合物大分子活动性相差悬殊，则发生单向扩散。

（2）界面层厚度

界面层（区）的厚度取决于两种聚合物大分子相互扩散的程度。而大分子相互扩散程度与两种聚合物的相容性、大分子链段的大小、分子量大小及相分离的条件等因素有关。所以，界面层的厚度也就与这些因素有关。如果两种聚合物间有一定相容性，在合适的工艺条件下进行共混，形成的界面层厚度一般为几个纳米至几十个纳米。这种类型的二元共混改性塑料中实际上存在三种区域结构：两种聚合物各自的相和界面层。在一般的共混改性塑料中，界面层区域占有相当大的比例，可达到总体积的 20%。对于一定的共混改性塑料，要使其呈现出优异的力学性能，就应具有一最佳的界面层比例。界面层比例大小直接与界面层的厚度和两相接触的面积有关，也就是取决于共混改性塑料的热力学因素和动力学因素。两组分间的相互作用能越大，界面层越厚。动力学因素是指在共混时增大剪切应力、剪切速率进而提高两相间相互分散的程度，从而减小相畴尺寸，增大接触面积，增强两组分大分子链段相互扩散的能力。

（3）界面层中各组分间相互作用

界面层中两组分间的相互作用力有两种基本类型。第一类是两组分间化学键连接，如接枝共聚共混物和嵌段共聚物；第二类是两组分间仅靠次价力（如范德华力、氢键）结合。由于范德华力是普遍存在的，所以接枝共聚共混物、嵌段共聚物界面层中组分间除了化学键连接外，还有范德华力结合。对于一般的热-机械共混改性塑料体系，若加入增容剂，在热-机械共混过程中组分间可能有化学反应发生，这样界面层中组分间除了次价力结合外，也会有化学键连接。根据润湿-接触理论，两组分间结合强度主要取决于界面张力。界面张力越小，结合强度越大。界面张力与温度有关。根据扩散理论，两组分间的结合强度又取决于两组分间的相容性。相容性越好，结合强度越大。对于相容性差的两种聚合物共混，不仅界面层厚度薄，组分间的结合强度也小，共混物的性能也比较差，尤其是力学性能，会比纯基体树脂的还低。为增加界面层的厚度、增强组分间的结合强度，制得具有优异性能的共混改性塑料，常采用增容技术。

4.1.5　共混塑料的增容

实际上，绝大多数的聚合物-聚合物共混体系是热力学非相容体系或者是半相容体系。也就是说，一般来讲，聚合物-聚合物共混体系的相容性不好。为了获得具有良好力学性能的共混物，必须提高聚合物-聚合物的相容性。增容是常用的手段。

（1）增容作用的类型

从增容的机理来看，增容作用分为两类：第一类为非反应型增容，常用嵌段共聚物、接枝共聚物等作为增容剂，一段组分与共混物中一种组分相容，另一段组分与共混物中另一种组分相容。根据增容剂的微相分离行为的差别，所用的增容剂分为微相分离型增容剂和均相型增容剂，前者以嵌段共聚物和接枝共聚物为代表，后者包括无规共聚物、官能化聚合物和均聚物。第二类为反应型增容，增容剂分子中带有可反应的基团，可引起组分间直接反应增容。

（2）增容作用的物理本质

增容作用的物理本质，概括起来有三个方面：a.降低共混组分间界面张力，促进分散度的提高；b.提高相结构的稳定性，从而使共混改性塑料的性能稳定；c.改善组分间的界面黏结，有利于外场作用在组分间传递，提高共混改性塑料的性能。为了使增容剂充分发挥作用，希望增容剂聚集于界面区。实际上，增容剂在共混体系中的分布情况与许多因素有关。除了相容性外，还与增容剂的加入量、加入方式，共混设备，工艺条件等因素有关。

（3）增容剂的类型

① 嵌段共聚物用作相容剂　从理论上讲，嵌段共聚物可以任意组合成多种共聚物，利用不同结构的单体共聚，其中一种单体能与一种聚合物反应，另一种单体与其它聚合物有很好的相容性或反应活性。当嵌段共聚物浓度达到某一值时，嵌段共聚物使共混物界面饱和，继续增大嵌段共聚物浓度时，多余的嵌段共聚物将在某一均聚物相区内形成胶束，这一浓度被称为临界胶束浓度（CMC）。当增容剂浓度到达 CMC 后，再增加增容剂的含量，界面张力不再继续降低。在保持两嵌段共聚物总分子量不变时，两嵌段组分体积分数的不同将影响嵌段共聚物对共混物的增容作用。增容剂与共混物组分间能产生特殊相互作用，如氢键等，将有利于提高增容效果。例如 PS-*b*-PVP 分别增容 PS/聚 4-乙烯基苯酚（PVPh）、PS/聚 4-乙烯苯甲酸（PVBA）、PS/PVP 三种共混物时，PS-*b*-PVP 在 PS/PVPh、PS/PVBA 两种共混体系中的界面剩余量明显高于 PS/PVP 共混体系。在前两种共混体系中，其界面几乎完全被嵌段共聚物占据，分子链充分伸展。其原因是嵌段共聚物中 PVP 段与 PVPh、PVBA 的分子间能形成强的氢键结合。在相同的嵌段共聚物组成和相同的总分子量情况下，三嵌段共聚物的增容作用比二嵌段共聚物的强。

② 接枝共聚物　由于接枝共聚物合成较容易，接枝共聚物作为增容剂更为方便，其分子链（最好是主链）的一端分布在相界面上时，增容效果较好。如 PC/PC-*g*-聚甲基丙烯酸甲酯（PMMA）/PMMA 共混体系，PC 链上连接的支链数目越多，接枝共聚物的增容效果越好。有一类特殊的接枝共聚物，其主链上不但带有支链，同时含有可反应的官能团，其典型的例子是用 MAH 合成的接枝共聚物（PP-MAH）-*g*-PEO。这种接枝共聚物用作增容剂时，极性部分增容有三种情况。第一，如果共混物中极性组分不含易与 MAH 反应的基团，但与 PEO 支链的相容性很好时，极性部分起增容作用的主要是 PEO 支链；第二，如果共混物中极性组分含有易与 MAH 反应的基团，但与 PEO 支链的相容性不好，此时起主要增容作用的是 MAH 官能团；第三，如果共混物中极性组分既有易与 MAH 反应的基团，又与 PEO 支链相容，此时 MAH 官能团和 PEO 支链均起增容作用。这一接枝共聚物对 PP/热塑性聚氨酯（TPU）具有较好的增容效果。

③ 反应型增容剂　反应型增容作用是在聚合物混合过程中"就地"产生的。参与共混的组分中至少有两种组分是带有反应性基团的聚合物。反应型增容的体系要求具有足够的分散度和两种组分所带官能团间的反应速率应足够大。反应型增容的反应有四种类型：a.链劈裂反应，所产生的产物是嵌段共聚物或无规共聚物；b.一种聚合物的端基官能团与另一种聚合物主链上的官能团反应，生成接枝共聚物；c.两种聚合物主链上的官能团相互反应，生成接枝共聚物或交替共聚物；d.两种聚合物间彼此形成离子键。经常利用的化学反应有：酸酐与伯氨基反应，环氧基与羧基、羟基、酸酐、胺反应，噁唑啉与羧基反应，分子链间形成盐的反应等。

（4）增容机理

不相容聚合物共混物的界面区域内高分子链段不能彼此向对方扩散渗透，使界面层很薄，界面强度很差。增容剂的加入能明显提高共混物界面强度，表现为共混物的力学强度大幅度提高。玻璃态聚合物断裂时，首先引发银纹，银纹发展成破坏性的裂纹，导致聚合物的断裂。银纹发展成裂纹的过程有以下机理：a.银纹处微纤束断裂；b.均聚物中银纹微纤束中桥联链解缠结；c.界面区非银纹化处桥联链拔出；d.a 和 b 两种机理同时起作用；e.a 和 c 两种机理同时起作用。添加有增容剂的共混物断裂则取决于增容剂在界面区域的浓度及界面断裂机理。增容剂在界面区域的面链密度及构造对界面以何种机理断裂起着决定性作用。对于增容剂聚合度很大的情况，界面区域断裂机理由增容剂在界面区的分子链剪切断裂机理转向银纹断裂机理。当界面区域增容剂的面链密度小于临界值时，界面断裂机理为增容剂在界面区中分子链的剪切断裂，相应地界面断裂能很低；当面链密度大于临界值时，界面断裂能增大，界面断裂机理为银纹断裂。当增容剂分子中某一组分的聚合度较小时，特别是小于其链缠结分子量时，可能有两种情况：一是界面区域饱和时增容剂的面链密度较小，从而链拔出应力小于银纹化应力，界面断裂机理为链拔出机理；二是界面区域饱和时增容剂的面链密度较大，链拔出应力大于银纹化应力，此时界面断裂机理由链拔出转变为银纹化。

4.1.6　增韧理论

塑料共混改性的一个重要目的是提高塑料的韧性，使其满足使用场合和环境对材料韧性的要求。比较成熟的是橡胶（弹性体）增韧塑料，但近几年也发展了非弹性体增韧技术，如无机刚性粒子增韧塑料等。经过多年研究，形成了以下聚合物增韧机理。

（1）弹性体增韧机理

当试样受到冲击时会产生微裂纹，这时橡胶颗粒跨越裂纹两岸，裂纹要发展就必须拉伸橡胶，橡胶形变过程中要吸收大量能量，从而提高了塑料的冲击强度。

（2）屈服理论

橡胶增韧塑料高冲击强度主要来源于基体树脂发生了很大的屈服形变，降低其玻璃化转变温度，易于产生塑性形变而提高韧性。

（3）裂纹核心理论

橡胶颗粒充作应力集中点，产生了大量小裂纹而不是少量大裂纹，扩展众多的小裂纹比扩展少数大裂纹需要更多的能量。同时，大量小裂纹的应力场相互干扰，减弱了裂纹发展的前沿应力，从而会减缓裂纹发展并导致裂纹的终止。

（4）多重银纹理论

由于增韧塑料中橡胶粒子数目极多，大量的应力集中物引发大量银纹，由此可以耗散大量能量。橡胶粒子还是银纹终止剂（但太小的粒子不能终止银纹）。

（5）银纹-剪切带理论

该理论是目前普遍接受的一个重要理论。大量实验表明，聚合物形变机理包括两个过程：一是剪切形变，二是银纹化。剪切形变包括弥散性的剪切屈服形变和形成局部剪切带两种情况。剪切形变只是物体形状的改变，分子间的内聚能和物体的密度基本不变。银纹化则使物体的密度大大下降。一方面，银纹体中有空洞，说明银纹化造成了材料一定程度的损伤，是次宏观断裂破坏的先兆；另一方面，银纹在形成、生长过程中消耗了大量能量，约束了裂纹的扩展，使材料的韧性提高，是聚合物增韧的力学机制之一。所以，正确认识银纹化现象，是认识高分子材料变形和断裂过程的核心，是进行共混改性塑料尤其是增韧塑料设计的关键之一。银纹有如下特征。a.银纹是在拉伸力场中产生的，银纹面总是与拉伸力方向垂直；在压力场中不会产生银纹，但在纯剪切力场中银纹也能产生和扩展。b.银纹在玻璃态、结晶态聚合物中都能产生和发展。c.银纹能在聚合物表面、内部单独引发、生长，也可在裂纹端部形成。d.在短时大应力作用下可以引发银纹，在长期应力作用下（即蠕变过程中）也能引发银纹，在交变应力作用下也可引发银纹。e.银纹的外形与裂纹相似，但与裂纹的结果明显不同。裂纹体是中空的，而银纹是由银纹质和空洞组成的。空洞的体积分数大约50%~70%。空洞间为取向的高分子和/或高分子微小聚集体组成的微纤。f.横系银纹的存在使银纹微纤也构成连续相，与空洞连续相交织在一起成为一个复杂的网络结构；横系结构使得银纹有一定的横向承载能力。银纹微纤之间可以相互传递应力。

银纹体形成时所消耗的能量称为银纹生成能，包括四种形式的能量，即生成银纹时的塑性功、黏弹功，形成空洞的表面功和化学键的断裂能。

银纹终止有多种原因，如银纹发展遇到了剪切带，或银纹端部引发剪切带，或银纹的支化，以及其它使银纹端部应力集中因子减小的因素。剪切带具有精细的结构，其厚度约1μm，宽度约5~50μm，由大量不规则的线簇构成，每一条线簇的厚度约0.1μm；剪切带内分子链或高分子的微小聚集体有很大程度的取向，取向方向为切应力和拉伸应力合力的方向。剪切带与拉伸力方向间的夹角都接近45°。

剪切带的产生和剪切带的尖锐程度，除与聚合物的结构密切相关外，还与温度、形变速率有关。温度过低时，剪切屈服应力过高，试样不能产生剪切屈服，而是横截面处引发银纹，并迅速发展成裂纹，试样呈脆性断裂；温度过高，整个试样容易发生均匀的塑性形变，只能产生弥散型的剪切形变而不会产生剪切带。提高形变速度与降低温度的影响是等效的。

银纹与剪切带之间可以相互作用。在很多情况下，在应力作用下，聚合物会同时产生剪切带与银纹，二者相互作用，使聚合物从脆性破坏转变为韧性破坏。银纹与剪切带的相互作用可能存在三种方式。第一是银纹遇上已存在的剪切带而得以与其合伙终止，这是由于剪切带内大分子高度取向限制了银纹的发展；第二是在应力高度集中的银纹尖端引发新的剪切带，新产生的剪切带反过来又终止银纹的发展；第三是剪切带使银纹的引发与增长速率下降。橡胶增韧是银纹和剪切带的大量产生和银纹与剪切带相互作用的结果。橡胶颗粒的第一个重要作用就是充当应力集中中心，诱发大量银纹和剪切带。橡胶颗粒第二个重要作用就是控制银纹的发展，及时终止银纹，不致发展成破坏性的裂纹。

（6）空穴化理论

空穴化理论是指在低温或高速形变过程中，在三维应力作用下，发生橡胶粒子内部或橡胶粒子与基体界面层的空穴化现象。橡胶改性的塑料在外力作用下，分散相橡胶颗粒由于应力集中，导致橡胶与基体的界面和自身产生空洞，橡胶颗粒一旦被空化，橡胶周围的静水张应力被释放，空洞之间薄的基体韧带的应力状态，从三维变为一维，并将平面应变转化为平面应力，而这种新的应力状态有利于剪切带的形成。因此，空穴化本身不能构成材料的脆韧转变，它只是导致材料应力状态的转变，从而引发剪切屈服，阻止裂纹进一步扩展，消耗大量能量，使材料的韧性得以提高。

（7）Wu's 逾渗增韧模型

美国杜邦公司 Souheng Wu 博士提出了临界粒子间距判据的概念，对热塑性聚合物基体进行了科学分类并建立了脆韧转变的逾渗模型，将增韧理论由定性分析推向定量的高度。其主要特点如下。a.共混物韧性与基体的链结构间存在一定的联系，给出了基体链结构参数-链缠结密度 γ_e 和链的特征比 C_∞ 间的定量关系式，指出聚合物的基本断裂行为是银纹与屈服存在竞争。γ_e 较小及 C_∞ 较大时，基体易于以银纹方式断裂，韧性较低；γ_e 较大及 C_∞ 较小的基体以屈服方式断裂，韧性较高。b.科学地将热塑性聚合物基体划分为两大类，即脆性基体（银纹断裂为主）和准韧性体（剪切屈服为主），认为只有当体系中橡胶粒子间距（τ_c）小于临界值时才有增韧作用。相反，如果橡胶颗粒间距远大于临界值时，则材料表现为脆性。τ_c 是决定共混物能否出现脆韧转变的特征参数，它适用所有增韧共混体系。原因是当橡胶粒子相距很远时，一个粒子周围的应力场对其它粒子影响很小，基体的应力场是这些孤立的粒子的应力场的简单加和，基体塑性变形的能力很小时，表现为脆性。当粒子间距很小时，基体总应力场是橡胶颗粒应力场相互作用的叠加，这样使基体应力场的强度大为增强，产生塑性变形的幅度增加，表现为韧性增加。

（8）刚性粒子增韧机理

刚性粒子增韧机理分为有机刚性粒子增韧和无机刚性粒子增韧。有机刚性粒子增韧聚合物的增韧机理有两种，即"冷拉"机理和"空洞化"机理。拉伸前，ABS、AS 都是以球形微粒状分散在 PC 基体中，粒径大约为 2μm 和 1μm；拉伸后，PC/ABS、PC/AS 共混物中都没产生银纹，但分散相的球形微粒都发生了伸长变形，变形幅度大于 100%，基体 PC 也发生了同样大小的形变。刚性粒子形变过程中发生大变形的原因是：在拉伸时，基体树脂发生形变，分散相粒子的极区受到拉应力，赤道区受到压应力，脆性粒子屈服并与基体产生同样大小的形变，吸收相当多的能量，使共混物的韧性提高。界面是两相间应力传递的基础，所以界面粘接好坏直接影响刚性粒子的冷拉。如 PA6/AS 共混物，不具有增韧效果，其原因在于其界面的粘接力小于屈服应力。拉伸时，在分散相 AS 粒子的两极首先发生脱粘，破坏了原有的三维应力场，无法达到使 AS 屈服冷拉的要求。在 PA6/AS 共混物中添加增容剂 SMA（苯乙烯-MAH 共聚物），提高了界面粘接强度，消除了分散相粒子两极脱粘的现象，使共混物的韧性显著提高。因此共混物界面粘接必须很强，因为要在极区避免界面脱粘。

"空洞化"机理是 Yee 等在研究 PC/PE 共混物增韧机理时发现的。和拉伸情况不同，裂尖损伤区内分散相粒子承受三维应力，从界面脱粘，形成空洞化损伤，同时使基体 PC 易于产生剪切屈服，共混物得到增韧。使低密度聚乙烯（LDPE）分散相的直径减小到 1μm 以下，在缺口产生的损伤区内也有空洞化损伤产生，共混物因此得到增韧。

20 世纪 90 年代，发展了无机刚性粒子增韧理论。无机粒子在基体中的分散状态有三种情况：a.无机粒子无规分散或聚集成团后单独分散；b.无机粒子如同刚性链分散在基体中；c.无机粒子均匀而单独地分散在基体中。为达到理想的增韧效果，要尽可能地使粒子均匀分散。拉伸时，基体对粒子的作用是在两极表现为拉应力，在赤道位置为压应力，由于力的相互作用，粒子赤道附近的 PP 基体也受到来自粒子的反作用力，三个轴向应力的协同作用有利于基体的屈服，而使韧性提高。如果界面粘接得不太牢，在大的拉应力作用下，基体和填料粒子会在两极首先产生界面脱粘，形成空穴，而赤道区域的压应力以及拉应力会使局部区域产生剪切屈服。界面脱粘及基体剪切屈服都要消耗很多能量，使复合材料表现出高韧性。随着无机粒子微细化技术和粒子表面处理技术的发展，特别是近年来纳米无机粒子的出现，无机刚性粒子增韧增强塑料的研究非常活跃。

4.2
聚丙烯与聚乙烯的共混

4.2.1 聚丙烯与低密度聚乙烯的共混改性

以塑料作为增韧材料对 PP 进行改性研究较早，其中较成功的例子有 PP/PE 体系。PP 为结晶性聚合物，其生成的球晶较大，这是 PP 易于产生裂纹、冲击强度较低的主要原因。若能使 PP 的晶体细微化，则可使冲击性能得到提高。PP 与 PE 共混体系中，PP 与 PE 都是结晶性聚合物，它们之间没有形成共晶，而是各自结晶。但 PP 晶体与 PE 晶体之间发生相互制约作用，这种制约作用可破坏 PP 的球晶结构，PP 球晶被 PE 分割成晶片，使 PP 不能生成球晶，随着 PE 用量增大，这种分割越来越显著，PP 晶体则进一步被细化。PP 晶体尺寸的变小，使其冲击性能得到提高。PP 和线型低密度聚乙烯（LLDPE）熔融共混制备 PP/LLDPE 复合材料，结果分析表明 LLDPE 的加入细化了 PP 的球晶，从而增加了晶体间的连接，提升了复合材料的韧性；当共混体系中 LLDPE 中含量介于 40%~70% 时，复合材料内部形成互穿的网络结构，所以明显提升了复合材料的冲击强度。共混体系中通过研究 PP/LLDPE 的共混体系，得出了如下规律。

① PE 种类对共混体系冲击性能的影响　图 4-4 是 PE 用量对共混体系冲击性能的影响。从图 4-4（a）可看出，不同类型的 PE 都可以改善 PP 的室温冲击强度，但差异十分明显。对于 PP/HDPE 共混物，当 HDPE 质量分数低于 60% 时，共混物强度基本不变；当 HDPE 质量分数高于 60% 时，共混物的冲击强度才有所增加。对于 PP/LDPE 共混物，也只有当 LDPE 质量分数高于 60% 时，其冲击强度才有较大幅度的提高。而对于 PP/LLDPE 共混物，当 LLDPE 质量分数大于 40% 时，其冲击强度就有明显提高；当 LLDPE 质量分数达到 70%

时，共混物冲击强度为 37.5kJ/m²，可达到纯 PP 冲击强度的 20 倍，是同样用量的 PP/HDPE 和 PP/LDPE 共混物的 10 倍和 4 倍。由图 4-4（b）还可看出，−18℃下，三种 PE 对 PP 改性后，共混物韧性的变化趋势与常温时一致，还是 LLDPE 对 PP 的增韧效果最好。当 PP/LLDPE 质量比为 30 : 70 时，共混体系的冲击强度为 23.2kJ/m²，是纯 PP 的 20 倍，而在同样条件下 PP/HDPE、PP/LDPE 共混体系的冲击强度仅为 5kJ/m² 左右。这进一步说明在达到相同冲击强度时，LLDPE 的用量最少，即意味着可以更多地保持 PP 的刚性；而在相同用量时，LLDPE 改性的 PP 的冲击强度最好，这又使材料获得了更优异的韧性。

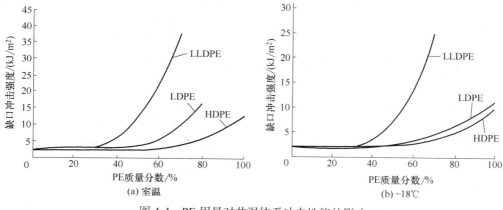

图 4-4 PE 用量对共混体系冲击性能的影响

② 混炼方式对增韧效果的影响　采用双螺杆挤出机混炼的试样冲击强度最高，直接注射方式所得的试样冲击性能最差。实验结果表明，双螺杆挤出机混炼是最适合的混炼方式。由于双螺杆挤出机的剪切作用强，分散效果就会更好。而直接注射试样，仅靠注射机的螺杆进行混炼，由于注射机螺杆的有效长度小于挤出机，剪切混炼作用小，效果很差。在不同混炼方式下，材料的冲击性能表现出的规律一致，即 LLDPE 质量分数从 40% 开始，随着 LLDPE 用量增加，其冲击强度大幅度上升。

③ PP/LLDPE 共混体系的结构　当 LLDPE 质量分数小于 50% 时，共混体系冲击断面光滑平整，呈典型的脆断特征；当 LLDPE 质量分数超过 50% 时，材料断面表现为韧性断裂特征，出现丝状体，断面凹凸不平，有撕扯痕迹，且两相界面趋于模糊。此时，材料的屈服强度迅速上升；而当 LLDPE 用量增加至 70% 时，可以清楚地看到 PP 相互交织成网，因此材料在宏观上具有很高的冲击强度。纯 PP 球晶的尺寸很大，球晶之间的界面清晰，所以 PP 的冲击性能差；相比之下，LLDPE 的晶体非常细小，晶体之间的界面也十分模糊，所以其冲击性能很好。PP 和 LLDPE 结晶形态的差异是因为二者的结晶速率不同引起的。PP 的结晶速率较慢（3.3×10^2nm/s），晶体生长较大，晶体间的连接也少，故晶间界面分明；而 LLDPE 的结晶速率非常快（8.3×10^2nm/s），晶体细小，晶体间的连接也较多，因而晶间界面模糊不清。当 LLDPE 加入 PP 后，可以明显观察到 PP 球晶尺寸的减小，晶体间界面变得模糊，有利于改善材料的冲击性能；LLDPE 用量增加，PP 球晶进一步减小，当 LLDPE 质量分数达到 70% 时，PP 晶体已经被分割成碎晶，晶体间界面完全消失，与 LLDPE 混杂在一起，难以分辨，共混体系的冲击强度很高。这说明，LLDPE 的加入细化了 PP 的球晶，增加了晶体间的连接，这是共混材料韧性改善的又一重要原因。

④ LLDPE 用量对共混体系性能的影响 随 LLDPE 用量增加，共混体系的屈服应力下降，而断裂伸长率逐渐增加，并呈良好的线性关系。随着 LLDPE 用量的增加，共混材料的维卡软化点下降。由于两组分均为结晶聚合物，所以，其共混物的维卡软化点仍比非晶热塑性塑料或弹性体增韧的 PP 合金的要高。当 LLDPE 质量分数为 40%~60% 时，共混材料的维卡软化点仍接近 120℃。随着 LLDPE 用量的增加，材料的冲击强度增大，而拉伸强度、拉伸模量、维卡软化点降低。在以 LLDPE 为主的体系中，当材料受到冲击作用时，除 LLDPE 相消耗大量能量，提高材料韧性外，还由于 LLDPE 对 PP 球晶的插入、分割和细化，使 PP 晶体尺寸减小，晶体间连接增多，从而提高了材料的冲击强度。PP/LLDPE 共混体系中，当 LLDPE 质量分数为 40%~70% 时，共混物逐渐形成互穿网络结构，具有刚而韧的特性。

4.2.2 聚丙烯和高密度聚乙烯的共混改性

由于 PP 与 HDPE 两相界面相互作用因 HDPE 对 PP 球晶有插入、分割的作用而增强，改善 PP 与柔性聚合物界面的力学作用，使得 HDPE 对 PP 力学性能有一定的提高。将 PP 和 HDPE 熔融共混制备 PP/HDPE 复合材料，SEM 结果证明 PP 和 HDPE 是不相容的，PP 是连续相，HDPE 是分散相；偏振光显微镜结果证明 HDPE 粒子的聚合会导致结构堆垛，再者 HDPE 和 PP 球晶之间的相容性较差，因此 PP 内部具有不完全的球晶形态和较小的球晶；力学性能实验结果表明质量分数为 20% 的 HDPE 可以保持一定的拉伸强度和弯曲强度，制备的 PP/HDPE 共混物的冲击强度提高了 47%，显著提高了 PP 的冲击强度。选用两种 HDPE 来改性 PP/三元乙丙橡胶（EPDM）/滑石粉复合体系，熔融共混制备出改性 PP 多元复合物，并考察其力学性能及加工性能。所选材料分别为：共聚型 PP（M1600），韩国现代石油化学公司，MFR 为 25g/10min；均聚型 PP（V30G），湖南长盛石化有限公司，MFR 为 16g/10min；EPDM，美国杜邦公司；微细滑石粉 WF9020-99Q/LGH（400 目），超细滑石粉 ZZ8045-96GB（1000 目），广西龙广滑石粉厂；钛酸酯偶联剂 NDZ-101，南京曙光化工总厂；HDPE 5200B，广东茂名石油化工公司；HDPE 5000S，兰州化学工业公司石油化工厂。制备工艺：a.按配方称取各组分，搅拌混合；b.在双螺杆挤出机上熔融共混，挤出温度为一区 175℃，二区 185℃，三区 190℃，四区 200℃，五区 205℃，机头 201℃，物料温度 27℃，螺杆转速 121r/min，加料转速 23r/min；c.水槽冷却后直接牵引由切粒机切粒；d.粒料在 100℃±2℃ 下干燥 12~15h；e.在塑料注塑成型机上注塑样条，注塑温度为一区 205℃，二

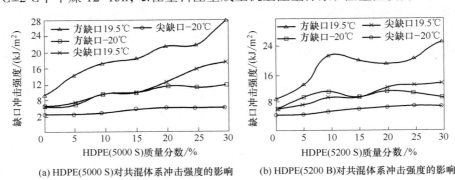

(a) HDPE(5000 S)对共混体系冲击强度的影响   (b) HDPE(5200 B)对共混体系冲击强度的影响

图 4-5 HDPE 用量对共混体系冲击性能的影响

区 215℃，三区 185℃，注射时间 4s，冷却时间 15s。HDPE 用量对共混体系冲击性能的影响见图 4-5。

从图 4-5 中可以看到，随着 HDPE 的加入，在不同温度下各种缺口冲击强度都有一定的提高，HDPE 直至达到 10%（质量分数，下同）时出现一个峰值。此后到 HDPE 含量 20% 的一段范围内，有一个"准平台"的存在，预示着在这个区间 HDPE 的添加达到一个"饱和状态"；在此之后，常温冲击强度继续攀升，而低温冲击强度有开始下降趋势，可能是 HDPE 添加量"过饱和"后，PE 聚集结晶的能力提高，导致低温冲击强度降低。而常温冲击强度的升高则是由于 PE 本身冲击强度较高，随加入量增加，体系冲击强度也随着加大。对比实验选用的两种 HDPE，5000S 的 MFR 大于 5200B，意味着前者分子量低于后者，故在上述"平台"范围内，5200B 的增韧效果明显高于 5000S。

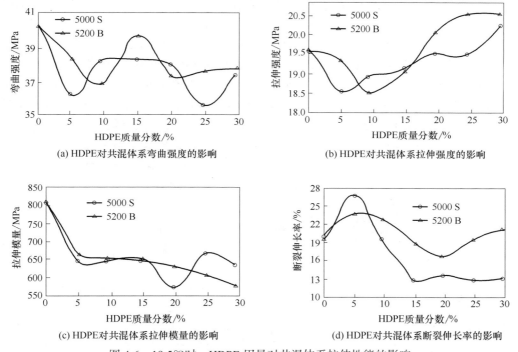

(a) HDPE对共混体系弯曲强度的影响

(b) HDPE对共混体系拉伸强度的影响

(c) HDPE对共混体系拉伸模量的影响

(d) HDPE对共混体系断裂伸长率的影响

图 4-6　19.5℃时，HDPE 用量对共混体系拉伸性能的影响

由图 4-6（a）~（c）的曲线中可以发现，在 HDPE 添加量初期，力学性能下降很快，但在 10%~20% 添加量范围内，有一个向上微凸的"平台"存在；在图 4-6（d）的曲线中同样出现类似的"平台"，这一现象也和图 4-5 缺口冲击强度的变化趋势中相同位置出现的 HDPE 添加量"饱和"状态吻合。在这段"平台"之后，强度和刚性指标都有上升势头，这说明 HDPE 在添加量"过饱和"后，聚集态结晶有利于材料强度和刚性的提高。

将 HDPE 与乙烯-辛烯共聚物（POE）和高结晶共聚聚丙烯（HCPP）物理共混制备复合材料。结果显示 POE 以岛状结构分散在 PP 基体中，加入的 HDPE 一部分均匀分散在 PP 基体中，另一部分进入 POE 颗粒中；处于 PP 基体中的 HDPE 使 PP 的结晶温度和结晶焓明显下降，PP 的韧性随着结晶度的下降而提高；进入 POE 颗粒中的 HDPE，一方面使体系的增韧组分体积分数提高；另一方面以 HDPE 为中心的 POE 颗粒受冲击时发生形变能吸收更多的能量，二者之间的协同作用明显增韧 HCPP 材料。

在聚合物共混改性中，组成、相形态、结晶行为等影响到材料的最终性能。因此控制共混物的结构与形态相当重要。而相形态的控制除了与材料之间的相容性有关外，材料之间的黏度比也是与形态结构相关的。对 PP：HDPE=100：2 的体系，拉伸强度随着黏度比的降低而呈现出由低到高再到低的特点，说明不同黏度比对拉伸强度有不同的协同作用；常温缺口冲击强度和低温缺口冲击强度随着黏度比的降低而降低，说明黏度比对缺口冲击强度的影响是明显的，弯曲强度随着黏度比的降低而增加。随着黏度比的增大，共混材料的热变形温度由低到高再降低，出现极大值。随着黏度比的降低，断面的形态由粗糙向平滑转变，材料在受到外力作用下的反应趋向相同性，这种趋向相同性对于材料的冲击性能是不利的。

图 4-7 是 DSC 测试的升温和降温过程图。从升温过程图中可以看出，存在两个明显的熔融峰。温度较低的为 HDPE 的熔融峰，温度较高的是 PP 的熔融峰。随着黏度比的接近，共混材料的两个熔融峰相互靠近，在宏观上表现出来的是热变形温度的提高。从降温过程图中可以看出，存在两个相互靠近的结晶峰，说明共混材料存在共晶。随着黏度比接近于 1，共混材料的结晶峰相互靠近，产生的共晶相对较多，热变形温度也较高。

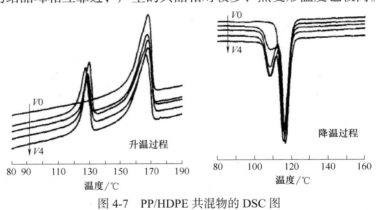

图 4-7　PP/HDPE 共混物的 DSC 图

4.2.3　聚丙烯与超高分子量聚乙烯的共混改性

超高分子量聚乙烯（UHMWPE）的分子结构与普通的 HDPE 完全相同，不过分子量却高达 10^8，约比 HDPE 分子量高 2 个数量级，因此性能上呈现诸多特点，如：a.优异的拉伸性能，用通常的试验方法均不破坏试样；b.摩擦性能卓越，具有较低的摩擦系数和高的耐磨耗性，自润滑性能虽然不如聚四氟乙烯（PTFE）、PA、聚甲醛树脂（POM），但在水润滑和油润滑下，摩擦系数低于 PA66 和 POM，而与 PTFE 相当；c.热变形温度高于 HDPE，同时又有极低的脆化温度（<-80℃）；d.熔体黏度极高，MFR 几乎为零，加热时实际处于一种凝胶状态，对剪切不敏感。由上可见，UHMWPE 的性能达到工程塑料的要求，可应用于制造各种机械零部件（齿轮、轴承、蜗杆、汽缸、阀件、泵体、手柄等），但由于熔体无流动性，

加工成型性差又导致其推广应用难。共混法是改善 UHMWPE 熔体流动性最有效、最简便和最实用的途径。

UHMWPE 对共聚 PP 的改性效果要远好于均聚 PP，其中对嵌段共聚 PP 的增韧增强效果尤为突出，对均聚 PP 却起到"负增韧""负增强"作用。在 PP/UHMWPE 中，其相容性的好坏体现在界面区域内聚合物之间的相互作用及行为。嵌段共聚 PP 中由于 PE 嵌段的存在，大大增强了 PP 和 UHMWPE 两相间的相容性，降低了二者间的界面张力，增进了相区间的相互作用和相互渗透，改善了界面状况和两相结构形态，反映在宏观上是共混物各项力学性能的提高。无规共聚 PP 虽含有一定量的 PE，但因乙烯含量较低，无规分布在 PP 链上，不能有效增强 PP 与 UHMWPE 间的相容性。对均聚 PP 而言，PP 与 UHMWPE 两相间的不相容性导致两相间存在明显界面，形成材料的薄弱环节，材料的性能甚至低于 PP 基体。

通过加入解缠剂可制备流动性能好的 PP/UHMWPE 共混物。解缠剂是一些小分子液体物质，分子活动能力强，与 UHMWPE 之间有一定的相容性，在高温和机械力的作用下，解缠剂渗入到 UHMWPE 的缠绕基团内，通过体积效应使 UHMWPE 的大分子链间距增大，分子间作用力减弱，物理交联点密度降低，从而使 UHMWPE 大分子链的移动变得容易，其作用机理见图 4-8。

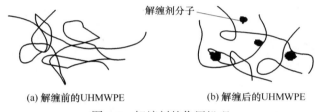

解缠剂分子

(a) 解缠前的UHMWPE　　　　　(b) 解缠后的UHMWPE

图 4-8　解缠剂的作用机理

作为解缠剂应该具备以下特征。a.与 UHMWPE 有适当的相容性，如果相容性过大，解缠剂会起到增塑剂的作用，造成 UHMWPE 的软化；相反，则解缠剂不易渗入到大分子链中，起不到应有的作用。b.分散性良好。c.热稳定性良好。d.有较高的渗透性。e.成本廉价。

因为 UHMWPE 的链很长，如果能够在解缠剂和机械力的双重作用下使 UHMWPE 的缠结链充分解缠，则拉伸时，UHMWPE 的分子链会被拉长，从而使伸长率随着 UHMWPE 含量的增加而增大。采用 UHMWPE 和 PP 共混的一个主要目的就是利用 UHMWPE 的韧性来提高 PP 的冲击强度。体系的冲击强度随着 UHMWPE 含量的增加而提高，达到最大值时减小。从理论上讲，体系的冲击强度应该随着 UHMWPE 的含量增加而一直提高，但是实验结果却不是这样。原因是当 UHMWPE 的含量超过某一值后二者就比较难于混合均匀，因此核心问题就是采用什么方法使 UHMWPE 能够充分解缠。从理论上讲，应该是加入的解缠剂越多，UHMWPE 的链解缠越充分，体系就会混合得越好，可是实验结果并不完全符合上述规律。研究发现，共混体系的冲击强度随着解缠剂含量的增加先增大后减小。解缠剂的加入可以有效地达到解缠的目的，由于 UHMWPE 链被解缠以后可以增加 UHMWPE 和 PP 的相容性，所以体系的拉伸强度提高，但是当解缠剂的含量过多时，解缠剂就成为缺陷，从而使拉伸强度降低。

PP/UHMWPE 共混合金与纯 PP 的常温冲击断面形貌存在明显差异。纯 PP 为较典型的脆性断裂行为，断口光滑，存在宽大的裂纹。PP/UHMWPE 合金呈韧性断裂行为，其低倍下的断面形貌呈褶皱条纹状，条纹方向与断口前沿平行。高倍电镜观察发现这些褶皱为一种多层复合结构，是由大量的剪切屈服变形带交织而成的一种网络结构，且条带沿冲击方向表现为剪切拉伸取向行为。显然，这种复合褶皱网络结构是合金在冲击作用下发生剪切屈服形成的。剪切屈服现象的发生表明材料本身具有韧性，大量剪切屈服变形带的存在说明了材料所具有的高韧性。可见，当材料在受到冲击作用时，由 UHMWPE 和 PP 构成的共晶交联网络结构使材料在应力作用下迅速发生剪切屈服并在材料内部沿 UHMWPE 构成的骨架结构快速而广泛地传递，诱使产生更多的屈服，从而吸收大量冲击能量，冲击韧性大大提高。综合以上分析可以认为，在 PP/UHMWPE 合金的加工过程中，若采取适当的工艺条件以提供充分的剪切拉伸作用，UHMWPE 能以其较高的熔体黏度和强度在 PP 基体中以微纤状均匀分散，并与 PP 形成双连续相结构。在熔体冷却过程中，UHMWPE 的分子链与 PP 中的乙烯嵌段形成复合共晶，即两相以共晶为结合点实现牢固结合，这相当于交联点，使 UHMWPE 链束形成似交联键的"共晶物理交联网络"，从而使得 PP 的刚性和 UHMWPE 的韧性通过有效的合金化实现了二者性能上的优势互补，复合材料的韧性和刚性同时得以显著提高。上述过程可如图 4-9 所示。

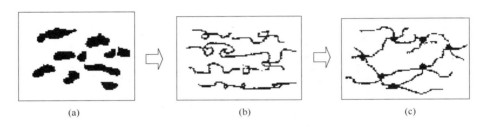

图 4-9　PP/UHMWHDPE 合金的增强增韧机理示意图

（a）UHMWPE 在 PP/UHMWPE 共混熔体中的初始形态；（b）UHMWPE 分散相在流场中形变为微纤；（c）在共混熔体冷却过程中形成的共晶使形成的 UHMWPE 微纤固定在 PP 基体中，并形成共晶交联网络

4.3
聚丙烯与聚苯乙烯的共混

与 PP 相比，PS 具有较高的硬度及低的收缩率，印刷性优良，但是 PS 耐环境应力开裂性、韧性和耐溶剂性较差。为了获得综合性能优良的材料，人们对 PP、PS 进行共混研究，试图得到一种集 PP、PS 二者优良性能于一体的复合材料。制备聚合物合金，首先考虑两种聚合物是否相容，这取决于聚合物本身的结构。除考虑 PP、PS 热力学的因素外，还必须考虑动力学因素。通过机械共混的方法，也常能获得足够稳定的共混产物。这是由于 PP、PS 的黏度较大，分子链段移动困难，尽管在热力学上有自动分离为两相的趋向，但实际上分离速率极为缓慢，以致于在极长的时间内难以将共混体系分成两个宏观相。但由于 PP/PS 是典型的不相容体系，因此解决 PP/PS 之间的相容性和界面黏结性，是制备性能优良的

PP/PS 合金的关键。

4.3.1 聚丙烯/聚苯乙烯的增容

由于两种树脂是完全不相容体系，共混物相分离严重，材料性能差。PP/PS 在挤出机熔融混炼时易产生 PP 与 PS 的接枝反应，该接枝物能起到相容剂的作用。当 PS 的含量达 10% 时，接枝效果最好。在相容化共混体系中，由于存在相间黏附和两相间界面张力减小，阻止了分散相的聚集作用，使分散相得以稳定。最常用也是最有效的方法是将两种不相容性均聚物的嵌段或接枝共聚物添加到这两种不相容的聚合物共混物中。当嵌段或接枝聚合物在不相容界面上存在时，能起到乳化剂作用，降低界面张力。苯乙烯-丁二烯共聚物（SB）、苯乙烯-丁二烯-苯乙烯三嵌段共聚物（SBS）、苯乙烯-氢化丁二烯-苯乙烯三嵌段共聚物（SEBS）、苯乙烯-乙烯-丙烯-苯乙烯三嵌段共聚物（SEPS）、苯乙烯-异戊二烯-苯乙烯三嵌段共聚物（SIS）、聚丙烯与苯乙烯接枝共聚物（PP-g-PS）、聚乙烯与苯乙烯接枝共聚物（PE-g-PS）、聚苯乙烯与等规聚丙烯接枝共聚物（PP-g-PS）、聚丙烯与单官能团芳香乙烯基单体接枝共聚物（PP-g-AVM）等均可作为 PP/PS 的相容剂。

以加氢 SIS 为相容剂，添加量为 3%，制得的 PP/PS（19/78）共混物具有柔韧性优良、强度高、可塑性好、抗冲击、耐溶剂等特点。采用 SEPS 嵌段共聚物作为相容剂，共混物的缺口冲击强度、屈服强度和伸长率以及杨氏模量不仅与 PP/PS 的配比有关，还与 SEPS 的添加量有关。SBS 对 PP/PS 也具有增容效果。SBS 能影响 PP 连续相的结晶过程，随 SBS 含量的增加，屈服强度、杨氏模量下降，屈服伸长率和冲击强度增大。当三类相容剂（SBS、SEBS、SEPS）的含量分别为 2.5%、5.0%、10.0% 时，SEM 分析表明，随着相容剂含量的增加，PS 相的尺寸逐渐减小，两相界面黏结良好，共混体系的缺口冲击强度、拉伸断裂伸长率均提高，但杨氏模量呈下降趋势。增容效果与相容剂的化学结构及分子量等有关，SEPS 的增容效果明显优于 SBS 和 SEBS。由于其在两相界面的黏结作用和相容作用，使得共混物的拉伸强度、断裂伸长率随着相容剂含量的增加而增大，在增加共混物冲击强度的同时并没有降低共混物的刚性。PS/PP/SEPS（75/25/10）组成的共混物冲击强度达 140kJ/m，热变形温度达 84℃，弯曲强度达 35MPa，弯曲模量达 1400MPa，具有优良的耐卤代烃、耐色拉油及其它油脂的性能，可用于制备冰箱内部构件。图 4-10 是 SBS 对 PP/PS 合金冲击强度的影响。

从图 4-10 看到，经 SBS 增容后，PP/PS 合金的冲击强度明显高于未用 SBS 增容的合金。增容后的合金，两相界面间有增容剂的作用，降低了相间的界面张力，增加了相间黏合。当材料受到外力时，这种良好的界面结构可以起到应力分散作用，避免在界面区域发生应力集中，从而提高了材料的抗冲击性能。只要加入少量的SBS（质量分数 2.5%）就可使 PP/PS 合金的冲击强度由 4.5kJ/m² 提高到 18.74kJ/m²。由此可

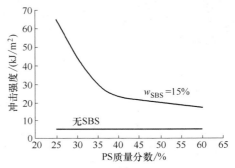

图 4-10 SBS 对 PP/PS 合金冲击强度的影响

见，SBS 的加入对合金冲击性能的改善有很大贡献。

在 PP 与 PS 质量比为 75∶25 的共混体系中，PS 在连续相 PP 中的分布呈大的块状，两相间界面清晰，有少量的细小颗粒存在，说明通过强烈的剪切作用，PS 在一定程度上可以被分散到连续相中去，但由于两相的黏合能力差，被剪切分散的 PS 粒子容易聚集，使合金体系中 PS 的分散不均匀。而且，在 PS 相中还存在一些比较粗大的复合粒子，这种复合粒子的存在也说明体系的相容性不好。加入少量的 SBS（质量分数 2.5%），就可以使分散相粒子明显减少，相界面模糊，相间结合紧密，复合粒子也变得更为细小，说明 SBS 起到了良好的增容作用。特别是当 PP 与 PS 质量比 75∶25 时，在体系中加入少量的 SBS（质量分数 5%），体系的相容性会有很大改善，冲击强度大幅度提高。

利用反应挤出技术可实现 PO 与 PS 的就地增容。在催化剂 $AlCl_3$ 和苯乙烯单体存在下，用单螺杆挤出机挤出，PP/PS 在挤出过程中能形成 PP-g-PS。它在混合物基体中起到了增容的作用。这一低成本的自增容技术的成功开发，将使废 PP、PS 混合料的回收利用成本大幅降低。Dow 化学公司首先报道了 RPS（含有噁唑啉侧基的反应性 PS）后，近年来国内外有一系列关于 RPS 与其它改性共聚物（CPE、MPE）反应性共混的研究文献发表。用 RPS 对 PP/PS 改性制备合金时有报道。如将二元混合的 RPS/MPP 作为 PS/PP 相容剂，当 RPS/MPP/PP/PS 挤出时，RPS 的侧基与 MMP 的酸酐基就会就地发生反应，生成 PP-g-PS，此聚合物又就地增容 PP/PS 合金。

4.3.2　聚丙烯/聚苯乙烯的形态结构及其演变

PP/PS 共混还形成了独特的双重"海-岛"复合结构，即 PP 为连续相，PS 为分散相，同时 PS 分散相中又包含着 PP 小颗粒，形成复合粒子。界面张力、弹性和粒径大小是双重复合结构产生的原因。由图 4-11 可见，当 PS/PP=5/95 时，PP 微粒进入分散相 PS，形成 PP 和 PS 两种"海-岛"交替的复合结构，复合结构内分散相 PP 尺寸均小于 0.5μm。

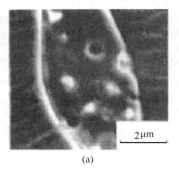
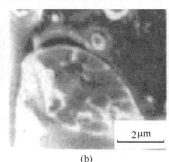
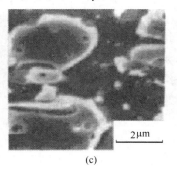

(a)　　　　　　　　　　　(b)　　　　　　　　　　　(c)

图 4-11　PP/PS 合金的双重"海-岛"结构

PS 的黏度远低于 PP 时，PS 成颗粒状分散在 PP 连续相中；而当 PS 黏度远远高于 PP 时，PP 成球状分散在 PS 基体中；在 PS 和 PP 黏度接近时，可形成复合"海-岛"结构。

关于复合结构形成机理，有人提出所谓"吞没"机理的推想。由于弹性较小的分散相界面张力是负的，在流体形变破碎过程中形成带有负曲率的液滴，产生"吞没"现象从而形成复合液滴。负曲率界面的"吞没"现象，是形成复合液滴的一种方式，可以说是一种热力学机理。流体动力学的扰动引起的"扰动包围"同样也可以形成复合液滴,这是流体动力学机理。另外,形成较大的初级复合液滴后,当受到剪作用时,同样要发生形变和破碎,进一步形成更小的复合液滴。通过加入适当的相容剂,改变 PP/PS 体系的界面张力和弹性,能够得到双重"海-岛"复合结构。这种复合结构解决了体系的分散不均匀性和结构不稳定性问题,使材料性能长久保持,从而提高了共混物的性能。

共混过程中相形态的形成及其演变过程将决定共混物最终的结构,极大地影响着材料的力学性能。利用连续共混过程中间歇出料法对 PP/PS 整个共混过程进行了在线检测和分析,图 4-12 是 PP/PS(16.7/83.3)及 PP/SEP/PS(16.4/0.3/83.3)共混体系在不同共混时刻的 SEM 照片。

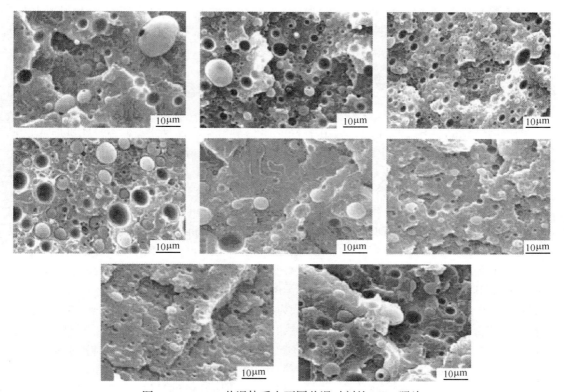

图 4-12　PP/PS 共混体系在不同共混时刻的 SEM 照片

图中球状凸起或凹坑为 PP 分散相,基体为 PS。从图上可以看出,在共混初期,分散相颗粒尺寸较大且分布不均匀,随着共混的进行,其尺寸迅速变小,分布趋向均匀,该阶段相结构的演化以分散相颗粒的破裂为主。共混 3.0min 后,分散相处于破裂和聚集的动态平衡中,在这一平衡作用下,颗粒形状及尺寸基本稳定下来。在共混的末期(25min),颗粒尺寸稍有增大,这可能是由剪切诱导归并造成的。剪切诱导归并是两个分散相颗粒在剪切区域中旋转并相互靠近,颗粒之间的基质层被挤压变薄并逐渐达到一个临界值,最终界面层破裂使得两个颗粒实现了归并。可以将整个共混过程分为 4 个不同时期,在共混初期(0~3min),分散相颗粒平均粒径急剧减小,这一时期是相形态细化的主要时期,该时期内,相形态的演化表现为分散相颗粒的破裂。随着共混的进行,分散相颗粒的减小趋势变缓,并由此进入共混中期（3~5min），在这一时期内，分散相颗粒继续减小，颗粒数目增多，由于颗粒数目的增加导致了颗粒间相互碰撞聚集的概率增加，因此这一时期内相形态的演化表现为分散相颗粒破裂和颗粒聚集双重形式，但颗粒的破裂仍占优势。5min后，在分散相颗粒的破裂和聚集的动态平衡作用下，颗粒的尺寸稳定下来。15min以后，由于弹性因素和剪切诱导归并以及剪切变稀等因素的影响，分散相颗粒尺寸开始反弹，这一结果与SEM分析是一致的。

与PP/PS不相容体系相比，PP/SEPS/PS达到稳态所用的时间较短且末态尺寸较小，这是因为相容剂的加入减小了PP/PS间的界面张力，同时减缓了颗粒之间的归并，从而导致最终的尺寸较小。至于达到稳态所用的时间变短这一点，可以从颗粒的变形与破裂过程加以解释。颗粒的破裂主要受两个因素的制约，临界毛细管数 $(Ca)_{crit}$ 和临界破裂时间 t_{crit}，且 t_{crit} 与界面张力存在依赖关系。当加入相容剂以后，由于两相的相容性增强导致界面张力降低，毛细管数增加，使得 t_{crit} 随着毛细管数的增加而减小，因此颗粒破裂得更快些。

4.3.3 聚丙烯/聚苯乙烯共混体系的结晶与熔融行为

PS对PP结晶具有成核作用，但由于PS与PP不相容，分散性差，容易团聚形成较大粒子阻碍PP结晶生长。PP/PS共混物的不相容性，可通过外加或原位生成相容剂来改善。研究表明增容PP/PS共混物结晶与熔融行为与相容剂类型、用量以及共混物组成相关。通常相容剂为接枝或者嵌段共聚物，通过反应性单体也可改进PP/PS共混物的性能。在PP与PS预混过程中加入反应性单体丙烯酸甲酯（AA）和苯乙烯（St），并加入质量分数为0.1%的引发剂过氧化二异丙苯（DCP），经混炼机熔融共混15min，混炼温度为185~195℃，螺杆转速50r/min，经破碎机破碎得到共混物粒料。加入质量分数为20%PS的共混物中PP的结晶熔融峰温 T_c^p、结晶熔融开始温度 T_c^{on}、结晶度 X_C 变化不大，显然未增容的PP/PS共混物中PS对PP结晶不产生异相成核作用。当PP/PS用质量分数为10%的PP-g-AA改性时，共混物中PP的 T_c^p、T_c^{on} 明显提高，可以认为在PP-g-AA增容PP/PS中，除PP-g-AA的增容作用降低分散相粒子尺寸、分散粒子更加均匀、PS与PP之间的界面面积增大外，更重要的是PP-g-AA对共混物中PP结晶存在异相诱导成核作用。PS虽然对PP结晶温度影响不大，但对生成结晶的完善程度有影响。加入PP-g-AA后，熔融肩峰消失。相对于样品2，T_m^p、T_m^{on} 升高说明在PP-g-AA作用下，PP生长成比较完善的晶体。在PP/PS中加入AA可提高共混物中PP的 T_c^p，而且随AA用量增加，T_c^{on} 提高更显著。混炼过程中AA难以直接接枝到PP链上，而主要均聚形成聚丙烯酸（PAA）或与PS发生接枝形成PS-g-AA，原位生成的PAA促进PS的分散，细化分散相粒径，同时存在异相成核作用，诱导PP在高温下结晶。AA用量越大，生成的PAA越多，异相成核作用越明显。St与AA混合改性PP/PS，其 T_c^p 和 T_c^{on} 改性前后变化不大，这是由于混合单体更倾向于与PS大分子自由基接枝，主要生成PS-g-St或PS-g-St-co-AA两种接枝共聚物。接枝物处于相界面，促进PS粒子分散，提高PP与PS间的相容性。一方面，接枝物促进PS分散，增强了PS对PP的异相成核作用；另一方面，PS-g-St-co-AA的极性基团干扰PP链段的有序排列，阻碍结晶生长。

利用超快扫描量热仪（FSC）研究了PP在PP/PS［质量比20/80，表示为PP/PS（20/80），其余类推］共混体系中的结晶动力学过程，以及填充纳米二氧化硅（n-SiO₂）后其结晶动力学的变化，成功获得了各样品从玻璃化转变温度至熔点温度整个区间的等温结晶动力学曲线。研究表明：在 PP/PS（20/80）共混物中 PP 以微米尺寸分散在 PS 主体中，受限结晶现象导致其结晶速率下降一个数量级，n-SiO$_2$ 的引入使样品中异相成核位点增多，同时减弱了两相界面上高分子链的受限作用，使得 PP/PS/n-SiO$_2$（20/80/2）体系的总结晶速率比 PP/PS（20/80）体系增大，接近本体 PP 的结晶速率，提高了不相容共混物 PP/PS 的力学性能。

4.3.4 聚丙烯与间规聚苯乙烯的共混

间规聚苯乙烯（SPS）虽具有许多优点，但性质较脆，使其应用范围受到了限制，因此必须对其进行改性。采用 PP 与 SPS 的共混可以制备性能优异的合金材料。由于 SPS 与 PP 属不相容体系，所以需要增容。SPS 与聚 1-丁烯嵌段共聚物（B30）是 SPS/PP 共混体系的相容剂。图 4-13 是 SPS/IPP/B30 共混体系的 SEM 照片。由图 4-13（a）可看出，在 SPS/IPP=90/10 混合体系中，IPP 在 SPS 中以光滑球形颗粒存在，不能分散在其中，两相相分离明显，相界面光滑，不存在相容层，证明 SPS 和 IPP 是不相容的共混体系。由图 4-13（b）、（c）、（d）、（e）、（f）可看出，在 SPS/IPP 共混体系中加入增容剂 B30，增容剂中的 SPS 链段和 PB 链段分别与 SPS 相和 IPP 相相容，在两相间形成一定厚度的韧性层（相容层）。改变增容剂的用量，共混物的冲击断面有一定的变化，说明增容剂的用量对共混物形态结构有影响。加入 10 份增容剂 B30 时，增容作用最好［图 4-13（c）、（d）］。

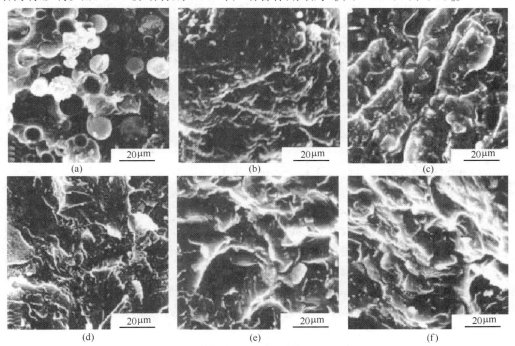

图 4-13　SPS/IPP/B30 共混体系的 SEM 照片

（a）SPS/IPP=90/10；（b）SPS/IPP/B30=90/10/3；（c）SPS/IPP/B30=90/10/5；（d）SPS/IPP/B30=90/10/10；
（e）SPS/IPP/B30=90/10/15；（f）SPS/IPP/B30=90/10/20

SPS、IPP、B30 及其共混体系 DSC 分析结果见表 4-1。由表 4-1 可知，SPS/IPP 共混体系中加入适量的增容剂 B30，共混体系的 T_g 发生改变，低温区 T_g（IPP 的 T_g）随 B30 加入量增加而逐渐升高，而高温区 T_g（SPS 的 T_g）随 B30 加入量增加而逐渐降低，结果证明 B30 对 SPS/IPP 共混物体系有增容作用。动态热机械分析（DMA）也表明 SPS/IPP/B30 共混物体系有两个 T_g，低的 T_g 比 IPP 的高，高的 T_g 比 SPS 的低，处于 IPP 和 SPS 的玻璃化温度之间。这些都说明 B30 对 SPS/IPP 共混体系有增容作用。

表 4-1　SPS、IPP、B30 及其共混体系的 DSC 分析结果

样品	T_m/℃			T_g/℃	
	T_{mP}	T_{mb}	T_{mS}	IPP	SPS
SPS	—	—	272.3	—	99.6
B30	—	263.4	270.6	−17.5	92.3
IPP	161.3	—	—	−5.4	—
SPS/IPP/B30=90/10/20	160.9	262.8	269.1	2.5	91.0
SPS/IPP/B30=90/10/15	160.7	262.4	269.2	1.2	92.1
SPS/IPP/B30=90/10/10	160.1	261.9	268.7	−2.5	93.8
SPS/IPP/B30=90/10/5	160.6	262.0	270.3	−4.3	95.1
SPS/IPP/B30=90/10/3	161.0	—	271.0	−5.1	98.0

注：T_{mP}—IPP 的熔解温度；T_{mb}—SPS-b-PB 嵌段共聚物的熔解温度；T_{mS}—SPS 的熔解温度。

因此在 SPS 与 IPP 共混物中加入 B30 可大大提高共混体系的力学性能，共混体系的无缺口冲击强度和拉伸强度随 B30 的含量增加而增大。当配比为 SPS/IPP/B30（90/10/10）时共混体系的力学性能最好，无缺口冲击强度和拉伸强度分别为 42.3kJ/m² 和 33.7MPa。如果 B30 的含量继续增加，其力学性能反而变差。如 SPS/IPP/B30（90/10/15）体系，其无缺口冲击强度和拉伸强度分别为 39.1kJ/m² 和 25.2MPa。

4.4
聚丙烯/聚氯乙烯共混改性

以前人们总认为 PP 和 PVC 是不能共混的，因而这方面的研究和报道很少。但是，随着高分子材料科学的发展，人们认识到极性相差较大的聚合物经特定的共混技术制得的共混物能够突出各自的特性。特别是在废旧塑料回收利用中，经常出现多种塑料混合物（最常见的就是 PP、PE、PVC），需要大量人力、物力进行分拣，耗时耗力，增加成本。如能制备出 PP/PVC 共混物，则可以省去分拣步骤，具有重要的社会和经济效益。

4.4.1　超支化聚合物对聚丙烯/聚氯乙烯的增容

超支化聚合物（HBP）是一类高度支化的具有三维准球状立体构造的大分子，由于具

有低熔体黏度、良好的溶解性以及大量末端活性基团等一系列独特的物理化学特性，可以用来增强共混体系的相容性。PP-*g*-MAH 中 MAH 的羧基与超支化聚酰胺-酯的末端羟基反应，可得到 PP 接枝超支化聚酰胺-酯（PP-*g*-HBP），用 PP-*g*-HBP 增容 PP/PVC 体系可提高共混物的相容性和力学性能，结果如表 4-2 所示。

表 4-2　PP-*g*-HBP 用量对 PP/PVC 体系力学性能影响

样品编号	（PP/PVC/PP-*g*-HBP）/质量份	拉伸强度/MPa	冲击强度/（kJ/m²）
A	70/30/0	21.25	3.47
B	70/30/2	22.33	3.94
C	70/30/5	25.40	4.45
D	70/30/10	23.30	3.40
E	70/30/20	23.04	3.24

由表 4-2 可见，在 PP/PVC 共混物中加入 PP-*g*-HBP 后拉伸强度增大。PP-*g*-HBP 达到 5 份时，拉伸强度出现一个最大值，较未加 PP-*g*-HBP 相容剂时的拉伸强度提高 19.53%。这表明 PP-*g*-HBP 的加入确实起到了共混物相容剂的作用，少量的 PP-*g*-HBP 就能较显著地改善共混物的相容性，提高共混物的力学性能。由于 PP-*g*-HBP 中的 HBP 和 PVC 之间存在着相互作用，HBP 中的酰胺基和酯基与 PVC 链段上的次甲基氢原子相互作用形成弱氢键，使样品 B 和 C 的拉伸强度增大。但是 PP-*g*-HBP 用量超过 5 份后，拉伸强度反而下降，这是由于 PP-*g*-HBP 中的 HBP 本身力学性能较差，因此使拉伸强度在达到最大值后开始下降。在 PP/PVC 中加入 PP-*g*-HBP，冲击强度变化不大，但同样是加入 5 份 PP-*g*-HBP 时出现了最大值。未加入 PP-*g*-HBP 的 PP/PVC 共混体系中 PVC 分散相颗粒大且不均匀，两相界面接触面积比较小，表明 PP 和 PVC 之间的相容性差，界面结合非常弱，PVC 很难均匀分散在 PP 基体中，分散相尺寸较大。加入 2 份 PP-*g*-HBP 的 PP/PVC 共混体系中 PVC 分散相的尺寸减小，颗粒数目也相应增加。说明 PP 和 PVC 之间相容性有一定增强，拉伸强度也相应增大。加入 5 份 PP-*g*-HBP 的 PP/PVC 共混体系中，观察到 PVC 颗粒进一步减小，数量增加，出现了部分层状形态结构，表明了界面状态进一步改善。加入 10 份 PP-*g*-HBP 的 PP/PVC 共混体系中，PVC 分散相颗粒的尺寸明显减小，同时部分层状形态结构消失，并且较均匀地分散在 PP 基体中，显示了良好的界面状态，表明 PP-*g*-HBP 可以有效地改善 PP/PVC 的相容性。

在 PP/PVC/PP-*g*-（St-*co*-MMA）（80/20/6）共混物中加入 1 份 HBP 时，就可以很好改善共混体系的相容性，使共混物拉伸强度达到最大值，同时使熔体表观黏度达到较小值。SEM 研究结果证明了 HBP 增强了 PP/PVC/PP-*g*-（St-*co*-MMA）的界面黏结作用，减小了共混体系的相分离程度。HBP 中的酰胺基和酯基与 PVC 链段上的次甲基氢原子相互作用形成弱氢键，同时，PP-*g*-（St-*co*-MMA）上的酯基和 HBP 中大量的末端羟基发生部分酯交换，使得共混物的相容性增加。因此在共混体系中加入 HBP，协同效应能够提高共混体系的拉伸强度。但进一步加入 HBP，拉伸强度开始降低，这是由于 HBP 自身的力学性能很差，体系中形成的弱氢键和相容性增加所提高的力学性能，不能补偿 HBP 自身的力学性能很差而产生的力学性能的损失，因此使拉伸强度在达到最大值后开始下降。加入 HBP 后，共混物的缺口冲击强度在所研究的范围内基本保持不变。在共混物中加入 HBP 使体系的流动性产生两方面的效果，一方面 HBP 使共混物的相容性增加，不利于高分子链从网络中解缠，使表观黏度增大；另一方面 HBP 分子无规缠绕和本身分子的低黏度，能够起到润滑剂的作用，使得缠结在一起的高分子链逐渐从网络结构中解缠，熔体表观黏度减小。

两亲性超支化聚合物（A-HPAE）也是 PP/PVC 的增韧剂。由于 A-HPAE 中的酯基能与 PVC 链段上的次甲基氢原子相互作用形成氢键，同时，长链烷基与 PP 分子相似，具有一定的相容性，因而在 PVC/A-HPAE/PP 共混物中，A-HPAE 能适当提高 PVC 和 PP 之间的界面黏结力，降低 PVC 与 PP 两相之间的界面能，增加 PVC 与 PP 两相之间的相容性，起到有效的增容作用。但由于 A-HPAE 自身力学性能差，其用量超过 2 份时，PVC/A-HPAE/PP 共混物的拉伸强度、断裂伸长率增加幅度开始下降。从图 4-14 可以看出，在放大倍数相同时，共混物中添加 A-HPAE 后，共混物分散相的相畴尺寸明显变小，颗粒大小较为均一，分散均匀，说明随着 A-HPAE 的加入，PP 与 PVC 界面之间的黏结力增加，相互作用增强。

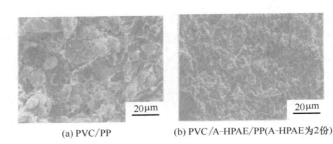

(a) PVC/PP　　　　　(b) PVC/A-HPAE/PP(A-HPAE为2份)

图 4-14　PVC/PP 和 PVC/A-HPAE/PP 共混物拉伸断面的 SEM 照片（200×）

4.4.2　聚丙烯接枝共聚物对聚丙烯/聚氯乙烯的增容

PP 和 PVC 是两种不同极性的树脂，其共混物之间界面张力大，界面之间黏合力较小，因此必须使用相容剂。PP-g-MAH 能作 PP/PVC 共混物的相容剂，并能改进共混物的力学

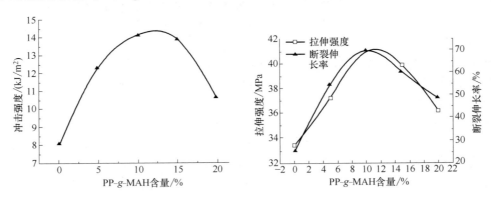

图 4-15　PP-g-MAH 含量对 PVC/PP 共混体系冲击强度、拉伸强度和断裂伸长率的影响

性能和加工性能，也是回收废旧 PP 和 PVC 混合的有效相容剂，可改善 PVC 的加工性，并在一定程度上提高其力学性能。图 4-15 为 PP-*g*-MAH 含量对 PVC/PP 共混体系冲击强度、拉伸强度和断裂伸长率的影响。

从图 4-15 可以看出，共混体系的冲击强度随增容剂用量的增加先增大后减小，其变化规律不同于弹性体增韧，表现为典型的非弹性体增韧特点。由于 PP 为非极性聚合物，而 PVC 是极性聚合物，二者极性差别较大，简单机械共混很难得到相容性好的共混物，导致共混物的力学性能很差。在 PP 分子链上接枝 MMA 后，使得 PP 极性增大，与 PVC 的相互作用增强，其共混物的冲击强度得到提高。另一方面，接枝物 MMA 中的羰基能与 PVC 中的次甲基氢形成分子间氢键，使共混界面自由能减小，表面张力降低，界面黏合力增大，这也改善了共混物的相容性，使得力学性能提高。共混物的断裂伸长率随增容剂含量的增加先增大后减小，增容剂含量在 11%（质量分数）左右，共混体系的拉伸强度和断裂伸长率最大。这是由于在 PVC/PP 共混物中加入 PP-*g*-MMA 增容剂后，可改善共混体系结构，使界面作用增强，分散相颗粒变小，体系更加均匀，有效提高共混物的拉伸强度和断裂伸长率。这一点可从 PP／PVC （50/50）共混体系冲击断面的 SEM 照片（图 4-16）上看出。

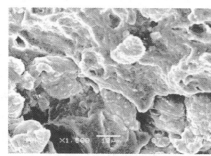 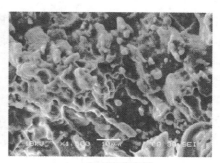

(a) 未加增容剂　　　　　　　　　　　　　(b) 添加增容剂

图 4-16　PP/PVC（50/50）共混体系冲击断面的 SEM 照片

从图 4-16（b）可以看出，添加增容剂后的共混体系，分散相的相畴尺寸明显变小，且颗粒大小较均一，分散均匀，断面中的空穴变得模糊发白。说明随着接枝物的加入，PVC 与 PP 界面之间的黏合力（相互作用力）增强，相容性得到一定提高。

含羰基侧链的多单体接枝 PP 也可以增容 PVC/PP 共混物，如 PP/GMA/St 多单体接枝体系可在螺杆温度 170~190℃、DCP 为引发剂进行制备。共混物的界面相互作用可以用 Molau 实验进行验证，如表 4-3 所示。

表 4-3　Molau 实验观察结果

溶质	溶剂	共混物状态			
		第 5 天	第 10 天	第 20 天	第 30 天
PVC	THF	浑浊	稍许浑浊	清澈	清澈透明
PP	THF	明显分层	明显分层	明显分层	明显分层

溶质	溶剂	共混物状态			
		第 5 天	第 10 天	第 20 天	第 30 天
PVC/PP	THF	稳定乳浊液	乳浊液	明显分层	明显分层
PVC/PP/PP-*g*-(GMA-*co*-St)	THF	浑浊	稳定乳浊液	稳定乳浊液	稳定乳浊液

由表 4-3 可看出，PVC 溶于四氢呋喃（THF）而形成清澈透明的溶液，PP 则不溶于 THF 而分相。PVC/PP 简单机械共混时，由于 PP 和 PVC 两相间的相容性很差，界面相互作用很弱，用 THF 制得的共混物的乳浊液稳定性很差，稍放置一段时间，溶液即呈现明显的相分离，下层透明溶液为溶于 THF 的 PVC 相，上层白色部分为不溶于 THF 的 PP 相。但对于用 PP-*g*-（GMA-*co*-St）增容的 PVC/PP 共混物，放置一段时间后乳浊液仍然处于稳定的状态，这是由于共混过程中就地形成的 PVC/PP/PP-*g*-（GMA-*co*-St）充当了两相之间的增容剂，使得 PP 与 PVC 两相间的界面相互作用增强，相容性改善；同时由于 PVC/PP/PP-*g*-（GMA-*co*-St）聚集在乳浊液的表面上形成乳浊液的保护，使乳浊液处于稳定状态。

PVC/PP/PP-*g*-（GMA-*co*-St）（其中 PVC/PP=70/30）共混物经二甲苯抽提后，残留物含量与 PP-*g*-（GMA-*co*-St）用量有关。对于简单机械共混的 PVC/PP 共混物，由于 PP 与 PVC 两相间的界面相互作用很差，PP 易溶于二甲苯而被抽提除去，残留物主要是 PVC 及微量化学作用下接枝的 PP，所以残留物的含量最低。加入 PP-*g*-（GMA-*co*-St）增容后，PVC/PP/PP-*g*-（GMA-*co*-St）的"就地"生成使得共混物中 PP 与 PVC 两相间的界面相互作用增强，PP 难以被二甲苯溶液抽提除去。PP-*g*-（GMA-*co*-St）的用量越大，两相之间的增容剂 PVC/PP/［PP-*g*-（GMA-*co*-St）］生成的量也越大，两相之间的界面相互作用越强，两相的结合力越强，相容性越好，用二甲苯溶液抽提后，残留物中所含的 PP 就多，因而随着 PP-*g*-（GMA-*co*-St）用量的增加，残留物的含量增加。当 PP-*g*-（GMA-*co*-St）的质量分数大于 20%后，残留物的含量变化不明显。当 PP-*g*-（GMA-*co*-St）的用量过大时，其对共混物界面的改善和增容作用已达到饱和，过多的 PP-*g*-（GMA-*co*-St）在共混物的界面聚集，对共混物界面相互作用的强度并未明显改善。因此加入过多的 PP-*g*-（GMA-*co*-St）后，残留物的含量基本不变。

表 4-4 为 PVC/PP 共混比以及 PP-*g*-（GMA-*co*-St）增容 PVC/PP（70/30）对共混物力学性能的影响。从表 4-4 可以看出，PVC/PP 简单共混物中随 PVC 用量的增加，其力学性能下降。所以简单的机械共混很难得到相容性较好的 PVC/PP 共混物。当 PP/PVC 质量比为 40/60 时，PP 与 PVC 处于相转变临界点，力学性能最差，此时形成"海-海"结构。当 PVC/PP 质量比为 70/30 时，共混物的力学性能出现反常变化，这可能是由于 PP 与 PVC 形成两相"互锁"结构引起的，这种"互锁"结构的产生，使得共混物的性能不再下降，而是有一定的提高。在 PVC/PP 质量比为 70/30 的共混物中加入 PP-*g*-（GMA-*co*-St），共混物的拉伸强度有所增加，在 PP-*g*-（GMA-*co*-St）质量分数为 20%~30%时，PVC/PP 共混物的力学综合性能最佳。这表明 PP-*g*-（GMA-*co*-St）的加入起到了共混物相容剂的作用，少量接枝物即能较显著地改善共混物的相容性，从而提高共混材料的力学性能。但是接枝物质量

分数达到 40%时，共混物的拉伸强度明显下降，而冲击强度提高不明显，说明接枝物的用量不宜过多。由于接枝物中有 GMA 部分的链段向 PVC 本体中扩散，接枝链段与 PVC 之间相互作用相容，而接枝物 PP 主链则与本体 PP 共晶相容，在界面区域采取最有利的构象，充分发挥其增容作用。

表 4-4　共混物的力学性能

组成（质量份）			拉伸强度/MPa	冲击强度/（kJ/m²）	硬度（HRP）
PP	PVC	PP-*g*-（GMA-*co*-St）			
0	100	0	15.28		56.3
100	0	0	32.70	5.13	88.9
80	20	0	24.03	3.35	81.9
70	30	0	22.47	3.17	80.7
60	40	0	22.51	3.08	82.1
40	60	0	14.78	1.39	55.7
30	70	0	18.49	1.54	64.9
30	70	5	21.56	1.60	58.8
30	70	10	24.11	1.88	71.3
30	70	20	24.85	2.01	74.5
30	70	30	24.67	2.29	79.8
30	70	40	22.87	2.32	85.6

以乙烯-甲基丙烯酸甲酯共聚物（EMMA）为增容剂制备 PVC/PP 复合材料，采用 DSC 表征复合材料的相容性，用 WDW3020 微控电子万能实验机、XCJ-40 电子冲击实验机测试复合材料的力学性能；并与氯化聚乙烯（CPE）增容 PVC/PP 共混体系进行了比较。研究发现：EMMA 能显著改善 PVC 与 PP 的相容性。当增容剂用量为 9 份时，与未增容 PVC/PP 体系相比，缺口冲击强度、拉伸强度和弯曲强度分别提高了 191%、70%、41%；与 CPE 增容 PVC/PP 体系相比，缺口冲击强度、拉伸强度和弯曲强度分别提高了 44%、39%、12%。

4.5
聚丙烯与聚烯烃弹性体的共混改性

聚烯烃弹性体（POE）分子结构的特殊性赋予其优异的力学性能、流变性能和耐紫外老化性能。此外，它还有与聚烯烃亲和性好、低温韧性好、性能价格比高等优点，因而被广泛应用于塑料改性。这种新材料的出现引起了全世界塑料和橡胶工业界的强烈关注，也为聚合物的改性和加工应用带来了一个全新的理念。作为弹性体，在 POE 中辛烯单体含量通常大于 20%，其中 PE 段结晶区（树脂相）起物理交联点的作用，一定量辛烯的引入削弱了 PE 段结晶，形成了呈现橡胶弹性的无定形区（橡胶相）。与传统聚合方法制备的聚合物相比，一方面它有很窄的分子量和短链分布，因而有优异的力学性能，如高弹性、高强度、高伸长率和良好的低温性能。又由于其分子链是饱和的，叔碳原子较少，因而又具有优异的耐热老化和耐紫外老化性能。窄的分子量分布使材料在注射和挤出加工过程中不易产生翘曲。另一方面，有控制地在聚合物骨架上嵌入乙烯长链支化结构，从而改善聚合物加工时的流变性能，又可使材料的透明度提高。通过对聚合物分子结构的精确设计与控制，可合成出一系列不同密度、门尼黏度、熔体流动速率、拉伸强度、硬度等的 POE 材料。

POE 与传统的弹性体材料相比有诸多优势。与三元乙丙橡胶（EPDM）相比，它具有熔接线强度极佳、分散性好、等量添加冲击强度高、使用方便等优点；与丁苯橡胶（SBR）相比，它具有耐候性好、透明性高、韧性好、挠曲性好等特点；与软聚氯乙烯（SPVC）相比，它具有无需特殊设备加工、对设备腐蚀小、热成型良好、塑性好、质量轻、低温脆性较佳和经济性良好等优点。

4.5.1 聚烯烃弹性体对聚丙烯的增韧机理

POE 对 PP 增韧效果显著，使其成为近年来比 EPDM、SBS、SBR 等更具发展潜力的增韧剂。现在，这种 PP/POE 体系已在空调器室外机壳、汽车仪表盘、保险杠等部件上得到了普遍应用。研究结果表明，POE 增韧 PP 比 EPDM 容易得到更小的分散相粒径和更窄的粒径分布。分散的 POE 微粒作为大量的应力集中点，当受到强大外力冲击时它可在 PP 中引发银纹和剪切带，随着银纹在其周围支化，进而吸收大量的冲击能；同时在大量银纹之间应力场相互干扰，降低了银纹端的应力，阻碍了银纹的进一步扩展，因而使材料的韧性大幅度提高，增韧效果大于 EPDM。而 PP/EPDM 体系中 EPDM 对 PP 增韧是由于 EPDM 对 PP 有成核作用，晶体的生长速率降低，晶体尺寸变小，形成较小的球晶，从而提高体系的冲击强度。POE 增韧 PP 与 EPDM 截然不同，POE 在 PP/POE 体系中以片状或条状等不规则的形状分布于 PP 中，这有利于在剪切屈服时吸收更多的能量，使 PP 的韧性得到大幅度提高。POE 可在体系任意黏度比下出现成纤现象，成纤使分散相表现纤维特性，可大大提高共混物的弯曲强度和拉伸强度。无论是普通 PP、共聚 PP，还是高流动性 PP，POE 的增韧效果都优于 EPDM，且在低温下 POE 对高流动性 PP 仍具有良好的增韧效果（而 EPDM 增韧 PP 时，低温下 PP 显脆性）。当 PP 质量分数为 48%~57%，共聚 PP 为 30%~35%，POE 为 13%~17% 时，再配适量抗氧剂、热稳定剂，共混物的缺口冲击强度可达 500~600J/m，弯曲强度达 26~29MPa，且在低温状态下仍能保持较高的韧性。

PP/POE 共混物的相结构属于"海-岛"结构，海相（连续相）为 PP，岛相（分散相）为 POE。共混物中分散相的粒径大小对共混物的性能影响很大。在最佳粒径范围内，粒径小时，对共混物的物理性能有较好的贡献。POE 的粒径比 EPDM 小而且尺寸较均匀，同时平均粒径在 0.6μm 以下，抗冲击性能好。

4.5.2 聚烯烃弹性体对聚丙烯的增韧效果

无论是均聚 PP、共聚 PP 还是高流动性 PP，无论是常温冲击强度还是低温冲击强度，POE 的增韧效果都优于 EPDM 或乙丙橡胶（EPM）。这是由于 POE 中长支链的引入大大提高了其在 PP 母体中的分散性，从而形成有利于冲击韧性的理想相形态和黏弹性。POE 对 PP 的增韧效果见表 4-5。

表 4-5 POE 对 PP 的增韧效果

项目		POE 配方	EPDM 配方
PP 熔体流动速率（230℃）/（g/10min）		20	30
弹性体密度/（g/cm³）		0.87	0.860
弹性体熔体流动速率/（g/min）		1.0	0.3
弹性体质量分数/%		30	30
杨氏模量/MPa		1116	971
拉伸强度/MPa		21.6	17.7
落球冲击强度/J	23℃	43.4	43.4
	−23℃	57.4	45.9

POE 结构、含量和分散程度等因素直接影响着 PP/POE 共混体系的微观结构和宏观性能。表 4-6 所示为五种不同 POE 树脂的结构和性能指标。分析表 4-6 中的数据不难看出，由于五种 POE 树脂密度有 POE5>POE1>POE4>POE2>POE3，这表明其分子链中支链含量有 POE5<POE1<POE4<POE2<POE3，熔点为 POE5>POE1>POE4>POE2>POE3，这正是造成这五种树脂硬度差别的主要原因。由于这五种 POE 树脂结构上的差异，势必导致其对 PP 的增韧效果不同。

表 4-6 POE 树脂结构与性能指标一览表

POE 树脂	MFI/（g/10min）（ASTM D-1238）	密度 ρ/（g/cm³）（ASTM D-792）	DSC 熔点 T_m/℃（升温速率为 10℃/min）	极限拉伸强度/MPa（ASTM D-638M-90,50mm/min）	邵氏硬度（ASTM D-2240）
POE-1	1	0.885	76	30.3	86
POE-2	0.5	0.868	55	15.4	75
POE-3	0.5	0.863	49	10.1	66
POE-4	5	0.870	60	9.3	75
POE-5	1.6	0.897	95	32.6	92

当 POE 含量为 10%时，共聚 PP/POE2 共混体系冲击断面表现为互相交错的小裂纹，说明该体系的冲击性能较纯共聚 PP 得到明显提高；而当 POE 含量增加到 30%时，共混体系的冲击断面呈现抛物线状形貌，这是明显的韧性断裂。此外，随着 POE 含量的增加，共混体系断面上银纹化程度越来越高，断面出现了明显的银纹和剪切带。这说明分散在 PP 基体中的弹性体 POE 微粒作为应力集中点，在体系受到冲击时，诱发了银纹，银纹在其向周围发展过程中吸收了大量冲击能；同时银纹与剪切带之间应力场相互干扰，阻碍其进一步发展成为裂纹，从而大大提高了体系的冲击性能，达到增韧的目的。

4.5.3 聚烯烃弹性体对聚丙烯增韧的影响因素

4.5.3.1 基体性质对聚丙烯/聚烯烃弹性体共混物性能的影响

PP 的脆韧转变受材料的性质影响，如分子量和结晶度。随着分子量的增大和结晶度的减小，PP 的脆韧转变温度（T_{bd}）降低。结晶度的增大，屈服应力增大，但降低了断裂应变。分子量的降低不影响屈服应力但降低了断裂应力和断裂应变。

① MFR 对共混物冲击性能的影响　由图 4-17 可以看出，当 MFR 为 7.0g/10min 时，共混物的冲击强度明显下降，共混物由韧性断裂变为脆性断裂。这一方面说明 PP 降解严重，另一方面说明共混物中基体的分子量对于共混物的力学性能有很重要的影响。

② MFR 对共混物屈服应力的影响　由图 4-18 可以看出，共混物中 PP 的 MFR 改变对共混物的屈服应力影响很小。

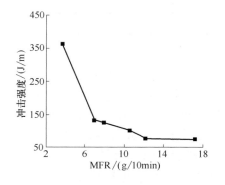

图 4-17　MFR 对共混物冲击强度的影响　　图 4-18　MFR 对共混物屈服应力的影响

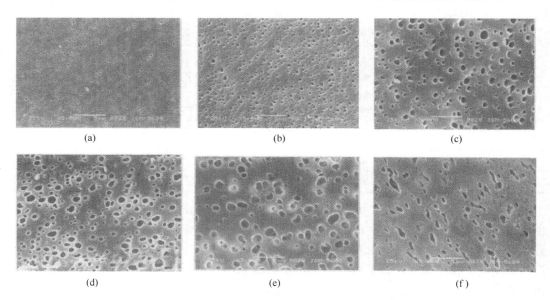

(a)　　　　　　　　　(b)　　　　　　　　　(c)

(d)　　　　　　　　　(e)　　　　　　　　　(f)

图 4-19　PP/POE 共混物不同 MFR 下相形态 SEM 照片

MFR/（g/10min）：（a）2.6；（b）7.0；（c）8.0；（d）10.8；（e）12.2；（f）17.2

③ 不同MFR共混物的相形态　从图4-19可以看出,随着共混物中基体MFR的降低,共混物中分散相的相区尺寸明显增大。这是由于随着PP分子量的降低,基体与分散相的黏度比发生变化,造成两者的黏度比不匹配,并且随着PP的降解程度加大,二者黏度差距变得越来越大。因此,共混物中分散相的尺寸变得越来越大,当MFR达到17.2g/10min时,共混物中橡胶相的形状已经变得不规则。共混物冲击强度的下降是由于基体分子量的降低引起的。

4.5.3.2　黏度比对聚丙烯/聚烯烃弹性体共混物性能的影响

由于大部分PP材料的加工温度在200℃左右,因此采用接近工业加工条件的温度（200℃）下的熔融黏度比进行研究更具有应用价值。从图4-20可以看出,不同$\dot{\gamma}$下的黏度比是不同的。对于大部分双螺杆挤出机来说,$\dot{\gamma}$都在300s^{-1}以上,因此虽然不同$\dot{\gamma}$下的黏度比不同,但是$\dot{\gamma}$在300s^{-1}以上时的黏度比在某一范围内可以认为是一个常数,此时,V1、V2、V3的黏度比平均值分别为4.22、2.03、0.55。

从表4-7可以看出,共混物的弯曲模量和弯曲强度随着黏度比的下降而下降,这说明黏度比对材料的刚性具有显著的影响。这种影响本质上是弹性体的刚性较低所致。共混物的断裂伸长率随着黏度比的降低呈现由高到低再到高的变化,拉伸强度随着黏度比的降低呈现由

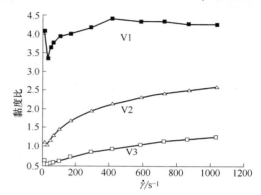

图4-20　PP/POE在200℃下的黏度比

低到高再到低的变化。黏度比接近2.00时,断裂伸长率最小,拉伸强度最大。这说明黏度比与分子缠结有关,在宏观上表现为黏度比对拉伸性能的影响。黏度比过高或过低不利于拉伸强度,因为黏度差异越大,分散相倾向于聚集,在拉伸时更加容易屈服。黏度差异越大,越有利于断裂伸长率的提高,这是因为分散相的聚集虽然使材料更容易屈服,但在屈服之后分子间结合力更大。共混物常温和低温Izod缺口冲击强度均随着黏度比的下降而下降,黏度比小于2.00时,Izod缺口冲击强度远低于黏度比大于2.00的时候。这说明,黏度比对材料的Izod缺口冲击强度影响是明显的。因此共混物的Izod缺口冲击强度取决于黏度比。

表4-7　黏度比与拉伸性能、冲击强度、弯曲性能的关系

项目		V1	V2	V3
拉伸强度/MPa		24.2	24.8	24.5
断裂伸长率/%		66.1	53.6	61.5
Izod 缺口冲击强度 / (J/m)	23℃	700.6	620.4	615.3
	−30℃	600.2	450.3	347.8
弯曲模量/MPa		875.3	805.6	752.5
弯曲强度/MPa		23.4	21.7	20.5

从图 4-21 看出，整体上黏度比越大，断面的表面越粗糙，黏度比接近 2.00 时共混物的断面最光滑，这说明黏度比对材料的相结构有很大影响。这是因为黏度差别越大，材料在混合的时候均匀分布的概率越小。

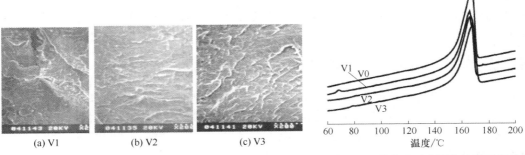

(a) V1　　　　　　(b) V2　　　　　　(c) V3

图 4-21　黏度比对共混物相形态影响的 SEM 照片（×200）　　图 4-22　黏度比对共混物熔融过程的影响

从图 4-22 看出，熔点由高到低依次为 V3、V2、V1，这说明黏度比越低，共混物熔点越高。主要原因是 POE 的分子量低，从而在共混过程中更容易深入到 PP 分子中，阻碍了分子运动。黏度比越低，结晶温度越高，结晶焓变越大，说明黏度比对共混物结晶有很大影响。

4.5.3.3　螺杆转速对聚丙烯/聚烯烃弹性体共混物性能的影响

共混组分的熔体黏度对混合过程及分散相的粒径大小有着重要的影响，这是共混工艺中需要考虑的重要因素。分散相物料宏观破碎能的减小，可以使分散相平均粒径减小。而宏观破碎能又取决于分散相物料的熔体黏度及黏弹性。降低分散相物料的熔体黏度可以使宏观破碎能降低，进而使分散相粒子易于被破碎、分散。换言之，降低分散相物料的熔体黏度将有助于减小分散相的粒径。另一方面，外界作用于分散相粒径的剪切力是通过连续相传递给分散相的，因而提高连续相的黏度有助于降低分散相的粒径。因此混炼条件（主要包括混炼温度、螺杆转速及喂料速率等）对 PP/POE 共混物的性能有着重要的影响。在共混过程的初始阶段占主导地位的是破碎过程，而随着分散相粒径变小，分散相粒子数目增多，聚集过程的速率就会增大。反之，对于破碎过程而言，由于小粒子比大粒子难以破碎，所以随着分散相粒径的变小，破碎过程的速度会逐渐降低。于是在破碎过程与集聚过程之间就可以达到一平衡值。图 4-23 为不同螺杆转速下 PP/POE 共混物相形态的 SEM 照片。从图 4-23 可以看出，POE 的粒径随着螺杆转速（剪切力）的提高而不断变化，当螺杆转速达到 110r/min 时，POE 的粒径达到最小值，而后继续增加转速时粒径开始增大。

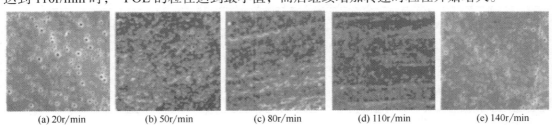

(a) 20r/min　　　(b) 50r/min　　　(c) 80r/min　　　(d) 110r/min　　　(e) 140r/min

图 4-23　不同螺杆转速下 PP/POE 共混物相形态的 SEM 照片

图 4-24 为 POE 粒径对 PP/POE 共混物缺口冲击强度的影响。由图 4-24 可以看出，共混物的缺口冲击强度随着 POE 粒径的增大而降低，且在 POE 的粒径约增大到 261 nm 时发生了脆韧转变，这一实验结论与 Wu 理论相一致。

图 4-25 为螺杆转速与 PP/POE 共混物缺口冲击强度的影响关系曲线。由图 4-25 可以看出，PP/POE 共混物的缺口冲击强度随着螺杆转速的增大而变化，当螺杆转速达到 110r/min 时缺口冲击强度达到最大值，而后其缺口冲击强度又开始降低，这与其相形态有很好的相关性。

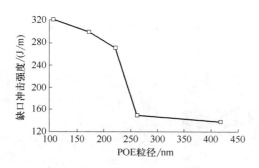 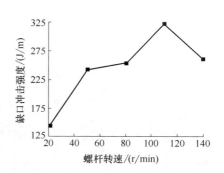

图 4-24　POE 粒径对 PP/POE 共混物缺口
冲击强度的影响

图 4-25　螺杆转速对 PP/POE 共混物缺口
冲击强度的影响

4.5.3.4　聚烯烃弹性体与无机粒子协同改性聚丙烯

弹性体的加入能显著提高 PP 的韧性，但强度却大幅下降。20 世纪 80 年代以后，在聚合物中同时添加弹性体和无机粒子形成三元复合体系，得到兼具高强度和高韧性的复合材料。无机纳米粒子由于表面缺陷少、非配对原子多、比表面积大，与 PP 发生物理或化学结合的可能性大，近几年已成为 PP 改性的"热点"材料。纳米 $CaCO_3$ 价格较低，改性效果显著。图 4-26 显示，随着纳米 $CaCO_3$ 含量的增加，共混体系的冲击强度和 MFR 均先上升后下降，PP1/POE（20%）体系中添加 3% 的纳米 $CaCO_3$ 缺口冲击强度比添加 1% 时高 17.1%；对于 PP2/POE 体系，添加 3% 左右的纳米 $CaCO_3$ 缺口冲击强度比添加 1% 时高 46%，表明对 PP2/POE（20%）体系增韧效果更好。而纳米 $CaCO_3$ 对共混体系 MFR 的影响也存在最佳值，对 PP1/POE（20%）和 PP2/POE（20%）两种共混体系的影响趋势相似。POE、纳米 $CaCO_3$ 对 PP 增韧具有协同作用，体系中 POE 的存在使体系黏度上升，在剪切塑化过程中，体系受到的剪切作用增强，使纳米 $CaCO_3$ 不易团聚，从而形成众多微小的应力集中源，引发微裂纹，充分吸收冲击能。另一方面，由于纳米 $CaCO_3$ 表面活性高，与 PP 的界面接触好，银纹在树脂中扩散时受到纳米 $CaCO_3$ 的阻碍和钝化，改善了材料的抗裂纹扩展能力，有效抵抗了大分子的移位、错位，有利于材料冲击强度的提高。同时纳米 $CaCO_3$ 在体系中充当了小分子润滑剂的作用，减小了流动阻力，使体系流动性增强。但当纳米 $CaCO_3$ 超过一定量后，趋于团聚形成较大颗粒，颗粒间相互碰撞摩擦产生流动阻力，导致体系流动性下降。

图 4-27 分别为纯 PP1（a）、PP1/POE=80/20（b）、PP1/POE/纳米 $CaCO_3$=75/20/5（c）的偏光显微镜照片，放大倍数为 200 倍。

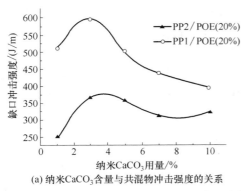
(a) 纳米CaCO₃含量与共混物冲击强度的关系

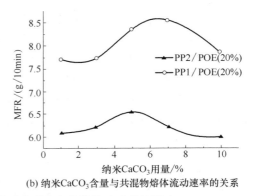
(b) 纳米CaCO₃含量与共混物熔体流动速率的关系

图 4-26　纳米 $CaCO_3$ 的用量对共混物冲击强度和熔体流动速率的影响

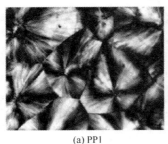
(a) PP1

(b) PP1/POE(质量比80/20)

(c) PP1/POE/纳米 $CaCO_3$ (质量比75/20/5)

图 4-27　PP 及其共混物的偏光显微镜照片

由图 4-27（a）可以看出，纯 PP 的球晶在偏光显微镜下显示出典型的 Maltese 黑十字，球晶的结构规整，球晶边界为清新的多边形。弹性体 POE 的加入严重破坏了 PP 球晶的规整性，相邻球晶之间的无定形成分的大量存在使球晶之间的界面出现模糊和参差不齐，图 4-27（b）显示，PP 在结晶过程中将 POE 相排斥在球晶之外，弹性体相主要积聚在球晶之间的界面处。当弹性体含量较高时，弹性体不仅存在于球晶的边界，而且还分布于球晶的内部，同时共混物中 PP 球晶的尺寸明显减小，这充分说明 POE 对 PP 晶粒有细化作用和球晶生长的阻碍作用。球晶越小，PP 材料的冲击强度越大，因此弹性体 POE 的加入有利于提高体系的冲击强度。PP 结晶形态也影响材料的强度和模量，弹性体对结晶的破坏必然使共混物拉伸强度、弯曲强度下降，断裂伸长率则增加。由图 4-27（c）可见，PP/POE 共混体系中添加纳米 $CaCO_3$ 后，球晶的尺寸急剧变小，球晶的结构也很不完善，球晶边界变得非常模糊。PP 熔体中的纳米 $CaCO_3$ 粒子充当成核剂，有利于 PP 异相成核，同时也提高 PP 晶核密度。因此，对于具有相同结晶度的 PP 材料来说，纳米 $CaCO_3$ 改性 PP 的球晶尺寸明显小于纯 PP，体系冲击强度增加，进一步证明纳米 $CaCO_3$ 的加入对 PP 基体起增韧改性作用。

以 PP、POE、四针状氧化锌晶须（T-ZnOw）为原料，制备 PP/POE/T-ZnOw 复合材料，研究发现：T-ZnOw 能诱导 PP β 晶的生成（在快速冷却的条件下 POE 也能诱导生成 β 晶型）。随着 T-ZnOw 含量的增加，PP/POE/T-ZnOw 复合材料的冲击性能不断提高，T-ZnOw 含量为 20% 时，体系的冲击强度比纯 PP 提高了 82.5%；拉伸强度和断裂伸长率先增加后降低。T-ZnOw 的加入还能很好地改善复合材料的熔体流动性能。图 4-28 是 PP/POE/T-ZnOw 共混物的 WAXD 图，图 4-28（a）、（b）中的试样是注射成型制得的，冷却快，而（c）中的试样是经熔融后压膜缓慢冷却而制得的。从图 4-28（a）可以看出，PP 的 WAXD 图上呈现 5 个尖锐的衍射峰，即 PP 的 α 晶型，位置分别在 $2\theta=13.95°$、$16.77°$、$18.37°$、$21.06°$和 $21.54°$处，对应的晶面为（110）、（040）、（130）、（111）和（131）；而 β 晶型的晶面（300）几乎看不到。与纯 PP 相比，图 4-28（a）、（b）中 PP/T-ZnO$_w$、PP/POE/T-ZnO$_w$ 的 WAXD 图在 $2\theta=15.90°$附近多出一个衍射峰，即 β 晶型的晶面（300），可见 T-ZnO$_w$ 可以诱导 β 晶型的生成。在同一实验条件下纯 PP 没有 β 晶型生成，而图 4-28（b）中 PP/POE 的 WAXD 图却可以看到 β 晶型的衍射峰，这说明在快速冷却的情况下 POE 也能诱导 PP 生成 β 晶型。在图 4-28（c）中也看不到 β 晶型的衍射峰，也就是说在缓慢冷却的条件下 POE 不能诱导 PP 生成 β 晶型。

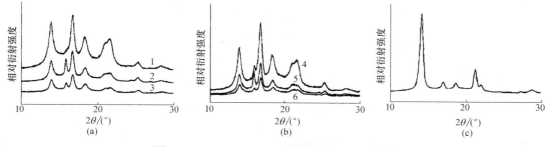

图 4-28　PP/POE/T-ZnO$_w$ 共混物的 WAXD 曲线

（a）、（b）注射成型；（c）缓慢冷却，PP/POE（15%）

1—纯 PP；2—PP/T-ZnO$_w$（10%）；3—PP/T-ZnO$_w$（20%）；4—PP/POE（15%）；

5—PP/POE/T-ZnO$_w$（10%）；6—PP/POE/T-ZnO$_w$（20%）

　　弹性体 POE 的加入会影响 PP 的流动性，使其熔体流动性降低。但是，加入 T-ZnO$_w$ 后，PP/POE/T-ZnO$_w$ 复合体系的熔体流动性有所改善，但当 T-ZnO$_w$ 的含量大于 15% 时，体系的熔体流动性下降。

4.5.3.5　超声作用对聚丙烯/聚烯烃弹性体共混物性能的影响

　　超声辐照挤出是新近发展的技术，在超声辐照作用下，可提高聚合物之间的作用力，从而提高聚合物-聚合物相容性，制备出性能优异的聚合物共混材料。图 4-29 是不同 POE 质量含量的 PP/POE 共混体系在不同超声功率作用下的表观流动曲线。由图可以看出，PP/POE 共混体系的表观黏度随表观剪切速率的增大而下降，呈现明显的非牛顿型流体行为。在相同的剪切速率下，熔体的表观黏度随超声功率的增大而降低，且剪切速率越低，黏度下降越大。

　　当螺杆转速不变时，随超声功率的增大，挤出口模压力降低；当维持口模压力不变时，超声辐照使挤出物流量增大。超声功率越大，挤出物流量增加越多，大大提高了挤出效率。表 4-8 是不同超声波作用强度下 PP/POE 的力学性能。由表 4-8 可知，超声辐照对共混物的屈服强度影响不大，但对共混物的悬臂梁缺口冲击强度有较明显的影响，超声功率在 100W 或 150W 时冲击强度达到最大值。以 PP/POE=90/10 为例，在 100W 的超声功率作用下，共混物的冲击强度为 16.36kJ/m²，是无超声作用时的 1.38 倍，表明超声波对 POE 增韧 PP 起到协同增韧的作用。

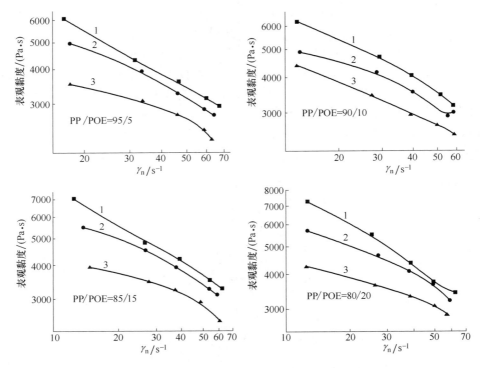

图 4-29 不同 POE 质量含量的 PP/POE 共混体系在不同超声功率作用下的表观流动曲线（195℃）

1—0W；2—100W；3—200W

表 4-8 不同超声波作用强度下 PP/POE 的力学性能

UI/W	95/5		90/10		85/15		80/20	
	IS/（kJ/m²）	YS/MPa	IS/（kJ/m²）	YS/MPa	IS/（kJ/m²）	YS/MPa	IS/（kJ/m²）	YS/MPa
0	8.00	32.55	11.88	31.51	31.13	29.30	41.46	26.92
50	10.05	32.74	15.29	31.23	32.55	28.96	43.01	26.44
100	10.44	32.93	16.36	31.19	32.85	28.96	43.85	26.53
150	10.13	33.02	15.63	31.27	33.37	28.70	45.37	26.54
200	9.41	33.12	13.59	31.28	31.77	28.26	44.09	26.66

注：UI—超声波作用强度；IS—Izod 缺口冲击强度；YS—拉伸屈服强度。

随超声功率增大，PP 结晶度进一步降低，表明超声振动促进了 POE 阻碍 PP 的结晶，原因可能是超声作用改善了 POE 在 PP 基体中的分散情况，POE 粒子粒径变小，使得 PP 与 POE 的界面面积增大，POE 分子的热运动阻碍了 PP 分子链排入晶格，从而使 PP 的结晶度降低。另外，POE 加入后，在 150℃左右出现一个较明显的肩峰。一般认为是 PP 的 β 晶峰。在超声作用下肩峰依然存在，表明 POE 的加入对 β 晶的生成有诱导作用，而 β 晶能提高材料的冲击强度。PP/POE 共混物呈两相结构，引入超声辐照作用后，分散相 POE 颗粒的粒径均有不同程度的减小，颗粒在基体中分布均匀性提高，表明与基体的相容性增大，这也是共混体系冲击性能得到明显提高的原因。

4.5.4　动态硫化聚丙烯/聚烯烃弹性体

动态硫化是指在聚合物共混过程中同时进行橡胶相的硫化，其制备的热塑性弹性体具有优良的性能。开发最早、最成功的是动态硫化法 PP/EPDM 热塑性弹性体，已得到了商业化广泛应用。POE 与 EPDM 相比，材料的弹性、力学性能等基本相近，而 POE 则具有更卓越的熔接强度、良好的分散性和成型性好、且价格相对较低，还具有良好的可交联特性。因此 POE 可以替代 EPDM 与 PP 进行动态硫化制备性能优异的新型热塑性弹性体。

POE/PP 动态硫化热塑性弹性体的相结构仍属于"海-岛"结构，海相（连续相）为 PP，岛相（分散相）为动态硫化的 POE。遵循橡塑共混原理，共混物中分散相的粒径大小对共混物的性能影响很大，在最佳粒径范围内，粒径小时，对共混物的物理性能有较好的贡献。POE 的粒径比 EPDM 小，且尺寸较均匀。有研究人员以过氧化二异丙苯（DCP）为硫化体系，对动态硫化 POE/PP 热塑性弹性体做了一系列研究。发现：随 DCP 用量的增加，POE/PP 体系的交联密度增大，而断裂伸长率、永久变形和拉伸强度下降。在此基础上，继续探索了 DCP/硫黄和 DCP/异氰尿酸三烯丙酯（TAIC）两种硫化体系对动态硫化 POE/PP 性能的影响。研究发现：DCP 用量在一定范围内，助交联剂硫黄对 POE/PP 体系才有较好的补强作用。2,5-二甲基-2,5-双（过氧化叔丁基）（DBPH）也可用作为 PP/POE 动态硫化的交联剂，加工条件、POE/PP 比例、交联剂含量对动态硫化 POE/PP 热塑性弹性体的微观形态及性能具有较大的影响。加工时间越长，POE 交联颗粒越小；转速加快和温度升高，使材料的交联加快，导致材料中出现团聚；随着 POE 含量的增加，交联 POE 的颗粒变大；交联剂含量越多，材料中的交联颗粒越多且越均匀，加入助交联剂可以使材料的形态变得更加致密。有人研究了两种过氧化物硫化剂 DCP 和双叔丁基过氧化异丙苯（BIPB），以及两种助硫化剂 TAIC/N, N'-（1,3-亚苯基）双马来酰亚胺（HVA-2）对体系的影响。研究发现：2 份左右的过氧化物 POE 在 PP 中分散较好。HVA-2 和 TAIC 并用比为 4 : 1 时，体系的力学性能最好。还有人研究了三种不同助硫化剂三羟甲基丙烷三甲基丙烯酸酯（TMPTMA）、TAIC、HVA-2。研究发现：三种助硫化剂均能提高 PP/POE 的交联程度，其中 TAIC 对定伸应力、拉伸强度的提高影响最大，而 TMPTMA 对断裂伸长率、撕裂强度、压缩永久变形的影响最大。TAIC 是一种具有 3 个烯丙基的化合物，它不仅可通过悬挂烯丙基在 PP 主链上进行接枝，还可通过自身的环化聚合产物与 PP 形成共交联，形成复杂的交联网络，从而促进 PP 的交联。然而，当 DCP 用量过高时，其分解产生的自由基部分会直接与 TAIC 反应，使体系中用来防止断链、稳定 PP 大分子自由基的 TAIC 被消耗，从而一定程度上减弱了 DCP 对 PP 降解作用的影响因此，因此，助交联剂 TAIC 的加入会加强 DCP 对 POE 的交联作用。

共混物的拉伸强度随 POE 用量的增加呈逐渐下降的趋势。由于 POE 的强度要低于 PP，当二者共混后，体系的拉伸强度必然降低。同时 POE 属于非晶体，POE 加入到 PP 基体中，会改变 PP 分子链的排列，PP 的结晶度降低，共混物拉伸强度下降。随着 POE 含量的增加，共混物的断裂伸长率呈上升趋势，随后趋于平稳。这是因为弹性体模量低，易于发生形变，聚合物中加入弹性体 POE 时，使断裂伸长率增大。当 POE 含量继续升高时，材料的断裂伸长率增大幅度减小，可能是由于分散相的 POE 平均粒子尺寸增大，POE 得不到理想的分散状态而产生颗粒聚集，拉伸时出现应力集中从而影响了断裂伸长率。对于PP/POE 共混物，质量比为 100/40 时，共混物的综合力学性能较佳。

动态硫化工艺对 PP/POE 热塑性弹性体性能也具有较大的影响。当螺杆转速从 200r/min 提高到 400r/min 时，交联粒子的粒径从 5~6μm 减小为 1~2μm；当螺杆转速由 400r/min 提高到 600r/min 时，交联粒子出现集聚现象。分析认为，当螺杆转速从 200r/min 提高到 400r/min 时，分散相的破碎分散和共混体系均化程度提高，交联粒子的粒径减小，交联程度提高；当螺杆转速超过 400r/min 时，由于交联粒子不断增多，粒子之间相互碰撞而发生聚集的概率提高，交联粒子的粒径增大。随着螺杆转速的提高，POE/PP 热塑性弹性体的定伸应力、拉伸强度、拉断伸长率和撕裂强度均呈先增大后减小的趋势，压缩永久变形先减小后增大。分析认为，螺杆转速的变化不仅改变物料受到剪切力的大小，对熔体黏度、界面张力和硫化时间都有影响。当螺杆转速在 400r/min 以下时，随着螺杆转速的提高，交联粒子粒径减小，体系中分散相与连续相间的黏合点增多，有利于两相协同承受外界作用力，使热塑性弹性体的物理性能提高；当螺杆转速在 400r/min 以上时，随着螺杆转速的提高，虽然硫化速率提高，但体系的降解程度也明显增大，同时热塑性弹性体为剪切变稀流体，连续相 PP 黏度降低，不能很好地传递剪切应力，此外过高的螺杆转速使物料在料筒内的停留时间大大缩短，造成交联不充分，最终导致热塑性弹性体物理性能下降。当硫化温度从 190℃提高到 210℃时，交联粒子出现严重的聚集现象。根据 Tokite 提出的分散相平衡粒径公式可知，在一定的剪切速率和分散相体积分数条件下，体系的黏度将影响分散相平衡粒径的大小，黏度越大，分散相粒子粒径越小，而 Arrehnius 方程表明熔体黏度随着温度的升高而降低，因此随着动态硫化温度的升高，交联粒子的粒径不断增大。随着硫化温度的升高，POE/PP 热塑性弹性体的定伸应力和拉伸强度先增大后减小，但总体变化幅度不大。随着硫化温度的升高，硫化速率增大，可提高生产效率。但是较高的硫化温度易引起大分子链断裂，同时使熔体黏度大幅度下降，PP 连续相不能很好地传递剪切力，导致分散相粒径变大，从而影响热塑性弹性体的性能。此外，硫化温度过高或过低均不利于热塑性弹性体的耐热空气老化性能。

在 PP/POE 动态硫化体系中也可加入胶粉。胶粉中含有防老剂，具有一定的弹性和耐磨、抗滑等性能，可用于铺路材料、防震材料、密封材料、黏合剂及各种橡胶制品等的制备，生产及应用展现出良好的前景。胶粉改性树脂因具有很高的性价比和突出的环保效应而越来越受到重视。加入胶粉后 PP/POE 动态硫化热塑性弹性体的拉伸强度明显提高，特别是当 POE/胶粉并用比为 20/40 时，热塑性弹性体的拉伸强度从 7.99 MPa 提高至 11.36 MPa。此外，动态硫化前，热塑性弹性体的拉伸强度随着胶粉用量的增大急剧下降，由 12.21 MPa 下降至 7.46MPa；而动态硫化后，随着胶粉用量的增大，热塑性弹性体的拉伸强度下降趋势减缓。造成这种变化的主要原因是适量硫化剂 DCP 可使材料形成网络结构，同时由于采用动态硫化法，POE 与胶粉粒子在剪切力作用下均匀分散在基体树脂中，提高了体系的强度。另一个原因是胶粉经过漫长的老化，交联密度不均匀，在加工过程（如再生和混炼）中产生了低交联表面，此时加入一定量的硫化剂，既提高了胶粉表面的交联度，又增强了胶粉与 PP 基体间的化学作用，对材料强度的提高有一定贡献。热塑性弹性体的断裂伸长率和撕裂强度的变化趋势与拉伸强度相同，动态硫化后均明显提高。拉断永久变形有所减小。硬度受动态硫化影响不大。在动态硫化 PP/POE/胶粉热塑性弹性体中，交联 POE 和胶粉为分散相，PP 为连续相，使得材料具有可反复加工利用的特性，经过多次的热塑加工、成型后仍能保持较高的物理性能和较好的热稳定性，说明所制备的动态硫化 PP/POE/胶粉热塑性弹性体具有较好的再加工性能。

4.6
聚丙烯与三元乙丙橡胶的共混

为改善 PP 的冲击性能、低温脆性，可在其中掺入一定量的乙丙共聚物，即制取 PP/二元乙丙橡胶（EPR）共混物。但此种共混物的耐热性及耐老化性能有所下降，另一种常用作 PP 改性的是含有二烯烃成分的 EPDM，PP/EPDM 的耐老化性能超过 PP/EPR 共混物。IPP 和 EPR 以及 EPDM 一般是不相容的，因此它们的共混物具有多相的形态结构。在相同的共混工艺条件下，组成比及不同聚合物组分的熔融黏度差决定着此种共混物的形态。当 PP 与 EPR 以及 EPDM 具有相近的熔融黏度时，所制共混物的形态结构较均匀；当各组分熔融黏度不同，若 EPR 黏度低于 PP，则 EPR 可以被很好地分散。相反，若 EPR 黏度高于 PP，则 EPR 的相畴粗大，且基本呈球形。在 PP/EPR 共混比例为 40/60~60/40 范围出现相转变，即在此范围内，两组分均为连续相。

4.6.1 三元乙丙橡胶增韧聚丙烯的机理

EPDM 是较早用于增韧 PP 的橡胶，对提高 PP 的韧性具有较好的效果。J3080P（三元乙丙橡胶，中国石油集团吉化公司产品）可以明显提高 PP1300（北京燕山石化总公司）和 PP1847（北京燕山石化总公司）的冲击强度，J3080P 对 PP1300 的增韧效果要优于 PP1847。对于 PP1300/EPDM 体系，材料的常温冲击强度和低温冲击强度都随着 EPDM 用量增加而提高，常温下发生脆韧转变所需的 EPDM 用量比低温下发生脆韧转变所需用量低，前者所需 EPDM 用量为 10~20 质量份，后者为 20~30 质量份。对于 PP1847/EPDM 体系，随着 EPDM 用量增加，材料的低温冲击强度提高，而常温冲击强度先提高，当 EPDM 用量为 40 质量份时，反而略有下降，发生脆韧转变所需的 EPDM 用量都为 20~30 质量份。当 EPDM 用量为 40 质量份时，两种共混体系的低温冲击强度高于常温冲击强度。根据银纹-剪切带理论，分散相的弹性体微粒作为大量的应力集中点，在受到外力强大冲击时，在 PP 中引发银纹和剪切带，随着银纹在其周围支化进而吸收大量的冲击能量；同时由于大量银纹之间应力的相互干扰，降低了银纹端的应力，阻碍了银纹的进一步发展，使材料的韧性大大提高。对于 PP1847/EPDM 体系，材料受冲击时引发银纹和剪切带的效果相对差些。加入 20 质量份和 30 质量份 EPDM，材料的常温冲击断面都没有出现明显的细小沟槽或粗大的裙边带状沟槽；当 EPDM 用量为 20 质量份时，橡胶的分散尺寸约为 1μm，并有极少数的橡胶粒子从冲击断面脱落。

茂金属催化聚合所得的三元乙丙橡胶（mEPDM）和传统 EPDM 对 PP 有不同的增韧

效果。PP/mEPDM 的相容性优于 PP/EPDM，PP/mEPDM 增韧剂临界质量分数小，断裂伸长率高，脆韧转变区间远小于 PP/EPDM 共混物。

4.6.2　三元乙丙橡胶与聚烯烃弹性体增韧聚丙烯的对比

图 4-30 显示了 PP/POE、PP/EPDM（弹性体质量分数为 15%）共混物的转矩对时间的变化曲线及两种弹性体 POE、EPDM 的用量对体系 MFR 的影响。

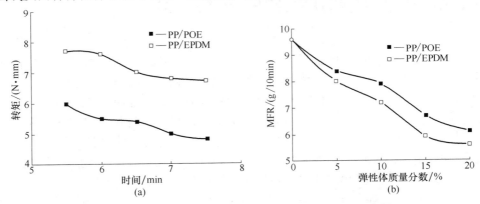

图 4-30　PP/POE、PP/EPDM 转矩对时间的变化曲线及熔体流动曲线

由图 4-30（a）可以看出，共混物的转矩大小为 PP/POE<PP/EPDM，说明当使用 POE 作为 PP 的冲击改性剂时，共混物更易加工成型，消耗能量更低。这是由于 POE 是在茂金属催化剂下采用限定几何技术聚合而成，具有窄分子量分布和长链支化结构，使 POE 具有较强的剪切敏感性和优异的加工流变性能。由图 4-30（b）可以看出，随着弹性体含量的增加，MFR 呈下降趋势，表明随着弹性体含量的增加，体系加工性能变差。这是因为弹性体本身 MFR 较低，它的加入使共混体系的内摩擦阻力增大，导致聚合物分子链之间的相对运动更加困难，从而降低了体系的流动性。按照流变学的原理解释，共混时弹性体以微小的液滴分散在 PP 熔体中，在不考虑两相之间化学联结的最简单情况下，PP 连续相剪切场中小液滴的存在扰乱了流线，因而使体系耗散额外的能量，这种附加的能量耗散表现为黏度的增大及 MFR 值的下降。当弹性体用量相同时，POE 体系的 MFR 高于 EPDM 体系，进一步说明了用 POE 改性 PP 更具有加工优势。

由图 4-31 可以看出，随弹性体含量的增加，冲击强度呈上升趋势。弹性体对 PP 的增韧存在一个临界含量，只有超过这个临界含量，弹性体才表现出明显的增韧效果，对于 PP，POE 的脆韧转化点在 10%，而 EPDM 在 15%，换言之要达到相同的增韧效果，所需 POE 的用量要小于 EPDM。当弹性体质量分数为 15% 时，POE 体系的冲击强度明显高于 EPDM 体系。

两体系的屈服强度和弯曲强度均随弹性体用量的增加而提高，而 EPDM 体系的降低幅度略微大于 POE 体系，在弹性体的质量分数为 20% 时，PP/POE 和 PP/EPDM 共混体系试样冲击断面 SEM 照片如图 4-32 所示。

由图 4-32 可见，EPDM 以比较规则的球状粒子分布于 PP 基体中（图中空洞由橡胶粒子脱落所致），形成了典型的"海-岛"结构，并且空洞与连续相 PP 界面较为清晰，说明

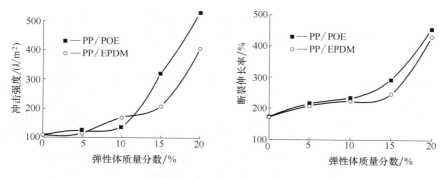

图 4-31　PP/POE、PP/EPDM 冲击强度和断裂伸长率曲线

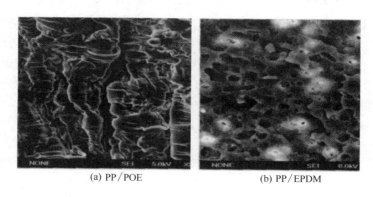

(a) PP/POE　　　　　　　(b) PP/EPDM

图 4-32　PP/POE 和 PP/EPDM 共混体系冲击断面的 SEM 照片

EPDM 粒子与连续相 PP 的界面黏结力较小,其断面相对于 POE 体系来说较光滑平整,断裂特征显示出较大的脆性。而 POE 是以片状或条状等很不规整的形状分布于 PP 基体中的,共混物两相之间形成了互锁的网络结构,在弹性体相间有 PP 微纤相连,断面粗糙,呈现典型的韧性断裂。因此 POE 用作 PP 的增韧剂,具有明显的优势(这与前面的实验结论是一致的)。

4.6.3　动态硫化法制备聚丙烯/三元乙丙橡胶热塑性弹性体

　　EPDM 是传统的橡胶,而 PP 是传统的塑料,二者通过共混和动态硫化可制备出性能优异的热塑性弹性体,这是橡塑并用的典型例子。PP/EPDM 是最早应用于实际并走向市场的一类热塑性弹性体,它既具有传统橡胶的性质,又能用热塑性塑料加工设备和方法进行加工。动态硫化是制备新型热塑料弹性体的一种新方法,由于这种方法制得的热塑料弹性体具有良好的性能,甚至在某些性能上优于嵌段共聚热塑料弹性体。用这种方法制备热塑料弹性体并不需要合成新聚合物,而只需将现有聚合物进行共混,因此节约了开发新聚合物品种时的巨额资金投入。制备动态硫化热塑性弹性体的关键技术在于共混体系相畴大小、形态结构和橡胶相粒径的控制方法和手段。PP/EPDM 中 EPDM 的交联程度是影响相形态的一个重要因素。只有当共混体系中 EPDM 有适宜的交联程度,EPDM 才易被剪切成微米级颗粒时才能制得性能好、具有传统橡胶特征的 PP/EPDM 热塑性弹性体。PP/EPDM 热塑性弹性体具有优异的综合性能，如加工成型方便、边角废料可回收利用、设备投资少、耐热性好、耐化学腐蚀性好、耐溶剂性及电绝缘性良好等，被广泛用于汽车配件、电线电缆、土木建筑、家用电器等行业，逐渐取代传统橡胶。

热塑性弹性体材料应用于电子电器、电缆包覆、家用建材等领域时，许多场合下需要较高的阻燃性能。但是 PP／EPDM 热塑性弹性体材料中，PP 和 EPDM 的极限氧指数（LOI）只有 18%左右，极具易燃性，因而需要对其进行阻燃改性。卤系阻燃剂在燃烧过程中会产生卤化氢气体影响人体健康，而无机氢氧化物阻燃剂往往需要较高的添加量才能实现较高要求的阻燃性能，对基体性能破坏明显，因此新型的无卤阻燃剂改性热塑性弹性体越来越得到重视。无机磷-氮锌系阻燃剂（FP2200S）制备无卤阻燃 PP/EPDM 热塑性弹性体材料。当阻燃剂质量分数为 25%时，在试样厚度 3.0mm 下，热塑性弹性体阻燃等级能达到 UL94V-0 级，可满足建材行业的一般要求；当阻燃剂质量分数达到 35%时，在试样厚度 1.5mm、3.0mm 下其阻燃等级均能达到 UL94V-0 级。采用膨胀型阻燃剂与阻燃协效剂的复配形式，用于制备阻燃型热塑性弹性体材料。其中，选用包覆次磷酸铝（酸源）：三聚氰胺氰尿酸盐（气源）：三嗪类大分子（碳源）质量比为=1：0.5：0.3 和阻燃协效剂有机蒙脱土质量分数为 0.5%的阻燃剂配方。当阻燃剂质量分数为 35%时，阻燃热塑性弹性体材料阻燃等级可以达到 UL 94V-0 级，且经过恒温恒湿 70℃、168/h 处理后力学性能稳定，耐水解性能优异。研究人员以 2-羟乙基甲基丙烯酸酯磷酸酯（HEMAP）和氧化镧（La_2O_3）为原料，制备出动态硫化的 2-羟乙基甲基丙烯酸酯磷酸镧盐（La PMA）补强的 PP／EPDM 热塑性弹性体，然后再加入双环笼状磷酸酯（PEPA），研究了 La PMA 和 PEPA 的质量比对材料阻燃性能的影响。当 La PMA 和 PEPA 的总质量分数为 20%，La PMA 与 PEPA 质量比为 12.8：1时，热塑性弹性体材料的 LOI 提高至 28.5%，且材料的力学性能和热稳定性能最佳。由于行业标准的差异，材料的阻燃等级要求也有所不同，通过调整阻燃剂的添加量，可以制备出阻燃等级不同的热塑性弹性体材料。其中，无卤膨胀型阻燃剂改性的热塑性弹性体材料，因其阻燃效果好、环保、力学性能稳定等优点，被广泛应用于汽车密封、电线电缆、家用电器等行业，具有很强的市场竞争力。

4.6.3.1 动态硫化法制备聚丙烯/三元乙丙橡胶热塑性弹性体的影响因素

制备动态硫化 PP/EPDM 热塑性弹性体的影响因素可归纳如下几点：

① 树脂组分特征的影响　在橡胶表面能相近的条件下，选择 MFR 小（即分子量大）且结晶度高的 PP 树脂作为基体制备的热塑性弹性体性能最好，且随着 PP 的 MFR 增大，热塑性弹性体的耐溶胀性、耐压缩性下降。

② 橡胶相组分特征的影响　橡胶相 EPDM 的交联速率增大，则交联效应增大，橡胶相平均粒径减小，交联密度增大，热塑性弹性体的耐压缩性、耐溶胀性提高，且体系微观相态较均匀，具有较好的加工形态稳定性。但若 EPDM 的交联速率过高，橡胶相在反应挤出后期易发生硫化返原，使交联密度减小，导致制品的力学性能不佳。所以 EPDM 的交联速率应适宜。橡胶相粒径小，交联密度高，热塑性弹性体拉伸强度大，断裂永久变形低。EP 热塑性弹性体的橡胶相平均粒径在 0.05μm 以下，由于橡胶相粒子已足够小，此时橡胶相粒径对 PP 基体结晶度的影响起了主要作用。橡胶相粒径越小，橡塑界面面积越大，使得 PP 基体的结晶度越低，故热塑性弹性体的拉伸强度和断裂能减小，断裂伸长率和断裂

永久变形减小。所以 EPDM 应以合适的粒径分布在 PP 基体中才能制得性能良好的热塑性弹性体。

③ 橡塑比的影响　随橡塑比减小（即 PP 含量增加），EPDM 交联度下降。这是因为 PP 对硫黄及硫化剂有稀释作用，同时在高温过程中硫黄挥发损失。因此要使 PP/EPDM 中 EPDM 有适宜交联程度，应使硫黄及助剂的用量稍有增加以弥补上述两种效应。随着 EPDM 含量增加，共混物的硬度、拉伸强度、弯曲强度、撕裂强度、300%定伸应力、永久变形、耐溶胀性、加工流动性减小，弹性、耐压缩性、黏度、冲击强度增大，而断裂伸长率随 EPDM 橡胶含量的增加而降低。当共混物中 EPDM 含量超过一定值时，其强度又逐渐下降。EPDM 含量为 30%~40%的共混物冲击强度最佳。硫化前，当橡塑比为 50/50 和 60/40 时，EPDM 和 PP 形成两个连续相，当橡塑比大于 60/40 时，发生相反转，共混物中 EPDM 橡胶由分散相变为连续相。已硫化的 EPDM 颗粒作为分散相分散于 PP 连续相中，形成"海-岛"结构，且这种相态一般不随橡塑比变化而改变。相态结构越均匀，EPDM 相粒子粒径越小，粒子交联程度越高，则挤出物具有越好的加工流动性和加工形态稳定性。橡塑比越高，单位体积内 EPDM 粒子数目越多，不同 EPDM 粒子间的联系越紧密。当橡塑比高到一定程度时，不同 EPDM 粒子间易发生聚结，体系中可能形成胶粒、小胶粒聚集网络及大胶粒聚集网络等不同结构层次的结构单元，因此橡塑比稍大一些较好。

④ 硫化体系的影响　PP/EPDM 的热塑性弹性体可用酚醛树脂、硫黄、过氧化物等三种硫化体系硫化。对这三种不同硫化体系制备的 PP/EPDM 共混型热塑性弹性体性能研究表明，所制备的热塑性弹性体形态结构各异，物理性能、流变性及加工性能相差较大。酚醛树脂硫化体系制备的热塑性弹性体中 EPDM 交联度较高，具有较好的力学性能和加工流动性；硫黄体系制备的热塑性弹性体具有较高强度和较好的弹性，但加工性能一般；过氧化物硫化体系制备的热塑性弹性体力学性能和加工性能均较差，但耐热性好，在高温下具有优异的耐蠕变性。因此，可采用过氧化物-硫黄硫化体系对 PP/EPDM 进行动态交联，其中过氧化物起交联橡胶和降解 PP 的双重作用，此时硫黄可很好地控制 PP 降解反应的发生，有助于抑制 PP 的降解程度。

⑤ 引发剂用量的影响　引发剂 DCP 用量为 1.2%~1.5%时，EPDM 正好完全交联，EPDM 的分散粒径和分散度达到最佳，所制得的热塑性弹性体冲击强度达到最大，增韧效果明显，而且加工流动性最好。

⑥ 投料顺序的影响　采用分批投料顺序，因投料方式的精细化而使"起始硫化"时 PP 与 EPDM 两相状态更均匀，更有利于形成理想的微观结构，同时部分抑制了 PP 降解，从而保证了动态硫化热塑性弹性体的高冲击韧性，它比同时投料法更能达到提高韧性和加工流动性的目的。

⑦ 共混工艺方式的影响　通过对一步法和母料法两种共混工艺制备的动态硫化热塑性弹性体性能的研究，发现母料法工艺最好。母料法是先用少量 PP（全部 PP 的 40%）与全部 EPDM 进行动态硫化，制成母料，然后再将母料与其余 PP 共混挤出，由于 EPDM 经过了两次熔融挤出，所受剪切作用约 2 倍于一步法，故母料法中 EPDM 交联充分，交联 EPDM 颗粒粒径小而均匀，在 PP 基体中分布也均匀。另外采用母料法的动态硫化工艺能有效地抑制 PP 的降解，从而使增韧效果更加明显。一步法中由于共混剪切时间较短，一部分未交联或交联不充分的 EPDM 还处于一定程度的柔性长链状态，另一部分虽已交联，但分

散的 EPDM 颗粒较大，均不利于体系黏性流动。

⑧ 共混工艺条件的影响 共混剪切速率、动态硫化时间、共混温度、混炼时间等共混工艺条件均对 EP 热塑性弹性体性能有影响。在剪切速率为 471s^{-1} 时，热塑性弹性体的拉伸强度、断裂伸长率达到最大。动态硫化过程中，橡胶、树脂同时受到转子的剪切作用，存在橡胶粒子的交联与破碎过程和树脂相高分子链的断裂过程。EPDM 粒子粒径越小，分布越均匀，粒子交联度越高，其力学强度越高，加工流动性和形态稳定性越好。树脂相高分子链的断裂为不利因素。在低剪切速率下，橡胶粒子的交联与破碎和树脂相高分子链的断裂程度均比较小，热塑性弹性体的拉伸强度及断裂伸长率低。随着共混剪切速率的提高，橡胶粒子的交联与破碎过程作用占主导地位，因而热塑性弹性体的拉伸强度及断裂伸长率大大提高，同时挤出物表面越来越光滑。若共混剪切速率太高，则树脂相高分子链的断裂过程加剧，分子量严重下降，掩盖了橡胶粒子的交联与破碎过程加剧使橡胶粒径变小和粒子分布更加均匀等这些有利因素，总体上使热塑性弹性体的拉伸强度、断裂伸长率的迅速降低。随着硫化时间的延长，共混物的拉伸强度和断裂伸长率都经历了从上升到下降的过程。硬度和压缩永久变形随硫化时间的延长分别呈上升和下降趋势。动态硫化时间短（5min）时，橡胶相受高温剪切作用时间短，橡胶相被剪切次数少，橡胶粒径大，交联密度低，热塑性弹性体性能较差，挤出物表面很粗糙。动态硫化时间长（15min）时，虽然橡胶相粒径小，交联密度高，挤出物表面比较光滑，但树脂相由于太长时间的高温剪切作用，分子链断裂程度加大，分子量减小这一因素十分突出，热塑性弹性体性能下降很快。只有当动态硫化时间适中（约为 10min）时，橡胶相粒径及交联密度都已达到适宜程度，且树脂相分子量较大，制得的热塑性弹性体才具有较好的性能，挤出物表面光滑。提高共混温度，共混体系中 EPDM 交联度明显降低，有利于改善热塑性弹性体的加工流动性。当共混温度在 165~170℃时，EPDM 与 PP 黏度相近，EPDM 充分分散，分子链形成的交联网状结构较完善，交联度较高，加工形态稳定性较好。

4.6.3.2 光交联法制备动态硫化聚丙烯/三元乙丙橡胶热塑性弹性体

PP/EPDM 热塑性弹性体一般采用有机过氧化物、硫黄或酚醛树脂作为硫化剂进行动态硫化方法获得。采用有机过氧化物热引发 EPDM 交联的同时会伴随着 PP 的降解，从而导致热塑性弹性体的拉伸强度、硬度等力学性能大幅度下降；采用酚醛树脂硫化体系，可以选择性地对 EPDM 进行交联，但酚醛树脂及其促进剂的质量含量一般在 6% 以上才能有效引发 EPDM 交联，使得热塑性弹性体的冲击强度较低；采用硫黄/促进剂引发体系时，所产生的多硫键（S$_n$，n=2~6）在 PP/EPDM 热塑性弹性体的熔融加工过程中容易断裂，且硫磺/促进剂引发体系气味大，应用受到限制。而光引发体系可以抑制 PP 裂解并产生部分交联，且不受 PP 较高加工温度的影响。静态光交联 EPDM 在 30s 内就可达到 70% 以上的交联度，与动态硫化法相比，快速可控的光交联反应可明显提高生产效率。因此在 PP/EPDM 共混型热塑性弹性体中使用动态光交联法可以改善或克服上述缺点，它结合了现有的"动态硫化"技术和"紫外光交联"技术。其工艺过程为：PP 先与一定量的 EPDM、1% 引发剂（基于橡胶量）和 4% 交联剂（基于橡胶的量）在 180℃ 下用双辊开炼机混炼 7min，在熔融混炼的同时用 2kW 的紫外灯对共混物进行辐照交联，如图 4-33 所示。辐照一定时间后，共混物再混炼 5min。

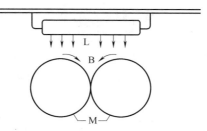

图 4-33　动态光交联装置示意

L—灯；B—共混物；M—双辊开炼机

对于动态光交联 PP/EPDM 共混物，断口呈现大量的纤维状丝带，这是基体发生大量的塑性形变所致，此时冲击能的耗散方式是以基体的塑性形变为主。基体的塑性形变和剪切屈服是主要的冲击能量耗散方式。因此，动态光交联 PP/EPDM 共混体较未交联 PP/EPDM 共混物具有更高的缺口冲击强度。

由表 4-9 可以看出，当动态光交联时间在 60s 以内时，力学性能随着动态光交联时间的延长而提高，如 $P_{70}V_{60}$ 的缺口冲击强度达 66.3kJ/m^2（25℃时），较 $P_{70}V_0$ 的缺口冲击强度（34.7kJ/m^2）提高了近一倍，而拉伸强度提高近 4MPa，这主要是由于 EPDM 橡胶相的交联提高了自身的力学强度和动态光交联，提高了体系的界面黏结力。然而，进一步延长动态光交联时间，体系的力学性能反而下降，主要是由于长时间的动态光交联导致了 PP 严重光降解，其分子量急剧下降，从而导致力学性能的恶化。

表 4-9　PP/EPDM 共混物的性能

样品	拉伸强度/MPa	断裂伸长率 E_b/%	缺口冲击强度/（kJ/m^2）	
			25℃	−30℃
$P_{70}V_0$	17.3	400	34.9	9.7
$P_{70}V_{15}$	17.7	520	37.5	10.3
$P_{70}V_{30}$	19.9	580	48.7	11.6
$P_{70}V_{60}$	21.2	640	66.3	16.1
$P_{70}V_{120}$	17.3	270	43.4	10.6

随着动态光交联时间的延长，PP 的结晶度有所下降，这是由于动态光交联提高了 PP 与 EPDM 间的相容性，使得 EPDM 柔性长链与 PP 大分子链缠绕得更加紧密，导致 PP 晶体的完善程度差，结晶度下降。另外随着动态光交时间的延长，PP 与 EPDM 共交联分子结晶增多。PP 和 EPDM 及其共混物的 T_g 见表 4-10。

表 4-10　PP 和 EPDM 及其共混物的 T_g

样品	T_{g1}/℃	T_{g2}/℃	ΔT_g（$T_{g2}-T_{g1}$）/℃	内移程度/℃
$P_{70}V_0$	−56.3	13.0	69.3	—
$P_{70}V_{30}$	−53.3	9.1	62.4	6.9
$P_{70}V_{60}$	−52.5	8.5	61.0	8.3
$P_{70}V_{120}$	−51.5	7.0	58.5	10.8

注：T_{g1} 和 T_{g2} 分别代表 EPDM 和 PP 的 T_g。

很明显，所有 PP/EPDM 共混物都存在两个 T_g，其中，-56℃左右的 T_g 峰归属于 EPDM，13℃左右的 T_g 峰归属于 PP，随着动态光交联时间的延长内移程度变大，这是由于产生了更多的 PP-g-EPDM 接枝共聚物，从而增强了 PP 与 EPDM 的相容性。由此可见，动态光交联能明显提高 PP 与 EPDM 间的相容性，促使 PP 发生大量的塑性形变，从而冲击强度得到较大提高。

4.6.3.3 新型三螺杆挤出机工艺制备聚丙烯/三元乙丙橡胶热塑性弹性体

大多数聚合物共混物的各组分间是热力学不相容的，不相容的聚合物共混物中分散相相畴粗大，两相之间的界面作用薄弱，力学性能差，实用价值低，而通过不同的加工条件可改善制品的微观结构并提高制品的使用性能。剪切作用对动态硫化 EPDM/PP 热塑性弹性体的力学性能有增强作用，对动态硫化 PP/EPDM 共混物的微观相结构（如 EPDM 粒子大小及分散均匀性等）有很大的影响。振动力场能促进 PP/EPDM 共混物的分散，使其力学性能显著提高。在正弦脉动流场作用下，PP/EPDM 共混物组分分子链的活动能力增强，两相穿插作用的界面面积增大，从而增加了两相的相容性。

动态三螺杆反应挤出机是在聚合物电磁动态加工成型技术基础上研制的新型设备，可用于 PP/EPDM 的反应挤出和动态硫化。在该挤出机组中，为了强化反应效果，将电磁场引起的振动场引入到反应挤出全过程，达到控制交联反应过程、反应生成物的凝聚态结构和反应制品的物理及力学性能的目的。振动场的引入是从结构入手，将轴向激振装置固定于反应的关键部件螺杆上。特殊电机绕组在运转时所产生的可控旋转磁场和脉振磁场，使转子以一定的速度转动，并沿圆周方向和轴向振动，轴向激振器在轴向上强制激振，从而使整个反应挤压系统对反应物料进行强制动态输送、塑化混炼、反应、排气和挤出。强化振动的引入使高分子多相体系加工中的高分子链及链段可产生周期性、多方向瞬时负压冲量与扩散，强化了相间的传质与传热，从而使能量的有效利用率更高。在结构上为了加强输送塑化混炼效果，采用平行、同向、直径相同的三螺杆结构方式。3 条螺杆有 2 个啮合区，相当于 2 套同向旋转的平行双螺杆，在振动场的作用下，啮合区轴向间隙随时间周期性变化。由于 3 条螺杆直径相同，互相啮合，速度一致，经定量送料系统进入的物料被两螺杆间的运动拉入压延间隙和侧间隙，物料被快速塑化、混合熔融。同时，在振动状态下，瞬时变化的剪切速率和压力有效地加强反应物间的传质、传热效果，提高分子间的反应性，使物料的混合熔融加快和加强。物料进入排气段后，压力释放，2 个啮合区螺杆的啮合不断使物料表面更新，振动场的作用使表面更新作用加强，加速了气泡的破裂，排气效率提高。周期性的振动使熔体的黏性与弹性降低，输送时熔体流动阻力减小，挤出压力减小，挤出胀大量减少。由于物料在振动状态下塑化混炼挤出过程所需的能量少，所以挤出温度很低。此外，在振动场的作用下，3 条螺杆的啮合状态使物料的分布均匀，反应充分，在强剪切力的作用下使硫化的弹性体破碎、分散，实现 PP 与 EPDM 的相态反转，从而使热塑性弹性体质量明显提高。

选取振动频率 10Hz 和振幅 0.4mm，图 4-34 是螺杆振幅等于 0.4mm 时 PP/EPDM 热塑性弹性体样条的拉伸强度随振动频率变化的曲线，图 4-35 则是频率为 10Hz 时拉伸强度随振幅变化的曲线图。从图 4-34 和图 4-35 中可以看出，共混物拉伸强度随振动频率和振幅的提高，表现出先增大后减小的趋势，最佳振动频率和振幅为 10Hz 和 0.4mm 左右。

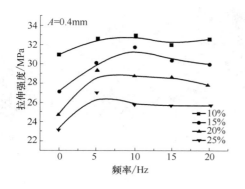
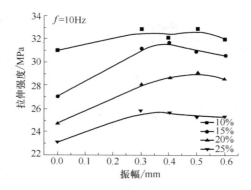

图 4-34　振动频率对共混物拉伸强度的影响　　图 4-35　振幅对共混物拉伸强度的影响

从表 4-11 可以定性和定量地看出，动态（f=10Hz、A=0.4mm）和稳态共混物的拉伸强度均随 EPDM 含量的增加而减小，但对不同 EPDM 含量的共混物，动态共混物拉伸强度较稳态的大，同时振动对共混物拉伸强度的提高幅度也不一样，在 EPDM 含量为 15%~20% 时，动态共混物比稳态共混物拉伸强度提高幅度更大。

表 4-11　动态和稳态共混物拉伸强度比较

EPDM 质量分数/%	10	15	20	25
稳态拉伸强度/MPa	31	27.1	24.7	23.1
动态拉伸强度/MPa	32.3	31.8	28.7	25.7
拉伸强度提高幅度/%	4.2	17.3	16.2	11.3

综上分析，动态混炼条件下，振动场具有增强 PP/EPDM 共混体系拉伸强度的作用。振动场作为非本征特征的一种辅助加工条件，作用于共混物混炼挤出过程，将不可避免地对分散相在基体中的分散形态及两相界面产生影响。一方面，聚合物三螺杆动态混炼挤出机螺杆的轴向振动加强了大分子链段的扩散和运动，减少了大分子链、链段之间的相互缠结及分子滑移阻力，使分子解缠、取向更加容易，分散相和连续相的界面面积增大，分散相粒子的分布更加均匀，形状更规则；另一方面，聚合物三螺杆动态混炼挤出机的螺杆啮合间隙的周期性变化导致间隙内的分散相粒子受到振动研磨，引起的纯拉伸流场亦有利于分散相的破碎，从而使分散相粒子粒径减小，分散混合效果提高。因此，在动态混炼过程中，振动场有助于提高 PP/EPDM 共混体系的混合混炼效果，使橡胶粒子在树脂基体内分布更加均匀、细化。这可从 1 号样、2 号样以及 3 号样的液氮脆断面 SEM 照片（图 4-36）中看出。1 号样中 PP 和 EPDM 为双连续相，3 号试样的断面形态较为平滑，有一些 EPDM 微粒分散于 PP 基体中，而更多的呈现的是橡胶相和塑料相互锁或交错，EPDM 在硫化过程中没有得到细化和分散；而 2 号试样的断面比较粗糙，有许多凸起和凹陷之处，且有许多尺寸约为 1μm 的微粒（橡胶颗粒）分布其中，其微观形态为"海-岛"结构，其中 PP 为连续相，EPDM 为分散相，且分散更为均匀，粒径更小。这说明 2 号试样的 EPDM 组分在动态硫化过程中，由于剪切和振动场的作用得到较好细化，振动场具有较好的剪切、混合、塑炼与分散作用。

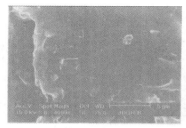

(a) 1号样 简单共混型

(b) 2号样 新型挤出机制备的动态全硫化

(c) 3号样 双螺杆挤出机制备的热塑性弹性体

图 4-36　液氮脆断面的 SEM 照片

4.6.3.4　聚丙烯/三元乙丙橡胶热塑性弹性体结构与性能

采用动态硫化的热塑性弹性体在动态硫化的同时，受机械剪切作用，动态硫化的橡胶被剪切成微小颗粒，粒径为 1~1.5μm 甚至更小。这种微小的硫化胶颗粒分散于塑料基体中，此时，热塑性弹性体的拉伸强度高达 25MPa，断裂伸长率达到 500% 以上。而静态硫化共混物，橡胶组分的粒径高达 729μm，这种共混物的拉伸强度只有 8.0MPa，断裂伸长率只有 150%。

图 4-37（a）~（d）分别为交联剂用量为 0、0.6、1.2 和 2.4 份时所得共混物的 SEM 照片。可以看到，随着交联剂用量增加，橡胶相粒径明显减小。图 4-37（a）中简单共混物的橡胶分散相粒径约为 2~4μm，图 4-37（b）中交联剂树脂用量仅为 0.6 份，橡胶相粒径就降至 1μm 左右；图 4-37（c）中树脂用量增加 1 倍，橡胶相粒径就减小一半，约 0.5μm；但进一步增大交联剂用量，共混物不再能被观察到任何形态，如图 4-37（d）所示，这可能是因为此时橡胶交联比较完全的结果。可以清楚地看到，随着交联剂用量的增加，橡胶交联程度提高，粒径细化，材料的冲击性能直线上升。同时由于烯烃聚合过程中带有少量双键，因此有可能在橡塑界面就地形成少量的接枝嵌段共聚物作相容剂，这有利于橡胶相粒径的细化和形态的稳定。

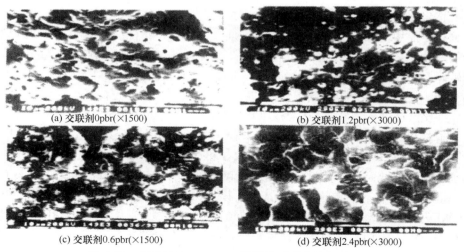

(a) 交联剂0pbr(×1500)

(b) 交联剂1.2pbr(×3000)

(c) 交联剂0.6pbr(×1500)

(d) 交联剂2.4pbr(×3000)

图 4-37　交联剂对 PP/EPDM 共混体系形态结构的影响

美国 Monsanto 公司生产的牌号为 Santoprene 的 EPDM／PP 共混热塑性弹性体具有良好的力学性能和良好的加工工艺性能，因而得到了广泛应用，其典型性能如表 4-12、表 4-13 所示。

表 4-12　Santoprene（PP/EPDM）共混热塑性弹性体的性能

性能		Santoprene					
		101-64 201-64	101-73 201-73	101-80 201-80	101-87 201-87	103-40 203-40	103-50 203-50
邵尔硬度		64A	73A	80A	87A	40D	50D
密度/（g/cm³）		0.98	0.97	0.97	0.96	0.96	0.94
100%定伸应力/MPa		2.3	3.6	5.0	7.1	7.1	13.0
拉伸强度/MPa		8.0	9.5	12.4	14.8	14.8	26.8
断裂伸长率/%		490	510	520	530	530	600
撕裂强度/（kN/m）		29.8	34.8	48.9	64.8	64.8	104.7
拉伸永久变形/%		5	8	13	18	18	47
压缩永久变形（压缩25%）/%	70℃×22h	19	22	31	37	37	55
	70℃×70h	20	25	33	41	41	60
	100℃×22h	22	24	32	41	41	57
回弹性/%		51	53	45	43	43	45
脆性温度/℃		<−60	<−60	<−60	−55	−55	−40
耐热老化性（125℃×168h）	拉伸强度保持率/%	97	97	99	103	104	103
	伸长率保持率/%	104	107	95	98	98	93
	100%定伸应力/MPa	23	36	52	74	102	144
耐油性（JIS1号油）70℃×168h	拉伸强度保持率/%	85	85	85	92	95	102
	伸长率保持率/%	86	84	88	95	91	96
	100%定伸应力/MPa	22	36	49	73	97	136
	体积变化率/%	+31	+18	+13	+8	+5	+3
耐油性（JIS3号油）70℃×168h	拉伸强度保持率/%	74	72	70	80	85	95
	伸长率保持率/%	68	68	70	80	85	87
	100%定伸应力/MPa	21	35	47	68	94	130
	体积变化率/%	+66	+47	+39	+29	+20	+14
电性质	介电常数（1MHz）	3.0	3.1	3.0	2.9	3.0	3.0
	介电损耗角正切（1MHz）	3×10^{-3}	3×10^{-3}	2×10^{-3}	1×10^{-3}	$<0.1\times10^{-3}$	$<0.1\times10^{-3}$
	体积电阻率/Ω·cm	$>10^{16}$	$>10^{16}$	$>10^{16}$	$>10^{16}$	$>10^{16}$	$>10^{16}$
	击穿电压/（kV/mm）	50~55	50~55	50~55	50~55	50~55	50~55
	耐电弧性/s	70~80	70~80	70~80	70~80	70~80	70~80

表 4-13　Santoprene 热塑性弹性体的耐酸、碱及溶剂性能

性能		未经处理	15% NaCl 水溶液	20% NaOH 水溶液	20% H_2SO_4 水溶液	20% HCl 水溶液	乙醇	n-正乙烷	甲苯
Santoprene 201-73	100%定伸应力/MPa	2.9	2.9	3.0	3.0	3.0	3.0	2.9	2.9
	拉伸强度保持率/%	100	95	106	102	101	120	77	69
	伸长率保持率/%	100	97	99	101	92	109	65	64
	质量变化率/%	0	+0.2	+0.1	+0.3	+0.7	−10.9	+20.5	+10.0
	体积变化率/%	0	+0.3	+0.2	+0.3	+0.5	−11.8	+43.0	+18.0
Santoprene 203-40	100%定伸应力/MPa	8.8	8.7	8.9	8.7	8.9	8.8	7.4	7.1
	拉伸强度保持率/%	100	96	99	91	100	97	87	72
	伸长率保持率/%	100	94	97	95	98	101	86	70
	质量变化率/%	0	+0.2	+0.1	+0.2	+0.3	−2.6	+10.4	+25.4
	体积变化率/%	0	+0.3	+0.1	+0.3	+0.2	−2.2	+22.7	+28.1

4.6.4　动态硫化聚丙烯/三元乙丙橡胶热塑性弹性体在汽车密封条上的应用

4.6.4.1　动态硫化聚丙烯/三元乙丙橡胶热塑性弹性体老化性能改进

PP/EPDM 热塑性弹性体材料目前已成为一种新型的汽车密封条用材料，正在逐步取代 EPDM 硫化橡胶密封条，可回收重复利用，节约资源且清洁环保。在严苛的室外环境下，热塑性弹性体材料会存在密封性能不佳，耐热性能、耐老化性能和耐溶剂性能不足等问题，限制了其在汽车及高端领域的发展，因此需要提高其耐老化性能。加入复配防老化助剂体系（酚类抗氧剂和二苯甲酮类紫外线吸收剂），保证了加工过程的耐热性能和更加优异的抗紫外老化性能。采用偶联剂 KH550 处理纳米二氧化钛（TiO_2），然后与抗氧剂 3-（3，5-二叔丁基-4-羟基苯基）丙酸（AG）进行接枝反应，获得 TiO_2-KH550-AG 型抗氧剂，研究了 TiO_2-KH550-AG 对 PP/EPDM 热塑性弹性体材料的抗紫外光/臭氧（UV/O_3）老化性能的作用。对于新型抗氧剂 TiO_2-KH550-AG 用量为 2 份的热塑性弹性体样品，当老化时间为 400h 时，热塑性弹性体/TiO_2-KH550-AG 的拉伸强度和断裂伸长率的保持率均在 80% 以上，而纯热塑性弹性体的保持率仅为 40% 以下，且热塑性弹性体/TiO_2-KH550-AG 的硬度指标基本保持稳定，TiO2-KH550-AG 对于提升热塑性弹性体抗 UV/O_3 老化性能具有显著作用。

4.6.4.2　汽车密封条类型

按汽车密封条安装部位不同，可用于：门框密封条、行李箱密封条、发动机盖密封条（包括前部、侧围和后部）、导槽密封条、内外侧密封条、头道密封条、风窗密封条（包括前、后、侧窗）、防噪声密封条、防尘条等类型。a.门框密封条、行李箱密封条和发动机盖密封条通常由密封部分和固定部分组成。这几种密封条的密封部分一般为管状（单管或双

管）海绵，固定部分为夹紧部位（有骨架或无骨架）。b.导槽密封条和内外侧密封条安装在玻璃升降部位，故可提高密封性能、减小摩擦阻力、降低噪声并起到清洁作用，这两种密封条与玻璃的接触面通常为单面或双面植绒面。c.头道密封条安装在车门上，与门框密封条配合共同起密封作用。这类密封条常用泡钉或胶黏带安装。d.风窗密封条安装在车体与风窗玻璃之间，起密封和固定玻璃的作用。与其它密封条不同，这类密封条一经安装就始终处于密封（受张力）状态。风窗密封条常采用嵌入式固定法安装固定。植绒橡胶密封条一般安装在玻璃升降位置。

按汽车密封条密封特点不同可用于：耐气候密封条和一般密封条。耐气候密封条带有空心的海绵泡管，有较好的温湿度保持功能；常用耐气候密封条有门框密封条、行李箱密封条、发动机箱盖密封条等。常用一般密封条有前后风窗密封条和角窗密封条、内外侧密封条等。根据工作环境的不同，汽车密封系统可用于：承受静载荷的密封系统和承受动载荷的密封系统。承受静载荷的密封系统，如：前、后风窗玻璃密封，固定侧窗玻璃密封。承受动载荷的密封系统，如：发动机盖密封系统、车门密封系统、活动天窗密封系统、行李箱盖密封系统、玻璃升降密封系统。

按密封条复合结构的不同可分为：纯热塑性弹性体胶密封条、热塑性弹性体密实胶-海绵双复合密封条、热塑性弹性体密实胶-海绵-骨架材料三复合密封条及多复合密封条。部分密封条经过表面附加处理，可分为绒类密封条、表面涂层密封条、有织物贴饰密封条。特殊功能用途的有：电子智能功能密封条，如防夹伤密封条等。

4.6.4.3 热塑性弹性体汽车密封条的加工技术

过去采用 EPDM 硫化橡胶的密封条多采用人工压模成型，工艺简陋落后，形状单一，多是 H 形。现在的密封条生产采用计算机控制的挤出成型技术或者注射模压技术，包括可变口径挤出、复合挤出、水发泡、表面喷涂等技术。

（1）挤出成型热塑性弹性体

热塑性弹性体挤出成型时，在多数情况下可以准确控制型材的尺寸，不需要真空定径。建议采用长径比为 24∶1 或更大比例的挤出机。通常单螺杆压缩比为 3∶1 左右，如果需要用筛网组合，可用 20~60 目的筛网。最好将熔体温度保持在规定范围的下限，使挤出产品的质量最优。

① 可变口径挤出热塑性弹性体　在密封条制造过程中，挤出时应用可变口径技术，即利用计算机控制挤出口径的变化，改变了以往挤出型条截面一成不变的做法。可根据需要，在转角部位和连接车体或夹持部位，使截面发生"渐变"或"突变"。例如，可使海绵泡管位置、壁厚或大小发生变化，一次挤出在长度方向的截面可变的型条，这样使密封条能更好地与主体匹配、密封，而且在加工过程中减小了劳动强度，改变了以往不同截面密封条在后加工中需要贴合和接角等复杂工序。

② 复合挤出热塑性弹性体　由于成型时具有形状稳定性优良、挤出收缩率低等优点，故易采用挤出成型制造各种异型材，特别是汽车门窗密封条之类。此外，由于热塑性弹性体与多种热塑性树脂的相容性好，易实现橡胶与树脂之间的多重多色复合挤出，橡胶与树脂间很容易实现热融合，而不必使用任何黏合剂。近年来已开发出多种用于特殊挤出加工

的热塑性弹性体，为制品的开发开拓了更广阔的途径。密封条挤出现在已从双复合、三复合共挤出工艺，即硬质胶（软质胶）、海绵胶、金属骨架共挤出发展到四复合挤出，或更多复合的共挤出，使不同胶种、不同材料、不同颜色的胶料共挤出。其中有些挤出技术含量更高、劳动强度更低，而且实现了在线静电植绒，可达到单面或双面植绒，同时可在线进行喷涂聚氨酯、硅油或其它涂层。

（2）水发泡成型热塑性弹性体

热塑性弹性体的用途虽多为护套之类实心配件，但是已有越来越多的海绵制品要求实现热塑性弹性体化。热塑性弹性体的发泡方法以往是在热塑性弹性体中掺入化学发泡剂，在挤出的同时实现发泡的化学发泡法和注入氟利昂等使之发泡的物理发泡法，化学发泡法不能获得足够高的发泡密度，使用氟利昂会对环境产生污染。因此，近年来利用热塑性弹性体不需硫化的特点开发了注水发泡技术，研制了挤出成型专门的设备和注水发泡专用的热塑性弹性体。注水发泡主要是在挤出的过程中，向已塑化的热塑性弹性体中高压注入设定量的水，通过水的汽化实现发泡。水发泡可以制得相对密度为 0.1~0.9 左右的挤出型材。

热塑性弹性体的水发泡技术被认为是最具挑战性的取代应用技术，传统的汽车发泡零部件大多采用 EPDM 化学发泡。热塑性弹性体水发泡产品具有良好的表面光洁度、低吸水性，而且可以在轻、软以及压力变形之间取得最佳效果，可进行无折痕设计。以水为发泡剂，低价易得，操作方便，成型过程中无有害气体产生，符合环保要求；可以省去橡胶加工中固有的精炼、回炼、硫化等工序，降低设备费用，简化工艺过程，减小生产场地，还可以实现连续化生产；所用热塑性弹性体相对密度小，有利于制品轻量化；有利于材料的循环回收利用，符合当前省资源、再循环、环保清洁的趋势。水发泡产品主要有车盖、行李箱盖和车门的密封条等。

（3）专用于后窗密封条接角的热塑性弹性体

近年来，国外已开发出一种专用于汽车后窗密封条接角的热塑性弹性体材料，它是一种特殊等级的完全交联型的热塑性弹性体，能够解决以往热塑性弹性体不易与硫化橡胶粘接的难题，不用黏合剂就能实现与硫化的 EPDM 粘接，可使原来的接角周期大大缩短，简化修边作业。

（4）超高流动性热塑性弹性体

超高流动性热塑性弹性体是一种特殊等级的完全交联型热塑性弹性体，适合进行低压注射、挤出成型，特别是采用机械臂的大范围注射、挤出成型作业。用于大块玻璃与玻璃之间镶边密封胶的成型十分合适。欧洲的一些高级轿车的底盘密封就采用这种工艺。

（5）注射成型热塑性弹性体

PP/EPDM 型热塑性动态硫化橡胶很容易用注塑设备进行加工制造出尺寸稳定性高的制件。PP/EPDM 热塑性动态硫化橡胶在高压力下流动性很好，固化很快，且容易脱模。在正常操作条件下，制件的轮廓非常清楚，很容易得到有纹理或其它特定形状的表面。PP/EPDM 热塑性动态硫化橡胶的熔体黏度比许多种普通热塑性材料更大，模具设计时需考虑应用较大的注料嘴、注料口、流道和浇口；在加工时，需要采用高的注射压力和较快的注射速率，以提高充模速率和减少飞边，此后在较高的压力下有一个短的保压时间，使之足以将浇口冻结。注射螺杆的速率应当是 100~200r/min，背压力在不需要混合时应当尽可能低。

（6）中空（吹塑）成型热塑性弹性体

PP/EPDM 热塑性动态硫化橡胶可以用注塑吹塑设备或挤塑吹塑设备进行吹塑加工。机械操作条件要求与注塑和挤塑所规定的相同。模具设计、型坯尺寸、加工周期时间、壁厚均匀等吹塑加工因素都与制件的几何形状有很大的关系。熔体加热过度将使牵伸比下降，应当避免过热。由于 PP/EPDM 热塑性动态硫化橡胶具有与热塑性弹性体一样的加工工艺特性，特别是不经硫化就可成为弹性体制品，所以对于一些形状比较复杂的中空产品，如波纹管之类，以往使用橡胶制造时，需要使用拼合式模芯，成型工序繁琐费时；又如汽车中使用的齿条和齿轮护套，以往多用氯丁橡胶制造，模芯用拼合式结构（便于脱模），改用完全交联型的 PP/EPDM 热塑性动态硫化橡胶后，可用吹塑成型工艺制造，成本可降低30%~40%，并实现轻量化。近年来又开发出三维交叉吹塑成型技术，实现了 PP/EPDM 热塑性动态硫化橡胶软管与刚性塑料管的多段复合整体连接。另外，正在开发成型精度更高的注射吹塑、模压吹塑技术，将为汽车等制造业生产更多形状复杂的中空产品，为设计部门提供更多的选择和更灵活的设计空间。

参考文献

［1］ 张永霞，谢昕，王庆涛，等. 聚丙烯共混增韧改性研究进展［J］. 合成材料老化与应用，2018，47（1）：85-90.

［2］ 王鉴，邹双艳，祝宝东，等. 线性低密度聚乙烯与硅灰石共混改性聚丙烯研究［J］. 当代化工，2018，47（8）：1637-1640.

［3］ 曹新鑫，何小芳，张建新，等. 高密度聚乙烯对改性聚丙烯共混体系力学性能的影响［J］. 化学工业与工程技术，2006，27（3）：20-22.

［4］ 李明，张勇，万超瑛，袁茂全. 黏度比对 PP/HDPE 共混物材料形态结构与性能的影响［J］. 塑料工业，2006，34（9）：51-54.

［5］ 王亚，李景庆，赵蕴慧，等. PP/PS 共混体系相结构形成与演变［J］. 高分子学报，2007，（7）：604-608.

［6］ 李红梅，杨榕，姜菁，等. 快扫描量热法研究纳米 SiO$_2$ 对聚丙烯在聚丙烯/聚苯乙烯共混物中受限结晶的影响［J］. 功能高分子学报，2018，31（6）：561-568.

［7］ 黄启谷，盛亚平，林尚安，等. 间规聚苯乙烯/等规聚丙烯/间规聚苯乙烯-b-聚（1-丁烯）共混体系相容性［J］. 高分子学报，2007，（4）：394-396.

［8］ 黄启谷，盛亚平，杨万泰. 间规聚苯乙烯/等规聚丙烯共混物的热性能［J］. 合成橡胶工业，2007，30（4）：286-289.

［9］ 张宇，黄勇平，麦堪成. 丙烯酸和苯乙烯改性 PP/PS 结晶与熔融行为［J］. 现代塑料加工应用，2006，18（5）：11-14.

［10］ 王勋林，高明瑞. 聚丙烯/聚氯乙烯共混物阻燃性能的研究［J］. 塑料工业，2010，38（9）：57-59.

［11］ 杨树，赵辉，罗运军. 两亲性超支化聚（胺-酯）对 PVC/PP 共混体系的增容作用［J］. 中国塑料，2006，20（8）：26-28.

［12］ 李峰，张秀斌，耿涛. PP-g-MMA 制备及其在 PVC/PP 共混体系中的应用［J］. 塑料科技，2007，35（5）：64-68.

［13］ 杨治，李志军，莫笑君，等. 乙烯-甲基丙烯酸甲酯共聚物对聚氯乙烯/聚丙烯复合材料性能的影响［J］. 精细化工中间体，2009，39（5）：56-60.

［14］ 敖玉辉，唐凯，徐娜，等. 基体性质对 PP/POE 共混物力学性能和形态的影响［J］. 中国塑料，2006，20（11）：49-52.

［15］ 李明，万超英，张勇，等. 黏度比对 PP/POE 共混物性能与结构的影响［J］. 合成树脂及塑料，2006，23（6）：46-48，63.

［16］ 敖玉辉，张会轩，刘建国，等. 螺杆转速对 PP/POE 共混物形态及冲击性能的影响［J］. 工程塑料应用，2007，35（6）：

38-40.

[17] 周琦，王勇，邱桂学，段予忠. PP/POE/nano-CaCO₃ 三元复合体系性能的研究 [J]. 塑料助剂，2007，（2）：28-31，39.

[18] 马雅琳，李振中，何伟. POE 和 T-ZnOw 协同改性聚丙烯的研究 [J]. 中国塑料，2006，20（7）：27-29.

[19] 吴照勇，张晓锋，李惠林. 超声辐照作用下 PP/POE 共混体系结构与性能的研究 [J]. 高分子材料科学与工程，2007，23（1）：100-103，108.

[20] 周琦，王勇，邱桂学，等. POE 与 EPDM 对聚丙烯增韧改性研究 [J]. 弹性体，2007，17（4）：44-47.

[21] 袁海兵. POE 增韧改性聚丙烯／滑石粉复合材料的研究 [J]. 中国塑料，2018，32（3）：33-36.

[22] 刘海燕，赵金龙，侯红霞，等. POE 增韧改性本体聚丙烯的实验研究 [J]. 上海化工，2017，42（9）：13-17.

[23] 燕晓飞，邱桂学，梁全才，等. 动态硫化 PP/POE/胶粉热塑性弹性体的性能研究 [J]. 橡胶工业，2010，57（1）：39-43.

[24] 张伟，张新，邱桂学，等. POE 的性能及其在动态硫化中的应用进展 [J]. 世界橡胶工业，2016，43（7）：23-29.

[25] 刘秀玲，陈文泉，伍社毛，等. 挤出工艺对 POE/PP 热塑性硫化胶性能的影响 [J]. 橡胶工业，2010，57（11）：651-654.

[26] 周琦. 动态硫化 POE/PP 热塑性弹性体的制备及性能研究 [D]. 青岛：青岛科技大学，2008.

[27] 郑莹莹，何尖，宋阳，等. 动态硫化体系对 POE/PP 热塑性弹性体性能的影响 [J]. 塑料工业，2013，41（1）：25-28.

[28] 徐灵明. POE/PP 热塑性弹性体的动态硫化特性研究 [D]. 青岛：青岛科技大学，2015.

[29] 徐灵明，邱桂学. 两种助交联剂对动态硫化乙烯-辛烯共聚物/聚丙烯弹性体的影响 [J]. 弹性体，2015，25（1）：49-53.

[30] 何剑杰，王建国，孙东. PP／EPDM 动态硫化热塑性弹性体的改性研究进展 [J]. 工程塑料应用，2019，47（2）：148-153.

[31] 唐龙祥，瞿保钧，刘春华. 动态光交联法制备 PP/EPDM 热塑性弹性体的力学及热性能 [J]. 高分子材料科学与工程，2007，23（1）：84-87，91.

[32] 董建华，王权，胡大年，等. 三螺杆动态混炼挤出 EPDM/PP 共混物拉伸强度的研究 [J]. 材料导报，2006，20（7）：150-151.

[33] 赵艳志，瞿金平，何和智. 动态三螺杆挤出机制备热塑性硫化胶的研究 [J]. 现代塑料加工应用，2007，19（1）：48.

[34] 陈丁桂，范新凤，肖雪清，等. 汽车密封条用动态硫化 EPDM/PP 热塑性弹性体的研究进展. 橡塑技术与装备，2009，35（5）：18-23.

第5章

聚丙烯的功能化与
精细化新材料

随着工业、农业、建筑、包装、电器、汽车、电子信息、邮电通信、航空、军工等行业的高速发展，对高分子材料从数量、质量、品种和功能方面都提出了更高的要求。目前我国石化企业投产的聚乙烯、聚丙烯、聚氯乙烯、聚苯乙烯树脂和 ABS 等均为未改性大品种通用树脂，无法适应相关产业对合成高分子材料的结构性、功能性、经济性和环保性的综合要求，为此在"十三五"期间优先发展合成高分子材料的高性能化、精细化和功能化，提高附加值，满足多样性需求，实现合成高分子材料产业的跨越式发展。聚丙烯是通用塑料中的主要品种，产量及用量日益增大，对聚丙烯的功能化和精细化要求越来越高，亟须进行深入和广泛的研究和开发，这必将大大带动聚丙烯工业的发展，社会效益和经济效益巨大。

5.1
聚丙烯阻燃改性新材料

5.1.1 塑料的阻燃改性原理

众所周知，大部分高分子材料（包括聚丙烯）都是易燃材料，因此，在电气、电子、电器、汽车、车辆、航空等行业的应用中，有必要进行阻燃改性，使之成为难燃材料，保证使用的安全性。

就目前实际应用的情况看，高分子材料的阻燃改性有两种方式，一种是添加阻燃材料，与高分子基体树脂共混，制造出阻燃高分子复合材料；另一种是采用具有阻燃元素的反应性单体与高分子进行共聚反应，制成阻燃高分子材料。从阻燃剂成分的不同可分为含卤、含氮、含磷、无机阻燃剂等。

5.1.1.1 聚合物燃烧过程与燃烧反应

燃烧是可燃物与氧化剂的一种快速氧化反应，通常伴随着放热、发光现象，生成气态与凝聚态产物。聚合物在燃烧过程中同时伴有聚合物在凝聚相的热氧降解、分解产物在固相及气相中扩散、与空气混合形成氧化反应物及气相链式燃烧反应。聚合物的性质如比热容、热导率、分解温度、分解热、燃点、闪点和燃烧热等因素对燃烧有很大影响。聚合物热裂解产物的燃烧反应是按自由基反应进行的。

① 链引发反应

$$RH \longrightarrow \begin{array}{l} RH \cdot \\ R \cdot + H \cdot \end{array}$$

② 链增长反应

$$R \cdot O_2 \longrightarrow ROO \cdot \qquad RH + ROO \cdot \longrightarrow ROOH + R \cdot$$

③ 链支化反应

$$ROOH \longrightarrow RO \cdot + OH \cdot \qquad 2ROOH \longrightarrow ROO \cdot + RO \cdot + H_2O$$

④ 链终止反应

$$2R \cdot \longrightarrow R{-}R \qquad R \cdot + OH \cdot \longrightarrow ROH \qquad 2ROO \cdot \longrightarrow ROOR + O_2$$

从聚合物燃烧反应可看出，要抑制或减少其燃烧反应的发生，有效的办法是捕捉燃烧中产生的自由基 H· 和 OH· 。

5.1.1.2 卤-锑系阻燃剂的阻燃机理

卤-锑体系是以含卤有机化合物为主要成分，Sb_2O_3 为协效型的复合阻燃体系。这类阻燃剂的阻燃作用主要是气相阻燃，也兼具一定的凝聚相阻燃作用。含卤阻燃剂在燃烧过程中分解成 HX，而 HX 能与聚合物燃烧产生的 HO·、O·、OH·等高活性自由基反应，生成活性较低的卤素自由基，从而减缓或终止燃烧，其反应如下：

$$HX + H \cdot \longrightarrow H_2 + X \cdot \qquad HX + O \cdot \longrightarrow HO \cdot + X \cdot \qquad HX + HO \cdot \longrightarrow H_2O + X \cdot$$

因 HX 的密度比空气大，除发生上述反应外，还能稀释空气中的氧气和覆盖于材料表面，降低燃烧速度。上述反应中产生的水能吸收燃烧热而被蒸发，水汽蒸发能起到隔氧作用。

阻燃体系中的 Sb_2O_3 本身不具阻燃作用，但在燃烧过程中，能与 HX 反应生成三卤化锑或卤氧化锑，其反应过程如下：

$$Sb_2O_3(s) + HX(g) \longrightarrow SbX_3(g) + H_2O(g) \qquad Sb_2O_3(s) + HX(g) \xrightarrow{250℃} SbOX(s) + H_2O(g)$$

$$Sb_2OX(s) \xrightarrow{250\sim280℃} Sb_4O_5X_2(s) + SbX_3(g) \qquad Sb_4O_5X_2(s) \xrightarrow{400\sim480℃} Sb_3O_4X(s) + SbX_3(g)$$

$$Sb_3O_4X(s) \xrightarrow{470\sim560℃} Sb_2O_3(s) + SbX_3(g)$$

从上述反应可以看出，Sb_2O_3 的协同作用可以表现为以下方面：a. SbX_3 蒸气的密度大，能长时间停留在燃烧物表面附近，有稀释空气和覆盖作用；b.卤氧化锑的分解过程是一个吸热过程，能有效地降低聚合物表面温度；c. SbX_3 能与气相中的自由基反应，从而减少反应放热量而使火焰猝灭，如：

$$SbX_3 \cdot \longrightarrow X \cdot + SbX_2 \cdot \qquad SbX_3 + CH_3 \cdot \longrightarrow CH_3X + SbX_2 \cdot$$

$$SbX_2 \cdot + H \cdot \longrightarrow SbX \cdot + HX \qquad SbX_2 + CH_3 \cdot \longrightarrow CH_2X \cdot + SbX \cdot$$

$$SbX \cdot + H \cdot \longrightarrow Sb + HX \qquad SbX \cdot + CH_3 \cdot \longrightarrow CH_3X + Sb$$

上述反应中生成的 Sb 可与气相中 $O \cdot$、$H \cdot$ 反应生成 $SbO \cdot$ 和水等产物，有助于终止燃烧：

$$Sb + O \cdot + M \longrightarrow SbO \cdot + M \qquad Sb + H \cdot + M \longrightarrow SbO \cdot + H_2 + M$$

$$SbO + H \cdot \longrightarrow SbOH \qquad SbOH + H \cdot \longrightarrow SbO \cdot + H_2O$$

5.1.1.3 磷系、氮系阻燃剂的阻燃机理

有机磷系阻燃剂在燃烧时，会分解生成磷酸的非燃性液态膜，当进一步燃烧时，磷酸可脱水生成偏磷酸，偏磷酸又进一步生成聚偏磷酸。由于聚偏磷酸是强脱水剂，使聚合物脱水而炭化，在聚合物表面形成炭膜，阻隔空气和热，从而发挥阻燃作用。磷酸受热聚合，生成聚偏磷酸对聚合物的脱水成炭具有很强的催化作用。研究表明，有机磷热分解形成的气态产物中含有 $PO \cdot$，它与 $H \cdot$、$OH \cdot$ 反应从而抑制燃烧链式反应。因此，有机磷系阻燃剂有凝聚相和气相阻燃两种作用机理，但更多的是成炭作用。

氮系阻燃剂主要是含氮化合物。近年来，国内外都在寻求无毒阻燃剂以取代毒性大的卤系阻燃剂，已经商品化的有三聚氰胺及其盐类，如氰尿酸盐等。这类阻燃剂在受热条件下吸热，分解生成不燃气体，稀释可燃物、降低可燃物表面温度及隔氧作用，从而减小燃烧速度。如氰尿酸盐在燃烧时可发生下列分解反应：

5.1.1.4 膨胀阻燃及无卤阻燃的阻燃机理

膨胀型阻燃剂主要通过形成多孔泡沫炭层而在凝聚相起阻燃作用，此炭层是经历以下几步形成的：a.在较低温度（具体温度取决于酸源和其它组分的性质）下由酸源放出能酯化多元醇和可作为脱水剂的无机酸；b.在稍高于释放酸的温度下，发生酯化反应，而体系中的胺则可作为酯化的催化剂；c.体系在酯化前或酯化过程中熔化；d.反应产生的水蒸气和由气源产生的不燃性气体使熔融体系膨胀发泡。同时，多元醇和酯脱水炭化，形成无机物及炭残余物，且体系进一步膨胀发泡；e.反应接近完成时，体系胶化和固化，最后形成多孔泡沫炭层。

膨胀型阻燃剂也可能具有气相阻燃作用，因为磷-氮-碳体系遇热可能产生 NO 及 NH_3，而它们也能使自由基化合而导致燃烧链反应终止。另外，自由基也可能碰撞在组成泡沫体的微粒上而互相化合成稳定的分子，致使阻燃链反应中断。

膨胀阻燃体系一般由酸源（磷酸、亚磷酸、聚磷酸等）、碳源（季戊四醇等）、气源（三

聚氰胺等）组成，是一类环保的无卤阻燃剂。

大部分卤系阻燃剂，主要是含溴有机物（如四溴双酚 A、十溴二苯醚等）及其聚合物（如溴化环氧树脂等），在高温裂解及燃烧时，产生有毒的多溴联苯（PBBs）及多溴联苯醚（PBDEs），已被欧盟的 RoHS 指令、WEEE 指令及其它国家的环保法规所禁止。因此基于人类对环境保护的要求，急切要求开发和使用"绿色"产品，以保证实现国民经济可持续发展战略。因此，阻燃材料的无卤化在全球的呼声甚高，一些阻燃高分子材料供应商也开始向市场提供无卤阻燃塑料。目前有些欧洲国家对卤系阻燃剂的使用加以限制，力图促进阻燃材料的无卤化进程。不过也有人认为，溴系阻燃剂及其阻燃的聚合物产生 PBBs 及 PBDEs 的特定环境甚少，产生的量也十分有限，且并非所有的溴系阻燃剂都会产生这两种毒物，同时溴系阻燃剂的一些可贵的优点则不会轻易为用户所放弃，所以卤系阻燃剂及其阻燃的聚合物仍在采用。从长远发展来看，阻燃高分子材料应向低毒、低烟、无卤化的方向发展。因此，至少有一部分卤系阻燃材料会被用户审慎对待使用，但阻燃材料的无卤化进程会很快。新型的无卤阻燃剂不断出现，如氢氧化铝、氢氧化镁、磷酸酯及其衍生物、次磷酸盐、含硅聚合物等。

5.1.1.5 塑料的抑烟技术

聚合物燃烧要产生大量的烟雾，有的聚合物燃烧产生的烟雾是毒性极大的。当聚合物中加入阻燃剂，尤其是含卤素的阻燃剂和氧化锑时，燃烧时会产生更多的烟雾和有毒气体。显然，这些毒气会污染环境，并对人的生命安全构成直接的严重危害，而烟雾则直接影响人们的可视距离和空气能见度，在发生火灾时，会使人们迷失逃生的方向。聚乙烯、聚丙烯等经充分燃烧，并不产生黑烟；不完全燃烧时则产生浓厚的黑烟。这是由于它们受热分解不完全，主链断裂而生成的低分子烃含有较多碳原子，这些碳原子释放出来形成炭微粒，分散在烟雾中，形成黑色烟雾。聚酰胺（尼龙）类聚合物受热分解燃烧时产生 CO、CO_2、低级烃和环己酮烟雾。因此聚合物的抑烟就越来越受到人们的重视，尤其是像 PVC 这样的聚合物的抑烟，已成为阻燃科技领域中的热点，重要性已超过阻燃。对更多的其它聚合物，抑烟已和阻燃相提并论。目前抑制聚合物燃烧时产生烟雾的主要方法是向其中添加抑烟剂。一般说来，凡是能捕捉烟雾并阻止或抑制聚合物热分解产生烟雾的物质均可称为抑烟剂。后者更倾向于使用物理方法，使聚合物降温、隔热，实质上就是抑制聚合物的热分解，起到减少烟雾的作用。至于捕捉聚合物燃烧后产生的烟尘，各种抑烟剂的作用又有不同。最近，有研究者用少量纳米材料对聚合物进行抑烟，其实质就是通过纳米微粒巨大的比表面和宏观量子隧道效应去吸附烟尘，达到消烟的目的。

抑烟剂分为无机类和有机类，前者有 $CaCO_3$、Al（OH）$_3$、Mg（OH）$_2$、硼酸锌、MoO_3、八钼酸胺以及含硅化合物和一些含镁、铝、硅的矿物，后者为有机类二茂铁和一些有机酸的盐类。$CaCO_3$ 的抑烟作用原理在于它可以和烟雾中的卤化氢反应（捕捉），生成稳定的 $CaCl_2$，其反应式为：

$$CaCO_3+2HCl \longrightarrow CaCl_2+H_2O+CO_2$$

由于上述反应属于固-气非均相反应，只能在 $CaCa_3$ 固体颗粒表面进行，所以 $CaCO_3$ 颗粒的粒径大小就成为影响抑烟效果的重大因素。在相同质量时，只有微小颗粒才具有大得多的比表面积。根据上述抑烟原理，凡在燃烧时产生卤化氢的聚合物，如 PVC、氯磺化聚乙烯、氯丁橡胶等都可以用 $CaCO_3$ 作为抑烟剂。当填充量很大时，就势必影响聚合物材料的力学性能。现在已用填充纳米级 $CaCO_3$ 的方法去进行抑烟，填充量仅为 10%（质量分数）左右就会能产生理想的效果。

Al（OH）$_3$、Mg（OH）$_2$ 的抑烟机理主要是它们受热分解反应是一个强烈的吸热反应，前者吸热量为 12.62kJ/mol，后者为 44.8kJ/mol。大的吸热量会大大降低聚合物的温度，减缓其热分解。另外，放出的水变成水蒸气，也可以冲淡可燃气体，冲淡烟雾，起到阻燃、消烟双重作用。Al（OH）$_3$ 也可以与含卤化合物受热分解放出的卤化氢反应（捕捉卤化氢），从而减少了烟雾中的有毒气体（卤化氢）的量，反应式如下：

$$Al（OH）_3+3HCl \longrightarrow AlCl_3+3H_2O$$

Mg（OH）$_2$ 的热稳定性比 Al（OH）$_3$ 要高得多，其分解温度为 340~350℃，而 Al（OH）$_3$ 为 240~250℃。所以，Mg（OH）$_2$ 更适合一些加工温度高的聚合物，如 PP 等。近几年来，对 Mg（OH）$_2$ 用于聚合物的阻燃消烟研究得很多，集中在如何改善其在聚合物中的分散性和相容性［Mg（OH）$_2$ 在聚合物中的相容性比 Al（OH）$_3$ 差］、如何改善结晶性和改善粒径及其凝集性等方面。

有机消烟剂中，常用的是二茂铁及一些有机铁化合物，它们最适宜做 PVC 的消烟剂，加入量为每 100 份 PVC 中加入 1.5 份此类消烟剂或略多一些。二茂铁的阻燃机理是 PVC 在 200~300℃受热后脱 HCl，在此过程中，二茂铁迅速转化为 α-Fe_2O_3 而存在于 PVC 的炭化层中，α-Fe_2O_3 能迅速引起炭化层的灼烧，催化氧化炭化层分解，放出 CO、CO_2，从而减少了石墨结构的形成数量。$FeCl_2$ 和 $FeCl_3$ 是 α-Fe_2O_3 生成前的中间产物，它们可以改善 PVC 的裂解机理，使之容易生成轻质焦油，减少了炭黑的形成。另外，二茂铁受热后，还会挥发形成氧化铁细雾，高温下这是一种氧化力极强的物质，即出现所谓"化学炽热相"，它改变了 PVC 的热裂解机理和进程，促进 PVC 完全燃烧，形成 CO 和 CO_2，减少炭黑的形成。

5.1.1.6 成炭及防熔滴技术

成炭技术是聚合物阻燃化的重要方法和途径之一。在阻燃剂的阻燃机理中，红磷、微胶囊化红磷（以下简称"微红"）、磷酸酯、卤化磷酸酯等含磷阻燃剂在空气中受热后，均先氧化生成 P_2O_5，继而生成磷酸、偏磷酸、聚偏磷酸，它们可使一些含氧聚合物如环氧树脂、聚氨酯、不饱和聚酯等成碳正离子的脱水模式，脱水成炭。炭质层是不易燃的，它覆盖、围绕聚合物，隔绝空气中氧和火焰，起到阻燃作用。其它含硼阻燃剂如硼酸锌等以及一些可吸收电子的物质（路易斯酸类）如 Sb_2O_3、$FeCl_3$ 等，也基本上是按上述模式通过促进聚合物脱水而成炭，达到阻燃功效。在膨胀阻燃技术中谈到膨胀阻燃剂也是通过上述类似的反应历程脱水成炭，不过它是在可产生磷酸等物质的膨胀催化剂和喷气剂、成炭剂的联合作用下生成致密的多孔泡沫炭层的；它们又比一般脱水成炭的阻燃功效要高一些。

第二个使聚合物成炭、继而实现阻燃化的途径是接枝和交联成炭。聚乙烯、聚丙烯、聚氯乙烯等皆可通过辐射交联或化学交联达到成炭效果；而聚苯乙烯则可通过化学交联，进行 Friedel-Crafts 反应而炭化。ABS 树脂则可通过接枝形成共聚物，继而实现炭化。

大多数聚合物的自成炭性和成炭速率都不高，所以，要加一些成炭剂或炭促进剂去促使这些聚合物成炭，这就是聚合物成炭化的第三个途径。在聚烯烃（成炭性很低的典型例子）阻燃配方示例中，有一些配方加入季戊四醇等成炭剂，就是这个目的。

现已有一些报道，认为使炭化后的炭质层紧密固化形成网络结构是解决聚合物熔滴的关键问题，传统的防滴落物质是硅酸盐类，如滑石粉、硅酸钙等，它们的防熔滴作用几乎全部是物理方面的，即增加熔体内的填充物，减弱其流动性；而这些传统的防熔滴滴落物往往要加入量较大才会起作用，这对聚合物的力学性能会产生较大的不利影响，因而限制了它们的应用。

目前的防熔滴滴落是从两方而入手：第一，选择一些聚合物，加入交联剂，使它能产生交联固化结构，形成紧密的炭层，阻止聚合物的熔体滴落，如阻燃 PP 配方中加入交联剂 TAIC（湖南浏阳有机化工总厂生产，是一种三嗪类物质）和过氧化二异丙苯 DCP，就是使聚丙烯产生交联固化结构，从而防止 PP 熔滴滴落的；第二，就是向阻燃体系加入成炭剂或聚合物防滴落剂。

5.1.1.7 纳米阻燃技术

纳米复合物泛指至少有一种组分处于亚微米尺度的复合物，它能显示出普通宏观混合物或纯组分所不具备的多种性能，如力学、电学、热学方面的性能，以及阻隔性、阻燃性等。数据表明，加入极少量的纳米粒子不仅可以改善聚合物的力学性能，还能提高其阻燃性能。

第二次世界大战以后，卤-锑协同作用开始应用于聚合物的阻燃。鉴于氧化锑的稀缺导致对进口的依赖性，美国通用汽车公司（General Motors，GM）开始尝试以黏土或膨润土代替氧化锑制备阻燃 ABS 产品，并于 1978 年申请了首个专利。其后，ICI 公司（Imperial Chemical Industries）申请的"剥离态蛭石"专利宣称该技术可赋予膨胀聚苯乙烯以自熄和成炭的功能。杜邦公司在研发阻燃多嵌段共聚酯弹性体时提出了具有阻燃效果的纳米黏土/聚合物复合物的专利。此时，商业界已经开始逐渐意识到聚合物与纳米黏土的混合物有可能使材料通过工业上 UL 94 自熄的标准要求。尽管如此，当时这种混合物也只是作为防滴剂使用而已。20 世纪末，美国国家标准与技术研究院（NIST）利用锥形量热仪和辐射气化等试验装置开展了纳米黏土/聚合物复合材料的系统研究，并发现在无阻燃剂参与的条件下，黏土的加入不但可以使系统的热释放速率（HRR）有明显的降低，还有促进蒸发作用。毋庸置疑，纳米技术的应用确实为提升聚合物的阻燃性能提供了新的思路。因此，人们对新型纳米阻燃体系的研发寄予厚望。

美国 NIST 对火的危害性研究得出的重要结论是：HRR 是最为重要的单一变数，其数值意味着火焰点燃和传播的能力，常被看作是火灾的"推动力"。热释放速率峰值（PHRR）的大小则预示着火焰的进一步传播以及周围物体被点燃的危险性程度。锥形量热仪被证明是评价聚合物纳米复合物的各种热与火响应的性能及深入研究聚合物受热过程的有效工具。表 5-1 给出一些聚合物/纳米黏土复合材料的 HRR 实验数据。

纳米复合物之所以受到重视在很大程度上是因为纳米化后 PHRR 的降低。但纳米填料的加入往往会导致点燃时间（TTI）的缩短。TTI 的缩短并不是纳米复合物独有的缺点。其它添加剂（如十溴联苯醚）的加入也常会引起 TTI 的降低。PNC（聚合物纳米复合材料）燃烧过程的 THR（总释放热）基本不变的事实反映了一个普遍的现象，即所有聚合物最终都是要烧尽的，只不过是燃烧速率减慢而已。聚合物燃烧的空间可能发生在气相或凝缩相之中，除了含卤或部分含磷体系外，大部分聚合物特别是含有无机纳米颗粒的体系多发生在凝缩相。为了解凝缩相燃烧时的热裂解过程，实验应该在氮气下进行以排除空气中氧的干扰。图 5-1 显示了不同质量分数的多壁碳纳米管（MWCNT）对 PS 燃烧性能的影响，可见在 $50kW/m^2$ 条件下加入 4%（质量分数）的多壁碳纳米管可使复合材料的 HRR 下降约 50%。

表 5-1　一些聚合物/纳米黏土复合材料的 HRR 实验数据

聚合物	原聚合物 降解机理	聚合物/黏土复合物 降解变化（增加）	HRR 减少量 /%
PA6	分子内氨解/酸解、随机断裂	分子间氨解/酸解、随机断裂	50~70
PS、HIPS	β-断裂（链端及中间）	复合、随机断裂	40~70
EVA 共聚物	链剥离、歧化	氢抽取、随机断裂	50~70
SAN、ABS 共聚物	β-断裂（链端及中间）	随机裂解、复合	20~50
PE	歧化	氢抽取	20~40
PP	β-断裂、歧化	随机断裂	20~50
PAN	环化、随机断裂	无变化	<10
PMMA	β-断裂	无变化	10~30

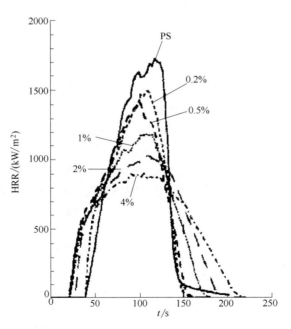

图 5-1　不同质量分数的 MWCNT 对 PS/MWCNT
纳米复合物 HRR 的影响

图 5-2 给出聚丙烯酸酯（PAE）与 5%（质量分数）氧化石墨（GO）体系的锥形量热仪实验结果。图中两条曲线由左至右分别为 PAE、PAE/GO（5%）微混物、PAE/GO（5%）纳米复合物。可见纳米效应使得曲线右移，即 TTI 增大，HRR 减小，反映出高比表面积的纳米填充物对阻燃性能有好的影响。

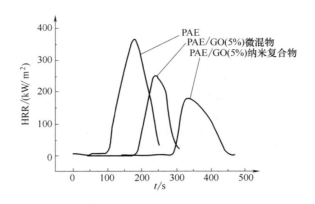

图 5-2　PAE/GO（5%）体系用锥形量热仪测得的数据（15kW/m²）

5.1.2　聚丙烯的阻燃改性

PP 是易燃烧材料，纯 PP 的极限氧指数（LOI）只有 18%左右。随着人们对防火认识的加深，在各种设备、仪器、建筑等部件上，均要求使用阻燃材料。因此 PP 的阻燃是必不可少的改性。

5.1.2.1　含卤阻燃聚丙烯

目前阻燃 PP 最有效的方法还是往其中添加含卤阻燃剂，常用于阻燃 PP 的卤系阻燃剂有得克隆（DCRP）、十溴二苯醚（DBDPO）、双（四溴邻苯二甲酰亚胺）乙烷（BTBPIE）、双（五溴苯基）乙烷（BPBPE）、双（二溴降冰片基二碳酰亚胺）乙烷（BDBNCE）、经热稳定化的六溴环十二烷（HBCD）、三（二溴丙烷）异氰尿酸酯（TBC）、三（二溴苯基）磷酸酯（TDBPPE）、八溴醚（OBE）、氯化石蜡（CP）及溴化石蜡（BP）等。一般的氯化石蜡由于热稳定性欠佳而不能用于阻燃 PP，但热稳定性高的、树脂状的氯蜡-70（软化点约 160℃）可用于制造 UL 94 V-2 级及 V-0 级 PP，这种阻燃 PP 的成本比某些含溴阻燃 PP 的成本要低。

卤系阻燃剂阻燃 PP 时，几乎无例外地以三氧化二锑为协效剂，每 3 份溴阻燃剂至少加入 1 份三氧化二锑。其它可采用的协效剂还有硼酸锌、偏硼酸钡、氧化锌、氧化钼、八钼酸铵、聚磷酸铵和锡酸锌等，它们能减少阻燃 PP 和 PE 燃烧时的生烟量，但也使阻燃效率下降，所以只能部分取代三氧化二锑。

为了改善阻燃 PP 某些特殊性能和降低成本，有时也在阻燃 PP 中加入无机填料，如碳酸钙、炭黑、陶土、滑石粉、硅粉等，但它们有时会干扰卤系阻燃剂的效能。例如，对以卤系阻燃剂阻燃的 PP，微粒硅石对 PP 的氧指数及 UL 94 阻燃等级有很大的副作用，其原因可能是由于 PP 在热裂解或燃烧时形成了极稳定的溴化硅，而干扰了溴阻燃剂的气相阻燃功能，另外由于微粒硅石具有很大的比表面积而阻碍熔滴，使热量不易导走。在阻燃 PP 中加入滑石粉，虽然可在很大程度上消除熔滴而使材料通过 UL 94 V-0 级，但 PP 的氧指数则明显下降。

炭黑（特别是比表面积大的炭黑）用于 PP 时，会加剧阴燃，但如同时加入硼酸锌和偏硼酸钡可有效地控制阴燃。某些填料（如碳酸钙、氢氧化铝、氢氧化镁和碳酸镁）均可作为 PP 的抑烟剂，但碳酸钙、碳酸镁可干扰溴系阻燃剂的阻燃作用，因而应适当调整溴阻燃剂用量。有机硅和有机钛酸酯偶联剂、锡基热稳定剂、二苯甲酮和苯并三唑类光稳定剂等可提高阻燃 PP 的某些特殊性能，例如它们可分别改善其电性能、加工时的稳定性及光照时的脱色性等。在某些情况下，硬脂酸锌会降低 PP 中溴系阻燃剂的阻燃效率。PP 中大部分用量很少的添加剂，如抗氧剂、抗臭氧剂、蜡类、着色剂等均能与溴阻燃剂相容，同时阻燃剂对交联剂也无干扰。

在 PP 加工过程中，添加型阻燃剂一般不熔化，因而为了使阻燃材料获得最佳的力学性能及阻燃性能，阻燃剂必须均匀分散于整个 PP 中，所以它们应早于增塑剂和其它加工助剂加入混料器中，同时应采用高效混炼设备（例如双螺杆挤出机），并维持尽可能低的加工温度。另外，阻燃剂的预分散也有助于它们在 PP 中均匀分布。由于熔融 PP 的黏度低，故加工时的剪切应力小，无论如何都很难使填料型阻燃剂在 PP 中分散良好。如果先将阻燃剂与载体混配成含阻燃剂 50%~60% 的母粒，然后再用此母粒阻燃 PP，则比较适宜。这种阻燃母粒可采用聚烯烃或其混合物为载体。

工业上主要生产两类阻燃 PP，一类达到 UL 94 V-2 级，另一类是达到 UL 94 V-0 级，二者都是自熄性的，但前者阻燃实验时产生熔滴，可引燃棉花，后者则不然。UL 94 V-2 级 PP 用于制造某些阻燃要求不太严格的汽车构件、电气构件、地毯、纺织品、管子和管件等，UL 94 V-0 级 PP 用于制造电视机构件、汽车内受热的特殊构件、某些家用电器和真空泵的部件等。对于 UL 94 V-2 级 PP，添加 4% 溴系阻燃剂（如 BDBNCE 或 OBE）及 2% 的三氧化二锑即可满足要求，此时阻燃 PP 的力学性能与原始 PP 相差无几，且仍具有鲜艳的光泽和优异的力学性能，但加热时仍熔化和滴落，且冲击强度有所下降。由于 PP 的熔融区窄，燃烧时滴落严重，故为使 PP 通过 UL 94 V-0 级，需要添加总量达 40% 的阻燃剂（如 20% 左右的 DBDPO、6% 的三氧化二锑及 15% 左右的无机填料），否则不能消除熔滴。但这样高的阻燃剂含量使阻燃 PP 丧失了原有的韧性和其它一些优良性能，降低了材料的断裂伸长率，材料的密度也随之增大，致使单位体积材料的成本提高。此外，填料使 PP 的流动性能恶化。采用 0.5%~3.0% 的钛酸酯偶联剂处理阻燃剂，可改善 PP 的柔韧性和流动性。采用 PP 共聚物或添加少量冲击改性剂（如 POE、乙丙橡胶等）可改善含卤阻燃 PP 的冲击强度，有时可提高 2 倍以上，而且并不影响 PP 的阻燃性。

就对 PP 氧指数的贡献而言，不同类型的卤素是不同的。一般而言，脂肪族和脂环族溴大于脂环族氯，更大于芳香族溴。采用某些分子内同时含脂环族及芳香族溴的阻燃剂改性 PP 时，可制得虽然燃烧时能产生滴落但仍能通过 UL 94 V-0 级的阻燃 PP。几种 UL 94 V-2 及 V-0 级含卤阻燃 PP 的配方及性能见表 5-2 及表 5-3。

表 5-2　UL 94 V-2 级含卤阻燃 PP 的配方及性能

配方及性能		1	2	3	4
配方/质量份	PP	94	96	100	100
	阻燃剂[①]及用量	BDBNCE	HBCD-SF	FR-1034	FR-1046
		4.0	3.0	2.7	2.4
	Sb_2O_3	2.0	1.0	1.50	1.0
力学性能	拉伸强度/MPa	29.6	31.0	35.0	35.0
	拉伸模量/GPa	1.50	1.72	1.50	1.50
	弯曲强度/MPa	44.5	41.4	—	—
	弯曲模量/GPa	1.60	0.96	—	—
	断裂伸长率/%	—	—	102	104
	悬臂梁 V 形缺口冲击强度/（J/m）	51.3	58.5	11.0	11.0
	热变形温度（1.82MPa）/℃	55	74		
	熔体流动速率/（g/10min）	5.0	4.5	—	—
	极限氧指数/%	27.1	—	25.5	24.0
	阻燃性（UL 94）	V-2（3.2mm）	V-2（1.6mm）	V-2（0.8mm）	V-2（0.8mm）

① FR-1034 为四溴-缩二新戊二醇，FR-1046 为双（3-溴-2,2-二溴甲基丙基）亚硫酸酯。

表 5-3　UL 94 V-0 级含卤阻燃 PP 的配方及性能

配方及性能		1	2	3	4
配方/质量份	PP	58	52	58	58
	阻燃剂及用量	DBDPO	DCRP	BTBPIE	BPBPE
		22	38	22	22
	Sb_2O_3	6	4	—	6
	无机填料及用量	滑石粉	硼酸锌	滑石粉	滑石粉
		14	6	14	14
力学性能	拉伸强度/MPa	26.2	18.5	26.9	27.6
	拉伸模量/GPa	3.10	—	3.3	3.0
	弯曲强度/MPa	48.3	50.0	51.0	50.3
	弯曲模量/GPa	1.90	3.28	3.00	2.70
	断裂伸长率/%	4.0	4.9	2.1	3.1

配方及性能		1	2	3	4
力学性能	悬臂梁V形缺口冲击强度/(J/m)	21.3	20.2	21.3	21.3
	热变形温度/℃	64 （1.82MPa）	122 （0.46MPa）	69 （1.82MPa）	66 （1.82MPa）
	熔体流动速率/(g/10min)	4.6	—	3.9	4.1
	极限氧指数/%	26.3	29.0	25.3	25.8
	阻燃性（UL 94，3.2mm）	V-0	—	V-0	V-0
	阻燃性（UL 94，1.6mm）	V-0	V-0	V-0	V-0

5.1.2.2　卤-磷化合物阻燃聚丙烯

含卤阻燃 PP 多采用溴化合物或氯化合物阻燃，很少采用含卤磷酸酯。一种脂肪族溴含量极高的磷酸酯三（2,2-二溴甲基-3-溴丙基）磷酸酯（TTBNP）用于阻燃 PP，效果很好。TTBNP 含脂肪溴 71%，含磷 3%，起始分解温度 282℃，比 TBC 及 HBCD 分别高 60℃和 80℃。在 230℃下加热 7min 后，TTBNP 的质量损失仅 0.3%，完全可承受 PP 的加工温度。此外 TTBNP 中的脂肪族溴与三氧化二锑的协同效应良好，且分子内存在 Br-P 协同反应。同时，TTBNP 可显著改善 PP 的流动性和加工性能，对 PP 的力学性能（如拉伸强度、冲击强度等）的影响也较小。TTBNP 阻燃的 PP 配方及性能见表 5-4。

表 5-4　TTBNP 阻燃的 PP 配方及性能

配方及性能		1	2	3	4	5
配方	PP/质量份	100	90	95	90	80
	TTBNP/质量份	—	10.0	3.75	7.5	15.0
	Sb_2O_3/质量份	—	—	1.25	2.5	5.0
	溴含量/%	0	7.1	2.7	5.3	10.7
	磷含量/%	0	0.30	0.11	0.22	0.45
力学性能	熔体流动速率/(g/10min)	1.184	3.059	3.071	2.438	2.115
	弯曲强度/MPa	47.9	51.8	54.0	57.3	48.1
	弯曲模量/GPa	1.52	1.66	1.68	1.63	1.51
	无缺口冲击强度/(J/m²)	75	38.7	41.2	36.8	32.4
	带缺口冲击强度/(J/m²)	5.2	4.3	4.9	4.1	3.5
	极限氧指数/%	17.4	25.6	24.8	26.6	27.6

由表 5-4 可知，就提高 PP 的极限氧指数而言，TTBNP 是十分有效的，7.1%的溴和 0.30%的磷就可使 PP 的极限氧指数提高约 8%，远远优于芳香族溴。这是由于脂肪族溴的阻燃效率高于芳香族溴，同时分子内存在 Br-P 的协同效应。此外，TTBNP 中的溴与锑化合物的协效作用甚佳，3.75%的 TTBNP 与 1.25%的 Sb_2O_3 可使 PP 的极限氧指数提高 7.4%，这与四溴二新戊二醇中溴的作用相当。但随着 PP 中 TTBNP 和 Sb_2O_3 用量的增加，溴-锑协同效应减弱，原因是 PP 中磷含量增高时，增大了磷与 Sb_2O_3 反应生成稳定的磷酸锑的概率，因而阻碍了锑在气相中发挥阻燃功能。TTBNP 对 PP 的力学性能影响甚小，即使它在 PP 中的含量高达 15%（同时还含有 5%的 Sb_2O_3），PP 的弯曲强度及弯曲模量仍保持不变，冲击强度及带缺口冲击强度分别降为原始树脂的 43%和 67%，影响幅度低于 BDBNCE。

5.1.3　膨胀性阻燃聚丙烯

目前，阻燃 PP 大多为卤系阻燃剂与锑化合物的协效体系。欧盟已经发布了新的环保指令——RoHS 和 WEEE 指令，明确限制使用含有多溴联苯（PBBs）及多溴联苯醚（PBDEs）的材料。鉴于环境保护方面的要求，阻燃材料无卤化的呼声日渐升高，无卤阻燃 PP 也日益崭露头角。

可用于阻燃 PP 的无卤添加型阻燃剂中，最被人看好和最具有工程应用前景的是膨胀型阻燃剂（IFR）。含有 IFR 的 PP 燃烧和热裂解时，通过在凝聚相中发生的成炭机理而发挥阻燃作用，且某些聚合物的氧指数与其燃烧时的成炭量存在良好的相关性。近年来，已开发了一系列适用于 PP 的磷-氮系混合型 IFR。混合 IFR 中的各组分单独使用时，对 PP 的阻燃效能不佳，但当它们共同使用时，对 PP 的阻燃性由于成炭率提高而明显改善。还有一种以膨胀型石墨及协效剂组成的 IFR，也正在受到重视。此外，近年还合成了一些集三源（酸源、碳源和气源）于同一分子内的单体 IFR，并正在研究它们在 PP 中的应用。以 IFR 阻燃的 PP，当用量为 20%~30%时，LOI 可达到 30 以上，能通过 UL 94 V-0 级，不产生滴落，不易渗出，燃烧或热裂解时产生的烟和有毒气体较卤-锑系统阻燃剂大为减少。但 IFR 的应用也受到一定的限制，主要是它们的热稳定性还不能完全满足需要，吸湿性较大，添加量较高等。

聚磷酸铵（APP）是 IFR 的主要组分，常与其它协效剂共用组成 IFR，这类协效剂多是气源和碳源，如季戊四醇（PETOL）、三聚氰胺（MA）、三羟乙基异三聚氰酸酯（THEIC）等。Spinflam MF82（Hymont 公司产品，是 APP 加上某些专有的含氮树脂作为成炭剂）可用做 APP 的协效剂。以 IFR 阻燃 PP 时，首先将 PP 与 IFR 在混炼机上于熔融态下混合，温度为 160~200℃，混炼机转速约 40r/min，混炼时间为 4~12min。随后将混合试样于 170~230℃下注射成型成为所需的试样。表 5-5 为 IFR 阻燃 PP 的配方及阻燃性（表中 APP 与协效剂的质量比均为 2：1）。

表 5-5 数据说明，不同配方阻燃的 PP 中磷含量与 PP 的 LOI 呈良好的线性关系。如以 1/3 的 PETOL 代替 APP（即质量比为 2：1 的 APP 与 PETOL 的混合物），则 IFR 的阻燃性能提高，但当这种混合物在 PP 中的含量为 25%时，虽然 LOI 值能达到 26.4，却只能通过 UL 94 V-2 级。如果采用 25%的 Exolit 23P（Clariant 公司产品，是聚磷酸铵加上某些专有的含氮树脂作为成炭剂）阻燃 PP，则材料 LOI 可达 38.8%，3.2mm 试样可通过 UL 94 V-0 级。

表 5-5　IFR 阻燃 PP 的配方及阻燃性

序号	阻燃剂	阻燃剂用量（质量分数）/%	磷含量（质量分数）/%	LOI/%	UL 94	
					1.6mm	3.2m
1	APP	0	0	17.8		
2		15	4.7	19.3		
3		20	6.2	19.7		
4		25	7.8	20.2		
5	APP+ + Spinflam MF82	15	3.0	26.2		
6		20	4.0	30.7		V-0
7		25	5.1	33.0	V-2	V-0
8	APP + PETOL	15	3.0	21.4		
9		20	4.0	23.6	V-2	V-2
10		25	5.1	26.4	V-2	V-2
11	APP + THEIC	15	3.0	24.6		
12		20	4.0	27.6	V-2	V-2
13		25	5.1	32.2	V-2	V-0
14	APP + Exolit 23P	15	3.6	29.9		
15		20	4.8	34.8	V-2	V-0
16		25	6.0	38.8	V-2	V-0

　　三聚氰胺磷酸盐（MP）与季戊四醇（PETOL）也可作为 PP 的膨胀阻燃剂。MP 与 PETOL 配比对 PP 极限氧指数的影响如表 5-6 所示。

表 5-6　MP 与 PETOL 配比对 PP 极限氧指数的影响

$m($ MP $)/m($ PETOL $)$	15.0/0.0	12.5/2.5	12.0/3.0	10.0/5.0	9.0/6.0	7.5/7.5	6.0/9.0	3.0/12.0	0.0/15.0
LOI/%	26.0	26.5	28.0	29.0	30.0	29.0	27.5	20.5	19.0

　　由表 5-6 可以看出，单独使用 15.0%MP 或 PETOL 时，PP 的 LOI 分别为 26.0%和 19.0%，说明 MP 和 PETOL 单独使用阻燃果不佳。原因是单独使用 MP 时，体系因缺少碳源而难以生成大量的炭层，阻燃效果不理想；单独使用 PETOL 时，因没有酸的催化，PETOL 难以成炭，故达不到阻燃的目的。而当 MP 与 PETOL 共同添加到 PP 中时，二者产生了较好的协同效应，使得 PP 的 LOI 明显提高。其中当 MP 质量分数为 9.0%、PETOL 质量分数为 6.0%（即二者的质量比为 3:2）时，PP 的 LOI 达到最大（30.0%）。原因是 PP 燃烧受热时，作为气源和酸源的 MP 首先分解生成氨和聚磷酸（或聚偏磷酸）。生成的聚磷酸（或聚偏磷酸）作为强脱水剂，一方面可使 PP 脱水成炭，另一方面可使作为碳源的 PETOL 在酸的催化作用下酯化、脱水成炭。反应生成的水蒸气及一些不燃性气体（如 NH_3）使炭层膨胀，最后形成了致密、多孔的网状炭层，从而降低了热量和可燃性挥发产

物在材料界面的传递，起到了中止燃烧的作用。随着 MP 和 PETOL 总用量的增加，PP 的力学性能不断下降。综合考虑阻燃性能和力学性能，MP 和 PETOL 总用量为 15.0%时比较合适。在上述体系中加入分子筛可以进一步提高 PP 的阻燃性能。当分子筛用量为 2.0%时，阻燃 PP 的 LOI 从未添加分子筛时的 30.0%上升到 34.0%。而当分子筛添加量继续增加时，阻燃 PP 的 LOI 反而下降。究其原因，可能是阻燃 PP 在燃烧初期温度还比较低的时候，少量的分子筛对 MP/PETOL 体系具有催化酯化作用，加速了 NH_3、H_2O 等气相挥发成分的产生，从而影响了 MP/PETOL 体系的膨胀行为，改善了气源与熔体黏度的匹配，进而导致了高质量多孔炭层的生成；在温度较高时，分子筛在 MP/PETOL 有机相作用下，自身分解成 SiO_2 和 Al_2O_3，导致 Si-P-Al-C 结构的生成，从而起到了促进成炭及稳定残炭的作用，故材料的阻燃性能得以提高。而分子筛用量过多后，导致体系的酯化作用加快，体系的熔体黏度增大，与发泡速率匹配得不好，从而使得生成炭层的质量变差，体系难以形成封闭的多孔炭层，而是形成大量的细小通道或缝隙，气体分解产物和聚合物熔体可以由此溢出进入火焰区，而且液体产物由于毛细管作用可以通过这些管道被吸附到温度较高的区域，进而被分解。这样一来，炭层本来具有的对内部聚合物的隔绝热传递效应就被抵消，从而导致材料的阻燃效果下降。

以新戊二醇为基础的磷、氮类膨胀型阻燃剂（如新戊二醇磷酸酯三聚氰胺盐，NPM）对 PP 具有较好的阻燃效果。随着 NPM 添加量的增加，体系的氧指数总体上呈上升趋势，添加量由 10 份（每 100 质量份树脂）增加到 20 份时，氧指数迅速上升至 26.8。原因是燃烧时残炭量增加，燃烧表面形成了致密的膨胀炭层。当 NPM 添加量为 40 份时，氧指数增长又趋于缓慢，说明过量的 NPM 对提高体系的阻燃效果作用不明显。NPM 能显著提高 PP/NPM 体系的热稳定性，增加体系的燃烧成炭率，添加 30 份的 NPM 时，体系 600℃时成炭率为 8.30%，燃烧表面形成了致密的炭层，且炭层覆盖均匀。

5.1.4　膨胀石墨及协效剂阻燃聚丙烯

膨胀石墨（EG）是在硫酸中氧化石墨制得的，为黑色片状物，当其被迅速加热至300℃以上时，可沿结晶结构的 C-轴方向膨胀数百倍。它是近年新发展的一种无机阻燃剂，膨胀石墨含有 2%~3%的硫酸及与硫酸相关的物质。膨胀石墨为物理型膨胀阻燃剂，没有传统化学型膨胀阻燃剂易吸湿、易析出、热不稳定的缺点，是目前应用最成功的一种物理型膨胀阻燃剂，它具备适宜的初始膨胀温度（约 200℃），并能在 500℃前达到最大膨胀体积，且膨胀后的石墨层具有良好的耐热性，较低的热导率。石墨具有层状结构，当其被氧化时，阴离子可插入炭层之间，在膨胀石墨中，硫酸系以硫酸根阴离子存在，而此阴离子是带正电荷的炭平面的反离子。因此，膨胀石墨是一个夹层化合物，结构如图 5-3 所示。

膨胀石墨本身的阻燃性能不佳，但当它与其它协效剂并用时，阻燃效能可大大提高（甚至可优于溴系阻燃剂），并能用于阻燃多种聚合物（包括分子中不含氧的聚合物），且不易起霜。可用做膨胀石墨协效剂的有：磷化合物（如红磷、APP、MPP、磷酸胍等）、金属氧化物［如三氧化二锑、氧化镁、硼酸锌（$2ZnO \cdot 3B_2O_3 \cdot 3H_2O$、$4ZnO \cdot 6B_2O_3 \cdot 7H_2O$）］、八钼酸铵（［$NH_4$］$Mo_8O_{26}$，AOM 等）。膨胀石墨及其协效剂阻燃 PP 的配方及性能如表 5-7 所示。

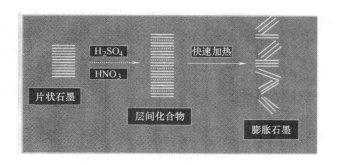

图 5-3　膨胀石墨结构示意

表 5-7　膨胀石墨及其协效剂阻燃 PP 的配方及性能

配方和性能		1	2	3	4
配方/质量份	PP	100	100	100	100
	EG（乙二醇）	—	6	22.5	26.7
	RP（红磷）	—	3	—	—
	APP	—	—	7.5	—
	MPP	—	—	—	13.3
	极限氧指数/%	19.0	26.0	27.2	—
性能	阻燃性（UL 94，3.2mm）	—	V-0	V-0	V-0

　　以膨胀石墨及其协效剂阻燃 PP 时，其阻燃效率与石墨的膨胀能力有关，因而与片状石墨的尺寸有关。尺寸较大的石墨片的阻燃效能优于尺寸较小的石墨片，而小片石墨是没有被氧化的石墨。因此，宜采用尺寸较大的膨胀石墨片为阻燃剂。所以工业上生产的膨胀石墨片的尺寸大部分在 0.2mm 左右。

　　EG、包裹红磷（MRP）按不同比例协同使用时具有较好的阻燃效果。EG 的加入能够提高 PP 的氧指数，但单独使用时阻燃效率很低，即使添加量达到 40%，阻燃效果仍不理想。MRP 作为阻燃协效剂能够有效提高 EG 的阻燃效率。这是由于 MRP 除了能够促进 PP 成炭，在气相中阻断燃烧链外，在材料燃烧时还能够生成黏稠的偏磷酸，在膨胀炭层的表面形成保护层，促进 EG 之间的黏结，减少炭层内的孔洞，提高炭层的阻燃作用。此外在含有 MRP 的体系中，还观察到"飞灰"现象大为减少，这也归因于 MRP 促进了 EG 之间的黏结。阻燃剂用量低于 20% 时，m（EG）：m（MRP）=1 的效果最好；阻燃剂用量高于 20% 时，m（EG）：m（MRP）≥2 时阻燃效果最好。这可能是因为在阻燃剂用量较少时，EG 还未能形成有效的膨胀炭层，而 MRP 的加入能够促进 PP 成炭，且能在气相中阻断燃烧链，所以含红磷较多［m（EG）：m（MRP）=1］的阻燃体系效果最好。由于阻燃剂用量较大时，m（EG）：m（MRP）=1 的体系中 EG 含量相对较少，难以形成完整的膨胀炭层，而 MRP 含量较大，本身的主要成分又是易燃物红磷，燃烧时放出大量热量，对阻燃起到反作用，所以使氧指数上升缓慢。对于 m（EG）：m（MRP）较大的体系，因含有足够的 EG 可形成完整的膨胀炭层，且 MRP 相对含量不太大，所以氧指数大幅上升。

在 PP 中添加相容剂 PP-*g*-MAH 能够提高阻燃剂和 PP 之间的相容性和黏结力，有利于阻燃材料力学性能的提高，还能够提高材料的阻燃性能。这是由于膨胀石墨表面中含有—OH 等基团，能够与 PP-*g*-MAH 反应，从而提高界面间的黏结性，增加了燃烧时形成的炭层强度，有助于发挥它在热和聚合物之间的屏蔽作用，使聚合物燃烧困难，氧指数提高。

在膨胀石墨与基体 PP 共混时，不宜使石墨片破碎。采用双螺杆挤出机以两种方法制备含膨胀石墨及 APP 的 PP 阻燃母粒，一种是将 PP、膨胀石墨及 APP 的混合物通过料斗加入挤出机中（直接法），另一种是将膨胀石墨通过侧式加料器加入挤出机中（侧加料法）。将所得阻燃 PP 母粒用热甲苯萃取出 PP，可分离出膨胀型石墨片，再测定其尺寸，以观察其尺寸变化情况。同时将制得的阻燃 PP 母粒与 PP 混配，再用吹塑法制得试样，并测定试样的阻燃性能。研究发现，采用直接法时，石墨片被破碎，所得材料阻燃性能较差，而采用侧加料法时则情况相反。所以，用双螺杆挤出机加工含膨胀石墨的 PP 时，为了防止石墨片被破碎，以采用侧加料法为宜。

5.1.5　氢氧化铝及氢氧化镁阻燃聚丙烯

5.1.5.1　氢氧化铝阻燃聚丙烯

另一类用于阻燃 PP 的无卤阻燃剂是氢氧化铝（三水合氧化铝，ATH）和氢氧化镁，它们已在阻燃 PP 工业上获得应用。这两种无机阻燃剂无毒，不挥发，不产生腐蚀性气体，且抑烟，但添加量很大，这就对 PP 的力学性能和熔体流动性能产生很不利的影响。此外，ATH 的分解温度仍较低，故只适用于可在较低温度下加工的阻燃 PP。采用一些特殊的技术（如表面处理）可提高 ATH 的耐热性及在 PP 中的分散性。

用经表面处理的平均粒径为 1μm 的 ATH 制备阻燃 PP，当 PP 中 ATH 的含量较低时，ATH 对材料 LOI 的影响甚小，只有当 ATH 含量在 45%~70%（质量分数）范围内增加时，PP 的 LOI 才能较大幅度增高。这说明，低含量的单一 ATH 对 PP 的阻燃作用不大，此时需与其它协效剂并用才能奏效。实际上，近年发表的很多文献，都涉及 ATH 的阻燃协效剂。当 PP 中的 ATH 含量较高时，ATH 对材料不带缺口的冲击强度比带缺口者影响更大，即前者随 ATH 含量增加而下降得更快。当 PP 中 ATH 由 40% 增至 70% 时，缺口冲击强度相当恒定，但无缺口冲击强度仍直线下降。对于材料的拉伸强度，当 PP 中的 ATH 含量低于 10% 时，拉伸强度随 ATH 含量增加而略有下降，但再在一定范围内增加 ATH 用量，PP 的拉伸强度稳步上升。阻燃 PP 伸长率最初随 PP 中 ATH 含量的增加而下降，但当 ATH 含量增至 40% 后，再增加 ATH 含量对伸长率的影响甚微。

冲击强度是 PP 最重要的力学性能之一，当在 PP 中加入 ATH 以提高聚合物的阻燃性时，材料的冲击强度常明显下降，且其变化程度又与所用 ATH 的比表面积有关。当阻燃 PP 中 ATH 含量为 60% 时，如采用比表面积为 $7m^2/g$、经表面处理的 ATH（平均粒径约 1μm），可使 PP 的冲击强度（带缺口的及不带缺口的）达最高值，采用比表面积约为 $10m^2/g$ 的 ATH 阻燃 PP 时，体系的拉伸强度达到最大值。

在 Al（OH）$_3$、PP 中加入极性单体和引发剂，部分极性单体黏附在 Al（OH）$_3$ 表面，另一部分吸附在 PP 粒子表面上，在引发剂的作用下单体自聚生成均聚物，与 PP 发生接枝反应形成官能团化聚丙烯（FPP）。FPP 可以使高含量 Al（OH）$_3$/PP 体系的物理与力学性能发生明显的变化。FPP 的引入，一方面，使 Al（OH）$_3$/PP 的 MFR 提高，流动性改善；另一方面，MFR 又随 FPP 接枝率增大而降低，PP 的结晶温度进一步提高，填料分散性改善，阻燃性能和力学性能提高。在高含量 Al（OH）$_3$/PP 中，PP 的结晶温度 T_c 随 Al（OH）$_3$ 含量增加而提高，表明 Al（OH）$_3$ 对 PP 具有异相诱导成核作用，起到偶联剂作用，使 Al（OH）$_3$ 粒子表面与 PP 接触的表面积增大，结合更加紧密，导致异相成核能力提高。

在 PP/ATH/FPP 复合材料中可能存在以下几种相互作用。a.极性单体均聚物的羧基与粒子的羟基发生化学作用，在 Al（OH）$_3$ 粒子表面形成极性单体均聚物层，其外包裹着 FPP，由于 FPP 分子链足够长，非极性端与 PP 分子链发生物理缠结而相容（无定形区）和共结晶（结晶区），由于单体均聚物和 FPP 的极性介于 ATH 与 PP 之间，并且单体均聚物的大量羧基主要与 Al（OH）$_3$ 发生相互作用。因此，在这类界面层中，单体均聚物与 FPP 之间的相互作用最弱。b. FPP 的羧基与 Al（OH）$_3$ 的羟基存在着化学作用，在 Al（OH）$_3$ 粒子表面形成 FPP 层，FPP 的长链与基体 PP 链发生物理缠结和共结晶等使 Al（OH）$_3$/FPP/PP 组分间不存在弱的界面。c. FPP 与单体均聚物中的羧基同时与 Al（OH）$_3$ 粒子发生作用。d. Al（OH）$_3$ 表面的异相诱导成核作用。e. 原位形成 FPP 对 Al（OH）$_3$ 表面异相诱导成核作用的活化，使 Al（OH）$_3$ 表面异相诱导成核作用进一步提高。f. FPP 的湿润作用与增塑作用，有利于 ATH 在 PP 基体内的分散。这些相互作用的协同作用，使复合材料中各组分间的界面黏结强度提高，从而使复合材料的物理与力学性能提高。

当 ATH 用作阻燃填充剂时，其粒度对材料的阻燃性及物理性能均有影响。粒度越细阻燃效果越好，即粒径的大小直接影响阻燃效果的好坏。为了提高其阻燃性能，更好地发挥阻燃效果，在添加量增大时降低对材料力学性能的影响，氢氧化铝的超细化、纳米化是其发展的新趋势。将纳米氢氧化铝打浆，在高剪切乳化机上进行高速分散，升温至 80℃，加入改性剂乳化 30min，抽滤、洗涤、干燥、粉碎、研磨、过筛，制得表面呈极性的 ATH，经有机改性之后表面非极性增强，由亲水疏油性变成亲油疏水性，在非极性溶剂中由团聚变成分散，在极性溶剂中由分散变成团聚。在 PP 中加入 20 份上述改性的 ATH，研究发现，以钛酸酯改性剂的效果最好。这是因为钛酸酯偶联剂与 ATH 表面的羟基发生化学作用，改善了它在聚合物中的分散性，所以改性后的 ATH 比未改性的 ATH 阻燃性要好。未改性的纳米 ATH 阻燃 PP 的阻燃性能见表 5-8。由表 5-8 可以看出，未改性的纳米 ATH 加入 PP 后冲击性能降低较大，阻燃性能未达到阻燃要求，原因是未改性的纳米 ATH 团聚严重，加入塑料中分散不好，导致力学性能降低，阻燃性能不好，因而氧指数偏差较大。改性 ATH 在填充量达到 50 份时，就可有效地消除熔融滴落和发烟现象，在填充量达到 80 份时达到自熄，水平燃烧速度减慢；当填充量为 100 份时，材料达到了难燃，氧指数大于 28%。可见，在相同的添加量时，改性纳米 ATH 阻燃 PP 的性能有所提高，因此改性纳米 ATH 作为一种无机阻燃剂，有着良好的消烟、阻燃作用，并使 PP 的力学性能降低不多，特别是还具有增韧效果。

表 5-8   未改性和改性纳米 ATH 对 PP 的阻燃效果

	ATH 添加量 /质量份	氧指数/%	水平燃烧速率 /（mm/min）	拉伸强度/MPa	缺口冲击强度 /（kJ/m²）	燃烧现象（熔融、滴落、发烟）
未改性	0	18.0		24.2	15.0	有
	50	21.0		18.4	11.6	有
	80	22.3		16.7	9.9	无
	100	24.8		12.9	5.3	无
改性	0	18.0	37.0	24.2	15.0	有
	50	22.1	23.5	19.2	42.6	无
	80	24.6	10.4	17.8	33.7	无
	100	28.7	I 级	17.0	26.3	无

5.1.5.2   氢氧化镁阻燃聚丙烯

以 Mg（OH）$_2$ 阻燃 PP 时，为使材料达到 UL 94 V-0 级（3.2mm 试样），其用量需达到 60%~70%。不过，如以 Mg（OH）$_2$ 抑烟，则用量可低一些，含 40%Mg（OH）$_2$ 的 PP 的烟密度仅为未阻燃 PP 的 1/3。当 PP 中 Mg（OH）$_2$ 含量达 65%时，其力学性能（特别是冲击强度和断裂伸长率）均显著降低。经表面改性后，高 Mg（OH）$_2$ 含量的 PP 也可获得良好的加工性能及力学性能。因此 Mg（OH）$_2$ 的表面改性是其发展的一个重要趋势，改性效果的差异对其分散性有很大影响，从而大大影响制品的性能。传统的改性方法主要是采用偶联剂（硅烷、钛酸酯、硬脂酸等）进行表面改性。但这种后改性方法对于粒子的分散性来讲，不如在生产过程中原位改性方法好。

（1）Mg（OH）$_2$ 表面改性工艺

Mg（OH）$_2$ 的表面改性分干法和湿法两种工艺。表面处理剂中的偶联剂大多耐水性差，只能在惰性有机溶剂中溶解稀释使用，一般采用干法。将偶联剂用适量的惰性溶剂稀释后，喷淋于 Mg（OH）$_2$ 粉末上，在低速捏合机中，于室温下搅拌混合，时间 20~30min，混合均匀后升高温度，在 70~90℃及较高搅拌速度（大于 500r/min）下进行改性和活化处理，时间 30~60min，或者在室温下搅拌 2~3h，以保证偶联效果。偶联剂用溶剂稀释能保证偶联剂均匀地分散在 Mg（OH）$_2$ 粉末表面，一般惰性溶剂与偶联剂用量的比为（3~10）：1。惰性溶剂可选择甲苯、二甲苯或石油醚。表面处理剂中的阴离子表面活性剂在水中稳定性很好，均采用湿法处理。将一定量的阴离子表面活性剂和适量的去离子水依次加入反应器中，温度控制在 50~80℃，充分搅拌，反应 2~3h，过滤、洗涤，最后在 110℃±5℃下干燥，即制得改性 Mg（OH）$_2$。

（2）表面改性剂

表面改性剂种类很多，各有特点。硅烷偶联剂是低分子有机硅化物，对改善聚合物材料的强度和耐热性的效果甚佳，表 5-9 列出了几种常用的处理 Mg（OH）$_2$ 的硅烷偶联剂。

表 5-9 可用于处理 Mg（OH）₂ 的部分硅烷偶联剂

型号	名称及结构式	适用的聚合材料
A151	乙烯基三乙氧基硅烷，$CH_2\!=\!CHSi(OC_2H_5)_3$	PP、PE
A174	甲基丙烯酸丙酯基三甲氧基硅烷，$CH_2\!=\!C(CH_3)\!-\!COO(CH_2)_3Si(OCH_3)_3$	PP、PE、PC、PVC、PA
A-1100	γ-氨丙基三乙氧基硅烷，$H_2N(CH_2)_3Si(OC_2H_5)_3$	PP、PS、PC、PVC
A-1120	N-β-氨乙基-γ-氨丙基三甲氧基硅烷，$H_2N(CH_2)_2NH(CH_2)_3Si(OCH_3)_3$	PE、PMMA
x-12-53u	乙烯基三（叔丁基过氧化）硅烷，$[(CH_3)_3C\!-\!O\!-\!O]_3SiCH\!=\!CH_2$	PP、PE、PC、PVC、PA
y-5986	联酰胺硅烷，$H(NHRNHR'\!-\!\overset{O}{\underset{\|}{C}})(NHR\!-\!N\overset{R''}{\underset{}{R}}\!-\!\overset{O}{\underset{\|}{C}})_x$	PP、PE、PA
y-9072	改性胺硅烷	PP、PA、PBT

钛酸酯偶联剂能赋予聚合物材料较好的综合性能，加工温度下的流动性好，具有良好的强度和韧性平衡，特别是对冲击强度有利。处理 Mg（OH）₂ 的钛酸酯偶联剂一般为单烷氧基钛酸酯，具有降黏效果，常见的钛酸酯见表 5-10。

表 5-10 可用于处理 Mg（OH）₂ 的几种钛酸酯偶联剂

型号	名称	适用聚合物
TC-101（TTS）	异丙基三异十八酰钛酸酯	PP、PS
TC-109	异丙基三（十二烷基苯磺酰基）钛酸酯	PP、PE、ABS、
TC-2（TTOP-12）	异丙基三（磷酸二辛酯）钛酸酯	LDPE、软 PVC
TC-301	四异丙基二（亚磷酸二辛酯）钛酸酯	HDPE、PS
TC-114	异丙基三（焦磷酸二辛酯）钛酸酯	硬 PVC、PS

阴离子表面活性剂价格较低，对改善 Mg（OH）₂ 的表面活性十分有效，可用于处理 Mg（OH）₂ 的阴离子表面活性剂见表 5-11。

表 5-11 可用于处理 Mg（OH）₂ 的阴离子表面活性剂

名称与结构式	适宜的聚合材料
硬脂酸钠，RCOONa	PP、PE
油酸钠，RCOONa	PE、PP、PVC
十二烷基苯磺酸钠，$R'\!-\!\!\bigcirc\!\!-\!SO_3Na$	PU、PP
二十二烷酸钠，R—COON	ABS、PP、PE、PVC
褐煤酸钠	ABS、PA

（3）改性机理

硅烷偶联剂的结构式可用 RSi（OR）₃ 表示，其中 R 可为氨基、硫醇基、乙烯基、环氧基等，它们可与聚合物分子发生化学交联和物理缠绕。其中 OR 为可水解的基团，使用时 OR 水解成羟基，后者可与 Mg（OH）₂ 表面的羟基缩合，从而改善了 Mg（OH）₂ 和聚合物材料的界面状态，使它们紧密地结合在一起。

单烷氧基钛酸酯偶联剂的分子结构通式为 R—O—Ti（O—X—R—Y）₃，其中 RO—（烷氧基）能与 Mg（OH）₂ 发生反应，在其表面形成钛酸酯单分子膜，这层单分子膜能产生良好分散性、湿润性和偶联效果，降低 Mg（OH）₂ 的表面能，增大 Mg（OH）₂ 与阻燃基体树脂的相容性。当基团 X 为羟基、羧基、砜基时，可改善 Mg（OH）₂ 的水热稳定性。钛酸酯中的 R 为直链烷烃，具有提高组分相容性、降低体系黏度和提高材料冲击强度的功能，钛酸酯中的 Y 为饱和基团，可与聚合物材料作用，提高组分混合效果。此外，表面形成了钛酸酯单分子膜的改性 Mg（OH）₂，与 PP 共混时，偶联剂的有机长链与 PP 的大分子相互缠结或交联，在外力的作用下能自由伸展和收缩，使界面单分子膜有一定的弹性而起到增韧作用，从而使阻燃 PP 具有良好的抗弯曲性、抗冲击性能和抗疲劳性。

阴离子表面活性剂对 Mg（OH）₂ 的作用机理与上述偶联剂的作用机理基本相同，其亲水基与亲油基分别与 Mg（OH）₂ 和 PP 发生相互作用，加强二者之间的界面黏合，提高 Mg（OH）₂ 在 PP 中的相容性和分散性。

（4）Mg（OH）₂ 表面处理新进展

日本有研究人员用脂肪酸与季戊四醇等多元醇对 Mg（OH）₂ 表面进行湿法处理，在 16~22 个碳链的脂肪酸中加入乙二醇或季戊四醇等多元醇进行酯化反应，生成的脂肪酸多元醇酯将氢氧化镁颗粒包裹，得到阻燃级 Mg（OH）₂。用磷酸酯的二乙胺盐对 Mg（OH）₂ 进行表面处理，同样也采用湿法工艺，用处理后的 Mg（OH）₂ 制得的阻燃 PP 不但力学性能大为提高，且还具有耐水、耐酸等功能。美国有研究人员利用三聚氰胺和线型酚醛清漆对 Mg（OH）₂ 进行表面处理，采用复合包覆方法，工艺较复杂，但效果较好。采用阴离子表面活性剂——脱水山梨糖醇硬脂酸酯（Span-60）作为表面处理剂，以湿法和干法两种工艺处理 Mg（OH）₂。湿法是先将 Span-60（含量为 2%~4%）在 50~80℃的温水中搅拌形成悬浊液，然后利用悬浊液对 Mg（OH）₂ 表面处理，最后过滤干燥，得到包覆的产物。干法是将 Mg（OH）₂ 和 Span60（含量为 2%~4%）在高速混合机中高强度混合，以达到包覆效果。雅宝（Albemarle）公司对 Mg（OH）₂ 进行处理，形成了 Mg（OH）₂ 系列阻燃剂，如表 5-12 所示。

表 5-12　Albemarle 公司 Mg（OH）₂ 系列阻燃剂规格

商品名称	平均粒径（d_{90}）/μm	表面处理方式
Magnifin® H3	3~12	无处理
Magnifin® H5	2.1~4.1	无处理
Magnifin® H7	1.4~2.4	无处理
Magnifin® H10	1.4~1.8	无处理
Magnifin® H5A，H10A		乙烯基硅烷表面活化
Magnifin® H5IV，H10IV		氨基硅烷表面活化
Magnifin® H7C，H10C		脂肪酸表面活化
Magnifin® H5GV		聚合物表面包覆处理
Magnifin® H5MV，H5HV，H10MV		特殊表面处理

Mg（OH）$_2$ 的表面处理工艺不同，对材料性能影响不同，如表 5-13 所示。

表 5-13　以 Mg（OH）$_2$ 阻燃 PP 的配方及性能

配方及性能		1	2	3
配方/质量份	PP	100	35	35
	Mg（OH）$_2$（MAGNIFIN H10）		65	
	Mg（OH）$_2$（MAGNIFIN H10A）			65
性能	密度/（g/cm^3）	0.895	1.518	1.518
	拉伸强度/MPa	23	18.6	18.6
	断裂伸长率/%		1.4	6.6
	缺口冲击强度/（kJ/m^2）	15	1.0	8.7
	弯曲模量/GPa	0.80	3.12	0.50
	维卡软化点/℃	60	136	128
	热变形温度（1.82MPa）/℃	45	105	67
	阻燃性（UL 94，3.2mm）	不通过	V-0	V-0

　　由表 5-13 可以看出，在用量相同的情况下，表面处理的氢氧化镁（MAGNIFIN H10）比表面不处理的（MAGNIFIN H10A）阻燃体系具有更高的冲击强度。经过处理的氢氧化镁，即使添加量达到 65%（质量分数），体系的断裂伸长率和 MFR 和纯 PP 相比基本没有变化。因此，采用特殊的表面处理技术和粒径及粒度分布控制技术，再加上合理的复配工艺，开阔了以 Mg（OH）$_2$ 阻燃 PP 的新途径，这种阻燃 PP 可兼具很多应用领域所要求的力学性能及阻燃性能。

　　为使 Mg（OH）$_2$ 含量较高的 PP 获得满意的力学性能及阻燃性能，必须使 Mg（OH）$_2$ 超细化，并在 PP 中均匀分散。为此，可采用双螺杆挤出机和合理的 Mg（OH）$_2$ 加料方式。例如，可将全部 PP 及所需用量 60% 的 Mg（OH）$_2$ 第一次加入混炼机中，再第二次加入余下的 40% 的 Mg（OH）$_2$。超细化（纳米）氢氧化镁是目前氢氧化镁阻燃剂的发展方向，具有如下特点：a.产品粒子极度细化，平均粒径小于 200nm，粒度分布窄。b.产品具有较高的结晶程度，产品纯度大于 99%，无有害杂质。这些指标对性能对于保证高的氢氧化镁阻燃性能、高绝缘性能、降低对材料力学性能的影响有着重要的意义。c.纳米粒子在生产过程中直接进行在线表面改性，其改性效果大大优于粉体再处理的改性方式，粒子分散程度大大提高。

　　阻燃剂粒径大小直接影响阻燃塑料的性能，当添加量一定时，粒径减小，材料的力学性能提高，氧指数上升，熔滴现象大大减轻。美国 MORTON 公司生产的 VERSAMAG UF 氢氧化镁，70% 粒径小于 2μm。MAGNIFIN 系列氢氧化镁的粒径由 7~10μm 降为 1μm 左右，甚至 0.5μm。国内研究开发单位也已开发出超细化氢氧化镁，其粒径达到 1.3μm。纳米氢氧化镁对 PP 还具有异相成核作用，加快 PP 的结晶速度。纳米级氢氧化镁与普通氢氧化镁相比具有阻燃性能好、填充率高、冲击性能好等特点，它是普通氢氧化镁的升级换代产品，有着广阔的市场。

使用表面处理剂对纳米 Mg（OH）₂改性后，PP/Mg（OH）₂复合材料的力学性能显著改善。例如，分别用 2 份钛酸酯和硅烷偶联剂改性纳米 Mg（OH）₂，复合材料的拉伸强度由改性前的 17.6MPa 分别提高到 20.4MPa 和 20.5MPa，悬臂梁缺口冲击强度由改性前的 1.4kJ/m² 分别提高到 2.4kJ/m² 和 2.3kJ/m²。疏松型纳米氢氧化镁（LN-MH）比表面积大，且有大量的疏松型气孔、良好的表面相容性，有利于在基体中分散，同时采用原位包覆的方法对其表面进行处理，原位包覆剂中含有双键，可与 LN-MH 表面进行反应，从而提高复合材料的性能。在 PP/LN-MH 体系中，加入接枝聚合物可以大大提高体系的性能。随着接枝物加入量的增加，拉伸强度一直增大，而冲击强度是先增加后降低，在接枝物用量为 8 份时出现最大值。这是因为接枝物的接枝支链与 LN-MH 相互作用增加了界面的亲和力，但到达一定量时接枝物在填料和 PP 的界面饱和，多余的接枝物不起作用或起杂质作用，因而会降低冲击强度。同时阻燃体系的 LOI 随接枝物的加入而提高。

5.1.5.3 氢氧化镁与聚磷酸铵阻燃聚丙烯的性能对比

聚磷酸铵（APP）阻燃 PP 的氧指数明显高于 Mg（OH）₂阻燃 PP。当 APP 用量为 70 份时，材料的氧指数已达 40%，垂直燃烧达到 UL 94 V-0 级，属于难燃材料。而在相同条件下，Mg（OH）₂阻燃 PP 的氧指数为 28%，将 Mg（OH）₂增加到 150 份时，材料的氧指数也仅为 30%，此时材料虽能达到 UL 94 V-0 标准，并有较好的抑烟效果，但巨大的添加量严重影响材料的其它性能。

热释放速率（HRR）是指在预置的入射热流强度下，材料被点燃后单位面积的热量释放速率，是表征火灾强度的重要性能参数。HRR 的最大值为热释放速率峰值（简称 pkHRR），其大小表征了材料燃烧时的最大热释放程度。HRR 或 pkHRR 越大，则材料的燃烧放热量越大，形成的火灾危害性就越大。纯 PP、PP/APP、PP/Mg（OH）₂三者的点燃时间（材料表面受热到表面持续出现燃烧时所用的时间）相差不大，APP 阻燃 PP 的点燃时间要稍短于 Mg（OH）₂阻燃 PP。在燃烧过程中，APP 阻燃 PP 和 Mg（OH）₂阻燃 PP 的 HRR 值呈大小交替变化，但在燃烧后期 APP 阻燃材料的 HRR 值呈增大趋势，而 PP/Mg（OH）₂阻燃材料的 HRR 大幅度下降，说明高添加量的 Mg（OH）₂在材料燃烧后期起到较好的阻燃效果。这两种阻燃剂的加入均使 PP 的 HRR 大大降低，说明二者均能起到较好的阻燃效果。

有效燃烧热（EHC）表示在某时刻所测得的热释放速率与质量损失速率（MLR）之比，它反应了可燃性气体在气相火焰中的燃烧程度。在燃烧前期，阻燃 PP 的 EHC 值均比纯 PP 的高，而在燃烧后期，阻燃剂的加入明显地降低了 PP 的有效燃烧热。APP 与 Mg（OH）₂相比，APP 阻燃 PP 的 EHC 值在燃烧早期高于 Mg（OH）₂。而在后期，二者的 EHC 值相差不大。但整个过程中 APP 阻燃 PP 的 EHC 值要低于 Mg（OH）₂阻燃 PP，这是因为 APP 受热分解时生成聚磷酸和氨气，阻止了可燃性气体的燃烧。质量损失速率（MLR）指样品在燃烧过程中质量随时间的变化率，它反映了材料在一定火强度下的热裂解、挥发及燃烧程度。总体上阻燃 PP 的质量损失速率要比 PP 低很多。由于阻燃剂的作用，阻燃 PP 在燃烧时释放出水蒸气和其它一些难燃物质，覆盖在 PP 的表面隔绝空气，使燃烧速率减慢。APP 阻燃 PP 的质量损失速率高于 Mg（OH）₂阻燃 PP，因为 APP 受热分解时生成聚磷酸和氨气，Mg（OH）₂受热后仅仅释放出结晶水，阻燃机理的不同导致二者的 MLR 值有比较明显的差值。加入 70 份 APP 的阻燃 PP 除冲击性能优于填充 150 份 Mg（OH）₂ 的阻燃 PP 外，拉伸强度以及断裂伸长率均较低。总体上讲，Mg（OH）₂ 对 PP 造成的力学损失要比 APP 所造成的损失小，尤其是对拉伸强度和断裂伸长率所造成的损失。APP 用量为 70 份时，拉伸强度和断裂伸长率由 28.86MPa 和 700%下降至 15.8MPa 和 35.8%，而 Mg（OH）₂ 用量为 70 份时，拉伸强度和断裂伸长率为 27.95MPa 和 50%。虽然 APP 的阻燃性能优越，但其对 PP 造成较大的力学损失，可见单用 APP 生制备阻燃 PP 难度较大，但可以结合 Mg（OH）₂ 和 APP 的优点，将二者复配，以 APP 增效 Mg（OH）₂，从而制备综合性能优异的阻燃 PP 新材料。

在 Mg（OH）₂ 阻燃 PP 时，也经常与其它阻燃剂进行复配，同时用弹性体进行增韧，这样可提高阻燃 PP 材料的综合性能，如表 5-14 所示。

表 5-14　Mg（OH）₂ 阻燃 PP 体系的配方及性能

序号	配方/质量份					LOI/%	燃烧热/（kJ/g）	断裂伸长率/%	拉伸强度/MPa	弯曲强度/MPa
	PP	Mg（OH）₂	硼酸锌	POE	分散剂					
1	46	45	4	3	2	26.9	35.3	6	22.3	39
2	50	45	0	3	2	25.8	36.2	9	24.2	35

由表 5-14 可见，硼酸锌与 Mg（OH）₂ 配合有一定的协同效应，硼酸锌的存在使燃烧物成炭，起到阻隔氧的作用，因此可提高材料的阻燃性能。

5.1.6　聚丙烯的新型阻燃体系

5.1.6.1　含硅化合物对聚丙烯的阻燃

聚硅氧烷作为阻燃剂是新近发展起来的，它能够提高体系的 LOI，增加燃烧后的成炭量，显著降低材料的热释放量，不增加烟和 CO 的释放量，并且对环境友好。有机硅氧烷（OBSi）在膨胀阻燃 PP 体系中可与 IFR 复配，在材料表面生成类似玻璃层，有效阻碍了氧气进入，提高了 PP 的阻燃性。同时，添加 Mg（OH）₂ 能产生协同效应。这是因为 Mg（OH）₂ 燃烧时热分解脱水并生成 MgO 焦化膜，此焦化膜与碳化硅焦化隔离层共同抑制了 PP 与空气中的氧气进一步接触和气体的外泄，从而提高了 PP 的阻燃、防熔融滴落等性能，并强化了抑烟效果。

聚碳硅烷（PCS）、聚甲基苯基硅烷（PSS）和聚倍半硅氧烷都能明显降低 PP 的 HRR。这是因为燃烧过程中形成的类似陶瓷状炭层起到了保护作用。而且轻度交联的 PCS 成炭作用比线型 PSS 强。美国 GE 公司开发的 SFR-100 阻燃剂就是一种透明黏稠的硅酮聚合物，它与 APP 和 PER 并用是一种优异的 PP 无卤阻燃剂，能有效地促进成炭，防止烟的生成和火焰的发展，同时可通过类似于互穿聚合物网络部分交联机理而结合到 PP 结构中，故不易迁移，可获得持久的阻燃效果。最近 GE 公司又推出了 SFR-1000 固体粉末硅烷聚合物，更方便使用。

在膨胀阻燃 PP 体系中，用硅钨酸（SWi-12）作协效剂能提高体系的 LOI，达到 UL 94

V-0 级。SWi-12 的加入提高了体系的热稳定性，特别是在大于 500℃时能显著改善炭化层的结构。加入 SWi-12 后，燃烧所形成的炭化层更为致密，且为闭孔结构，同时提高了炭化层中 P—O—P、P—O—C 和 PO₃ 的生成率。

5.1.6.2 微胶囊化红磷及白度化红磷对聚丙烯的阻燃

微胶囊化红磷及其以 PP 为载体的母粒也可作为 PP 的无卤阻燃剂，而且常与 ATH 及 Mg（OH）₂ 协同使用。微胶囊化红磷阻燃剂是一种性能优良的环保型无卤阻燃剂，它不但可克服卤锑系阻燃剂燃烧时烟雾大、放出有毒气体及腐蚀性气体等缺陷，同时还可克服有机 P-N 膨胀型阻燃剂价格昂贵、无机阻燃剂添加量大等缺点，受到了广泛重视。然而，目前的微胶囊红磷阻燃剂普遍还存在磷化氢释放量高、抗氧化性、吸湿性差以及其自身的紫红色导致着色污染等问题，极大地限制了其应用。白度化微胶囊红磷可解决红磷的颜色污染问题，其制备工艺如下。a.将一定量的水、红磷、分散剂、渗透剂加入到 1000mL 烧杯中，高剪切乳化分散 30~200min，使红磷进一步细化并使其在水溶液中分散均匀，得溶液 1。b.在溶液 1 中加入化学计量镁、铝、锌、锡的硫酸盐或氯化物中的至少一种，然后在搅拌下向其中缓慢滴加 10%Na₂CO₃溶液，当溶液 pH 值为 6.0~7.0 时，停止滴加，得溶液 2，将其在 70~100℃的油浴中保温 1~4h。c.在溶液 2 中，利用颜色互补原理，在红磷表面以化学沉积方式产生有色沉淀 A，从而使红磷由原来的紫红色变成浅灰色，得到溶液 3。d.在溶液 3 中加入蜜胺甲醛预聚物水溶液，在 pH 值 4~8、温度为 70~100℃下保温反应 50~200min，得溶液 4。e.将溶液 4 水洗、过滤，经真空干燥后制得流动性好的浅灰色微胶囊化红磷阻燃剂（即白度化微胶囊红磷）。

几种红磷的性能见表 5-15。从表 5-15 可以看出，经白度化后得到的微胶囊红磷阻燃剂不但外观颜色由紫红色变为灰白色，其它物理性能也大为改善，提高了其稳定性。

表 5-15 几种红磷的性能

红磷类型	吸湿性/%	抗氧化性/［mg/(g・h)］	PH₃ 释放量/［μg/(g・24h)］	颜色
未包覆红磷	4.53	52	485	紫红色
普通微胶囊红磷	1.6		2.5	粉红色
白度化微胶囊红磷	0.152	0.135	0.419	灰白色

白度化红磷对 PP 极限氧指数的影响见表 5-16。

表 5-16 白度化红磷对 PP 极限氧指数的影响

红磷含量/%		0	1	2	5	8	10	15
极限氧指数 /%	普通红磷	17.4	18.0	18.7	19.9	20.6	21.4	20.1
	白度化微胶囊红磷	17.4	18.5	23.7	25.9	27.3	28.5	26.2

从表 5-16 可以看出，白度化微胶囊红磷阻燃剂的阻燃效果明显比未包覆红磷好。这从磷系阻燃剂的阻燃机理可以得到较好的解释，因为白度化微胶囊红磷阻燃剂的无机囊材为含有镁、铝、锌的金属氢氧化物，在高温下分解并有水生成，不但降低了燃烧区域的温度，

同时还使红磷易于形成具有强脱水作用的磷酸、偏磷酸和聚偏磷酸，而强脱水作用又会促使镁、铝、锌的金属氢氧化物的脱水分解吸热过程进行得更彻底，二者相互促进，协同增效而共同发挥阻燃作用；与此同时，白度化微胶囊红磷阻燃剂的有机囊材为含有 N 元素的蜜胺甲醛树脂，这样又达到了 P-N 协同阻燃目的。因此其阻燃效果明显优于普通红磷。

5.1.6.3 无机纳米材料协效成炭阻燃聚丙烯

20 世纪 90 年代兴起的纳米复合材料技术为聚合物的阻燃开辟了新的途径。Gilman 系统地研究了 PP/纳米黏土插层杂化材料（如 PP-g-MAH 与改性黏土制备的纳米插层杂化材料）的阻燃性能。研究发现，与纯 PP 相比，PP/纳米黏土插层杂化材料（黏土的质量分数为 4%）的 HRR 最大下降了 70%，平均下降了 40%，质量损失速率也大幅度下降，插层杂化材料的阻燃作用发生在凝聚相。透射电子显微镜显示，炭层中存在纳米级阻隔层，该阻隔层可有效地阻止材料中可燃性小分子气体的挥发，减少火焰传递到本体材料的热量。采用环氧树脂（Epoxy）与有机蒙脱土（OMMT）可制备 Epoxy/OMMT 纳米复合材料，并与磷酸三苯酯（TPP）复配制备阻燃聚丙烯，具有良好的综合性能。制备工艺为：将十八烷基三甲基氯化铵（OTAC）的水溶液按照一定比例加入钠基蒙脱土的水分散液中，在 70℃下搅拌 20h 后过滤、洗涤至滤液不含氯离子，烘干、研磨后制得 OMMT。将环氧树脂升温至 70℃，加入 OMMT 和 KH-560 搅拌 2h，使环氧树脂进入有机蒙脱土层间，得到 Epoxy/OMMT 纳米复合材料。Epoxy/OMMT 纳米复合材料的 XRD 谱图如图 5-4 所示。由图 5-4 可计算出 OMMT 的层间距为 2.14nm，经双酚 A 环氧树脂（BAE）和酚醛环氧树脂（NER）两种环氧树脂插层后 OMMT 的层间距都增加到 3.77nm，说明两种环氧树脂都已经在 OMMT

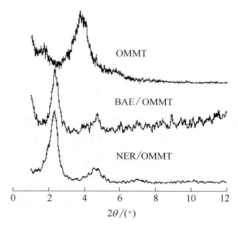

图 5-4　Epoxy/OMMT 纳米复合材料的 XRD 谱

层间成功插层，制得了 BAE/OMMT 和 NER/OMMT 纳米复合材料。

从表 5-17 可以看出，当 NER/OMMT 与 TPP 复配时，PP 的氧指数和残炭率的整体水平都明显高于 BAE/OMMT 体系。其阻燃机理可能是在燃烧时，Epoxy 的环氧基与 TPP 分解产生的磷酸发生反应，脱出羧酸形成炭层，从而提高了 PP 的阻燃性能。

表 5-17　Epoxy/OMMT 纳米复合材料对 PP 的阻燃性能影响

Epoxy/OMMT 与 TPP 的质量比	氧指数/%		残炭率/%	
	BAE/OMMT	NER/OMMT	BAE/OMMT	NER/OMMT
0:1	22.0	22.0	22.04	22.04
1:2	23.0	26.0	26.01	52.14

Epoxy/OMMT 与 TPP	氧指数/%		残炭率/%	
的质量比	BAE/OMMT	NER/OMMT	BAE/OMMT	NER/OMMT
2:3	22.5	28.5	22.58	55.84
1:1	23.0	30.5	25.35	57.85
3:2	22.5	26.0	22.32	53.12
2:1	23.5	36.5	26.21	61.32
1:0	21.0	24.0	20.64	46.19

注：Epoxy/OMMT 与 TPP 的总用量为 20%，OMMT 与 Epoxy 的质量比为 5:100。

从表 5-17 还可以看出，单独使用 NER/OMMT 或者 TPP 时，对 PP 的阻燃效果均不理想，氧指数都比较低；而 NER/OMMT 与 TPP 复配对 PP 有很好的协同阻燃作用，随着 NER/OMMT 用量的增加，PP 氧指数呈现先增大后减小的趋势，在 NER/OMMT 与 TPP 质量比为 2:1 时氧指数达到 36.5%，残炭率为 61.32%，比二者单独使用时具有更好的综合力学性能；NER/OMMT 与 TPP 的质量比为 2:1 时可以达到最佳的平衡，此时冲击强度为 6.93kJ/m²，拉伸强度为 30.56MPa，氧指数为 36.5%。随着 OMMT 与 NER 的质量比的增大，PP 氧指数都先增大后减小；在 OMMT 与 NER 质量比不同时，PP 的氧指数均随着 NER/OMMT 与 TPP 总用量的增加而增大，但用量为 20% 和 30% 时差别并不明显。因此选择 OMMT 与 NER 的质量比为 5:100，NER/OMMT 和 TPP 总用量为 20% 比较合适。OMMT 与 NER、TPP 的协同阻燃机理为：当 PP 燃烧时，NER 可作为成炭材料与 TPP 在基体表面形成焦化炭层，阻止热量的传递和氧气的入侵，抑制 PP 的分解和可燃挥发性产物的逸出。蒙脱土中的硅能够促进炭层的形成，改善炭层的结构，使之致密坚硬，增加其热稳定性；并且在 PP 基体中呈纳米级分散的 OMMT 片层在燃烧过程中会出现"自行坍塌"现象，在燃烧表面生成密集分布的硅酸盐片层与碳化的 PP 基体残留物紧密结合在一起，形成致密的阻隔层，进一步延缓 PP 分子主链 C—C 键断裂生成挥发性物质的过程，从而起到终止燃烧的作用。当 OMMT 与 NER 的质量比低于 10:100 时，OMMT 在 PP 中分散比较均匀，因此在 PP 燃烧时可以更好地发挥阻隔作用；但是当 OMMT 与 NER 的质量比增大之后，部分 OMMT 难以达到纳米级分散，燃烧时难以形成阻隔层，反而过量的 OMMT 起到了"灯芯"引燃的作用，使材料更加容易燃烧，降低了材料的燃烧性能。

5.1.6.4　磷腈聚合物对聚丙烯的阻燃作用

磷腈聚合物是以 P、N 交替双键排列作为主链结构的一类无机聚合物。通过侧链衍生化引入性能各异的有机基团可以得到物理化学性质变化范围很广的高分子材料。其化学结构的特殊性和化学反应的活泼性，使这类聚合物突破了无机材料和有机材料的界限，加上产物性能的特殊性，因而引起了材料界的高度重视。聚磷腈由于具有耐水、耐溶剂、耐油和化学药品、耐辐射、耐高温和低温、阻燃、生物相容性好、能生物降解等优良性能，可制成特种橡胶、低温弹性材料、输油管道、耐高温和耐低温涂料与黏合剂、阻燃电子材料、液晶材料、高分子电解质、离子交换材料、催化剂、气体分离膜、生物医用材料、农药和超高效肥料等，因而在军事工业、航空航天、特殊化工、生物医学等领域有重要的应用。同时含有磷、氮元素的磷腈化合物具有磷、氮协同阻燃的性质，在阻燃方面具有更为有效的阻燃、抑燃效果。与最常用的有机磷酸酯类阻燃剂相比，富含磷、氮元素的聚磷腈及环磷腈衍生物不但具有较好的化学稳定性及热稳定性，而且还能提高聚合物及其复合材料的热稳定性和阻燃性能。磷腈聚合物自身可经纺丝或发泡，制成阻燃纤维、阻燃发泡材料等一系列阻燃材料；同时，也可将线型聚合物和环磷腈衍生物以添加剂或结构组分添加或键合在通用聚合物材料中，提高塑料的热稳定性及阻燃性能，具有低毒、无烟、低污染并且耐热的特点，是一类阻燃效果优良的新型多功能阻燃剂，被认为是今后阻燃剂发展的方向，有很好的应用前景。这类材料易于功能化，使其不仅具有阻燃性能，同时根据引入的官能团的不同还可获得抗静电、抗菌等不同功能，适用领域广泛。目前，磷腈系阻燃材料的阻燃性能已经被广泛认识，国外已实现商业化，但在国内磷腈系列阻燃剂才刚刚起步。

大多数磷腈高分子先由六氯环三磷腈经熔融开环聚合制成具有化学活性的大分子中间体——聚二氯磷腈，后者再与合适的亲核试剂反应最终制成具有各种性能的磷腈聚合物。作为合成一系列聚磷腈物质的重要单体——六氯环三磷腈的产率仍然比较低，生产成本高，其熔融开环聚合产率也仅能达到 40%~60%，这些都成为阻碍磷腈聚合物发展的重要因素。合成六氯环三磷腈通常有两种方法：一是气相法，即用磷与氯气、氨气来合成；二是用五氯化磷及氯化铵在溶液中进行反应。近年来，六氯环三磷腈的合成进展主要集中于原料的选择和工艺条件的变化上。在制备六氯环三磷腈过程中不可避免地会伴生八氯环四磷腈，它是六氯环三磷腈制备过程中的一种重要副产物，且含量较高。如何利用这些副产物，对降低新型聚磷腈材料的成本具有重要的作用。探索八氯环四磷腈衍生化反应及其经熔融开环聚合制备聚磷腈是提高环磷腈聚合物利用率的一个新途径。

根据聚磷腈分子链（侧链）上连接不同的功能基团，可制备出一系列具有不同功能的新型生态型聚磷腈材料，如具有生物相容性、离子传导性、导电性、生物降解性、阻燃性、非线性光电特性等。其中，阻燃功能化的实施有以下几个工艺路线：

A. 苯胺取代：

三邻苯二胺基环三磷腈［$N_3P_3(N_2H_2Ph)_3$］：

B. 苯氧基取代：用苯酚钠来取代聚磷腈上的氯原子，可得到具有阻燃、耐高温的聚二苯氧基磷腈和六苯氧基环三磷腈。

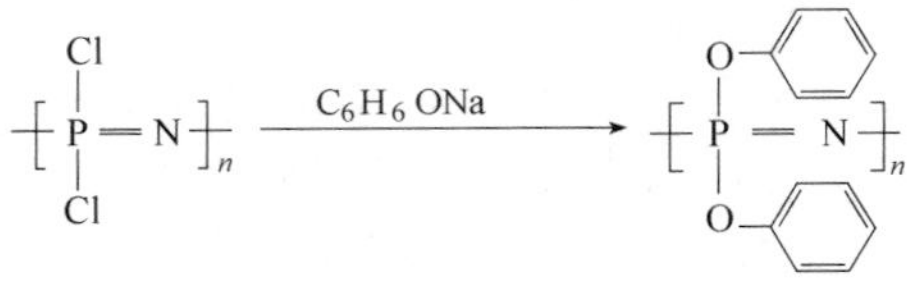

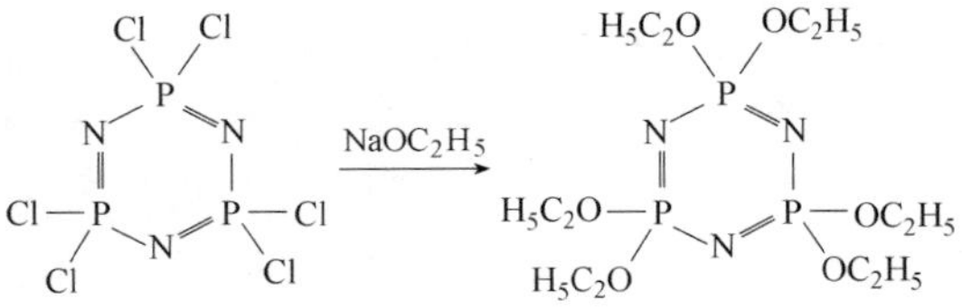

C. 乙氧基取代：聚二乙氧基磷腈具有一定的阻燃性，同时聚二乙氧基磷腈能很好地溶于苯、醇、醚、氯仿等有机溶剂中，具有良好的成膜性，通过溶液浇注法可制得弹性较好的均质膜，具有较高的气体透过系数和分离系数，可作为氧、氮气体分离膜。

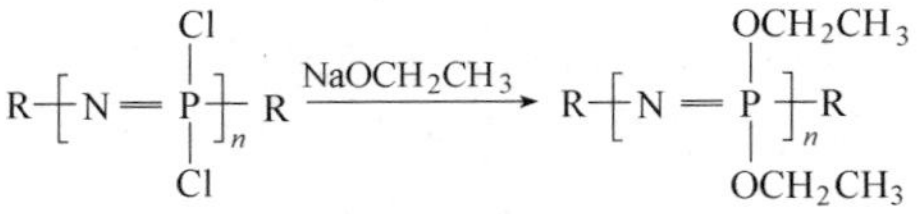

六苯氧基环三磷腈：

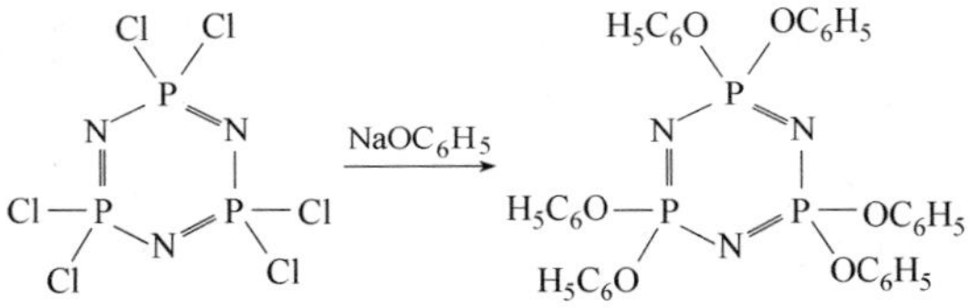

经过阻燃功能化后，高含量的 P、N 构成的协同体系有很好的阻燃性能。磷腈化合物的阻燃机理表现为四种途径的综合作用：a.磷腈热分解时吸热——冷却机理；b.受热分解生成的磷酸、偏磷酸和聚磷酸可在聚合物材料的表面形成一层不挥发性保护膜，隔绝了空气——隔离机理；c.受热后放出 CO_2、NH_3、N_2、水蒸气等气体阻断了氧的供应，实现了阻燃增效和协同的目的——稀释机理；d.聚合物燃烧时有 PO• 自由基形成，它可与火焰区域中的 H• 和 HO• 活性基团结合，起到抑制火焰的作用——终止链反应机理。磷腈材料对 PP 的阻燃效果如表 5-18 所示。

表 5-18　磷腈材料对 PP 的阻燃效果

配方及性能		1	2
配方/质量份	PP	60	60
	Mg（OH）₂	26.5	38
	二苯氧基聚磷腈	1.5	
	其它助剂	2	2

配方及性能		1	2
性能	拉伸强度/MPa	21	22
	断裂伸长率/%	54.2	43
	缺口冲击强度/（J/m）	55.6	45
	氧指数/%	35.5	23.5
	发烟情况	清淡微烟	有烟

从表 5-18 可以看出，在 PP 中仅用 Mg（OH）$_2$ 阻燃的体系，氧指数仅为 23.5%，而采用有机苯氧基磷腈协同 Mg（OH）$_2$ 对 PP 进行阻燃，氧指数高达 35.5%，而且发烟也显著减弱，可见少量的有机苯氧基磷腈材料对 PP 的阻燃具有显著的增效作用。

5.1.6.5 次磷酸铝及二乙基次磷酸铝对聚丙烯的阻燃作用

次磷酸铝是一种新型的阻燃剂，化学式为 Al（H$_2$PO$_2$）$_3$，磷含量高（41.89%），外观呈白色结晶性粉末；次磷酸铝热稳定性好，在加工中不挥发，不引起聚合物的分解，水解稳定性好，具有较高的热稳定性，同时具有较好的力学性能和较好的耐候性，是性能优异且对环境友好的一种无卤无毒阻燃剂。但由于次磷酸铝是无机物，与有机聚合物的相容性不好，因此开发了次磷酸铝的衍生物，主要为烷基次磷酸铝，兼具磷系阻燃功能和金属阳离子抑烟功能，添加协效剂后可达到 UL 94 V-0 阻燃级别，在聚合物基材中能够均匀分散，有优异的力学性能和电性能。其中二乙基次磷酸铝的耐热性更强，应用最为广泛。烷基次磷酸盐共同特点是含有 P—C 键、P—O 键、P=O 键。分子式为（R$_2$POO）$_n^{-1}$Al$^+$，可同时在凝聚相和气相中起阻燃作用，结构中缺少 P—O—C 键，这有助于水解稳定性的提高，近年来得到了较广泛的应用。热失重-红外光谱联用研究表明，二乙基次磷酸铝受热时以自身挥发的形式进入气相中，在 445℃以下未发生明显分解。高于 445℃时分解出乙烯分子，说明部分二乙基次磷酸铝以乙基链断裂的方式发生了分解，所以二乙基次磷酸铝的热失重过程对应着自身挥发和分解两个竞争性过程，而且具有温度相关性。分解后除乙烯外的剩余含磷物质留在固相中未进入气相。二乙基次磷酸铝自身挥发是物理过程，不会产生任何残留物质，所以热失重实验剩余的固相残余物均由分解过程生成。发生分解后，由于磷元素完全留在固相中，所以降低了二乙基次磷酸铝的气相阻燃能力。固相残留物红外光谱相对于纯二乙基次磷酸铝没有发生明显变化，未观察到新峰出现，这与前面 445℃以下二乙基次磷酸铝主要是通过挥发方式失重结果相吻合。更高的温度下，热分解会产生新的含磷物质留在固相中，500℃热处理后的红外光谱显示固体残留物完全为磷酸铝类物质，无二乙基次磷酸铝存在。上述结果证实，受热时随温度升高，二乙基次磷酸铝会发生自身挥发和脱乙基分解两个竞争过程。当到达高温火焰区域后，挥发出来的二乙基次磷酸铝会转化成具有阻燃特性的自由基猝灭剂比如 PO•、PO$_2$•、HOPO•和 HOPO$_2$•等，从而发挥显著的气相阻燃作用。其分解机理如下：

$$P \longrightarrow P_4$$
$$PH_3,\ C_4H_{10},\ Et_2POOH$$
$$C_2H_4,\ C_4H_8,\ C_6H_{12}$$

Al^{3+}

$AlPO_4$

$N_2,\ H_2O$

次磷酸铝（AHP）与三聚氰胺氰尿酸盐（MCA）组成的协效阻燃体系对聚丙烯具有优良的阻燃效果，当聚丙烯中阻燃剂的添加总量保持 30%（质量分数）不变时，协效体系中 MCA/AHP 的比值为 7∶3 时为最佳的协效比，此时，试样的氧指数可达到 28%，垂直燃烧达到 UL 94 V-0 级，而仅用 MCA 阻燃聚丙烯，试样的氧指数只有 24%，垂直燃烧只能达到 UL 94 V-1 级。热重分析表明，最佳协效试样的高温残炭率为 8.73%，而纯 MCA 阻燃试样的高温残炭率为 0。锥形量热测试结果表明，最佳协效阻燃试样的 PHRR 仅有 389.8kW/m²，而无 AHP 协效的阻燃试样，其 PHRR 高达 475.9kW/m²；最佳协效阻燃试样的点火时间比纯 MCA 阻燃试样滞后 8s。

将次磷酸铝加入到膨胀阻燃剂（IFR）中，用于体系的阻燃。从垂直燃烧、氧指数和力学性能测试研究体系中，研究 AHP 与 IFR 的比例关系及添加量对聚丙烯阻燃材料的阻燃性能与力学性能的影响，当 AHP∶IFR=1∶6（质量比）时，添加量为 24% 的阻燃材料可通过垂直燃烧 UL 94 V-0 级，氧指数为 33.5%，拉伸强度为 23.7MPa，弯曲强度为 33.3MPa，冲击强度为 5.3kJ/m²，具有优异的阻燃和力学性能。AHP 的加入改变了 PP/IFR 材料的热降解行为，能够有效地提高体系最终的成炭量。锥形量热仪的测试结果表明，阻燃 PP 的 HRR、THR 和 SPR 等重要参数与纯 PP 相比都有明显的降低，燃烧后形成的炭层更加致密稳定，能够阻止材料进一步燃烧，说明了 AHP 与 IFR 的协效作用促进了燃烧时形成炭层，增加了材料的成炭量，阻止热量和氧气的传递，有利于提高 PP 的阻燃性能。

5.2
聚丙烯抗老化性改性新材料

PP 是易于老化的树脂，由于许多产品在户外使用，因此对 PP 的抗老化性改性需求很大。PP 在无氧的条件下具有很好的稳定性，但由于 PP 结构中存在叔碳原子，在造粒加工、储存和使用过程中，受热、氧、光的作用易老化降解，甚至失去优良的综合力学性能和使用价值，这也是 PP 抗氧化和耐老化性比 PE 差的原因。为了抑制和延缓 PP 的氧化降解，保持 PP 的分子量不变，通常在聚合反应之后，分离、干燥和储存之前就必须进行稳定化处理，在造粒阶段加入抗氧剂，是提高 PP 抗热氧老化的简便而有效的途径。但对于户外使用的紫外线老化基本没有作用。因此需要使用高效的光稳定剂和紫外线吸收剂。

5.2.1 聚丙烯热氧老化及抗热氧老化机理

PP 的氧化老化过程按自由基连锁反应机理进行。PP 在热、氧作用下发生大分子链的断裂，产生自由基，这些自由基进一步引起整个大分子链的裂解、支化与交联，最后导致 PP 老化。PP 的自动氧化包括链引发、链传递、链终止三个过程。在氧化过程中，当大分子链断裂而发生降解时，则分子量降低，熔体黏度下降，PP 强度下降和粉化。当大分子链发生交联反应时，则分子量增大，熔体流动性降低，发生脆化和变硬。在氧化过程中生成的氧化结构（如过氧化物等）降低了 PP 的电性能，并增加了对光引起降解的敏感性，这种氧化结构的进一步反应，使大分子断裂或交联。

抗氧剂的作用就在于阻止 PP 自动氧化链反应过程的进行，即供给氢使氧化过程中生成的游离基 R• 和 ROO• 变成 RH 和 ROOH，或使 ROOH 变成 ROH，从而改善 PP 在加工和应用中抗氧化和抗热解的能力。

为了达到保护聚合物免受氧化或延迟氧化效应，必须破坏聚合物自动氧化循环。可行的方法是用一些特殊的化合物来干扰参与循环的中间产物，使得循环无法进行下去或使反应速率减慢。在氧化循环中有两大类有害的中间产物，一类是自由基（P•、POO•、PO•、HO•），另一类是氢过氧化物（POOH）。相应地，与两类中间产物发生相互反应的化合物也分为两类——自由基捕获剂（也称为链终止型主抗氧剂）以及氢过氧化物分解剂（也称为辅助抗氧剂）。主抗氧剂的功能是捕获自由基，使其不再参与氧化循环，辅助抗氧剂的作用是分解氢过氧化物，使其成为无害的产物。目前用于 PP 工业的主抗氧剂有受阻酚、芳香族仲胺、受阻胺等，辅助抗氧剂有亚磷酸脂、磷酸酯、硫醚等。

传统链终止型抗氧剂主要有受阻苯酚和芳香族仲胺，这类自由基捕获剂主要作用于以氧原子为中心的自由基，如烷基过氧化物自由基（POO•）、烷氧自由基（PO•）和羟基自由基（HO•），但以烷基过氧化物自由基为主，因为烷氧自由基和羟基自由基寿命短且活性高，它们会很快从聚合物链上抽提一个氢原子，形成烷基自由基，而在富氧条件下，烷基自由基又很快转变成烷基过氧化物自由基。

按反应机理区分，有两种反应机理，即：链终止供体机理和链终止受体机理。按链终止供体机理，自由基 POO• 从稳定剂 AH 中抽提氢原子，而 AH 本身转变成自由基 A•，它还可以捕获另一过氧化物自由基形成非自由基型产物。这类稳定剂已有很多工业产品，典型代表是邻位取代的苯酚作为抗氧剂，其俘获自由基反应如下：

按链终止受体机理，由于烷基自由基不能有效地从稳定剂 AH 中抽提氢原子，需加入具有共轭二烯酮结构的稳定剂，如醌的甲基化物、对二苯代乙烯醌和苯醌。应指出的是，由于醌类化合物易产生有色产物，所以在实际应用中，仅限于作为"阻聚剂"，而不用作抗氧剂。在富氧条件下，上述反应无重要性，因为烷基自由基迅速转变成过氧化物自由基。只有在稀氧条件下，如在挤出机内，这些反应才变得重要，甚至可能起主导作用。

如上所述，在稀氧条件下（如在先进大型挤出机内）烷基自由基变得重要，而传统的链终止型抗氧剂不能胜任捕获烷基自由基的任务，一直没有十分有效的烷基自由基捕获剂。近年来开发出一种完全新型抗氧剂，其机理基于所谓"拉-推效应"。这类化合物的特点是能够捕获两个大分子自由墓，第一步是作为氢供体，第二步是与大分子自由基结合。显然，第一步后形成的自由基必须比大分子自由基要稳定，才能完成第二步。理论上，以下三个因素决定该自由基的稳定性：立体阻碍、电子共振结构及吸电子和给电子取代基。苯并呋喃酮（Ⅲ）即满足上述条件，其稳定机理见图 5-5。作为一类全新型的抗氧剂，它可以弥补传统抗氧剂的不足，特别是在稀氧条件下捕获烷基自由基，而且与其它抗氧剂并用具有优异的协同效应。

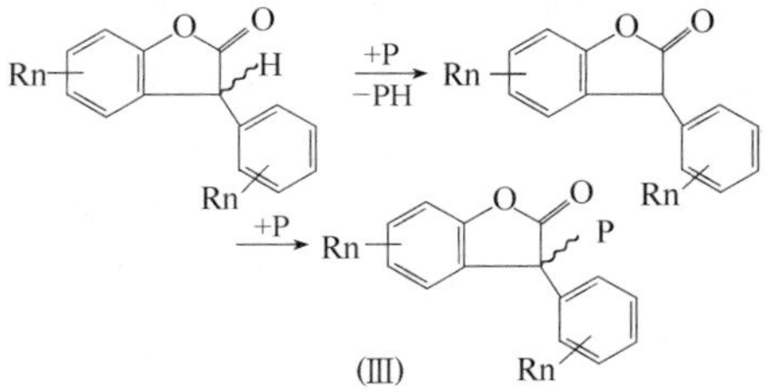

图 5-5　苯并呋喃酮（Ⅲ）的稳定机理

辅助抗氧剂可以分解氢过氧化物而不生成自由基，因此可以防止产生链支化。有时需要区分当量型或催化型氢过氧化物分解剂。亚磷酸酯是当量型氢过氧化物分解剂最典型的代表，它将氢过氧化物还原成相应的醇，而其自身则转化成磷酸酯。此外，亚磷酸酯与过氧化自由基和烷氧自由基原则上也可以反应。受阻芳香族亚磷酸酯也可以用作主抗氧剂。但是，在接近实际条件下的实验中（即 PP 多次挤出），研究发现几乎所有的亚磷酸酯都定量地转化成了磷酸酯。

有机硫化物是第二类重要的辅助抗氧剂，它们是当量型氢过氧化物分解剂，可将两分子氢过氧化物转变成醇。此外，氧化反应末期形成的二氧化硫和三氧化硫是特别有效的氢过氧化物分解剂。考虑到有机硫化物和硫醚的反应，真正有效的物质并非这些物质本身，而是它们的氧化物。因此可将硫醚称为具有催化作用的稳定剂。值得指出的是，二硫代氨基甲酸酯和二硫代磷酸酯也是非常有效的催化型氢过氧化物分解剂，但它们很少用于热塑性塑料的稳定化。

当不同抗氧剂结合使用时，通常可观察到协同效应或对抗效应。协同效应是指二者结合的效果大大超过分别单独应用的效果（不是简单的线性加和）；对抗效应是指二者结合的作用效果差于分别单独使用的效果；若分别单独使用效果之和与结合使用效果一致，则称为加合效应。协同效应的一个典型的例子是硫代二丙酸月桂醇酯（DLTDP）或硫代二丙酸硬脂酸酯（DSTDP）与受阻酚并用作为某些塑料特别是聚烯烃的长效热稳定剂。另一个具有重要工业意义的实例是受阻酚与亚磷酸酯或磷酸酯并用作为聚烯烃加工稳定剂。对于某些多元受阻酚，其主要稳定反应是作为过氧化物自由基的氢供体，这意味着不仅第一个过氧化物自由基从抗氧剂分子抽提氢，而且第二个过氧化物自由基也从抗氧剂分子上抽提氢，而非与形成的苯酚自由基反应。结果是通过在同一抗氧剂分子上的两个苯酚自由基的歧化而达到链终止，反应中间产物为酯的甲基化物，最后再生成为受阻酚。当不同添加剂结合使用时，也可能出现对抗效应。例如，为了提高 PP 塑料的长效热稳定性和光稳定性，有可能会通过结合使用受阻酚与含硫化合物以提高热稳定性，以及使用受阻胺以提高光稳定性。但是，含硫化合物的氧化产物可能酸性很强，它们与受阻胺反应生成铵盐，使得受阻胺不能履行"正常"功能。

随着生活水平的提高，人们对用于食品、医药、饲料等包装用塑料制品的安全性提出了更严格的要求，特别是近年来的 BHT 事件引起了人们对塑料制品安全性的广泛关注。这就给抗氧剂研究提出了更高的要求，而天然无毒抗氧剂的研发亦成为当务之急。典型的塑料用天然抗氧剂为维生素 E。目前国外抗氧剂巨头都推出了自己的天然抗氧剂产品，将维生素 E 与卵磷脂复配成新型天然抗氧剂。该类新型抗氧剂具有抗氧化效果好、安全性高、无毒副作用等优点，完全可以取代叔丁基对羟基茴香醚、2,6-二叔丁基对甲酚等非天然抗氧剂。另外由维生素 E 与聚乙二醇、高孔率树脂、甘油、亚磷酸酯等配制成的天然抗氧剂品种，在未来抗氧剂领域具有较好的发展潜力和应用前景。

5.2.2 聚丙烯抗户外光老化新材料

5.2.2.1 紫外线吸收剂

塑料和其它高分子材料，暴露在日光或强的荧光下，由于吸收紫外线能量，引发了自动氧化反应，导致聚合物的降解，使得制品外观和力学性能变差，这一过程称之为光氧化或光老化。

光稳定剂将能够抑制或延缓聚合物材料的光降解作用，进而提高其耐光稳定性。它能够通过屏蔽或吸收紫外线、猝灭激发态能量和捕获自由基等方式来抑制聚合物的光氧化降解反应，从而赋予制品良好的光稳定效果，延长它们的使用寿命。

光稳定剂的用量极少，其用量取决于制品的特殊用途以及配方中所使用的其它添加剂。通常仅需高分子材料质量分数的 0.01%~0.5%。目前，在农用塑料薄膜、军用器械、建筑材料、耐光涂料、医用塑料、合成纤维等许多长期在户外使用的高分子材料制品中，光稳定剂都是必不可少的添加组分。而且随着合成材料应用领域的日益扩大，必将进一步显示出光稳定剂的重要作用。

光稳定剂品种繁多，可以从不同角度予以分类。

① 按照化学结构分类　目前常用的方法是按照化学结构分类。根据光稳定剂的化学结构可分为如下几类：水杨酸酯类、苯甲酸酯类、二苯甲酮类、苯并三唑类、三嗪类、取代丙烯腈类、草酰胺类、有机镍络合物、受阻胺类。前五类均称为紫外线吸收剂。

② 按作用机理分类　根据光稳定剂的作用机理，可将其分为如下四类：光屏蔽剂（light screening agent）、紫外线吸收剂（ultra-violent absorbert）、猝灭剂（quencher）、自由基捕获剂（radical trapping agent）。

形象地说，这四种稳定作用方式就好像构成了光稳定化中层次逐渐深入的四道防线。每一道防线都可抑制紫外线的破坏作用。但在设计防护配方时，具体选用哪种稳定剂为宜，抑或设置一道还是多道防线，应视制品的要求和使用环境而定。

总之，理想的光稳定剂应具备如下几个条件。

a. 能够强烈地吸收 290~400nm 波长范围的紫外光或能有效地猝灭激发态分子的能量，或具有足够的捕获自由基的能力。

b. 与聚合物及其它助剂的相容性好，在加工和使用过程中不喷霜、不渗出。

c. 热稳定性良好，即在加工和使用过程中不应受热而变化，热挥发损失小。

d. 具有良好的光稳定性，长期曝晒下不被光能所破坏。

e. 化学稳定性好，不与材料中其它组分发生不利反应。

f. 对可见光的吸收低，不着色，不变色。

g. 无毒或低毒。

h. 耐抽出或耐水解性良好。

i. 价格便宜。

表 5-19 为常用的紫外线吸收剂品种及性能、用途。

表5-19 常用的紫外线吸收剂品种及性能、用途

紫外线吸收剂类型	结构通式	适用树脂	特征
二苯甲酮类 例：Cyasorb UV9 Cyasorb UV531	(二苯甲酮结构，标注 X、O、OH、Y、Z)	PP、PE、PVC 等	λ_{max}：290nm；325~340nm $\varepsilon=(1\sim1.5)\times10^4$ 具有初期着色性，较苯并三唑易抽出，具有抗氧性，可与 HALS 同用
苯并三唑类 例：Tinuvin 327 Cyasorb UV5411	(苯并三唑结构，标注 OH、N、N、X_1、X_2、Y)	PP、PE、PVC、ABS 等	λ_{max}：340~350nm $\varepsilon=(1.5\sim3.35)\times10^4$ 与 HALS 协同效果好
苯甲酸酯类 例：Tinuvin 120 Cyasorb UV2908	(苯甲酸酯结构，标注 HO、O、C—OR)	PP、PE	λ_{max}：265nm $\varepsilon=(1\sim1.5)\times10^4$ 由傅里叶转换成二苯甲酮，着色大，与 HALS 协同效果好
水杨酸酯类 例：Viosorb 90	(水杨酸酯结构，标注 OH、O、C—O、R)	PP、PE、PVC 等	λ_{max}：290~330nm 由傅里叶转换成二苯甲酮，着色大
氰基-丙烯酸酯类 例：Uvinul N-35 Uvinul N-539	(氰基-丙烯酸酯结构，标注 CN、C=C、COOR)	PVC、PET、POM 等	λ_{max}：约 300nm $\varepsilon=1.6\times10^4$ 吸收范围窄，不着色，亦可用于涂料
草酰胺类 例：Sanduvor EPU	(草酰胺结构，标注 O、O、NH—C—C—NH、R_1、OR_2)	LDPE、丙烯醛涂料等	λ_{max}：约 300nm $\varepsilon=(1\sim1.5)\times10^4$ 与 HALS 协同效果好，初期着色小

紫外线吸收剂类型	结构通式	适用树脂	特征
三嗪类 例：Tinuvin 1577		PVC、POM、PET、PC 等	λ_{max}：300~380nm 具有初始着色性

5.2.2.2 受阻胺类光稳定剂

聚合物光稳定化作用除了吸收有害的紫外辐射、猝灭激发态能量及光屏蔽外，另一种聚合物稳定化处理方式为捕获和清除自由基中间产物。前三种可看作是物理方式，而捕获自由基可看成是一种化学稳定过程，相当于聚合物光稳定化的第四道防线。

20 世纪 60 年代，苏联科学家首先发现受阻哌啶（如 2,2,6,6-四甲基哌啶）的氮氧自由基（$\diagup$N—O·）具合高度的稳定性，能够有效地捕获聚合物自由基，进而显示出优异的抗氧化性。随后，日本学者村山圭介等人将受阻哌啶衍生物引入聚合物光稳定体系，并由日本洪化学公司推出世界上第一个受阻胺光稳定剂（HALS）品种——Sanol LS-744［苯甲酸（2,2,6,6-四甲基-4-哌啶醇酯）］，拉开了受阻胺光稳定剂开发和研究的序幕。大量研究结果证实，受阻胺光稳定剂主要是以捕获聚合物自由基的方式实现光稳定化目的，光稳定效果优异。

迄今，绝大多数 HALS 都是以受阻哌啶为官能团的衍生物。首先，受阻胺在紫外线照射下易被氢过氧化物氧化（还原氢过氧化物）生成受阻哌啶类氮氧自由基，这种自由基本身比较稳定，甚至可以在官能团反应中及在加热蒸馏过程中保持其自由基结构的特征，进而具有和其它自由基反应的能力。HALS 的氮氧自由基不仅能够捕获聚合物在光氧化中生成的活性自由基（R·），而且能够捕获残留于体系中的其它自由基（引发剂残基、碳基化合物光解生成的自由基等），这在一定程度上产生了（$\diagup$N—O·）和 R· 的反应及 R· 与 O· 的反应之间的竞争，从而抑制聚合物的光氧化，即：

$$\diagup N\!-\!O\cdot + R\cdot \longrightarrow \diagup N\!-\!OR$$

$$\diagup N\!-\!O\cdot + ROO\cdot \longrightarrow \diagup N\!-\!OR + O_2$$

然后，$\diagup$N—OR 与 R′OO· 作用使 $\diagup$N—O· 得以再生，形成 Dension 循环。

$$\diagup N\!-\!OR + R'OO\cdot \longrightarrow \diagup N\!-\!O\cdot + ROOR'$$

显然，受阻胺氮氧自由基在 HALS 光稳定过程中具有举足轻重的作用，其再生性正是 HALS 高效的实质所在。受阻胺光稳定剂表现出较长久的稳定效能（例如含受阻胺光稳定剂的聚合物，经两年老化后仍能在体系中保留 50%~80%）。另外，受阻胺同时可以分解氢过氧化物，这是它对聚合物稳定化的又一重要贡献，其功能的实现是通过下式进行的：

$$\text{NH} + \text{ROOH} \longrightarrow \text{N---OH} + \text{ROH}$$
$$\longrightarrow \text{N---O·}$$

HALS 在分解氢过氧化物的同时,自身被转化成高效的自由基捕获剂,达到一举两得的稳定化目的。另外,HALS 在氢过氧化物周围具有浓集效应,意味着受阻胺有效分解氢过氧化物的能力更强。

当然,以 HALS 的光稳定作用远不仅限于此,大量的研究表明,HALS 在猝灭单线态氧、钝化金属离子等方面也具有功效。

一般来讲,四甲基哌啶化合物本身并不猝灭单线态氧分子,但它的氮氧自由基和五甲基哌啶衍生物(N---CH_3)都具有对 $^1\text{O}_2$ 的猝灭作用,这样受阻胺由于预先阻止了 $^1\text{O}_2$ 的生成,从而延长了聚合物的光氧化降解。

综上所述,将受阻胺光稳定剂的高效抗光氧化作用归纳如下。

a.捕获聚合物自由基。b.分解氢过氧化物。c.对单线态氧($^1\text{O}_2$)和受基态分子的猝灭作用。d.间接吸收紫外线。

受阻胺稳定剂主要是以 2,2,6,6-四甲基哌啶或 1,2,2,6,6-五甲基哌啶为官能团的衍生物,这些官能团通常是由 2,2,6,6-四甲基-4-哌啶酮(三丙酮胺)获得的。而三丙酮胺通常是由丙酮和氨反应来制取的,合成路线如下。

三丙酮胺进一步制成 4-羟基哌啶和 4-氨基哌啶两个重要的中间体。并由此衍生了为数众多的受阻胺光稳定剂。

三丙酮胺与羟基反应，再用金属钠还原制得 4-氨基-2,2,6,6-四甲基哌啶。

受阻胺光稳定剂的性能与其结构有密切的关系。胺含量高的化合物赋予树脂的光稳定性也高。芳香族羧酸酯不如脂肪族羧酸酯的稳定性好，这主要是由芳基的光敏化作用造成的。

受阻胺光稳定剂较紫外线吸收剂的性能优越，通常光稳定效果可提高 2~4 倍或更多，特别是与酚类抗氧剂、亚磷酸酯辅助抗氧剂并用，耐候性显著提高。但需注意的是，受阻胺的氮氧自由基能够催化氧化大多数酚类抗氧剂，使其形成相应的醌。受阻胺光稳定剂与紫外线吸收剂并用亦显示出良好的协同作用。

主要的 HALS 见表 5-20。其中，944、770、622 三种应用最为广泛，用量最大，一般添加量为 0.01%~0.1%。

表 5-20　主要的受阻胺光稳定剂结构与应用

名称	结构与组成	适用范围
Sanol LS-744		聚烯烃、ABS、聚氨酯
Sanol LS-770 Tinuvin 770		聚烯烃、ABS、聚氨酯、PVC
Tinuvin 144		聚烯烃、聚苯乙烯、ABS、环氧树脂、聚酯
Chimassorb 119		聚烯烃、苯乙烯类聚合物、聚氨酯、工程塑料和其它热塑性塑料

名称	结构与组成	适用范围
Tinuvin 622		聚乙烯、聚丙烯、聚酯、PVC
Chimassorb 944		聚乙烯、聚丙烯
Cyasorb 3346		适用大多数塑料,特别是要求耐候性高的本色与着色聚烯烃
Tinuvin 791	50% Chimassorb 944+50% Tinuvin 770	适用厚截面制品,可提供优良的表面保护性能
Tinuvin 783	50% Chimassorb 944+50% Tinuvin 622	适用于 PP 纤维,聚乙烯地膜等
Tinuvin 123		液体,适用于涂料等

5.2.2.3 聚丙烯的光稳定化新材料

目前用于 PP 的有代表性的光稳定剂类型主要有受阻胺(HALS)和紫外线吸收剂,例如 2-(2′-羟基苯基)苯并三唑、2-羟基-4-烷氧基二苯甲酮等。紫外线吸收剂只适用于厚制品。由于环保的原因,含镍光稳定剂已逐渐不再使用。低分子量的 HALS 与高分子量的 HALS 结合使用通常可得到协同效应,既具有低分子量 HALS 的优点(例如运动性好),又具有高分子量 HALS 的抗迁移和抗抽提性能等好的优点。此外,高分子量 HALS 的热氧化稳定性更好。

未经稳定化的 PP 在自然环境中受光和热的影响，极易产生自动光氧化降解（老化）而使制品破坏而不能使用，通过添加受阻胺类、受阻酚类以及键合氮氧改性剂等对 PP 进行防老化改性是行之有效的方法。在温度为 180℃条件下，将 PP 和光稳定剂熔融密炼，选取不同时间段的物料测其 MFR，进行人工光加速老化实验，结果见表 5-21 和图 5-6。

表 5-21   PP 不同防老化配方体系的 MFR　　　　　　　　单位：g/10min

试样	配方	密炼时间				
		0min	5min	10min	15min	20min
1	纯树脂	0.8	4.52	7.85	11.1	17.8
2	0.1%A	0.8	3.82	8.20	11.2	16.8
3	0.1%A+0.2%B1	0.8	1.05	1.02	1.03	1.06
4	0.1%A+0.2%B2	0.8	1.0	1.08	1.07	1.08
5	0.1%A+0.2%B3	0.8	1.0	1.01	1.03	1.03
6	0.1%A+0.2%B4	0.8	3.96	8.49	14.8	23.3

注：A—受阻胺（Tinuvin770）；B1—抗氧剂 1010；B2—抗氧剂 168；B3—硫酚；B4—膦酚。

由表 5-21 可以看出，不加稳定体系的纯 PP 在密炼 5min 后 MFR 就大大增加，并随着密炼时间的延长，MFR 继续增大，说明热氧降解严重。仅加入受阻胺光稳定剂 770（配方 2）还不能阻止 PP 的热氧降解，而加入酚类抗氧剂（膦酚除外）后，PP 的热氧降解大大减缓。而且只有在受阻胺与受阻酚的最佳组合时才能很好抑制 PP 在苛刻加工过程中生成氢过氧化物，从而使熔体处于稳定状态。可是还必须注意到，纵使在加工过程中使熔体处在了稳定状态，但并不能说明材料具备了优越的耐候性能。

从图 5-6 可以看出，必须选用合适的助剂组合才能对材料的防老化产生协同效应，才能有效地提高耐候性。图中配方 5 就具有对抗作用，使 PP 的耐候性降低。除纯树脂和硫酚外，其它各类酚都不同程度与受阻胺 A 有协同效应，能延长 PP 的光氧老化诱导期。受阻胺在 PP 加工过程中及光氧老化过程中的主要功能在于对材料起光稳定化作用，即聚丙烯在受光引发后的氧化反应主要是以分子链断裂（降解）反应为主，受阻胺在起稳定化的时候，最重要的环节是自身发生了氧化反应，产生了氮氧基。这个基团可捕获断裂后的大分子自由基，从而延缓了分子链中羰基

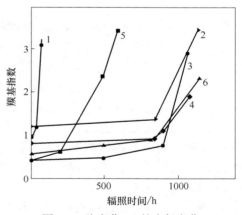

图 5-6   防老化 PP 的光氧老化

的形成和集聚。因而可以从材料羰基含量的增加，快速而准确地判断材料的光氧老化行为。

由受阻胺光稳定剂与热稳定剂、金属离子螯合剂、光热稳定化协效剂等多组分复合而成的复合光稳定剂 BW26911 对 PP 具有优异的防老化效果。将 BW26911 和常规光稳定

剂分别与传统抗氧剂组成稳定化体系进行对比实验,研究发现,在相同添加量的情况下,BW26911 的光稳定效果远远优于目前市售常规的受阻胺稳定剂 622 和 944(光稳定剂 622 和 944 是目前国内外耐候 PP 制品的常用光稳定剂品种)。用于均聚 PP 时,BW26911 与常规 1010/168 或 1076/168 抗氧剂体系配合都显示出明显的抗热氧老化协同效果,而在共聚 PP 中,BW26911 与 1010/168 抗氧剂体系的协同效应则更为突出。BW26911 在加速光老化实验中表现出优异的抗光氧老化作用。氙灯照射时间达 4000h 后,含有 BW26911 试样的断裂强度保持率仍大于 80%,远远优于含有 622 和 944 的试样。在合成材料的加速老化实验过程中,通常以特定强度指标的保持率下降到 50% 的对应暴露时间为其判定终点。加入光稳定剂 622 的试样耐候性小于 1700h,加入 944 的试样小于 3000h,加入 BW26911 的试样则大于 4000h。可见 BW26911 为一种高效光稳定剂。一般 HALS 产品中的功能结构单元四甲基哌啶(TMP)受光电子激发被氧化成氮氧自由基 TMPO•,它可有效捕捉聚合物降解链反应中的自由基 R•,生成 TMPOR•,进而清除过氧化自由基 ROO•,生成惰性的 ROOR,抑制了聚合物降解老化的链反应。BW26911 是一种由受阻胺型光稳定剂与热稳定剂、金属离子螯合剂、光热稳定化协效剂等多组分构成的复合光稳定剂。因此,BW26911 除具有上述受阻胺化合物的通用机能外,还因为其含有多种不同结构的受阻胺成分,可以分别在聚合物降解的不同阶段充分发挥其最大功效。

紫外线吸收剂对 PP 也具有明显的防老化作用。在基本配方为 EPF30R 100(质量份,下同)、POE 5、BaSO₄ 30 下选择两种方案,一种加有 0.1 份抗氧剂 1010、0.2 份抗氧剂 168、0.3 份紫外线吸收剂 UV531、0.5 份 ZnO 和 1.0 份 TiO₂,另一种没有加抗氧剂和光稳定剂,经过长时间的紫外线照射,发现材料拉伸性能发生很大的变化,加有紫外线吸收剂的 PP 复合材料的耐老化性能较未加紫外线吸收剂的 PP 复合材料耐老化性能优越。

5.2.3　纳米粒子对聚丙烯的抗老化改性

纳米 TiO_2 是性能优异的功能无机材料,具有很强的紫外线吸收性能,已在涂料、化妆品、油漆等领域获得广泛的应用。PP 在户外使用过程中极易发生光氧老化,严重影响使用寿命。通过添加有机抗老化剂,如紫外线吸收剂、受阻胺光稳定剂等,虽然可提高其抗紫外老化性能,但存在抗老化效果不持久、有毒且对制品副作用大等不足。利用纳米 TiO_2 的紫外线屏蔽功能可显著提高 PP 的抗紫外老化性能,有望克服有机型抗老化剂的不足,获得更稳定、更高效、更环保的抗老化效果,在 PP 抗老化改性领域具有广阔的应用前景。同时,添加纳米 TiO_2 后,材料的力学性能也得到了较大提高。这是由于:a.纳米 TiO_2 粒径小,比表面积大,活性高,与基体树脂有较大的接触面积并与基体黏合牢固;b.TiO_2 粒径越小,曲率越大,对应力的分散就越好;c.当复合材料受到外力冲击时,纳米 TiO_2 与分子链形成的物理三维网络会起到应力集中作用,这些应力集中点会导致粒子周围树脂发生大的塑性变形和银纹效应而吸收冲击能,因而纳米 TiO_2 复合 PP 材料具有较好的力学性能。更为重要的是添加纳米 TiO_2 的 PP 经紫外线辐照后的力学性能始终比纯 PP 的高,且力学性能下降趋势明显慢于未添加纳米 TiO_2 的 PP,如含 4%(质量分数)纳米 TiO_2 的 PP 在经紫外光辐照 72h 后其拉伸强度为 33MPa,拉伸强度保持率达到 90%,而纯 PP 的拉伸强度为 27MPa,拉伸强度保持率仅为 76%。添加纳米 TiO_2 的 PP

在经紫外线辐照 24 天后，材料的冲击强度为 2.18kJ/m²，保持率为 82%；纯 PP 经紫外线辐照 24 天后其冲击强度为 1.19kJ/m²，保持率仅为 63%。这是由于均匀分散的纳米 TiO₂ 起到了紫外屏蔽作用，使较深层的 PP 免于被紫外线和氧破坏，从而延缓了 PP 的老化。但由于纳米 TiO₂ 比表面能很高，在与塑料熔融混合过程，由于聚合物基体黏度较大，极易发生团聚，影响其紫外线吸收与反射能力，进而限制抗紫外老化性能的充分发挥。因此须对其进行表面处理。目前纳米 TiO₂ 表面处理方法通常采用偶联剂处理，由于偶联剂属于有机低分子化合物，其对纳米粒子的保护效果并不理想，导致在与 PP 熔融混合过程仍有较严重的团聚现象存在。通过纳米粒子表面聚合物接枝可更有效地避免粒子的相互团聚。以 PP-g-MAH 为载体，通过母料复合工艺也可较好地改善纳米 TiO₂ 在 PP 中的分散效果。首先对纳米 TiO₂ 进行表面硅烷处理，然后通过聚甲基丙烯酸（PMA）对其进行表面接枝包覆，通过母料复合工艺制备聚丙烯纳米复合材料。具体工艺为：将 4.5g 纳米 TiO₂ 溶于 300mL 无水乙醇中，超声震荡 30min 后倒入 500mL 三口烧瓶内。另将 4.5g KH-570 溶于 10mL 无水乙醇中并加入上述三口烧瓶内，搅拌，回流，75~80℃下反应 4h，结束后离心分离（16000r/min，15min），重复 3 次，得纳米 TiO₂-g-KH570。在四口烧瓶内加入 600mL 甲苯、12g 纳米 TiO₂-g-KH-570，搅拌、超声分散 1h 后加热至 80℃，通氮气，加入 BPO 0.30g，缓慢滴入单体 MA 48mL，反应 3h 后离心分离得下层产物，在适量无水乙醇中搅拌 1h 后再次离心分离，重复洗涤至清夜中无 PMA 为止，获得纳米 TiO₂-g-KH-570/PMA 复合材料。

　　硅烷偶联剂 KH-570 含有硅氧基，同时含有碳-碳双键。由于体系中存有微量水分，使硅氧基首先水解成硅羟基，然后与纳米 TiO₂ 表面羟基缩合，通过自由基引发双键实现 PMA 接枝包覆。处理前后纳米 TiO₂ 的红外光谱如图 5-7 所示。比较曲线 a 和 b 可见，经 PMA 处理后纳米 TiO₂ 在 1750cm⁻¹、3500cm⁻¹ 附近出现吸收谱带，分别由羰基、羟基的伸缩振动引起；此外，在 3000cm⁻¹ 附近吸收谱带处理后较处理前宽，这可能是由 PMA 中的甲基、亚甲基的振动引起。由于样品已去除表面未接枝的 PMA，因此说明纳米 TiO₂ 表面已被 PMA 接枝包覆。

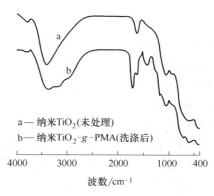

a—纳米 TiO₂（未处理）
b—纳米 TiO₂-g-PMA（洗涤后）

波数/cm⁻¹

图 5-7　处理前后纳米 TiO₂ 的红外光谱

　　将 PP-g-MAH 与纳米 TiO₂ 按比例在双螺杆挤出机中一次挤出造粒，然后与 PP 按比例进行二次挤出造粒，经干燥后在单螺杆吹膜机中吹膜成型，膜厚约 0.2mm，双螺杆挤出温度为 180~210℃，单螺杆吹膜温度为 180~200℃。处理后的纳米 TiO₂ 在 PP 中的分散情况均较好，分散尺寸主要集中于 100nm 以下，表明以 PP-g-MAH 为载体，通过母料复合工艺可获得较好的分散效果。此外，未处理纳米 TiO₂ 体系有局部团聚现象，而 TiO₂-g-PMA 体系有明显的改进。原因是 PMA 比硅烷 KH-570 具有更强的包覆作用，能更有效地避免纳米粒子间的团聚。此外，由于 PMA 与 PP-g-MAH 在结构与极性上较为接近，具有较好的相容性，更有利于纳米粒子均匀分散。

　　纳米 TiO₂、纳米 ZnO 的加入使 PP 的 β 晶型熔融峰消失，对 PP 结晶有明显的成核促进作用，并大大减缓 PP 在紫外线照射下的降解速度。

　　近年来，利用插层法制备出的聚丙烯/蒙脱土（PP/MMT）复合材料表现出优异的性能，特别是热氧老化性能大大提高。采用未经改性的原土（MMT）、经有机改性的蒙脱土 OMMT1（季铵盐改性）、OMMT2（十八铵盐酸盐改性）分别与 PP 在高速混料机上混合（蒙脱土质量分数均为 1.5%），经双螺杆挤出机在 180℃熔融混合、造粒，然后用注塑机在 220℃下注射成型。图 5-8 为三种蒙脱土及所制备的 PP/MMT 纳米复合材料的 XRD 谱图（图中，a 代表蒙脱土，b 代表与其对应的复合材料）。

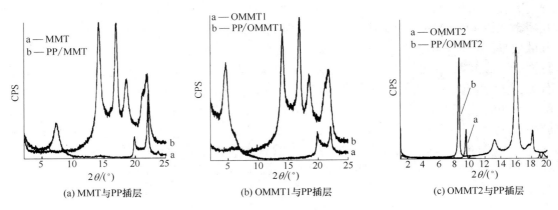

图 5-8　蒙脱土及 PP/MMT 纳米复合材料 XRD 谱

　　从图 5-8 可知，在 $2\theta=2°\sim10°$ 范围内，原土的（001）面衍射峰 2θ 为 7.32°，而经有机化改性过的蒙脱土 OMMT1 的（001）面衍射峰 2θ 为 4.58°，较 MMT 的衍射峰向左移动；OMMT2 在 $2\theta=2°\sim10°$ 范围内，（001）面衍射峰 2θ 为 9.56°，较 MMT 的衍射峰向右移动。根据 Bragg 方程算出 MMT、OMMT1、OMMT2 的层间距 d（001）分别为 1.213nm、1.906nm、0.928nm。可见，经有机改性后，OMMT1 层间距较未改性的蒙脱土 MMT 增加了约 0.693nm，OMMT2 的层间距较 MMT 反而减少了约 0.285nm。在图 5-8（a）中，$2\theta=2°\sim10°$ 范围内，PP/MMT 复合材料无明显的衍射峰（PP 属结晶型聚合物，10°以上的峰为其晶态特征峰），表明蒙脱土片层已被 PP 充分撑开，并剥离、分散而随机分布，说明此复合材料为剥离型纳米复合材料。同样，图 5-8（b）中 PP 已经成功插入有机改性蒙脱土 OMMT1 片层之中，并发生剥离。由于 OMMT1 片层间距大于 MMT，可以推断在复合材料中，OMMT1 的剥离效果要优于 MMT。图 5-8（c）中，在 $2\theta=2°\sim10°$ 范围内，复合材料的衍射峰小幅度向左移动，被 PP 插层的 OMMT2 片层的层间距被撑开到约 1.042nm，较 OMMT2 的层间距增加了 0.114nm，说明 PP 已经成功插入有机改性蒙脱土片层之中，使 OMMT2 层间距有所增大。这几种蒙脱土对 PP 的抗老化作用如图 5-9 所示。

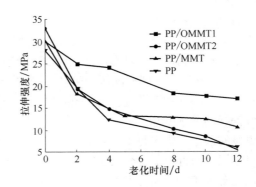

图 5-9　热氧老化对纳米复合材料力学性能影响

从图 5-9 可知，随着热氧老化时间的延长，三种纳米复合材料的力学性能保持率均优于纯 PP 材料。这是因为蒙脱土片层的存在阻止了热和氧对 PP 的破坏，起着类似屏蔽剂的作用，从而延缓了聚合物的老化。从图中还可看出，PP/OMMT1 复合材料的性能保持率最佳，PP/MMT 次之，而 PP/OMMT2（为插层型）的力学性能保持率一般。这是由于 PP/MMT 和 PP/OMMT1 复合材料属于剥离型纳米复合材料，蒙脱土片层已经剥离，分散在复合材料之中，使复合材料抗热氧老化性能更好。

炭黑、二氧化钛、氧化锌等能够吸收或反射紫外线的物质可作为光屏蔽剂。其作用原理：光屏蔽剂在光辐射和聚合物之间充当一道屏障，阻碍光直接向聚合物内部的辐射，从而有效缓解聚合物的光氧化降解。

5.3
聚丙烯透明改性新材料

国际市场对透明塑料制品的需求量日益增长，年增长速率达 30%以上，主要用于包装、玩具、家电、汽车、通信、工具和计算机领域。传统的透明塑料有聚碳酸酯（PC）、有机玻璃（聚甲基丙烯酸甲酯，PMMA）、PS、PVC 等，这些都是非结晶型塑料。PP 由于结晶而透明性不好，但 PP 具有综合性能优异、加工性能优异、价格低的优势，用量越来越大。因此发展聚丙烯透明化技术及材料对拓展 PP 的应用领域具有重要意义，是 PP 精细化材料的重要内容。随着科学技术的发展，PP 的透明化已经实现，其应用越来越广泛，为 PP 工业的发展提供了新的动力。

5.3.1 聚丙烯透明化原理

PP 是半结晶性聚合物，其熔体的结晶速率较慢，易形成大的球晶，使在聚合物中晶区与非晶区的折光指数不同，导致其透明性差。要提高聚丙烯的透明性，可通过改善晶区与非晶区的界线，使二者的折光指数差异变小；或把球晶的尺寸变小，当球晶尺寸小于光波的波长时，光波通过衍射可以绕过球晶，从而达到透明的目的。在聚合物中加入透明成核剂是有效的透明化途径。

分散型成核剂（如苯甲酸钠、有机磷酸盐、松香酸类等）在 PP 熔体中不熔，仅起到异相晶核作用，增加成核中心，使晶核生长余地变小，PP 的球晶变得更加细小，这些细小的球晶减少了结晶部分与非结晶部分界面上发生的散射，使得透明性能增强，同时结晶微细化、均质化，还会使 PP 的刚性增强，成型周期缩短。熔融型成核剂（如山梨糖醇类）可溶解在熔融 PP 中，形成均相溶液。聚合物冷却时，透明剂先结晶形成纤维状网络，该网络分散均匀，纤维直径仅有 10nm，小于可见光的波长。该网络的表面即为结晶成核中心，并具有极大的表面积，可提供极高的成核密度；纤维的直径与 PP 结晶厚度相匹配，能促进成核；同时纤维很细，可透过可见光。另外一种机理认为二元醇结构是促进成核的关键。亚苄基山梨醇类成核剂分子间形成了含有氢键的二聚体，这个二聚体通过形成一个成核剂分子与另一个成核剂分子之间的氢键而稳定下来，PP 和二聚体结合在一起形成一个三元复合体。这种结合通过减弱在成核剂结合部分的聚合物的局部运动而降低结晶的熵垒，从而促进成核，减小球晶尺寸，达到增加透明度的效果。

5.3.2　聚丙烯透明成核剂种类

成核剂在聚丙烯结晶中是以异相成核的方式改善其结晶性的，根据成核剂诱导聚丙烯结晶形态的不同，一般分为 α 晶型成核剂和 β 晶型成核剂。

5.3.2.1　α 晶型成核剂

α 晶型成核剂具有诱导聚丙烯树脂以 α 晶型成核，能够提高结晶温度、结晶度、结晶速度和使晶粒尺寸微细化等功能。就其结构而言，一般包括无机类化合物、有机类化合物和高相对分子质量化合物，工业上以有机类化合物应用居多。尽管 α 晶型成核剂通过改变聚合物的结晶行为都能程度不同地提高 PP 的刚性、拉伸强度、热变形温度、透明性和表面光泽等，但不同结构的品种在结晶改性中所表现出来的效果往往不完全一致。据此将 α 晶型成核剂分为通用型、透明型和增刚型等。通用型成核剂成核效率一般，价格相对低廉，包括滑石粉、二氧化硅、苯甲酸皂等。透明型成核剂又称透明剂或增透剂，以苯亚甲基山梨醇及其衍生物为主，代表性品种如苯亚甲基山梨醇（DBS）、二（对氯苯亚甲基）山梨醇（CDBS）、二（对甲基苯亚甲基）山梨醇（MDBS）、二（对乙基苯亚甲基）山梨醇（EDBS）和二（3,4-二甲基苯亚甲基）山梨醇（DMDBS）等。增刚型成核剂的成核效率较高，增刚效果显著，主要品种有芳基磷酸酯盐类、取代苯甲酸铝盐类和脱氢松香酸皂类等。关于 α 晶型成核剂的作用机理，可以归纳为如下几种特点。
a. PP 的熔体结晶以形成螺旋结构为基本特征，因此具有无定形结构的分子线团结晶时应尽可能地转变成螺旋结构。DBS 类成核剂能够加快无定形聚丙烯熔体分子线团向螺旋结构转变，并对螺旋结构具有稳定作用，因此成核剂的成核能力取决于成核剂分子与 PP 螺旋结构之间的范德华力。b. α 晶型成核剂在 PP 熔体中形成超分子结构的凝胶从而起成核作用。由于 DBS 类化合物分子内存在两个自由羟基，因而在 PP 熔点以上的温度能够通过氢键作用形成具有超分子结构的三维纳米纤维网络，且比表面积增大，产生凝胶化现象，进而为形成大量均匀分布的晶核奠定基础。对于苯环上具有取代基（如甲基、乙基等）的 DBS 类衍生物，由于这些取代基有助于增强分子间的氢键作用，凝胶化温度高，成核效果更为突出。同样的道理，巴比妥酸酯和三氨基嘧啶配合体系在 PP 熔体中能够通过分子间氢键快速形成具有较高熔融温度的超分子结构纳米纤维，成核效果甚至可与 DBS 类成核剂媲美。c. 成核剂分子氢键二聚形成 V 形构型容纳聚烯烃分子链。近来人们比较和研究了多种苯亚甲基多元醇类化合物对聚丙烯的成核作用，发现其中具有自由羟基的苯亚甲基山梨醇类化合物成核效率显著，而无自由羟基的苯亚甲基木糖醇类化合物成核效率差，据此提出自由羟基是 DBS 类成核剂发挥成核作用的重要条件，认为 DBS 类成核剂首先通过分子间氢键二聚，这种二聚体具有稳定的 V 形构型，能够很好地容纳螺旋结构的聚丙烯，被黏附在 V 形构型中的螺旋结构的聚丙烯分子运动受到限制，一方面减少了其返回到无规线团的概率，即提高了螺旋结构的稳定性，另一方面降低了结晶自由能。显而易见，作为有效的聚丙烯 α 晶型成核剂，必须要有极性基团和芳环结构的存在。

5.3.2.2　β 晶型成核剂

　　β 晶型成核剂能够诱导 PP 树脂以 β 晶型结晶，赋予制品良好的冲击强度、热变形温度和多孔率。相比之下，β 晶型成核剂的开发和研究远不如 α 晶型成核剂成熟，工业化品种更是十分少见。迄今发现的具有诱导 PP 树脂以 β 晶型结晶的化合物主要有稠环芳烃（喹吖啶酮红颜料、三苯二噻嗪）、金属配合物成核剂和某些芳基羧酸二酰胺及其衍生物等。但因稠环芳烃一般用于染料行业，其作为成核剂使用会使 PP 带色，因此近几年相关研究较少。一些带有特殊配体的金属配合物及其有机酸的混合物可作为高效的 β 晶型成核剂。例如辛二酸和辛二酸钙的复合物、硬脂酸钙和庚二酸、IIB 族金属元素和脂肪环二羧酸的盐（BCHE30）等长链烷烃酸及其盐的复合物、某些特殊配体与稀土金属或钙等构成的金属配合物（WBG）纳米 $CaCO_3$ 负载型 β 晶型成核剂等。研究发现脂肪族二元羧酸的钙盐有很好的成核效果，在低浓度（如质量分数为 0.5%）下就能得到高含量（β 晶相对含量为 0.98~1）的 β-IPP，且热稳定性很好。史观一等人发现硬脂酸钙与庚二酸、己二酸等二元羧酸的复合体系可作为高效的 β 晶型成核剂，可产生高含量的 β 晶。近几年来，β 晶型成核剂的开发与应用研究很大部分都集中在新型金属配合物 β 晶型成核剂的开发和优化二元羧酸盐成核剂的组成比例上。六氢化邻苯二甲酸的钡盐和镧盐能诱导 IPP 生成 β 晶，在 α/β 复合成核剂体系中，两种成核剂竞争成核结晶，峰温度较高的成核剂在结晶过程中起主导地位，改变 α/β 晶型成核剂的复合比例能够调控 IPP 的刚性和韧性。酰胺类成核剂是包含芳香胺基团的酰胺类化合物，如 N, N'-二环己基-2,6-萘二酰胺（NJ-Star）、芳香胺衍生物（TMB-5）等。酰胺类成核剂是最早实现商品化生产的一种 β 晶型成核剂，成核效率高，不仅克服了染料成核剂带色的缺点，而且与 PP 的相容性较其它类成核剂好。NJ-Star 作为 β 晶型成核剂可以诱导 IPP 的结构、形态和性质发生改变，β 晶含量可达 99%。新型的均苯三甲酸的酰胺类衍生化合物（TATA）作为 IPP 的 β 晶型成核剂。研究表明 TATA 的成核效率很高，在很低的含量下即可诱导生成高含量 β 晶，TATA 诱导生成的部分 β 晶的结晶形态为层状结构。

　　PP 在熔体结晶时形成的螺旋结构较稳定，无定形线团要尽可能快地变成螺旋结构，成核剂才能稳定 PP 分子链形成的螺旋结构，减小螺旋结构返回无定形线团的概率，然后这些螺旋结构生长形成晶体。好的成核剂应与螺旋结构相互作用，而与无规线团不起作用。大多数成核剂使 PP 在其表面外延生长结晶，如苯甲酸盐作为 PP 成核剂时，螺旋结构 PP 将它的侧甲基排列在非极性的苯环上，而骨架 PP 链和苯环表面相互作用而结晶。山梨醇类成核剂有加快无规线团 PP 形成螺旋结构与稳定 PP 螺旋结构的作用，成核能力与成核剂分子同 PP 螺旋结构间的范德华力相互作用有关。β 晶型成核剂对 PP 的结晶改性作用是通过异相成核剂的方式实现的。β 晶型成核剂可以诱发 PP 树脂以 β 晶型成核，突出特征是提高制品的冲击强度和热变形温度，使这一对本来相互矛盾的因素可以得到统一，从而进一步拓宽了 PP 的应用范围。

　　β 晶型成核剂的加入可提高 PP 的结晶速度并使晶粒结构细化，因此 β 晶型成核剂的选择必须满足以下特性：a.要有一定的稳定性，达到 PP 的熔点时不熔化，在 PP 中不溶解；b.在基体中能以微细粒子形式分散；c.与 PP 具有良好的共混性；d.与 PP 具有相似的结晶结构。常见的 β 晶型成核剂有：庚二酸/硬脂酸钙复合物、低熔点金属粉末（锡粉、锡铅合金粉）、超微氧化钇等产品。其合成的反应类型主要有物理的掺杂和化学的 N-酰基化反应。向有机化合物中碳、氮、硫等原子上引入酰基的过程称为酰化反应。氮或胺与酰化剂作用，在氮原子上引入酰基生成酰胺。氮酰化反应的难易与酰化剂的活性、胺或氨的亲核能力及空间效应有密切关系。氮原子上电子云密度越大，空间阻碍越小，反应性越强。反应性顺序一般是伯胺大于仲胺，脂肪胺大于芳香胺，无阻位胺大于有阻位胺。芳胺的芳环与给电子基团的作用一样，能增强反应活性；而吸电子基团的存在，使反应活性下降。芳香胺类成核剂是最早实现商品化生产的一种高效 β 晶型成核剂。日本新理化公司申请了制备专利，并推出芳香胺类成核剂 STAR NU-100（NJ）的商品。当添加芳香胺类成核剂时，PP 中的 β 晶含量可达到 90%以上，可使热变形温度提高 15℃，冲击性能提高多倍，透明性增加。

5.3.2.3　成核剂的主要种类

① 无机类成核剂　无机类成核剂有碳酸钾、二氧化硅、硅酸盐、过氧化镁等，使用效果一般较差，赋予制品的透明性一般较小，在 PP 透明化改性中应用较少。

② 有机成核剂　有机成核剂的主要品种及应用特点见表 5-22。

表 5-22　有机成核剂的主要品种及应用特点

类别		代表品种	应用特点
脂肪酸及其金属皂		己二酸、己二酸钠、己二酸铝	对 PP 透明性等性能改善效果差
芳香族酸金属皂		苯甲酸钠、对叔丁基苯甲酸铝	价廉，对 PP 的透明性有一定的改善作用，与 PP 相容性差，易在塑料加工设备中结垢
DBS 类	第一代	二苯亚甲基山梨醇（DBS）	成核效果佳、气味小、易于分散，但增透效果一般，有结垢倾向，可提高 PP 制品的刚性、热变形温度和表面光泽度
	第二代	二（对甲基苯亚甲基）山梨醇（p-Me-DBS）、二（对乙基苯亚甲基）山梨醇（p-Et-DBS）	增透和成核效果显著，但有异味，可用于接触食品的材料
	第三代	（3,4-二甲基苯亚甲基）山梨醇（Millad 3988）	可显著改善透明性、表面光泽度及其它力学性能，与 PP 相容性好，无毒性，可用于接触食品的材料
	第四代	1,3-2,4-二对烯丙基苯亚甲基山梨醇（Millad NX8000）	可显著改善透明性、表面光泽度及其它力学性能，与 PP 相容性好，无毒性，无味，可用于接触食品的材料
有机磷酸盐类		双（4-叔丁基苯氧基）磷酸钠（NTBP）（如 NA-10）	热稳定性好，具有改善 PP 的刚性、表面硬度及热变形温度的性能，在 PP 中分散性差

类别	代表品种	应用特点
有机磷酸盐类	亚甲基双（2,4-二叔丁基苯氧基）磷酸钠（如 NA-11）	增透和增刚效果显著，但分散性差
	亚甲基双（2,4-二叔丁基苯氧基）磷酸铵盐	磷酸酯盐类成核透明剂的最新品种，综合性能优异
松香酸皂类	脱氢枞酸碱金属盐	对 PP 透明性改善略次于 DBS 类和有机磷酸盐类成核剂，与 PP 树脂相容性较好，能同时赋予聚烯烃树脂自黏性

有机成核剂克服了无机成核剂的缺陷，近年来研究开发相当活跃，主要有一元和二元脂肪酸、芳族或脂环族羧酸的碱金属盐或铝盐，如苯甲酸铝、叔丁基苯甲酸铝、苯甲酸钠、β-萘甲酸钠、二苯亚甲基山梨醇（DBS）、磷酸酯类金属盐［如：亚甲基双（2,4-二叔丁基苯氧基）磷酸钠、NA-11］，其中 NA-11 是目前认为最优秀的聚丙烯成核剂品种。

③ 高分子成核剂　高分子成核剂是具有与聚烯烃类似结构的熔点较高的聚合物，通常在聚烯烃树脂聚合前加入，在聚合过程中均匀分散在树脂基体中，在树脂熔体冷却过程中首先结晶。其特点是成核剂的合成与配合在树脂合成中同时完成，能均匀分散在树脂中，如可将微量的乙烯基环烷烃聚合物引入 PP 中用以改善聚丙烯树脂的透明性和加工性。在淤浆聚合工艺中，采用预聚合在催化剂表面首先形成高熔点聚合物，再进行丙烯聚合。常用的高熔点聚合物单体包括乙烯基环己烷、乙烯基环戊烷、3-甲基-1-戊烯等。高分子成核剂除具有有机成核剂的优点外，它在聚合物中的分散性更令人满意，因此这类成核已逐步受到人们的青睐，将会成为成核剂开发领域的一个重要发展方向。高分子成核剂大多属于 α 晶型成核剂。

5.3.3　聚丙烯透明成核剂的发展趋势

提高成核剂的产率和纯度是发展趋势之一。美国美利肯公司采用 3,4-二甲基二苯亚甲基山梨醇（DMDBS）和甲基二苯亚甲基山梨醇（MDBS）成核剂进行 1∶1 质量比配混，在 PP 中加入配混物 0.3%，雾度可降低 85% 以上。用 3,4-二甲基苯甲醛和山梨醇为原料，在有机疏水性溶剂和酸性催化剂的作用下，合成出 DMDBS，熔点达到 265~275℃，产品产率可达到 98%。

有机磷酸盐类成核剂与苯亚甲基山梨醇类成核剂相比，对 PP 的刚性、表面硬度和热变形温度均有较大幅度提高，而且热稳定性好，高温条件下不影响 PP 制品的其它性能，但分散性差是此类成核剂的主要缺陷，将其超细化可以改善在 PP 基体中的分散，进一步提高成核效率和制品性能。美国 Nyaclo Namo 技术公司新开发出两种超细化 PP 成核剂，是粒径 50nm 的表面改性二氧化硅，产品牌号为 NGS1000 和 NGS2000，用量少，可提高 PP 的结晶温度、加工成型速度以及韧性和刚性，可降低制品的雾度，在 PP 中不喷霜。另外，在 PP 的薄膜中还可作高效抗黏剂。两个牌号的成核剂一般用量为 100~2000ppm（1ppm=10^{-6}）。

美国克罗姆普顿公司最近推出了一种新的 PP 成核剂——透明剂 Moldpro931，是一种可熔融的混合型助剂，价格较可熔融的 DBS 类透明剂或不可熔融的有机磷酸盐类要低。最近，由日本荒川化学工业和三井石化公司共同开发了以无色松香为基础的新型成核剂——透明型 KM-1300 和高刚性型 KM-1600 两种牌号。该产品不存在以往的成核剂的气味、添加后成型效率低、价格高等问题。近年来，脱氢枞酸性（以无色松香为原料）成核剂发展较快，其制备方法是将歧化松香溶解于有机溶剂，经沉淀、过滤、干燥、结晶等步骤，使脱氢枞酸有机胺盐还原为脱氢枞酸，得到产品。

为了充分发挥各成核剂的优势，近年来成核剂向多元复配方向发展。无机、有机或不同结构的成核剂有显著的协同作用，多组分复合是重要趋势。加入山梨醇衍生物及其附属成分，并与有机磷抗氧剂、脂肪酸及酯类等物质并用，可协同提高 PP 透明度，获得综合性能好的透明 PP。复合型透明剂产品 Clarifexy800 就是典型例子，它是由酯、酸、盐及其它有机化合物经复合加工而成。复合型成核剂的开发并不局限于几类物质的简单混合，而是对成核剂分子进行设计，使其兼具多种成核剂的功能。如对山梨醇衍生物两个苯亚甲基环上的含硫等取代基进行改进，使其每个环上含有一个低烷基硫代基，从而使其具有高效、透明性及抗氧降解性等。因此复合型成核剂是 21 世纪成核剂研究开发的热点之一。

最近，有采用超临界输送的概念来提高成核剂效果的研究报道。例如，将透明成核剂 DBS 类、NA18（有机磷酸盐）、NA21（有机磷酸盐）溶解在超临界 CO_2 中，以分子形态输送到 PP 内部，由于成核剂的极性大于 PP，成核剂聚集并以纳米粒子的形态均匀分布，达到提高成核剂的成核效率的目的。扫描电镜分析表明，所有的成核剂均能在 PP 基体中以纳米尺度（约 100nm）分布，其中以 NA21 的分布效果最佳。在 PP 结晶过程中，纳米状态分散的成核剂可以有效提高 PP 结晶度，改善制品的透明性，同时克服了现有成核剂存在的分散差、用量大、成核效率低的缺陷。

5.3.4　聚丙烯透明成核剂的制备

5.3.4.1　二苯亚甲基山梨醇衍生物类成核剂的制备

二苯亚甲基山梨醇衍生物的结构式如下图所示：

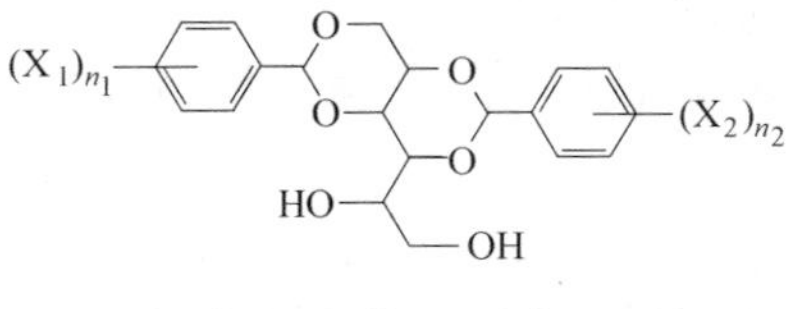

其中，X_1、X_2 可以是氢原子或其它取代基（如甲基、乙基、羟基、卤素等），n_1、n_2 可以是 1 或 2，它们是由山梨醇分子的 1、3 位和 2、4 位碳原子通过苯甲醛或取代苯甲醛进行缩醛化反应而制备的。

二苯亚甲基山梨醇衍生物类成核剂产品主要分为 4 代。第 1 代以美国的 Millad 3905（1,3,2,4-二苯亚甲基山梨醇）和新日本理化公司的 Gel ALL D 为代表，主要以山梨醇（六元醇）和苯甲醛为原料制得。第 2 代为美国 Millad 3940［1,3,2,4-二（4-甲基苯亚甲基）苯亚甲基山梨醇〕和新日本理化公司的 Gel All MD、EC-4（对氯甲基二苯亚甲基山梨醇）产品为代表，主要以山梨醇和氯代苯甲醛或对甲基苯甲醛为原料制得。第 3 代主要以美国的 Millad 3988〔二（3,4-二甲基二苯亚甲基）山梨醇〕为代表，它大大改善了 PP 产品的透明性，其工艺以山梨醇和 3,4-二甲基苯甲醛为原料合成。烟台只楚合成化学有限公司以山梨醇和 3,4-二甲基苯甲醛为原料，在环己烷和甲醇混合溶剂作用下，以对甲苯磺酸为催化剂，在 70~80℃下进行醇醛缩合反应，最后进行纯化处理得到成核剂，并建成了 50t/a 成核剂的装置，产品牌号为 ZC-3，产品熔点在 253~255℃，该产品应用性能指标达到了美国美利肯公司的 Millad 3988 产品水平。第 4 代代表性商品为 Millad NX8000（简称 NX8000），所用的醛以烯丙基取代苯甲醛，结构及合成反应式如下：

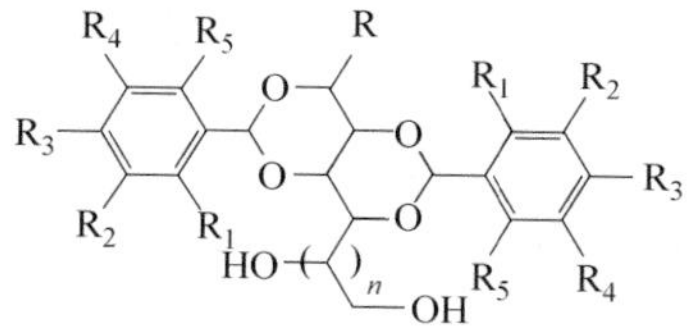

注：n 为 0，1 或 2；R_1~R_5 是具有 5 个或更多碳原子的烯基基团，R 独立地选自非氢基团，包括烯基基团（如烯丙基）、烷基基团（包括具有 2 个或更多碳原子的烷基）、烷氧基、羟基烷基及卤代烷基，下同。

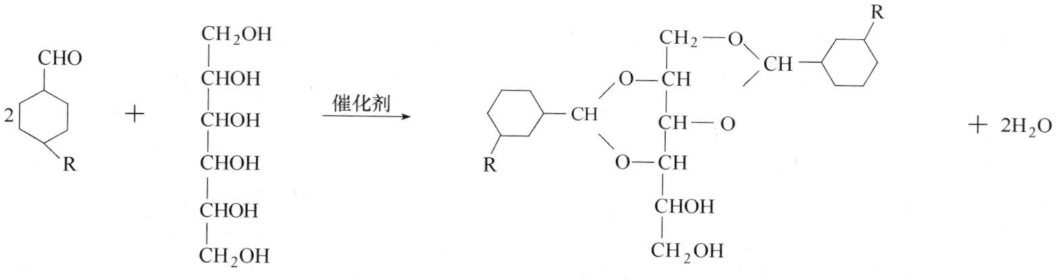

烯丙基苯甲醛　　　　山梨醇　　　　　　　1,3-2,4-二对烯丙基苯亚甲基山梨醇

　　NX8000 成核剂通过异相成核导致 IPP 结晶，且使 IPP 球晶数量大幅增加，球晶尺寸大幅度减小。当 NX8000 成核剂用量为 0.50~0.60 质量份（下同）时，IPP 的成核效率高达 74.6%，IPP 的光学性能、力学性能及热性能均达到较高水平；采用 NX8000 成核剂改性透明 IPP 的较优配方为：0.60 份 NX8000，0.20 份分散剂，0.04 份卤素吸收剂（水滑石 DHT-4A、抗氧剂 1010 与抗氧剂 168 的质量比为 10.0：1.6）。有人认为 NX8000 成核剂在聚丙烯加工温度下，可以均匀熔融于聚丙烯中形成均相溶液，由于该类成核剂中含有大量自由羟基，在降温时可以与聚丙烯分子链中的 C—H 形成氢键，进而具有三维网络结构。研究人员研究了 NX8000 成核剂在抗冲共聚聚丙烯（IPC）中的应用。将 IPC 与 NX8000 共混，而后进行造粒和压片，并对改性 IPC 进行性能表征。研究发现：成核剂在 IPC 中形成了一种纤丝网，提高了体系的黏度，降低了 IPC 的球晶尺寸；当乙烯质量分数为 3.5%~6.0%时，生成了"脆弱且柔软的过渡相（BDT）"，当乙丙无规共聚聚丙烯含量超过 BDT 的临界值时，IPC 的冲击强度因 NX8000 的加入得到极大改善。美国美利肯公司的第三代成核剂 Millad 3988（简称 3988）与第四代成核剂 NX8000 均为山梨醇缩醛类成核剂，区别在于使用不同的醛，二者均通过了美国食品药品监

督管理局（FDA）的要求。整体来看，NX8000K 的增透效果较好，3988 的抗冲与耐热作用更明显。3988 的适宜加工温度为 250℃，NX8000K 的加工温度为 240℃。

山西化工研究所以山梨醇和取代苯甲醛衍生物为原料，摩尔比为 1:（2.0~2.2），采用甲苯、环己烷等作为溶剂，在温度 65~75℃下合成 TM® 系列产品。兰州石化公司采用兰州化工研究院技术，以 70% 的山梨醇和苯甲醛及其衍生物为原料，摩尔比为 1:2.0，采用无机酸（硫酸或对甲基苯磺酸）作为催化剂，在溶剂作用下进行缩合反应，得到二苯亚甲基山梨醇类成核剂，在国内率先开发出了山梨醇类成核剂 DBS 系列产品，反应产率可达 95% 以上，并且建成了 40t/a 的工业化示范装置。山梨糖醇衍生物类透明剂基本无毒性，可大量用于食品、饮料、医药包装及医疗器械等产品，但有些产品的气味较大，在应用上受到一定的限制。为解决山梨糖醇衍生物类透明剂在应用过程中的气味问题，许多研究者做了大量的有益的探索，主要如下。a.添加含酰胺基团的化合物，利用化合物中的酰胺基团与游离的芳香醛发生物理或化学作用以达到消除气味的效果，其中酰胺化合物与成核剂的比例为（1:1.5）~（1.5:1）。b.添加环糊精，利用环糊精的笼状分子结构来捕捉游离的芳香醛。c.加入合适的添加剂吸收成核剂中的游离芳香醛或提高成核剂的储存稳定性，抑制其在储存过程中的分解。可用的添加剂有有机胺、苯肼、山梨酸钾或山梨酸等，也可用高级脂肪酸进行包覆。d.用甲醇等有机溶剂将山梨糖醇衍生物类透明剂进行精制，除去其中残留的酸催化剂（残留的微量酸催化剂是导致容易分解的根源）。e.降低山梨糖醇衍生物类透明剂的使用温度，避免因温度过高而分解产生出难闻气味及导致制品发黄的问题，加入少量的硬脂酸等有机弱酸也可以有效降低其熔点。上述几种方法综合使用有最好的效果。

结构与山梨醇类成核剂相类似的木糖醇类成核剂——1,3-2,4-二（3,4-二甲基）苯亚甲基木糖醇（简称 DMDBX）是新型成核剂，此种成核剂的熔点低于山梨醇类成核剂，合成过程中副产物少，且对 PP 具有优良的成核效果，合成反应方程式如下：

木糖醇不溶于有机溶剂，在单一的疏水性有机溶剂中，3,4-二甲基苯甲醛与水溶性的木糖醇之间的缩合反应为液-固非均相反应，反应进行缓慢，通过强化搅拌混合，虽可使两相之间的反应增强，提高目标产物的产率，但作用效果有限。而采用加入亲水性有机溶剂的方法，将反应转变为液-液拟均相反应，此种溶剂的加入不但能够改善反应体系的混合状态，而且可以促进反应的快速进行，甲醇和乙醇均可作为此反应的亲水性溶剂和促进剂。环己烷-甲醇体系的产率高，产品在溶剂中分散好，不易形成凝胶；环己烷-乙醇体系中，乙醇与环己烷混溶，共沸物从反应体系中分离出来后不分层，无法分离溶剂，且无法判断反应结束的时间；甲苯-甲醇、甲苯-乙醇体系中，甲苯与甲醇或乙醇互溶，溶剂无法分离，且产率低。因此选择环己烷-甲醇作为溶剂最合适。当原料摩尔比低于 2.4 时，提高原料摩尔比，产品产率也随之增大，当原料摩尔比为 2.4 时，产品产率最高；若再进一步提高原料摩尔比时，产品产率反而下降。这是因为原料摩尔比较大时，初期反应速率过快，凝胶化过早出现，从而抑制反应的进一步进行。因此，适宜的原料摩尔比为 2.4。

5.3.4.2 有机磷酸盐类透明剂

有机磷酸盐是近年来快速发展并得到广泛应用的聚烯烃成核透明剂，这些产品主要是有机磷酸酯金属盐和磷酸酯碱式金属盐及其复配物或与磷酸酯、酸性磷酸酯的混合物。与 DBS 及其衍生物相比，有机磷酸盐系列成核剂用于 PP 时，制品透明性、刚性、结晶速度和热变形温度有较大幅度的提高，并得到了美国 FDA、日本食品安全委员会（PL）认可，且耐热性优异，可耐 400℃ 以上的高温，加工条件选择范围宽，在成型过程中不分解也不会释放难闻的气味，同时，也较少产生对成型机械及螺杆的污染，可用于食品包装。有机磷酸盐成核剂主要以日本旭电化公司的产品为代表，可分为 3 代产品。日本旭电化公司最早在 20 世纪 80 年代初期推出的商品化的有机磷酸盐成核剂是 NA-10，化学名称为双（对叔丁基苯氧基）磷酸钠，它是磷酸酯盐类的基本品种，成本低廉，成核效率一般，现多用于聚丙烯的增刚改性。NA-11 是旭电化公司开发的第二代有机磷酸盐成核剂，化学名为亚甲基双（2,4-二叔丁基苯氧基）磷酸钠。与 NA-10 相比，NA-11 的成核效率进一步提高，尤其在较低浓度下，增透效果甚至超过 DBS 类成核透明剂。第三代磷酸酯盐类成核剂实际上是第二代产品的结构改性，化学名称为 2,2′-亚甲基双（4,6-二叔丁基苯氧基）磷酸铝的碱式盐，为旭电化公司推出的最新产品，商品名为 ADK Stab NA-21，它是目前最有效的、工业化的透明剂之一，外观为白色结晶粉末，熔点大于 400℃，热稳定性好，成核能力强，无臭味，安全性高（主要是 NA-21 结构中有叔丁基苯结构），改善制品透明性、刚性、拉伸强度、抗蠕变性、热变形温度等效果十分显著。有机磷酸盐的不足之处就是由于其多数品种的熔点过高，属分散型成核剂，与树脂的相容性有限，通常条件下不易混配，容易导致制品表面出现疵点。为改善其在树脂中的分散性，常与甲醇或乙醇形成溶液后再与树脂相配或与其它成核剂形成复配体系，推荐用量一般为基础树脂质量的 0.3%左右。尽管其价格较贵，但独特的性能是它的优势。

NA-11 的合成分 3 个步骤，反应原理为：

第 1 步　2,2'-亚甲基双（4,6-二叔丁基）苯酚的合成：将 20.6g 的 2,4-二叔丁基苯酚（单酚）、6.3g 甲醛，1mL 浓硫酸和 35mL 甲苯（另 5mL 加在分水器中起到液封的作用）加到 250mL 四口烧瓶中，再加装温度计、分水器和回流冷凝管，氮气保护下加热到 97℃，回流分水，当水分蒸完后温度会快速上升，温度控制在 108℃以下。反应约 2h 后就会有固体析出，出水量为 5mL，抽滤得白色固体。将粗产品经多次水洗、然后烘干得固体 18.1g，产率为 85.4%。

第 2 步　2,2'-亚甲基双（4,6-二叔丁基）苯酚磷酰氯的合成及 2,2'-亚甲基双（4,6-二叔丁基）苯酚磷酸酯的合成：取 2,2'-亚甲基双（4,6-二叔丁基）苯酚 10.6g 和甲苯 20mL，三氯氧磷 4g，三乙胺 5.1g，在氮气的保护下进行反应，反应的前阶段在无水的环境下进行，是为了防止体系中的三氯氧磷与水反应而消耗，加入三乙胺是为了与反应后产生的 HCl 反应，促使反应向右进行，在反应的后阶段，加水与过量的三氯氧磷反应，得到 2,2'-亚甲基双（4,6-二叔丁基）苯酚磷酰氯。上述反应产物在碱性条件下水解，并用水多次洗涤，除去杂质，进行重结晶，制得 2,2'-亚甲基双（4,6-二叔丁基）苯酚磷酸酯，产率约为 80%。

第 3 步　2,2'-亚甲基双（4,6-二叔丁基）苯酚磷酸钠的合成：将 2,2'-亚甲基双（4，6-二叔丁基）苯酚磷酸酯 19.7g 与氢氧化钠 2g、甲醇 4g 和水约 50g 进行中和制得，产率为 94.6%。也可取 2,2'-亚甲基双（4,6-二叔丁基）苯酚磷酰氯 10g 与氢氧化钠 9.6g 直接进行中和制得，收率为 96%。

NA-21 的合成过程也分三步完成：利用两个单酚与甲醛在硫酸的催化下进行酚醛缩合制得双酚。以 2,2'-亚甲基双（4,6-二叔丁基）苯酚和三氯氧磷为基本原料，经酯化生成中间体——氯代 2,2'-亚甲基双（4,6-二叔丁基苯基）磷酸酯，再用稀硫酸液水解，最后和 Al（OH）$_3$ 成盐即得。

第 1 步　2,2'-亚甲基双（4,6-二叔丁基）苯酚的合成，反应式如下：

此反应采用甲醛过量，以提高单酚的转化率。具体工艺为：将 2,4-二叔丁基苯酚 20.4g、36%的甲醛溶液 6.25g（在其中加入硫酸 0.6mL）、甲苯 25mL 加入到 250mL 四口烧瓶中，通入氮气，搅拌均匀；在四口烧瓶上加装分水器，分水器中加入一定量的水并标注，并在其上面加入一定量的甲苯。逐渐使其升温并匀速搅拌，溶液呈淡黄色，升温至 89℃时开始回流，在分水器中导出反应产生的水，并用量筒回收，使水和甲苯的液面始终与开始的标注处保持水平。当反应温度达到 112℃ 时，排水量约为 5mL，此时反应液由原来的淡黄色逐渐变为红棕色，立即停止加热，使温度保持恒定，维持 2h 后停止反应，迅速将反应物移至锥形瓶中，不断搅拌使其降温。当达到室温时，混合液由澄清变浑浊，并有大量固体析出，抽滤并将析出的固体物质用高于单酚熔点（59℃）的热水多次洗涤，除去 H$_2$SO$_4$、过量的甲醛和可能含有的极少量单酚。放入烘箱中烘干，最终制得粗产物 9.0g，产率为 42.7%，其熔点为 140~150℃。

第 2 步　2,2′-亚甲基双（4,6-二叔丁基苯基）磷酸酯的合成，反应原理如下：

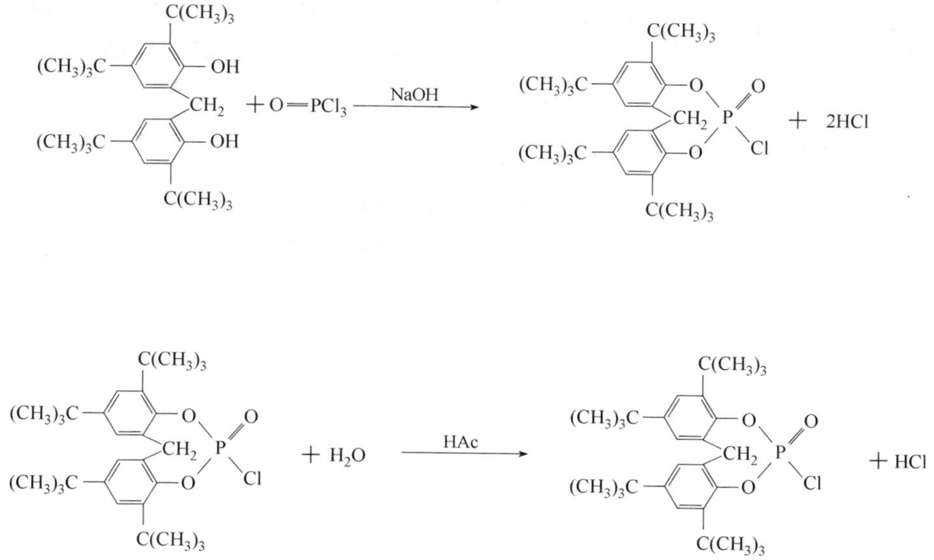

　　称取 2,2′-亚甲基双（4,6-二叔丁基）苯酚 10.6g 加入四口烧瓶中，加入甲苯 20mL，在通风橱内称取三乙胺 5.1g 加入四口烧瓶中，此时溶液由混浊变为透明澄清。在通风橱内称取三氯氧磷 4.1g，迅速移至滴液漏斗中，在氮气环境下，缓慢滴入四口烧瓶中，并将导管口插入液面以下同时缓慢搅拌。控制反应温度，使其始终保持室温。反应约 2h 后，溶液由原来的透明澄清变糊状，加入蒸馏水 50mL 并加入少量乙酸维持反应 2h，抽滤得固体物质，反复水洗，放入烘箱中烘干，最终制得粗产物 6.2g，产率为 51.19%，产物的熔点大于 300℃。

　　反应的前阶段在无水环境下进行，防止体系中的 $POCl_3$ 与水反应，加入三乙胺（敷酸剂）与反应产生的 HCl 反应，促进反应向右移动。在反应后阶段，加水与过量的 $POCl_3$ 反应，同时使第一步反应的产物水解，并用水多次洗涤，除去盐、酸等杂质，进行重结晶。产物在乙酸乙酯、环己烷、己烷、甲苯、丙酮五种溶剂中的溶解度受温度影响不大，不宜选作重结晶用溶剂；在四氢呋喃中温度影响因素较大，但在室温下的溶解度较大，在用作重结晶溶剂时给产物造成较大损失，故也不宜选用。而在乙醇中的溶解度低温时较小、高温时较大，因此是重结晶比较理想的溶剂。

第 3 步　NA-21 的合成，反应式如下：

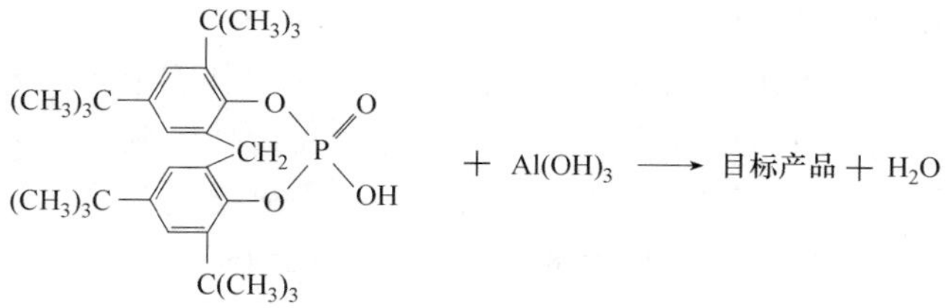

用硫酸铝与过量碳酸钠溶液混合制备氢氧化铝并反复水洗，加入 6mol/L 盐酸溶液将其溶解。在 2,2′-亚甲基双（4,6-二叔丁基苯基）磷酸酯的丙酮溶液中加入过量 40%氢氧化钠溶液，并在逐滴加入新制得的氯化铝溶液的同时迅速搅拌使其均匀。调整溶液 pH 值至强酸性，此时析出大量白色沉淀，抽滤，将析出的固体物质反复水洗，放入烘箱中烘干，用乙醇进行重结晶，最终制得纯品成核剂 NA-21。

5.3.4.3 松香酸盐类透明成核剂的制备

松香酸盐类成核剂的有效成分是松香脂中的脱氢枞酸，因此通常将天然松香进行歧化反应得到歧化松香，而后经过脱氢、重结晶、酸化等步骤得到脱氢枞酸。作为聚丙烯成核剂一般为脱氢枞酸的碱金属盐类，其结构如下：

其中，M 为钾、钠、锂或镁离子，n 为 1 或 2。

日本 Arakawa 公司最早开始研制松香酸盐类透明成核剂，随后新日本理化公司也有专利报道，该公司推出了商品名为 Pinecrystal KM-1300 的产品，是以改善透明性为主的透明剂，改善刚性的 Pineerystal KM-1500 也随后问世。KM-1300 及 KM-1500 皆为脱氢枞酸盐及脱氢枞酸的混合物。KM-1300 为白色粉末，密度 $0.53g/cm^3$，软化点 110℃，由于其与硬脂酸钙能起化学反应，致使 PP 变黄，因此推荐使用甘油硬脂酸盐做润滑剂，用量为 0.3%~0.5%（质量分数）。

生产松香酸盐类成核剂的国外厂家主要在日本，有 Arakawa 公司、新日本理化、三井油化、东燃油化、日本聚化等。中科院化学研究所研制的天然松香为起始物的 PP 成核剂（Nu-K，Nu-Na）可使 PP 晶粒结构细化，提高结晶温度，缩短加工周期，增加透明度，无毒、无味、价格便宜，特别适用于医用和食品包装的 PP 制品，是一种很有前途的成核剂。浙江大学也有对脱氢松香酸皂类高性能透明成核剂进行研究，制备的松香酸盐成核剂添加到聚丙烯树脂中，使雾度从 20%提高到 15%，结晶温度从 125℃提高到 127℃，光泽度从 100%提高到 105%。脱氢枞酸盐的熔点高于 300℃，属于分散型成核剂，其中起成核作用的是脱氢枞酸盐，脱氢枞酸主要作为相容剂，提高盐在 PP 中的分散。该成核剂可以有效改善聚烯烃力学性能，可以以松香酸为主料，与硬脂酸盐配合，在熔融共混中，它们相互生成盐，既有利于分散相容，也有利于成核盐的生成。

我国的松香资源和产量均居世界首位，年产脂松香 35 万~40 万吨，日本的松香型 PP 透明成核剂的原材料就是采用中国的松香，而且脱氢枞酸皂是无色、无味、无毒产品，是一种天然环保型成核剂，可以广泛应用于医药器械和与食品接触的包装材料中。由于透明性和分散性效果不佳，今后要重点研究两种或多种松香皂类混合使用，以及与其它高透明成核剂混合使用。另外选择合适的相容剂、分散剂加入到松香皂类成核剂中，可提高其稳定性和分散性。

5.3.5 聚丙烯透明化新材料

5.3.5.1 山梨糖醇类成核剂对聚丙烯的改性

表 5-23 是美国美利肯公司产品制备的透明 PP 的性能。

表 5-23　美国美利肯公司产品制备的透明 PP 的性能

透明剂品种	质量分数/%	雾度/%	弯曲模量/MPa	拉伸强度/MPa	热变形温度/℃	洛氏硬度
空白	0	65.7	1140	32	89	68
Millad 3905	0.25	25.6	1320	34	100	75
Millad 3940	0.25	15.3	1340	35	108	76
Millad 3988	0.25	14.4	1753	35	113	75
Millad NX8000	0.25	13.6	1788	38	112	75

山梨糖醇类成核剂（TM-3）对 PP 透明性有较大影响。随 TM-3 含量的增加，PP 材料的雾度下降；当含量为 0.45% 时，雾度降至最低，达到了 42.8%。当 TM-3 超过 0.45% 后，雾度反而增大。这是由于适当用量下，成核剂用量增加，则成核中心增多，PP 结晶速率加快，晶粒数目增多，晶粒尺寸减小，使 PP 的雾度下降。成核剂用量过大，则在 PP 基体中易团聚，分散性差，而晶粒数目保持不变，致使光散射增大，雾度增大。均聚 PP 加入成核剂 TM-3 后，PP 结晶温度升高，结晶速率加快，结晶度增大。随着 TM-3 含量的增加，PP 球晶晶粒尺寸明显减小。在 TM-3 添加量较低时，PP 冲击强度随成核剂的加入明显提高，在添加量为 0.1% 时达到最大值（$3.97 kJ/m^2$）；添加量大于 0.1% 后，随着 TM-3 加入量的增加，冲击强度略有下降。这是由于 PP 冲击强度受晶粒尺寸及结晶度的影响较大，晶粒尺寸细化，PP 的冲击强度提高。结晶度愈高，冲击强度愈小。加入 TM-3 后，在添加量较低时（小于 0.1%），PP 的冲击强度主要受晶粒细化的影响，导致加入 TM-3 的 PP 的冲击强度大大提高。随 TM-3 含量的继续提高，晶粒细化的变化不大，则 PP 的冲击强度随 TM-3 加入量的增加而变化不大。

5.3.5.2 有机磷酸盐类成核剂对聚丙烯的改性

采用均聚 PP（F401，扬子石油化工股份有限公司生产）和有机磷酸盐类成核剂 1（NA-21，日本 Asahi Denka Kogyo 生产）、2（自制）、3（自制）、4（NA-45，上海科塑高分子新材料有限公司生产）分别制备透明 PP，对空白（不加成核剂的 PPF401）、1、2、3、4 样品光学性能测试，其雾度分别为 63.65%、24.43%、25.42%、38.53%、35.74%，可见，有机磷酸盐类成核剂对 PP 粒子的光学性能有明显的影响，雾度下降幅度高达 61.6%。从结果比较来看，NA-21（成核剂 1）和自制的成核剂 2 对 PP 光学性能影响最大，影响幅度分别达到 61.6% 和 60.1%；成核剂 3 和成核剂 4 对 PP 光学性能影响小一些，但影响幅度也达到了 40.0% 左右。PP 中加入有机磷酸盐类成核剂后，熔点升高，结晶热提高，结晶温度大幅度提高，这表明成核效果明显，因而可缩短加工成型周期，提高生产效率。其中 1、2 和 3 样品的结晶温度提高了 20℃ 以上，结晶热提高了 10% 以上。不同成核剂对均聚 PP 性能的影响见表 5-24。

表 5-24　不同成核剂对均聚 PP 性能的影响

编号	屈服强度 /MPa	拉伸强度 /MPa	断裂伸长率 /%	弯曲模量 /MPa	悬臂梁冲击强度/(kJ/m²)	热变形温度 /℃	洛氏硬度
空白	35.00	33.00	400.0	1400	3.00	102	101
1	39.87	39.88	292.7	2077	3.22	124	114
2	39.84	39.85	289.6	2041	3.12	126	112
3	39.96	39.69	286.6	2065	3.32	123	111
4	38.83	38.84	325.3	1976	2.98	120	111

由表 5-24 可以看出，加成核剂后材料屈服强度和拉伸强度比空白样品高 10%~15%，弯曲模量提高了 40%左右，热变形温度提高了 20℃以上，洛氏硬度提高了约 10%，悬臂梁冲击强度变化不大，断裂伸长率下降。这表明，加入有机磷酸盐成核剂后，可以改善 PP 结晶，从而影响 PP 的力学性能。在材料韧性基本不变的前提下，能很大程度地提高材料的刚性。材料刚性提高不仅可以提高使用温度，而且在使用温度要求相同的条件下，可以减轻材料的质量。

将亚甲基双（2,4-二叔丁基苯氧基）磷酸钠、二亚甲基双（2,4-二叔丁基苯氧基）磷酸铝、白炭黑等按配比复配制成聚丙烯透明剂，在球磨机中细化，经振动筛分筛 40μm 以下，按质量分数 0.3%的比例与聚丙烯粉料（F401）共混，用双螺杆挤出机熔融挤出造粒，注射制样，测试结果见表 5-25。

表 5-25　成核剂对 PP 性能的影响

透明剂品种	断裂伸长率 /%	雾度（0.5mm） /%	弯曲模量 /MPa	拉伸强度 /MPa	冲击强度/（J/m） 常温	-20℃	透光率 /%
F401	364	47.3	1680	37.2	38.3	19.3	63.6
添加透明成核剂后的 F401	40	13.9	1950	39.7	17.7	12.3	81.3

由表 5-25 可看出，制备的聚丙烯透明成核剂能够有效地提高 PP 的透明性和刚性。

5.3.5.3　松香酸盐类成核剂对聚丙烯的改性材料

表 5-26 是日本 Arakawa 公司松香酸盐类（KM）成核剂对 PP 的改性效果。

表 5-26　日本 Arakawa 公司 KM 成核剂对 PP 性能的影响

透明剂品种	质量分数 /%	雾度（0.5mm） /%	弯曲模量 /MPa	拉伸强度 /MPa	热变形温度 /℃	洛氏硬度
空白	0	65.7	1140	32	89	68
KM-1300	0.4	37.0	1520	33	98	76
KM-1500	0.4	45.3	1640	34	103	79

从表 5-26 中可以看出，与纯 PP 的雾度相比，当松香型成核剂含量在 0.4%时，试样雾度比纯 PP 样的雾度值低，说明成核剂在 PP 中分散均匀，成核效果好。

成核剂用溶剂溶解分散，然后加入到 PP 中，制得的透明 PP 雾度更低，这主要是因为成核剂的分散效果更好，成核晶粒更均匀细化。

脱氢枞酸型成核剂作为一种新型的透明成核剂，在保持优异的透明改性效果的同时，无毒、无味、成本低，是山梨醇类成核剂的理想替代产品，有望在不久的将来获得广泛的应用。即使在很低的浓度下［0.2%（质量分数）］，脱氢枞酸型成核剂也可以大幅度降低 PP 的雾度，提高制品的透明性。随成核剂浓度的增加，PP 的雾度先大幅下降，然后基本不变。但在高含量时会使制品的雾度上升。这说明成核剂在 PP 中有一个饱和浓度，超过此浓度后成核剂会在基体中团聚，散射可见光，从而使制品的透明性下降。在 PP 中引入脱氢枞酸型成核剂后，光泽度有很大的提高，与原始 PP 相比，光泽度提高 35%以上。但成核剂用量超过 0.2%后，对 PP 的光泽度改善不大，在高含量时甚至使光泽度下降。脱氢枞酸型成核剂的加入可以提高 PP 的拉伸强度和弯曲模量。

脱氢枞酸型成核剂的加入可以极大地减小球晶的尺寸。PP 的球晶直径大于 70μm，球晶之间晶界清晰，当球晶较大时，晶界清晰，造成较大的可见光散射，从而使制品的透明性下降，光泽度较低。经 0.3%的脱氢枞酸型成核剂改性后，球晶变为细小的晶粒，粒径小于 1μm，晶界变得模糊。成核后 PP 球晶细化，晶界模糊，对可见光的散射大为降低，从而提高了透明性，还使制品的光泽度提高。

5.3.5.4　β 晶型成核剂对聚丙烯的改性技术

β 晶型成核剂诱导 PP 树脂以 β 晶型成核，现有的 β 晶型成核剂根据分子结构或化学组成可分为四大类：a.具有准平面结构的稠环化合物；b.第 ⅡA 族金属元素的某些盐类及二元羧酸的复合物；c.芳香胺；d.稀土化合物。典型类型和代表产品特点列于表 5-27 中。

表 5-27　常见 β 晶型成核剂类型、产品及其特点

类别	代表品种	应用特点
具有准平面结构的稠环类化合物类	γ-喹吖啶酮（E3B）；三苯二噻嗪（TPDT）；蒽（ANTR）；菲（PNTR）；硫化二苯胺（MBIM）	成核效率不高；以 E3B 为成核剂时，得到的 PP 中往往既有 β 晶型，又同时伴有大量 α 晶的生成，且产品带色
ⅡA 族双组分复合物类	庚二酸和硬脂酸钙的二元复合物	高效的成核剂，可提高 PP 的冲击强度和应力发白度，但生产成本较高
芳香胺类	STARNU-100（NJ）；TMB 系列	第一类实现商品化的 β 晶型成核剂，β 晶型转化效率高，可达 90%以上，增韧效果明显；国外有日本新理化公司专利产品，国内山西化工研究所、华东理工大学等也有类似产品，性能与国外同类产品相当

类别	代表品种	应用特点
稀土化合物类	WBG 系列	完全具有我国自主知识产权的 β 晶型成核剂，β 晶型转化效率高，可达 90%以上。增韧效果明显，提高热变形温度方面效果尤为突出；多次加工过程中结构稳定，不影响成核效果

一系列的稠环化合物如三苯二噻嗪、蒽、菲等对 PP 具有较好的 β 晶型成核效果。对 E3B 类的 β 晶型成核剂的成核机理的研究，提出了附生结晶机理。β-PP 的（110）晶面是附生结晶的接触面，认为 PP 和底物（成核剂）存在一定的点阵匹配。但该类成核剂产品往往带色，限制了其应用的范围。稀土配合物也可作为 PP 的 β 晶型成核剂。将一定含量的稀土 β 晶型成核剂加入 IPP 中，制品中的 β 晶型含量可高达 95%，并发现将该成核剂应用于 $CaCO_3$ 增韧 PP 体系时，该成核剂和 $CaCO_3$ 对 β 晶的生成存在协同效应。与其它成核剂相比，无论是成本还是性能上都有一定的优势。利用庚二酸与钙的化合物（如氧化钙、氢氧化钙、硬脂酸钙等）进行二元复合，也能诱导生成 β-PP，利用此类成核剂，可获得"纯的 β-PP"。

利用 β 晶改性技术可获得具有优异特性的聚丙烯新材料。a.利用 β-PP 屈服强度低于 α-PP 而易于拉伸的性质，以及在一定条件下 β 晶型可以转化成 α 晶型的特性，可将其应用于 PP 薄膜制品中。β 晶型成核剂可用于双向拉伸微孔聚丙烯膜的制备，这种膜具有防水性能的同时又具备良好的透气性，能够用作屋顶防渗和防护性服装材料。b.利用 β 晶型 PP 独特的增韧效果可将其用于制备汽车保险杠、蓄电池槽以及管材等。用酰胺类 β 晶型成核剂按 0.1%量加入到 PP（牌号 EPR30R）中，经双螺杆挤出机挤出造粒可制成性能优异的汽车蓄电池外壳专用料。此外，还研制出 β 晶型 PP 汽车保险杠专用料，并通过添加碳酸钙刚性粒子增韧母粒的方法，解决了非极性 PP 保险杆表面难于喷涂漆膜的问题。c.利用 β 晶型成核剂能显著提高 PP 的热变形温度（HDT），β-PP 可应用于承受 100℃以上的耐温材料。

为了提高庚二酸钙的成核效率并降低成本，采用高比表面的纳米 $CaCO_3$ 无机粒子作为载体制备 $CaCO_3$ 负载庚二酸 β 晶型成核剂。研究表明庚二酸和 $CaCO_3$ 原位反应生成庚二酸钙，负载型 β 晶型成核剂的成核能力高于非负载型的传统 β 晶型成核剂，而且负载型成核剂的成核能力受降温速率和结晶温度的影响较小。

5.3.5.5　新型成核剂及其改性聚丙烯新材料

支化酚胺类透明成核剂是一种新型透明成核剂，结构式通式如下，其特点是中心为一种对称星形取代苯基酚胺，且支链可以根据需要来调整。这类成核剂对透明性改性效果非常显著。在用量为 0.15%时，PP 的雾度降低了 50%~70%，结晶起始温度提高了 6~14℃，而且，这类成核剂解决了传统成核剂在树脂基体中的分散差、引起制品黄变以及制品产生异味等难题，因而得到广泛的关注。

酰胺类透明成核剂的结构式通式，R_1、R_2、R_3、Y_1、Y_2、Y_3、Z_1、Z_2、Z_3 是取代基

该类成核剂的成核效率取决于它们的化学结构，通过筛选可以制备高效的透明成核剂，效果见表 5-28。从表 5-28 可以看出，成核剂的化学结构对成核效果影响很大，不同的取代基效果不同；当其它基团相同时，酰胺基团的连接方式对成核效果有很大的影响，酰胺中的氮原子直接连接在苯环上时透明改性效果最佳，连接在苯环上的氮原子越多，透明改性效果越好，其中 1,3,5-三叔丁酰胺基苯的透明改性效果最好，该类成核剂的透明改性效果优于 DMDBS。

表 5-28　不同取代基的酰胺类透明成核剂改性 PP 的性能

成核剂	结晶峰温度/℃	雾度/%	透明度/%
无成核剂	110.0	64.0	79.0
DMDBS	125.0	37.3	98.4
均苯三甲酸三（3-甲基丁基）酰胺	121.3	27.4	98.7
均苯三甲酸三环戊酰胺	121.0	28.8	97.8
均苯三甲酸三环己酰胺	124.8	34.5	97.6
均苯三甲酸三（2-甲基环己基）酰胺	125.0	37.2	97.6
均苯三甲酸三叔丁酰胺	121.3	36.2	97.9
5-叔丁基戊酰胺基-N,N'-二叔丁胺基间苯二甲酰胺	124.7	26.0	94.1
N-叔丁基-3,5-二叔丁胺基苯甲酰胺	123.1	23.7	94.8
1,3,5-三叔丁酰胺基苯	124.8	16.6	98.3

还有一种酰胺型透明成核剂，是 N-（2-烷基环己基）脂肪族多元酰胺的混合物，具有如下通式：R^1—$(CONHR^2)_a$，其中 a 为 2~6 的整数，R^1 为脂肪族多元酸的残基，R^2 为反式 2-烷基环己胺或顺式 2-烷基环己胺的残基，成核剂中反式 2-烷基环己胺残基的含量对成核效果有很大的影响，其摩尔分数至少要在 70% 以上。在 PP 中添加 0.2% 的 1,2,3-N-（2-甲基环己基）丙三甲酰胺，当成核剂中反式 2-甲基环己胺残基的含量为 72.0% 时，制品的雾度为 20%，结晶峰温度 125℃，弯曲模量 2019MPa；与此相对应，当成核剂中反式 2-甲基环己胺残基的含量为 46.1% 时，制品的雾度提高到 25%，结晶峰温度降低至 120℃，弯曲模量则为 1921MPa；当成核剂中反式含量降至 19.7% 时，制品的雾度、结晶峰温及弯曲

模量分别为 65%、110℃和 1431MPa，成核改性效果极差。同时，a 对成核效果亦有影响，a 值增大，制品的力学性能和结晶峰温度提高，但是透明改性效果降低。例如，含 0.2% 1,2,3,4-N-（2-甲基环己基）丁四甲酰胺的 PP 雾度和结晶峰温度分别为 36%和 126℃，弯曲模量上升至 2127MPa，与 1,2,3-N-（2-甲基环己基）丙三甲酰胺相比，在相同的反式 2-甲基环己胺残基的含量（72.0%）下，结晶峰温度和弯曲模量分别提高了 1%和 5%，但雾度增加了 80%。

　　某些不饱和二环二羧酸及其盐可以改善 PP 的透明性、结晶温度及力学性能。例如，用 0.25%樟脑酸改性的 PP，雾度从 55%降至 25%，结晶温度提高了 22℃，但是由于这类成核剂结构中含有双键而导致其热稳定性下降。含 0.25%二环辛烷-2,3-二羧酸二钠的 PP 的雾度为 30%，结晶峰温为 124.1℃，热变形温度为 113.2℃。然而，含相同质量分数二环辛-5-烯-2,3-二羧酸二钠的 PP 的雾度为 35%，结晶峰温为 123.7℃，热变形温度为 111.3℃。某些酰亚胺类物质的加入也能降低 PP 的雾度，提高透明度，提高 PP 的结晶度、结晶起始温度，改善力学性能，典型代表是苯基-双-1-羟甲基-7-氧-降莰烷-4-烯-二酰亚胺，当用量为 0.1%时，PP 的雾度降低 15%，拉伸强度提高 10%，结晶起始温度也提高了 1℃。这类成核剂最大的优点是在使用过程中不会迁移。

5.4
聚丙烯抗静电及导电改性新材料

　　聚丙烯是高绝缘性材料，体积电阻率达 $10^{16}\sim10^{18}\Omega\cdot cm$，表面电阻率达 $10^{16}\sim10^{17}\Omega$，因此其制品在使用过程中易积聚静电，导致火花放电，引发燃爆等灾害。这些因素大大限制了聚丙烯在诸如石化、采矿、电子、军工等领域的应用。为此，对聚丙烯的防静电改性具有重要的现实意义。对聚丙烯的防静电处理，目前主要有两种方法：一是外用抗静电剂法，主要是用外部喷洒、浸渍和涂覆抗静电剂或材料表面改性使材料表面接枝上抗静电剂；二是内用抗静电剂法，主要是将抗静电剂掺混到材料中，或将高分子材料与导电材料混用，使之成为具有抗静电性能的材料。

5.4.1 　抗静电剂

　　抗静电剂绝大多数是表面活性剂，按照化学结构可将抗静电剂分为四类：阳离子型、阴离子型、两性离子型和非离子型。无论是离子型或非离子型，其结构中都含有亲水基团和疏水基团（亲油基团），疏水基团的作用是使抗静电剂与聚合物有一定的相容性，而亲水基团使它有一定的吸水性，从而在塑料表面形成一层含水导电层，起到抗静电作用。抗静电剂按使用方法可分为外涂型和内加型两类。外涂型抗静电剂是通过刷涂、喷涂或浸涂等方法涂覆于制品表面，它们见效快，但容易因摩擦、洗涤而脱失，因此它们只能提供暂时的或短期的抗静电效应；内加型抗静电剂是在配料时加入到塑料材料中，成型后慢慢迁移到制品表面起抗静电效果，它们耐摩擦、耐洗涤、效能持久，是塑料中广泛使用的主要类型的抗静电剂。抗静电剂的作用是尽量控制电荷发生和使已产生的电荷尽快泄漏。因此，抗静电剂还应具有如下性能：a.润滑性和吸湿性，润滑性可减弱摩擦，控制电荷发生；吸湿性则吸附空气中的水分迅速在制品表面形成导电膜，使产生的电荷尽快传导消失；b.与聚合物有适当的相容性以保证抗静电剂能扩散到制品表面，从而补偿损失的导电膜；c.易于与其它助剂混合，有较好的分散性和热稳定性。所以选择合适的抗静电剂是制备抗静电材料的重要环节。

随着人们环保意识的不断增强，绿色化工已成为今后发展的主要方向。各类低毒、无毒的抗静电剂将越来越受到食品包装业、电子产业的青睐，这类抗静电剂的研究已日益受到关注。抗静电剂的主要类型如下。

① 阳离子型抗静电剂 通常指季铵盐类表面活性剂，其抗静电效果非常优越，但耐热性差。主要品种有二甲基羟乙基硬脂酰胺代乙基（丙基）季铵硝酸盐（抗静电剂 SN）、三羟乙基甲基季铵硫酸甲酯盐（抗静电剂 TM）、十二烷基二甲基苄基季铵氯化物、硬脂酰铵丙基二甲基羟乙基季铵二氢磷酸盐（抗静电剂 SP）。

② 阴离子型抗静电剂 通常指烷基磷酸盐或磺酸盐等，耐热性及抗静电效果好，但对透明性有影响。代表品种有烷基磺酸钠、高级醇磷酸双酯钠盐、对壬基苯氧基磺酸钠盐、丁酸酯磺酸钠等。

③ 非离子型抗静电剂 热稳定性能好，价格较便宜，使用方便，对皮肤无刺激，是抗静电基材中不可缺少的抗静电剂，如脂肪酸聚氧乙烯醚、烷基酚聚氧乙烯醚、甘油单脂肪酸酯等。

④ 两性离子型抗静电剂 抗静电效果与阳离子型相当，但与非离子型或阴离子型相比，耐热性差，品种有烷基氨己内酯、十二烷基二甲基甜菜碱等。

⑤ 复合型抗静电剂 复合型抗静电剂是利用各组分的协同效应原理开发出来的，各组分互补性强，抗静电效果远优于单一组分。但应注意各种抗静电剂之间的对抗作用，如阳离子型和阴离子型的抗静电剂不能同时使用。

⑥ 多功能浓缩抗静电母粒 由于抗静电剂多为黏稠液体，而且其中一部分为极性聚合物，在塑料中分散困难，带来使用上的不便。多功能浓缩母粒分散均匀，操作方便，发展速度很快。

⑦ 高分子永久性抗静电剂 由于高分子永久性抗静电剂的耐久性好，所以一般用于对抗静电效果要求严格的塑料制品，如家用电器外壳、汽车外壳、电子仪表零部件、精密机械零部件等。

⑧ 纳米导电填料 纳米导电填料的特点就是粒子尺寸小，有效表面积大，这些特点使纳米材料具有特殊的表面效应、量子尺寸效应和宏观量子隧道效应。纳米材料可改变材料原有的性能，例如抗静电性能，用于制备抗静电纳米复合材料。

⑨ 反应型内部抗静电剂 反应型内部抗静电剂是指在树脂中加入具有抗静电性能的单体，常为不饱和双键的化合物，使之与树脂形成共聚物而具有抗静电性。主要有：a. N取代的丙烯酰胺，丙烯酰胺的 N 被季铵或含取代基的叔胺取代，由 *N,N*-二甲氨基丙胺与丙烯酸反应后，再用碘甲烷季铵化即可得此类物质。这类物质与乙烯、丙烯酸酯的共聚物（分子量 0.1 万~5 万）具有优良的抗静电性；b.氨基苯乙烯衍生物，这类抗静电剂可由乙

烯基氯苄与叔胺反应而得。它与苯乙烯、甲基丙烯酸甲酯的共聚物有良好的抗静电性；
c.含氨基的甲基丙烯酸酯，这类抗静电剂，如甲基丙烯酸二乙氨基乙酯就是很好的抗静电剂，它可由二乙氨基乙醇与甲基丙烯酸反应而得，这类物质使用时首先与其它甲基丙烯酸酯共聚，然后用硫酸二甲酯季铵化，有着良好的抗静电性。

抗静电剂大多使用在电子、家电产品以及食品包装材料上，北美地区抗静电剂市场以年均 4%左右的幅度增长，欧洲抗静电剂市场每年有 2.5%的增长率。日本抗静电剂也以每年 3%左右的速度持续增长。就抗静电剂的种类来看，高分子型的永久抗静电剂是最为看好的产品。这是由于家电、电子仪器所使用的电路，当静电的累积过多时，就可能会发生接触不良的情况，因此要求具备防止静电过度累积的这种高性能持久抗静电性。由于气化、表面清洗等原因，常会使得一般防静电剂的效果消失或受到污染，再由于对湿度依赖性较高，在干燥的情况下效果较差，因此非表面活性剂的高分子型产品就成为较佳的产品，唯一的缺点就是要比低分子型抗静电剂的添加量多。目前聚合物型永久抗静电剂与表面活性剂相比，仍属高价位产品，因此普及率尚低。但未来伴随 IT 市场的需求，以及未来市场扩大及价格下降等诱因下，该类抗静电剂市场将逐步扩大。

5.4.2 聚丙烯抗静电改性

5.4.2.1 表面活性剂型抗静电剂对聚丙烯的改性

表面活性剂型抗静电剂在成型加工过程中和成型后，不断向材料表面迁移。其亲油基朝向树脂内部，亲水基向着空气一侧排列，吸收空气中的水分，形成单分子导电层。若添加适量的抗静电剂，使抗静电剂分子迁移到材料表面后形成连续、均匀的导电层，就能达到最佳的抗静电效果。抗静电剂 HKD-151（杭州市化工研究所有限公司产品，非离子复合型抗静电剂，固体）、HKD-520（杭州市化工研究所有限公司产品，高效添加型抗静电剂，液体）的最佳添加量都为 PP 树脂量的 2%，对 PP 抗静电性能的影响见表 5-29。

表 5-29　抗静电剂用量对 PP 抗静电性能的影响

m（PP）/m（HKD-151）	表面电阻率/Ω	m（PP）/m（HKD-520）	表面电阻率/Ω
100/0.0	5.20×10^{15}	100/0.0	5.20×10^{15}
100/1.0	4.61×10^{12}	100/1.0	4.08×10^{15}
100/1.5	9.47×10^{11}	100/1.5	2.94×10^{15}
100/2.0	7.59×10^{10}	100/2.0	4.61×10^{14}
100/2.5	9.45×10^{12}	100/2.5	4.08×10^{11}
100/3.0	2.41×10^{13}	100/3.0	8.37×10^{14}
100/3.5	1.84×10^{12}	100/3.5	8.40×10^{13}
100/4.0	3.50×10^{12}	100/4.0	1.18×10^{12}

从表 5-29 可以看出，抗静电剂的添加量少于 2% 时，增大抗静电剂的添加量，表面电阻率下降。继续增大添加量，表面电阻率反而上升，然后出现波动，趋势不明显。这与抗静电剂在树脂中的分散性和迁移性密不可分。添加量较少时，抗静电剂分子在材料成型后主要以游离的形式存在于非晶区，如图 5-10（a）所示。游离的抗静电剂分子易于向表面迁移，所以，材料的抗静电性能提高。添加量继续增大时，抗静电剂分子容易在局部富集；同时，成型加工过程中的高温和压力，使抗静电剂分子的动能增大，增加了分子间相互碰撞的机会，导致抗静电剂分子在 PP 非晶区内缔合成由亲水的极性头构成内核、亲油基和烃基构成外层的"逆胶束"，缔合的抗静电剂分子与 PP 树脂呈微相分离结构，如图 5-10（b）和（c）所示。缔合后的抗静电剂分子丧失了迁移能力，而且这些存在于非晶区的"逆胶束"还阻碍游离的抗静电剂分子向表面迁移；这两种情况都不利于抗静电剂分子的迁移，所以制品的抗静电性能下降。因此，当抗静电剂的用量达到一定值以后，不能通过增加用量来降低制品的表面电阻率。改善抗静电剂在树脂中的分散性和迁移能力成为提高制品抗静电性能的主要因素。

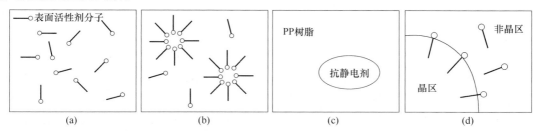

图 5-10 抗静电剂在树脂中的存在状态

一般认为，抗静电剂分子存在于结晶聚合物的非晶区，并由非晶区向表面迁移。在和聚合物的熔融共混过程中，有一些抗静电剂分子会砌入 PP 的晶格，成型后不能再向表面迁移而失去抗静电作用，如图 5-10（d）所示。树脂的结晶性不同以及由此引起的密度差别对抗静电剂的迁移有显著影响。PP 是典型的结晶性聚合物，在成型加工过程中，改变制品的冷却方式可改变 PP 的结晶性能。逐渐冷却时结晶度高，球晶尺寸较大，非晶区的比例小；骤冷时结晶度低，晶体尺寸较小，非晶区的比例大，有利于抗静电剂向表面迁移。因此通过骤冷获得的制品，其抗静电性能优于通过逐渐冷却获得的制品。

采用次乙基双硬酯酰胺（EBS）和丙三醇合成甘油次乙基双硬酯酰胺，可作为 PP 的抗静电剂。随着抗静电剂的质量分数不断增大，表面电阻率下降。北京市化学工业研究院自行合成了 ASA、ASB、ASH、ASP 系列抗静电剂，其中 ASA 系列抗静电剂由多元醇脂肪酸酯、聚氧乙烯化合物等非离子表面活性剂复合而成；ASB 系列抗静电剂则由硼化合物和其它非离子表面活性剂组成；ASH 和 ASP 系列抗静电剂则分别采用两类非离子表面活性剂为主体的复配物，具体品种及其凝固点见表 5-30。

表 5-30 北京市化工研究院的抗静电剂的基本物性

产品牌号	ASA-51	AB-33	ASH-1	ASP-2
外观	淡黄色片状	淡黄色片状	白色片状	乳白色片状
凝固点/℃	41	49	43	45

将 ASA-51 和 AB-33 制成母粒后与基础树脂共混，制成标准样条和 CPP 薄膜，测试抗静电性能，结果见表 5-31。

表 5-31　两种抗静电剂对 PP 的抗静电性能

样品编号		表面电阻率/Ω			
		7 天（28℃RH49%）	14 天（28℃RH70%）	21 天（28℃RH55%）	28 天（25℃RH50%）
PP（F1002）		1.0×10^{16}	1.0×10^{16}	1.0×10^{16}	1.0×10^{16}
P5115	膜	1.6×10^{12}	1.1×10^{11}	3.8×10^{12}	1.6×10^{12}
	片	1.1×10^{13}	2.3×10^{11}	1.9×10^{11}	2.8×10^{12}
PB3315	膜	5.8×10^{12}	1.1×10^{11}	5.0×10^{12}	1.1×10^{12}
	片	3.4×10^{15}	4.2×10^{12}	3.7×10^{12}	2.1×10^{13}

注：1. PP 树脂为燕化 F1002，母粒添加量按抗静电剂在体系中占 0.6%折算加入。

2. 测试条件：自然放置一段时间后测试，温度和湿度见括号内数据。

3. P5115 中添加 ASA-51 抗静电母粒。

4. PB3315 中添加 AB-33 抗静电母粒。

由表 5-31 可看到，在 CPP 薄膜制品中，ASA-51 和 AB-33 的抗静电效果基本相当；在注射制件中，AB-33 的初期效果不明显，放置一段时间（两周后），其抗静电效果才逐渐发挥出来，这与 ASA-51 和 AB-33 的结构组成有关。ASA-51 中有相当比例的组分迁移速度较快，初期抗静电效果明显；AB-33 中主体成分为特殊结构的含硼化合物，各组分迁移速度较慢，这种作用在薄膜制品中由于助剂迁移距离短，所以在延迟发挥抗静电效果上的表现不明显，而厚制品中助剂迁移时位移效应大，就明显表现出初期抗静电效果不突出的现象。添加 ASH-1、ASP-2 和 AB-33 的注射件表面电阻值（详见表 5-32）也表明 AB-33 迁移相对较慢，属抗静电性能发挥较慢的品种，而 ASH-1、ASP-2 同 ASA-51 一样，抗静电性能发挥较为均衡，属通用型抗静电剂。尽管 AB-33 迁移较慢，但它可用于一些特定的场合，如要求薄膜中功能助剂初期析出少、对胶黏剂的初粘强度影响小的场合，或要求制品的抗静电效果具有相对较长的后期持效性。

表 5-32　几种抗静电剂在 PP 中的抗静电效果

样件	表面电阻 Rs（放置 24h 后）[1]		表面电阻 Rs（放置 7 天后）[2]/自然
	自然	恒温恒湿	
空白	1.0×10^{15}	2.3×10^{15}	1.2×10^{16}
AB-33 件	4.2×10^{11}	1.3×10^{11}	1.2×10^{10}
ASH-1 件	4.2×10^{10}	2.4×10^{11}	5.4×10^{10}
ASP-2 件	7.3×10^{10}	5.0×10^{10}	3.6×10^{10}

[1]测试条件：25℃，RH58%；[2]测试条件：26℃，RH60%。

注：1. 实验件为 PP 标准注射件，抗静电剂含量 0.6%，空白 PP 树脂为齐鲁石化 T36F。

2. 放置条件：自然为 23℃，RH15%；恒温恒湿为 25℃，RH58%。

在基本配方相同的情况下，经过双螺杆挤出机混合的抗静电聚丙烯中抗静电剂分散均匀度明显提高。经过双螺杆挤出机制备出的抗静电聚丙烯其表面电阻有一个逐渐下降、抗静电性能逐渐变好的过程。这是由于抗静电剂和 PP 树脂在双螺杆挤出机中经过熔融、剪切混合、挤出并冷却后，部分抗静电剂进入了 PP 的晶区或晶区与无定形区的过渡区，抗静电剂向表面扩散有一个过程。

溶剂的使用可以降低 PP 的表面电阻率，有效提高其抗静电性能，其中低沸点的溶剂丙酮和乙醇作用更加明显。而使用双螺杆挤出机进行共混，材料的表面电阻将降低 2~3 数量级。通过共混方法制备的抗静电材料，其抗静电能力取决于抗静电剂在基体树脂中的分散和抗静电剂向材料表面的迁移能力。在抗静电剂用量和加工条件一定的前提下，抗静电剂在同种材料中的迁移能力主要受到自身浓度的影响。基体树脂中抗静电剂局部浓度过小，则迁移到材料表面的抗静电剂的数量就有限，而局部的抗静电剂浓度过大则又会产生抗静电剂分子之间的缔合，同样不利于抗静电剂的迁移。因而，只有抗静电剂在材料中的均匀分散，才能有利于抗静电剂自材料内部向表面迁移，使材料表面的抗静电剂维持一定浓度，形成特定的导电结构将表面电荷传导出去。溶剂的使用既可帮助抗静电剂在基体树脂中的分散，防止抗静电剂分子之间的缔合，又可在加工过程中通过溶剂的挥发帮助抗静电剂分子向材料表面迁移，提高材料的抗静电能力。同时，由于乙醇和丙酮属低沸点溶剂，在双螺杆挤出机的加工过程中可排出，因而对 PP 树脂的加工及材料性能影响很小。在抗静电 PP 的制备过程中，合适溶剂的使用可以更好地发挥 PP 中抗静电剂的作用。

5.4.2.2 导电粒子填充型聚丙烯抗静电材料

导电炭黑对 PP 的抗静电性能有较大影响，但由于导电炭黑不易分散，因此需要合适的混炼设备与工艺，可同时添加增韧剂、增容剂来达到要求。随炭黑添加量增加，粒子间距变小，当粒子接近或接触时，形成大量的导电网络通道，导电性能大大提高。成型方法对导电炭黑的抗静电性能有较大影响。模压成型制样，炭黑质量分数为 3.5%时即可使材料的表面电阻率达到 10^4 数量级；而注塑成型制样，炭黑质量分数为 5%左右时，材料的表面电阻率才出现了突变区域，在该区域内，随着炭黑含量的增加，材料的表面电阻率急剧降低。继续增加炭黑含量，材料的表面电阻率变化平缓，这就是所谓的"渗滤"现象。由于采用不同的制样方法，使炭黑在材料体系中的形态分布不同。在添加量较小时，利用注塑成型制样，炭黑在螺杆中重新混合分散，虽然在整个基体材料中炭黑的分布更加均匀，但却破坏了炭黑的导电通道，使得炭黑导电粒子之间不能通过直接接触或粒子之间的电子跃迁（即隧道效应）来产生传导；而利用模压成型，由于未经过注塑机螺杆的二次混合，炭黑粒子在基体树脂中分布不均，反而形成良好的导电通道，较少量的炭黑就能达到材料的抗静电指标要求。因此，在考察制品的抗静电效果时，抗静电材料的制样方法应尽量与制品的成型方法接近。另外，粉状炭黑在质量分数为 4%左右的情况下，材料的表面电阻率发生突变，柱状炭黑在质量分数为 5%左右的情况下才发生突变。这主要是由于在同样的工艺条件情况下，粉状炭黑在基体树脂中的分散性要优于柱状炭黑，更易形成导电通道。

将 ZnO、PEG、MMA 按质量比 1∶5∶1.5 的比例混合，再与 PP 共混，用双螺杆挤出机挤出造粒，制得 PEG-ZnO-PP 复合抗静电剂。其中含 PEG10000 的复合抗静电剂以 ZPM1 表示，含 PEG20000 的复合抗静电剂以 ZPM2 表示。将复合抗静电剂与 PP 共混纺丝，得到共混纤维。随着 ZPM1 含量的增加，复合纤维的静电半衰期缩短，静电压下降，抗静电性增强。这是由于 ZPM1 中含有 PEG，其中的醚键可以与空气中的水分通过氢键结合，形成单分子导电层，使产生的静电荷逸散；ZPM1 中的酸性 MAH 与碱性的 ZnO 发生化学反应，产生强极性的锌离子，其离子导电作用加速了电荷的逸散。ZPM1 含量越多，体系规整性越差，体系自由体积越大，离子导电作用越强。洗涤厚纤维的静电半衰期和静电压略有增加，但增加幅度不大，说明纤维有一定的抗静电持久性。

以金属氧化物（SnO₂、TiO₂、Sb₂O₃ 等）新型抗静电剂为填料可制备出浅色或彩色抗静电 PP 材料。在 PP 中加入不同质量分数的 SnO₂（经钛酸酯处理），当 SnO₂ 用量为 3 份（质量份，下同）时，SnO₂ 在 PP 中分布较均匀，粒径最小约为 $0.5\mu m$，只有少数发生了团聚，粒径达到 $1.5\mu m$；当 SnO₂ 用量为 6 份时，SnO₂ 在复合材料中的分散最均匀，粒径主要分布在 $0.5\sim1\mu m$；当 SnO₂ 用量为 9 份时，产生了较严重的团聚现象，粒径多数在 $2\mu m$ 以上。PP/SnO₂ 复合材料的 WAXD 衍射结果表明，PP 的衍射度在混入金属氧化物之后有所下降，同时，衍射峰的位置发生了偏移，并且在 9° 和 25° 附近出现了新的衍射峰。从衍射强度可知，金属氧化物的混入，降低了 PP 的衍射强度，从而降低了 PP 的结晶度，但是经偶联剂处理的要高于未处理的结晶强度；同时，衍射峰的位置发生偏移可以说明，SnO₂ 已经混入 PP 的结晶区域，致使原有晶型发生改变，但是改变幅度不大；9° 和 25° 附近出现了新的衍射峰，这是 SnO₂ 的混入诱发了 PP 产生新的结晶形式。因此，在 PP 中加入一定量的 SnO₂，能使 PP 材料达到抗静电性能的要求。

5.4.2.3 新型抗静电剂对聚丙烯的改性

离子液体（IL）是指由有机阳离子和无机阴离子组成，在室温附近呈液态的有机盐，其在绿色化学化工过程、催化反应和功能材料制备等方面获得了广泛的研究和应用。最近有离子液体作为添加型聚合物抗静电剂的相关研究报道。由于离子液体具有导电性和分子结构的可设计性，将离子液体引入到有机高分子材料中，制备聚合物/离子液体共混物，在导电聚合物、聚合物基固体电解质和聚合物抗静电等方面有着良好的应用前景。将一种咪唑基离子液体（N-十四烷基-N'-甲基氯化咪唑盐（［C14mim］Cl）通过熔融共混的方法添加到 PP 中，制备出 PP 抗静电新材料，具有优良的耐擦洗性能和力学性能。从图 5-11 中可以看出，［C14mim］Cl 添加量为 1.0phr 时，与纯 PP 制品相比，表面电阻率下降了 8 个数量级，可以达到 $10^7\Omega$。随着［C14mim］Cl 添加量的增加，表面电阻率的变化并不明显，但都在 $10^8\Omega$ 以下。而 HKD-520 只有在较大的添加量下才能表现出抗静电性能，且制品的表面电阻率下降幅度不大，只下降约 1 个数量级。

从图 5-11 还可以看出，HKD-520 与

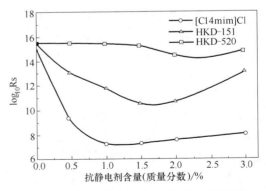

图 5-11　抗静电剂含量对 PP 抗静电性的影响

HKD-151 改性 PP 的抗静电性能都存在一个最佳添加量，分别为 2.0%和 1.5%。随着添加量的增加，抗静电剂分子由于与 PP 树脂的相容性不好，在树脂基体内部开始聚集，形成海岛结构而无法迁移到制品的表面，使抗静电性能下降。对于［C14mim］Cl，添加量较大时也在树脂内部团聚，但是由于［C14mim］Cl 的吸湿能力较强，存在于制品表面的少量［C14mim］Cl 分子即可以发挥抗静电效能。因此［C14mim］Cl 的抗静电能力与添加量的关系不明显。当［C14mim］Cl 添加量很低时（1.0%），就表现出很好的抗静电性能，但是随添加量的增加，抗静电性能变化不明显；当添加量为 3.0%的时候，不仅抗静电性能比较好，而且受环境变化的影响也比较小。与纯 PP 相比较，添加抗静电剂［C14mim］Cl 后，材料的拉伸强度提高，而冲击强度略有下降。

改性鱼油作为 PP 的抗静电剂，为鱼油的综合开发利用开辟了一个新领域。将市售的新鲜草鱼内脏加一定量的水，煮沸 30min，静置一段时间，取上层黄色油状液体为自制鱼油，碘值 55~60，皂化值 180~190，单甘酯质量分数 5%~6%。将一定量的鱼油、甘油和催化剂 KOH（浓度 8.5mol/L）混合，回流反应一段时间后，得改性鱼油。鱼油的主要成分是不饱和脂肪酸甘油酯，自制鱼油的单甘酯质量分数较低，仅为 5%~6%。为了提高自制鱼油中单甘酯的质量分数，利用油脂甘油醇解法，又称酯交换法，将油脂与甘油进行醇解，在碱催化下制备甘油酯，得到改性鱼油，其主要成分为单甘酯、双甘酯和三甘酯的混合物。将制得的改性鱼油（单甘酯质量分数为 38%~40%）加入到 PP 中，改性鱼油对 PP 抗静电效果和力学性能的影响见表 5-33。

表 5-33 改性鱼油对 PP 的抗静电效果和力学性能的影响

改性鱼油的加入量/%	0	1	2	5
表面电阻率/Ω	3.8×10^{14}	1.6×10^{14}	2.0×10^{13}	7.2×10^{11}
体积电阻率/Ω·cm	1.1×10^{17}	3.5×10^{16}	8.1×10^{15}	5.4×10^{15}
拉伸强度/MPa	25.4	25.0	24.8	24.7
冲击强度/（J/m）	14.3	15.6	16.2	18.1

从表 5-33 可看出，改性鱼油作为抗静电剂加入到 PP 中后，使 PP 的体积电阻率和表面电阻率有所下降，且改性鱼油加入量增加抗静电效果增强。改性鱼油对 PP 的拉伸强度影响不大，但其冲击强度略有提高。

5.4.3 导电聚丙烯新材料

聚合物基导电复合材料根据采用原料和制备方法的差异可分为两大类，即复合型导电复合材料和本征型导电复合材料。前者是添加导电介质到绝缘的有机高分子（如树脂、塑料或橡胶）基体中，采用物理（机械共混等）或化学方法复合制得的既具有一定导电功能又具有良好力学性能的多功能复合材料，具有质轻、耐用、易成型、成本低等特点，根据使用需要，可在大范围内通过添加导电物质的量来调节电学和力学性能，适于大规模生产，已广泛应用于抗静电、电磁屏蔽等许多领域，是导电复合材料的研究重点。

5.4.3.1 导电体及其特点

（1）炭黑

炭黑是一种天然的半导体材料，其体积电阻率约为 0.1~10Ω·cm。它不仅原料丰富，导电性能持久稳定，而且可以大幅度调整复合材料的体积电阻率（1~10⁸Ω·cm）。因此，由炭黑填充制成的聚合物基导电复合材料是目前用途最广、用量最大的一种导电材料。炭黑填充聚合物基复合材料的最大优点是在室温下导电性能不会随时间和环境条件的改变而发生变化。炭黑的导电性能与其比表面积、结构性、表面化学性质密切相关。通常以一定量炭黑所吸收邻苯二甲酸二丁酯（DBP）的体积（cm³/100g）来表征炭黑聚集体的支化程度，即结构性。吸收值越高，炭黑的结构性越好。表面化学性质可通过吸附在炭黑表面的活性官能团的数量来表征，在炭黑的生产过程中，炭黑表面常形成一些活性含氧官能团，这些官能团影响电子的转移，使炭黑的导电性下降。表面官能团少的炭黑通常呈弱碱性或中性，具有较好的导电性。此外，炭黑粒子尺寸越小，比表面积越大，结构性越好；表面活性基团越少、极性越强，单位体积内的颗粒数越多，越容易彼此接触形成网状导电通路，所制备的导电复合材料导电性越好，炭黑离子相互接触的概率大，分散性好，从而在添加量少时就可形成导电通路，渗滤阈值较低，复合材料的电阻率较小。

近年来，提高炭黑填充型导电复合材料的导电性能的研究主要集中在炭黑材料的改性以及新型导电炭黑的研制两方面。对炭黑进行处理可达到改善复合材料的导电性、降低炭黑含量，改善两相的相容性、增强两相间相互作用的目的。一般采用液相氧化、表面接枝和添加表面改性剂的方法。采用超细炭黑填充 PP 制成的导电复合材料密度仅为 1.18g/cm³，作为电磁屏蔽材料使用时，其屏蔽效果可达 40dB。

（2）石墨

石墨也是常用的导电体之一，它是自然界发现的最硬的材料，它不但具有高的强度和模量，还具有好的导电和导热性能；石墨具有片层结构，与聚合物可实现片层复合，能降低导电渗滤阈值，同时还可以提高材料的耐腐蚀能力。石墨主要有石墨粉和片状石墨两种。石墨粉的分散性较好，易形成导电通道，而片状石墨体积较大，虽会对树脂起增强作用，但不易形成均匀体系，材料的稳定性不易控制，某些性能重现性差，而且加入量大时，在片状石墨与树脂形成的界面处容易产生应力集中而使材料强度下降。

（3）碳纤维

碳纤维导电具有方向性，因而碳纤维在复合材料中的形态结构、分布状况决定了材料的性能，使得碳纤维复合材料的电阻率可在较大范围内调节。碳纤维的体积电阻率约为 $1200 \times 10^{-6} \sim 300 \times 10^{-6}$Ω·cm。此外，聚合物基体的可加工性很强，决定了碳纤维导电复合材料具有许多特别的优异性能。但是碳纤维是一种易脆断材料，在进行复合型导电高分子材料的传统加工（如共混、挤出、开炼及密炼等）的过程中，其长径比损伤大、长度分布不均，从而影响其电性能的稳定性。

（4）碳纳米管

碳纳米管是一类新型的导电体，在聚合物基体中加入适量碳纳米管，可使其复合材料具有优异的导电性能。在碳纳米管质量含量为 0.1%~0.5%时，复合材料有很高的导电性能。

（5）金属系导电体

金属导电体包括纯（单一）金属粉末、金属纤维和金属合金等。常用的金属粉末有铝粉、铁粉、铜粉、银粉、金粉等。铝粉价格低，但铝的活性太大，其粉末在空中极易被氧化，形成导电性极差的 Al_2O_3 氧化膜。银粉、金粉虽然导电性优良，但价格昂贵，由此限制了其广泛使用，故现阶段应用最广的为铁粉、铜粉。

（6）金属氧化物导电体

最近十多年间，在聚合物中添加金属氧化物制备导电复合材料的研究大幅度增加，其导电体一般采用 V_2O_3、VO_2、TiO_2 等粉状物质，但目前研究和使用最广泛的是氧化锌晶须（简称为 ZnO_W）。氧化锌晶须是一种 N 型半导体的微晶体，具有三维空间立体结构，由 4 根长 $10\sim100\mu m$、直径 $0.1\sim3\mu m$ 的针状单晶体构成，四根针向空间三维发射。这类填料在聚合物基体中更易形成三维导电网络结构，所需的填充量很少，对聚合物有很强的增强能力，是导电体重点发展方向之一。与传统的导电体相比，ZnO_W 有许多优点，如可以使复合材料具有导电性能稳定、颜色可调性好以及环境适应性好等特点。

5.4.3.2 复合型导电高分子材料的制备

导电高分子复合材料的成型方法很多，根据导电体和基体高分子材料的不同种类以及不同的使用需要，必须采用不同的制备工艺，主要有共混法和化学法。

共混法是聚合物基导电复合材料的制备方法中使用最早、最普遍的方法。按共混方法不同又可分为机械共混法、溶液共混法和共沉淀法。a.机械共混法：将导电聚合物与基体聚合物或者基体聚合物与导电体同时加入到共混装置中，在一定条件下适当混合。如聚吡咯/聚乙烯、尼龙 6/铜、PE/炭黑、PP/炭黑等导电复合材料就是用机械共混法制备的。b.溶液共混法：将导电聚合物与基体聚合物溶液或浓溶液混合或与导电粒子混合，冷却后除去溶剂成型而得。例如以二甲苯为溶剂，N-十八烷基取代苯胺与乙烯-乙酸乙烯共聚物（乙酸乙烯基含量为 20%）进行溶液共混可制得导电复合材料。c.共沉淀法：聚吡咯/聚氨酯导电复合材料可采用共沉淀法制备。首先用化学氧化法制备聚吡咯细小微粒分散的悬浮液，然后在氯仿中溶解聚氨酯，再用表面活性剂制备水乳液，最后将乳液与聚吡咯悬浮液混合，可得共沉淀导电共聚物。

利用共混方法制备的复合材料，导电稳定性主要取决于复合材料中"渗流途径"的变化，而渗流途径的变化则与基体聚合物的热稳定性有关。如果时效时间低于基体聚合物的松弛时间，复合材料的导电性能是稳定的；然而当时效时间足够长，在时效过程中出现基体聚合物的分子链松弛时，将导致复合材料结构重排，从而破坏复合材料内部的渗流途径，结果复合材料的导电性能明显下降。

利用化学法制备导电复合材料可分为以下几种。a.聚合物单体和导电粒子混合后聚合而得，如聚烯烃/炭黑导电复合材料。b.非导电聚合物基体上吸附可形成导电聚合物的单体，并使之在基体上聚合，从而获得导电复合材料。这里发生的聚合反应一般是氧化聚合反应，氧化剂有 $FeCl_3$、$CuCl_2$ 等。这类材料主要有聚乙炔/聚烯烃导电复合材料。

5.4.3.3　导电聚丙烯复合新材料

（1）炭黑种类对聚丙烯导电性能的影响

不同种类炭黑填充 PP 复合材料的体积电阻率随炭黑含量的变化出现了大致相同的趋势。在炭黑含量较低时，体积电阻率基本没有变化或变化很小；随着炭黑含量的增加，体积电阻率缓慢下降，当达到渗滤阈值时，体积电阻率大幅度下降，说明此时大多数炭黑粒子的距离接近到足以与相邻粒子接触或通过电子跃迁形成连续的导电通路或导电网络，因而出现体积电阻率突变；而超过渗滤阈值后，体系的体积电阻率变化又趋于平缓。但炭黑种类对复合材料体积电阻率的影响程度相差很大。例如，当炭黑含量均为 PP 的 5.3%时，填充超导电炭黑和乙炔炭黑的 PP 复合材料的体积电阻率都很高，仍然是绝缘体，而填充美国 CABOT 公司的导电炭黑 V-XC72 的体系电阻率为 $3.54×10^{10}\Omega \cdot cm$，在抗静电范围；而填充特导电炭黑（HG-1P，山东临淄华光化工厂）的 PP 体积电阻率仅为 $146.48\Omega \cdot cm$，成为导电聚合物。炭黑种类不同时，得到的渗滤阈值也不相同。

炭黑的结构是炭黑链支化程度或炭黑聚集体不规整性的表示，是影响炭黑导电性的最重要因素。高结构性炭黑比低结构性炭黑的聚集体具有较发达的支链或纤维结构，堆积时更松散，空隙较多。对于导电炭黑，结构性越高，其支链结构越容易在聚合物基体中相互接触、交织连接形成空间导电网络，导电性能越好。V-XC72 炭黑的结构性较高，其粒子形成明显的支链状聚集体，乙炔炭黑结构性稍差，呈葡萄状的聚集体，这两种炭黑都是实心结构。而特导电炭黑 HG-1P 的粒子具有独特的空壳结构，聚集体形状呈不规则的纤性结构，存在较大的空隙体积，结构性很高。而且空壳结构导致其表观密度较小，因而在同样的添加量时在基体中的分布比其它的炭黑密集，粒子间距离小，容易接触，因而导电性能最好。

（2）炭黑对聚丙烯其它性能的影响

随着炭黑用量的增加，复合材料的拉伸强度增大，冲击强度降低。这是因为炭黑粒子被基体分割和均匀包裹，且颗粒之间的空隙全部被基体所充满，当施加张力时，这些基体区段被拉开，表现出材料拉伸强度上升。炭黑作为具有表面活性的粒子与若干大分子链相接触，使大分子链的相对滑移变得困难，且炭黑填料相对于基体 PP 来说为高模量硬性材料，因此会使复合材料脆性增大，冲击强度显著下降。POE 与 PP 相容性好，其表观切变黏度对温度的敏感性更接近 PP，与 PP 共混时更容易得到较小的弹性体粒径分布，对炭黑填充 PP 导电复合材料具有显著的增韧作用。

另外，随着炭黑用量的增加，复合材料的弯曲强度和硬度总的趋势是下降的，原因可能是随着炭黑用量的增大，炭黑与基体树脂相容性变差，分散性变差，在体系中极容易呈聚集状态，产生了应力集中，从而导致弯曲强度下降。随着炭黑用量的增加，材料的 MFR 下降。这是因为随炭黑用量的增加，在剪切分散过程中，炭黑微粒趋于团聚而形成较大颗粒，在剪切流动时，颗粒间碰撞及摩擦产生流动阻力，分子链的运动能力减弱，体系的黏流活化能增大，黏度增大，导致材料流动性下降，影响到复合材料的加工流动性。为了改善这个情况，应在保证材料导电性能的前提下尽量减少炭黑的用量，以提高材料的流动性，或者加入流动改性剂来提高流动性。

（3）提高炭黑填充 PP 导电复合材料性能的措施

炭黑与 PP 共混在达到导电性能要求时所需炭黑含量通常较高，造成复合体系的熔体黏度增大，加工性能及力学性能变差，并且成本增加。因此，降低导电炭黑的渗滤阈值，在尽量低的导电炭黑用量下制备高导电性聚合物复合材料是导电复合材料研究的重要方向。采用不相容的两相聚合物作基体，可以有效地降低复合型导电聚合物中炭黑的填充量。如在导电炭黑（CB）/聚丙烯（PP）体系中加入约20%的乙烯-丙烯酸共聚物（EAA）时，CB与EAA有较好的亲和性，可使CB选择性分散在EAA中，体系的电阻率降低了8个数量级。在CB/PP体系中加入一定量的PA6和PP-g-MAH等极性聚合物后，导电炭黑在体系中可进行选择性分散，导电性大大提高。对多元共混体系来说，体系的导电渗滤阈值与相形貌及炭黑在聚合物中的分散情况密切相关。两种共混体系中炭黑（CB）的分散见图5-12，其中炭黑体积含量为2.5%。

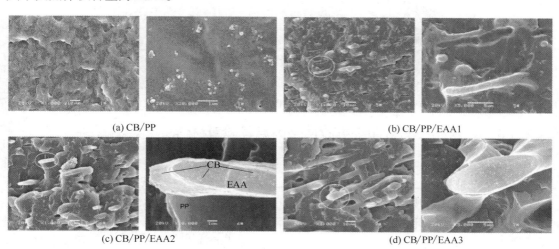

(a) CB/PP   (b) CB/PP/EAA1

(c) CB/PP/EAA2   (d) CB/PP/EAA3

图 5-12　两种共混体系中炭黑（CB）的分散

图5-12中（a）、（b）、（c）、（d）的右图分别是其左图的局部放大图，从放大后的图片上可以更清楚地看到，图中白色的点即CB粒子的聚集体。从图5-12（a）中可以看到，CB较为均匀地分散在PP基体中，然而在较小的炭黑含量下，很多地方未形成连续分布，从而导致导电性能较低。由于这种均相分布，需要较高的CB含量才可以形成导电通路，渗滤阈值较大。由图5-12（b）、（c）、（d）右边各图可以看到，在CB/PP/EAA体系中，炭黑在一些地方分布较集中，而在其它地方几乎没有分布，显然CB集中分散在共混聚合物中的某一相，并且形成连续分散结构。由于炭黑表面含有羟基、羧基等极性基团，EAA的极性端与炭黑具有较强的亲和力，炭黑极易选择性地分散于EAA相中，在PP相中的含量极少，因此CB粒子大量集中在EAA树脂区域，而周围没有或仅有少量CB粒子的区域为基体PP，如图5-12（c）右图所示。在加工温度条件下，EAA的熔融黏度远低于PP的熔融黏度，更有利于炭黑分散于其中。EAA相在PP基体中呈类似棒状伸长形状，这种条状结构是摩擦作用和炭黑界面活性共同作用的结果，条状的分散相结构有利于炭黑通过分散相形成相互连接的导电通路，从而有效降低体系的体积电阻率。对比图5-12（b）、（c）、（d）可以看到，随着EAA含量增加，EAA相承载着CB粒子的聚集体在PP基体中形成更多更长的棒状伸长分散相结构，这种较长的棒状结构分散状态更有利于它们之间相互搭接，以形成连续的或网络状导电通道，从而使材料获得优越的导

电性能，在 CB 含量较小的情况下，体系的体积电阻率下降了 6 个数量级。

图 5-13 是 m（PP）/m（PA6）=80/20 的 CB/PP/PA6 体系断面的扫描电镜图，可以看出 CB/PP/PA6 复合材料为典型的多相体系，从纤维局部断面（右图）可以看到 PA6 内部含大量 CB 粒子，表明 CB 粒子选择性地分散在 PA6 中，几乎不分散在 PP 中。同时 PA6 相在 PP 基体中成纤维状伸长结构，且纤维之间大部分形成了相互搭接的连续结构，即成为连续的导电通道，显著提高了复合材料的导电性能，其体积电阻率相对 CB/PP 体系降低了 7 个数量级。

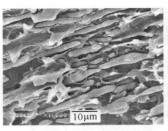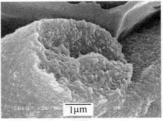

图 5-13　炭黑在 PP/PA6 体系中的分散

5.4.3.4　针状晶须与金属纤维改性聚丙烯导电新材料

四角状氧化锌晶须（T-ZnO$_W$）作为一种新型无机功能材料，不仅具有半导体性能，而且还具有优异的力学性能。另外，由于 T-ZnO$_W$ 具有独特的结构（图 5-14），它是从四个不同的空间方向与聚合物接触，可以各向同性地改善基体材料的力学性能和电性能，这一特性不同于一维纤维。此外，以 T-ZnO$_W$ 作为添加剂可以保持基体聚合物的原色，这是炭黑类导电添加剂所不能达到的。同时由于 T-ZnO$_W$ 的耐高温性、导热性和低膨胀系数能提高材料在高温下的化学和尺寸稳定性，因此 T-ZnO$_W$ 被认为是一种性能优良的导电填料，在抗静电高分子复合材料和导电复合材料领域中具有非常诱人的应用前景。

T-ZnO$_W$ 晶须是一种本征半导体，其本征态体积电阻率为 $7.14\Omega \cdot cm$，比 PP 的体积电阻率（$>10^{17}\Omega \cdot cm$）低 16 个数量级以上。在复合材料基体中，T-ZnO$_W$ 的 4 个脚呈三维伸展，当 T-ZnO$_W$ 添加量达到临界值后，T-ZnO$_W$ 邻近各针部相互搭接形成导电通路，使电荷得以传导，从而赋予复合材料导电性能。图 5-15 是分别采用 T-ZnO$_W$ 和粒状粉末作为导电填料时复合材料基体中的电荷传导示意图。

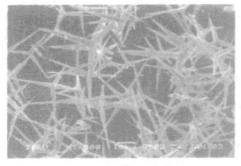

图 5-14　T-ZnO$_W$ 独特的四针状结构

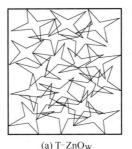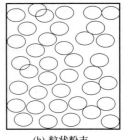

(a) T-ZnO$_W$　　　　　　　　(b) 粒状粉末

图 5-15　电荷传导示意图

以改性或未改性的 T-ZnO_W 晶须作为填料，按设定配比分别加入到 PP 树脂基体中可制备 PP 导电材料，表 5-34 中列出了不同 T-ZnO_W 含量对 PP 复合材料电性能的影响。

表 5-34 不同 T-ZnO_W 含量对 PP 电性能的影响

T-ZnO_W 的体积分数/%	0	1	2	3	4	5
复合材料的体积电阻率/（Ω•cm）	>10^{16}	6.5×10^{12}	7.3×10^9	4.0×10^8	2.7×10^7	1.2×10^7

从表 5-34 中可以看出，当 T-ZnO_W 体积分数为 1%时，复合材料的体积电阻率为 $6.5 \times 10^{12} \Omega \cdot cm$，相对于 PP 基体而言下降了至少 4 个数量级。随着氧化锌晶须含量的增加，PP 复合材料体积电阻率迅速下降。当 T-ZnO_W 体积分数达到 3%时，复合材料的电阻率已降低到 $10^9 \Omega \cdot cm$ 以下，这一性能可以满足抗静电材料的要求。随着 T-ZnO_W 含量的进一步增加，体积电阻率下降趋势变小。这是因为当晶须添加到一定量时，树脂基体中导电网络已经基本形成，电阻率趋于稳定。这说明存在临界体积（即最佳添加量）。

偶联剂可以进一步促进 T-ZnO_W 的分散，表 5-35 为经不同偶联剂改性 T-ZnO_W 与 PP 复合材料电性能的关系。

表 5-35 不同偶联剂改性 T-ZnO_W 与 PP 复合材料电性能的关系（T-ZnO_W 质量分数为 4%）

T-ZnO_W 处理方法	未处理	A174 处理	A151 处理	ND42 处理	KR TTS 处理
体积电阻率/（Ω·cm）	8.5×10^7	2.7×10^7	7.3×10^8	7.6×10^8	8.3×10^7

从表 5-35 中可以发现，相对而言，采用硅烷偶联剂 A174 处理的晶须比用其它偶联剂处理或不处理的晶须对降低复合材料的电阻更为有利。这可能是因为用这类硅烷偶联剂处理 T-ZnO_W 有利于其在 PP 树脂中的均匀分散，从而提高了导电性。另一方面，用硅烷偶联剂 A151、ND42 处理的样品，虽然晶须在树脂中分散情况也得到了改善，但可能由于 T-ZnO_W 针状体表面包覆的偶联剂层较厚，增大了氧化锌晶须间的接触电阻，因而使复合材料的导电性能下降。此外，钛酸酯偶联剂 KR TTS 处理对体积电阻率的影响不明显。

导电塑料的导电性能取决于导电填料的导电性以及相互间的接触程度。导电纤维的长径比和接触面积大，则彼此更容易搭接和分散，故在相同填充量下，更易形成三维导电网络而获得较佳的导电性能。国内外对金属纤维填充型导电塑料的研究，大多采用铝合金纤维（Al）、铜纤维（Cu）或不锈钢纤维（stainless-steel-fiber，SS）等作导电填料。不锈钢纤维具有优良的导电性和加工性能，其中，最突出的性能是在高温加工成型过程中，不易产生表面氧化，无需进行繁杂的去氧化层和表面防护处理。由拉拔技术生产的不锈钢纤维直径小，对塑料基体性能如收缩率、拉伸强度、弯曲模量等影响较小。此外，不锈钢纤维的加入对聚合物外观颜色、力学性能、加工性能等影响最为轻微，而且所需的添加量最少。导电塑料的体积电阻率越低，则屏蔽效能越高；导电纤维填充率增加，防屏蔽干扰效果增强。因此，从体积电阻率值大小可预测导电塑料的屏蔽效能高低。不锈钢纤维增强 PP 的屏蔽效能可根据具体使用的要求，对不锈钢纤维含量和加工工艺等因素进行有效控制，则可获得 30~65dB 屏蔽效能的电磁屏蔽材料。不锈钢纤维的长径比、填充量和分散度对导电塑料材料的导电性和屏蔽效能起决定性作用，表 5-36 是 PP 与 SS/PP 力学性能和屏蔽效能对比。

表 5-36　PP 与 SS/PP 力学性能和屏蔽效能对比

项目		PP		SS/PP	
纤维体积分数/%		0	10	25	45
密度/（g/cm³）		1.31	1.37	1.65	1.93
表面电阻（Ω/cm）		10^6	21.6	4.37	0.59
拉伸强度/MPa		65.0	87.2	90.8	327.4
弯曲强度/MPa		113.6	123.9	145.3	1076
弯曲模量/GPa		537	8.54	12.61	9.48
Izod 冲击强度 /（J/m）	缺口	210	78	62	51
	无缺口	226	247	230	179
屏蔽效能/dB			20~30	40~50	55~65

　　由表 5-36 可见，不锈钢纤维（SS）添加量对 PP 的力学性能和屏蔽效能影响较大，当添加量为 3%~10%（体积分数，下同）时，屏蔽效能为 20~30dB；当纤维含量（体积分数）分别为 25%、45%时，屏蔽效能显著提高，但同时加工性能下降，冲击强度降低明显，需要适当增韧。

5.4.3.5　石墨、碳纳米管、石墨烯对聚丙烯的导电改性

　　石墨是自然界广泛存在的一种矿物，分为无定形态、鳞片状结晶、高结晶态，常因含有杂质而使其热导率和电导率难以达到理论值。同时，因为石墨层间依靠较弱的范德华力结合，层间距为 0.35nm，也可以与其它材料实现层间复合。鳞片状结晶和高结晶石墨作为具有润滑性能的导电、导热填料应有更高的研究和开发价值。通过磨盘型力化学反应器强大的挤压、剪切、粉碎和混合功能，使石墨、偶联剂、聚丙烯按一定比例共碾磨，以边粉碎、边混合、边反应的方式使化学结构不同的聚丙烯和石墨之间强制混合和反应，实现填充复合，同时保持石墨良好的片层结构，制备 PP/石墨复合粉末，以实现低填充、高传导、良好分散甚至片层复合的目的。磨盘碾磨使 PP 结晶度降低，微晶尺寸减小，晶面间距增大，这表明磨盘的强大挤压剪切作用使聚丙烯规整排列的分子链结构受到破坏，导致其结晶度的降低和微晶尺寸的减小，同时 PP 的晶面间距增大有利于石墨与PP 均匀填充。磨盘碾磨使鳞片石墨（FG）粒度分布变宽，平均粒径增大，说明磨盘碾磨只可能使石墨片层滑移或剥离，减小其厚径比。但经过多次碾磨后在 PP/FG 复合粉末中已几乎不存在独立的石墨粒子，PP 与石墨已相互嵌入，均匀分散，形成复合粉末。经偶联剂处理的石墨粒子与 PP 共碾磨制备的复合材料，石墨粒子在 PP 中分散更为均匀，且互相连接，为传导通路的形成奠定了基础，大大提高了材料的导电性能。当石墨质量分数为30%时电导率甚至达到了 6.3×10^{-3}S/m。与常规复合相比，实现了低填充导电复合材料的制备。可见磨盘型力化学反应器对聚烯烃与功能填料共碾磨可以成为制备聚烯烃功能复合材料的有效途径。

　　以硫酸铜处理的膨胀石墨为导电填料，通过磨盘碾磨固相剪切技术（S³C）可制备 PP/

膨胀石墨复合粉体，石墨在磨盘碾磨强大的剪切力场作用下，石墨片层剥离，因挤压嵌合作用与聚合物形成具有插层纳米结构的 PP/石墨复合材料。这种具有纳米间隙的石墨网络，容易形成隧道电流，所以电导率较高，导电渗滤阈值较小，纳米插层结构可形成彼此并联的导电通路，如图 5-16 所示，这对制备低填充、高导电的聚合物导电复合材料具有重要意义。

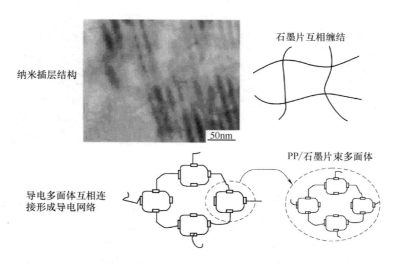

图 5-16　PP/纳米插层石墨复合材料导电形成机理示意

因此 S³C 技术是制备聚合物/石墨导电复合材料的有效途径，所得 PP/石墨复合材料具有纳米插层复合结构，实现低填充和高电导率。与熔融共混相比，导电渗滤阈值由 4.3%（体积分数，下同）降低到 0.55%，在石墨含量为 4.2%时，电导率提高 10 个数量级。

碳纳米管（CNT）自 1991 年被发现以来，以其特有的力学、电学和化学性能以及独特的准一维管状分子结构，迅速成为化学、物理及材料科学领域的研究热点。碳纳米管的 C—C 共价键链段结构能通过配位键作用与高分子材料进行复合，二者复合能获得具有较高强度或导电性等性能优良的纳米复合材料。但由于碳纳米管的表面积很大，碳管间的自聚集作用非常显著，使得其在聚合物中分散比较困难。因此，如何获得纳米级分散是聚合物基碳纳米管复合材料的技术难点。将碳纳米管加入二甲苯中，超声分散 30min，制成碳纳米管的悬浮溶液，将聚丙烯颗粒按比例加入到二甲苯中，于三口烧瓶加热至完全溶解。将两种溶液混合，超声分散 3h，得到的混合溶液摊膜后放入真空烘箱中于 60℃ 干燥，得到碳纳米管含量不同的 PP 复合膜。当多壁纳米管（MWNT）含量较低时，绝大部分的 MWNT 被 PP 包裹在其中，只有少量的 MWNT 裸露在外而呈线状，同时 MWNT 没有相互缠绕，基本上以单分散的状态分布于 PP 基体中。可见，采用超声波分散可以弥补高剪切分散的不稳定性，使得 MWNT 在形成团聚体之前被进一步粉碎和细化，减小了纳米管间的纳米作用能，增大了它们间的排斥作用能，使得 MWNT 以纳米尺寸分布在 PP 中。MWNT 的加入起到了异相成核作用，使聚丙烯晶粒得到细化，同时使晶粒尺寸比较均一，球晶的完整性被破坏，晶界变得模糊，导电性增强。

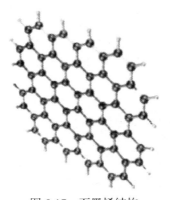

图 5-17　石墨烯结构

石墨烯（Graphene）是由碳原子以 sp²杂化轨道组成六角形呈蜂巢晶格的二维碳纳米材料（图 5-17），具有优异的光学、电学等特性，在材料学等方面具有重要的应用前景。2009 年，安德烈·盖姆和康斯坦丁·诺沃肖洛夫在单层和双层石墨烯体系中分别发现了整数量子霍尔效应及常温条件下的量子霍尔效应，他们也因此获得 2010 年度诺贝尔物理学奖。研究证实，石墨烯中碳原子的配位数为 3，每两个相邻碳原子间的键长为 1.42×10^{-10}m，键与键之间的夹角为 120°。除了 σ 键与其它碳原子链接成六角环的蜂窝式层状结构外，每个碳原子的垂直于层平面的 p_z 轨道可以形成贯穿全层的多原子的大 π 键（与苯环类似），因而具有优良的导电和导热性能。

石墨烯在室温下的载流子迁移率约为 15000cm²/（V·s），这一数值是硅材料的 10 倍以上，是目前已知载流子迁移率最高的锑化铟（InSb）的 2 倍以上。在某些特定条件下如低温下，石墨烯的载流子迁移率甚至可高达 250000cm²/（V·s）。与很多材料不一样，石墨烯的电子迁移率受温度变化的影响较小，50~500K 温度范围内，单层石墨烯的电子迁移率都在 15000cm²/（V·s）左右。石墨烯中的载流子遵循一种特殊的量子隧道效应，在碰到杂质时不会产生背散射，这是石墨烯局域超强导电性以及很高的载流子迁移率的原因。石墨烯是一种零距离半导体，因此石墨烯和聚合物复合可以制备出导电材料。

以邻二氯苯（O-DCB）为溶剂，将超声预分散的石墨烯纳米微片（GNS）混入聚丙烯（PP）基材，再经塑化、热压成型获得 GNS/PP 复合材料。GNS 在 PP 基材中分散均匀，并相互连接构成网络结构；GNS/PP 复合材料的导电性能相较 PP 有了显著提升，当 GNS 质量分数为 1%~2%时，复合材料出现明显的导电渗流现象，其体积电阻率降幅达 6 个数量级，获得了导电性能优异并具备一定程度热稳定性的功能型复合材料。

5.5
聚丙烯抗菌改性新材料

健康一直是人们最关注的话题之一，然而，细菌无处不在、无孔不入，其中不乏致病的有害细菌，它们的传播和蔓延严重威胁着人类的健康。

抗菌材料指自身具有杀灭有害细菌或抑制有害细菌生长繁殖功能的一类功能材料。抗菌材料的有效成分是抗菌剂。将抗菌剂与塑料复合即可制备抗菌塑料。由于塑料制品无处不在，人们跟它们的接触非常频繁，但各种塑料制品表面容易受到污染和滋生细菌，会对使用和接触它们的人们的健康构成一定的威胁。如果赋予这些塑料制品材料本身以抗菌或杀菌功能，无疑是提高人类健康水平的途径之一。发达国家对具有抗菌功能塑料的研制开始于 20 世纪 80 年代初期，已进入了实用化阶段。我国也开始了有关这类功能型新材料的研制与开发。随着生活水平的提高，具有抗菌和杀菌功能的各种塑料制品有着广阔的市场。抗菌 PP 在抗菌塑料中占有重要的地位。如抗菌家电外壳、抗菌洗衣机内桶、抗菌日用品、抗菌马桶盖等使用的都是抗菌 PP 材料。

5.5.1　抗菌剂分类及特点

目前抗菌剂可归纳为有机类、无机类和天然类三大类。由于无机抗菌剂在持续性、广谱性、耐热性、分散性和安全性等方面都优于有机抗菌剂，特别是其突出的缓释性和良好的耐热性，而且还没有抗药性，因而在制备抗菌塑料方面获得更加广泛的应用。无机抗菌剂和有机抗菌剂的特性比较见表 5-37。

表 5-37　无机抗菌剂和有机抗菌剂的特性比较

分类	无机类	有机类
抗菌机理	溶出型、光催化、接触型	溶出型
抗菌效果	广谱抗菌、持效性、耐水、耐酸碱、耐洗涤	单向抗菌、速效性、洗涤易失效
细菌抗药性	不易产生	可能产生
耐热耐光性	耐热可达600℃，光照不老化	不耐热，低于300℃，光照老化
变色性	易变色	难变色
安全性	对健康无害，无二次污染	分解产物有一定的副作用
载体添加的可操作性	对载体有选择	易分散加入各种载体内

有机抗菌剂是以有机酸类、酚类、季铵盐类、苯并咪唑类等有机物为抗菌成分的抗菌剂。有机抗菌剂种类繁多，根据其用途通常可分为杀菌剂、防腐剂和防霉剂，其分类和应用如表 5-38 所示。

表 5-38　有机抗菌剂的种类及应用

种类	性能要求	主要成分	作用原理	用途
杀菌剂	杀菌速度快，抗菌范围广	四价铵盐、双胍类化合物、乙醇等	破坏细胞膜；使蛋白质变性；使-SH 酸化、破坏；代谢受阻	机器表面除；皮肤除菌；食品加工厂、餐馆水处理

种类	性能要求	主要成分	作用原理	用途
防腐剂	抗菌范围广，抗菌时间长，相容性好，化学稳定性好	甲醛、异噻唑、有机卤素化合物、有机金属等	使-SH酸化，破坏；代谢受阻；破坏细胞膜	船舶等水用工业品；家庭用品；水处理
防霉剂	抗菌范围广，抗菌时间长，化学稳定性好	吡啶、咪唑、噻唑、卤代烷、碘化物等	使-SH酸化，破坏；代谢受阻；DNA合成受阻	各种涂料、壁纸、塑料、薄膜、皮革、密封胶

有机抗菌剂能有效抑制有害细菌、霉菌的产生与繁殖，见效快。但是这类抗菌剂热稳定性较差（只能在300℃以下使用）、易分解、持久性差，而且通常毒性较大，长时间使用对人体有害。为了克服有机抗菌剂的缺点，人们逐渐将研究方向转向了无机抗菌剂。无机抗菌剂主要是利用银、铜、锌等金属本身所具有的抗菌能力，通过物理吸附或离子交换等方法，将银、铜、锌等金属（或其离子）固定于沸石、硅胶等多孔材料的表面或孔道内，然后将其加入到制品中获得具有抗菌性的材料。

5.5.2 银系无机抗菌剂

金属离子抗菌剂中目前研究最多的是含银离子抗菌剂。原因是金属银的杀菌能力最强。而且由于 Hg、Cd、Pb 和 Cr 等其它金属的毒性较大，实际上用作杀菌剂的金属主要为 Ag、Cu 和 Zn。金属离子杀灭、抑制病原体的活性按下列顺序递减：$Ag^+>Hg^{2+}>Cu^{2+}>Cd^{2+}>Cr^{3+}>Ni^{2+}>Pd^{2+}>Co^{4+}>Zn^{2+}>Fe^{3+}$。银离子的抗菌机理主要有以下两种假说。a.接触反应：银离子与细菌接触反应，造成细菌固有成分被破坏或产生功能障碍从而导致细菌死亡。当菌体失去活性后，银离子又会从菌体中游离出来，重复进行杀菌活动，因此其抗菌效果持久。b.催化反应：在光的作用下，银离子及纳米级颗粒能起到催化活性中心的作用，激活水分子和空气中的氧，产生羟基自由基（•OH）及活性氧离子（O_2^-），O_2^- 和•OH 能在短时间内破坏细菌的增殖能力，致使细胞死亡，从而达到抗菌的目的。

目前，在银系抗菌剂的研发和制备上也取得了较大的进展。特别是 20 世纪 90 年代末，中科院化学研究所独辟蹊径，通过离子交换和多层包覆等技术，获得了抗菌性强、不变色、成本低的复合型无机抗菌剂，通过独有的抗菌母料技术制备抗菌塑料及其制品，并和海尔集团合作开发了抗菌冰箱、抗菌洗衣机等系列抗菌家电产品，并形成了产业化和规模化，使我国的抗菌塑料研制和应用技术水平跨入了国际先进行列。

根据银离子缓释机理的不同，银系无机抗菌剂可以分为两类。一类为依附于某种载体之上，使用过程中银离子从载体上解吸出来；另一类为本身化合物中含有银，在使用过程中接触到水等介质，通过溶解作用释放出银离子。由于银离子的抗菌效果受光和热的影响较大，长期的使用过程中银离子容易被还原而降低抗菌效果，因此人们一般都选用能使银离子缓释的载体来制备载银抗菌剂。

5.5.2.1　载银沸石抗菌剂

沸石为一种碱金属或碱土金属的结晶型硅铝酸盐，又名分子筛，其结构为硅氧四面体和铝氧四面体共用氧原子而构成的三维骨架结构，具有较大的比表面积。由于骨架中的铝氧四面体电价不平衡，为达到静电平衡，结构中必须结合钠、钙等金属阳离子。而此类阳离子可以被其它阳离子所交换，从而使沸石具有很强的阳离子交换能力。制备沸石抗菌剂时，将沸石浸渍于含银（铜）离子的水溶液中，使银（铜）离子置换沸石结构内的碱金属或碱土金属离子。方法是在 A 型合成沸石的水悬浊液中加入 $AgNO_3$、$ZnNO_3$ 的水溶液，靠离子交换将结晶构造中的钠置换成一定量的金属离子，干燥后烧结而成。

载银沸石抗菌剂的抗菌能力随着离子交换量的增加（即载银量的增加）而提高。但离子交换过程有瞬时性，如果溶液中交换离子的浓度过大则会在表面沉积银颗粒堵塞沸石的孔道，影响沸石的抗菌性能和表观性能。对天然沸石的后处理研究表明：当 Ag^+ 的浓度超过 0.1mol/L 时，其交换效率降低，而且，只有在适当的温度下进行后处理，天然沸石抗菌剂才能有良好的缓释性能。目前比较成熟的载银沸石抗菌剂是日本 Sinanen Zeomic 公司的专利产品——Zeomic XAW10D，即载银或载银和锌 A 型沸石，含银为 2.1%~2.5%（质量分数），对各类细菌的 MFRC 为 62.5~500mg/L，对真菌类的 MFRC 为 500~1000mg/L。

5.5.2.2　载银可溶性玻璃抗菌剂

水溶性玻璃是通过玻璃的整体性溶解，使玻璃网络中的阴离子释放出来。可溶性玻璃抗菌剂按玻璃的网络形成体来分类，有磷酸盐、硼酸盐、硅酸盐以及硼硅酸盐、磷硅酸盐等玻璃类型。在日本，磷酸盐玻璃和硼硅酸盐玻璃抗菌剂已成功地进行了商品化生产；而在国内，对于玻璃抗菌剂的研究才刚刚兴起。磷酸盐玻璃缓释抗菌剂的主要成分为：五氧化二磷 40%~60%（摩尔分数，下同）、碱金属氧化物和碱土金属氧化物总量 40%~50%，Ag_2O 0.035%~5%，处理温度在 900~1200℃。玻璃中碱土金属氧化物用来降低玻璃在水中的溶解速率，而碱金属氧化物则提高玻璃在水中的溶解速率，调整玻璃中二者含量的比例就能得到所需的玻璃溶解速率，有时也通过引入 Al_2O_3 来降低玻璃在水中的溶解速率。

制备时通常是将磷酸钙与银离子化合物混合后于 1000℃以上进行高温烧结，再经粉碎、研磨后制得。其有效抗菌成分（Ag^+）是通过载体材料的解吸过程进入介质溶液的。抗菌成分的析出量与磷酸钙载体的形态（颗粒、粉末或致密块等）、结晶度、晶格缺陷、比表面等有关。目前比较成熟的相关商品有 Novaron 以及 APACIAER。Novaron 是日本东亚合成公司的专利产品，常见的组分为 Ag0.17Na0.29H0.54Zr$_2$（PO$_4$）$_3$，含银量为 3.6%（质量分数），白色粉末，粒径 0.72~1μm，对各类细菌均有抑制或杀灭作用。载银羟基磷灰石也是一种无机广谱高效无毒抗菌剂，一般用于船体的抗菌防霉，粒度在 1μm 左右。

5.5.2.3　载银膨润土抗菌剂

膨润土为典型的层状黏土矿物，其层间的阳离子易被交换，因而具有很大的离子交换容量。蒙脱石（膨润土的主要成分）晶体的结构为：2 层硅氧四面体片夹 1 层铝（镁）氧（氢氧）八面体片构成的 2∶1 型含结晶水硅酸盐矿物单元，层厚度为 1nm 左右，其通式为：Na$_x$（H$_2$O）$_4$［Al$_2$（Al$_x$Si$_{4x}$O$_{10}$）（OH）$_2$］。层内由于四配位的 Si 被 Al 代替和六次配位的 Al 被 Mg、Fe 等代替而产生负电荷，使得层间存在大量的可交换的 Na$^+$和 Ca^{2+}。基于蒙脱石的纳米层状结构及可离子交换的特性，通过对微米或亚微米级的蒙脱石微粉进行离子（Ag$^+$）交换，从而获得在纳米尺度上金属与非金属复合的载银纳米复合抗菌材料，达到了良好的抗菌效果。采用银的铵络合盐对膨润土中的碱金属离子进行离子交换，可控制银离子的溶解速率和变色，达到了较好的抗菌效果。抗菌金属离子与载体有四种结合方式（图 5-18）：a.金属离子物理吸附在载体上；b.金属离子与载体分子进行化学结合；c.用有机化合物或高分子材料对载体表面进行处理，使金属离子锚定在其表面上；d.通过离子交换、化学反应使金属离子镶嵌入载体的结构内部。

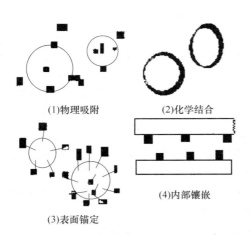

(1)物理吸附　　(2)化学结合

(4)内部镶嵌

(3)表面锚定

图 5-18　抗菌金属离子与载体的结合方式

银系抗菌剂的主要发展趋势为如下。a.开发新的纳米载银抗菌剂载体，采用特殊的化学手段和阴阳离子置换法，将 Ag$^+$置换进纳米孔中，纳米载体巨大的比表面积为抗菌剂和细菌的充分接触提供机会，从而提高杀菌效率，如坡缕石、海泡石等。b.抗菌金属化合物的研究，通过难溶或不溶化合物遇水和潮气，在材料表面迅速达到饱和，而它的饱和浓度值大于 MFRC 值，从而有效杀菌。一旦表面的金属离子有所消耗，溶液由饱和变为不饱和，材料中的抗菌剂会继续溶解出来，达到持续抗菌的目的。其最大特点是不必制备复杂载体，可直接添加到材料中，如钼酸银、磷酸银、草酸银、硫氰酸银、钨酸银等。

5.5.3　纳米及光催化抗菌剂

纳米抗菌材料按结构形态可分为纳米抗菌微粒、纳米抗菌固体和纳米抗菌组装结构。纳米抗菌微粒指的是粒度为1~100nm 的具有抗菌功能的粒子的聚合体，这种聚合体的几何尺寸一般在微米或亚微米级，其形态也不限于球形，还有片状、棒状、针状、网状等。纳米抗菌固体又称为纳米抗菌结构材料，是指由纳米抗菌微粒聚集而成的凝聚体，该凝聚体的本身尺寸可以是宏观的；纳米抗菌固体又可进一步划分为纳米块状抗菌材料、纳米薄膜抗菌材料和纳米纤维抗菌材料。纳米抗菌组装结构是指由人工组装合成的纳米抗菌材料体系，是由纳米抗菌微粒以及纳米抗菌丝或抗菌管为基本单元，在一维、二维和三维空间组装排列成具有纳米结构的材料体系。纳米抗菌材料按抗菌有效成分可分为金属离子型和氧化物光催化型两类。金属离子型纳米抗菌材料是指将具有抗菌功能的 Ag、Cu、Zn、Co、Ni、Fe、Al 等金属离子负载到各种天然或人工合成无机矿物载体上的纳米抗菌材料，使用时载体能缓释抗菌离子组分，使其具有抗菌和杀菌效果。金属离子型纳米抗菌材料载体一般采用硅酸盐、磷酸盐、层状黏土矿等多孔、比表面积大、吸附性能好、无毒、化学性质稳定的材质。氧化物光催化型抗菌材料是利用 TiO$_2$、ZnO、Fe$_2$O$_3$、WO$_3$、CdS 等 N 型半导体材料在光催化剂作用下吸附其表面的 OH$^-$ 和 H$_2$O,并将其氧化成具有强氧化能力的 OH·，从而对环境中的微生物实施抑制和杀灭。

光催化研究起源于 1972 年日本科学家 Fujishima 和 Honda 用 TiO_2 薄膜为电极，利用光能分解水的实验。以 Pt 和 N 型 TiO_2 半导体膜为电极，用波长小于 415nm 的光照射 TiO_2，发现在 TiO_2 电极上产生 $O_2·$，此后，半导体光催化在污水处理、空气净化方面和抗菌方面的研究广泛开展起来，已被广泛地应用于建材、高速公路、纺织和医用材料等方面。TiO_2 有三种晶体结构：金红石型、板钛型和锐钛型。作为光催化的是金红石型和锐钛型。因为半导体存在能带结构，可以吸收光子而将电子从价带激发到导带形成电子空穴对，将光能转化为化学能。由于纳米级颗粒空间电荷层不影响体内电子向颗粒表面的转移，使得电子与空穴可以分离，保持电子和空穴能够具有一定的寿命（10^{-12}s 左右），这为将光能转化成化学能提供了保障。空穴具有夺得电子的氧化能力，电子具有转移给其它物质的还原能力。当纳米半导体颗粒存在于气相环境或液相环境时，空穴可以夺取颗粒表面吸附物质或溶剂中的电子，使原本不吸收光的物质被氧化，电子受体通过接收颗粒表面的电子而被还原。

细菌广泛寄生在水、空气、尘埃、土壤和生物体中，其种类很多，属种不同，形态各异，其大小一般在 0.5~2.0μm 之间。不管是何种细菌都由组成有机物的基本元素 C、H、O、N、P 等构成，构成细菌的有机物中，蛋白质占 50%，糖类占 15%~30%，核糖核酸占 5%~30%。构成这些有机物的化学键主要为 O—H，C—H，N—H，O—P 键等。只要光催化产生的自由基的氧化能力大于这些化学键的键能，光催化就可以杀菌。光催化产生的 OH· 的氧化能力大于 502kJ/mol，而构成细菌的化学元素所形成的化学键的键能均小于该值。所以完全可以将上述化学键切断，从而起到杀菌作用。

光催化的载体技术是纳米材料应用中的一个关键环节的技术问题。由于纳米 TiO_2 晶体对有机物的降解作用，会限制其在以有机物为载体材料中的应用范围（如建筑涂料），对纳米 TiO_2 的负载技术研究中，采用插层组装 TiO_2 于膨润土、分子筛、介孔材料中等方法引起了重视，并已经取得了较大的成果。以矿物纳米孔道和微孔材料为基体担载纳米 TiO_2 的光催化性能的研究是光催化材料发展方向之一。

5.5.4 抗菌聚丙烯新材料的制备、性能与应用

抗菌剂应用于塑料制品可以通过以下三种途径：a.将抗菌剂直接与塑料混合，分散在塑料中制成抗菌塑料；b.将抗菌母粒与塑料掺混加工；c.在制品成型工艺中将抗菌剂嵌入塑料表面。抗菌剂直接添加法工艺简单，但抗菌剂在塑料中分散较差，抗菌剂颗粒容易团聚，抗菌效果较差，抗菌剂利用不充分，使用成本增加。抗菌母粒法的核心技术是抗菌母粒的研制。抗菌母粒是抗菌剂分散在载体树脂中的高浓度浓缩体，抗菌剂含量 10%~40%（质量分数）。抗菌母粒与塑料一起加工，或与塑料一起再次共混分散，有利于抗菌剂的分散和抗菌作用的发挥，是目前已普遍接受和广为应用的技术途径。合理的抗菌母粒设计和使用，可大大节约抗菌剂使用成本。在制品成型阶段将抗菌剂嵌入在塑料制品表面制备抗菌塑料产品可节约抗菌剂的用量，控制成本。

将各型斜发沸石基抗菌剂 20g、PP 10g、接枝 PP 10g 在高速混合机中混合，用双螺杆挤出机中挤出造粒，制得抗菌剂含量为 50%的抗菌母粒。再将抗菌母粒以一定比例加入 PP 中于塑料注射成型机上注射成型，制备出 PP 抗菌塑料，配方及编号见表 5-39。

表 5-39　PP 抗菌塑料配方

制品编号	抗菌母粒	
	类型	添加量/%
1	Cu^{2+}型	1
2	Cu^{2+}型	2
3	Cu^{2+}型	3
4	Zn^{2+}型	1
5	Zn^{2+}型	2
6	Zn^{2+}型	3
7	Cu^{2+}/ Zn^{2+}复合型	1
8	Cu^{2+}/ Zn^{2+}复合型	2
9	Cu^{2+}/ Zn^{2+}复合型	3

PP 抗菌塑料的力学性能测试结果如表 5-40 所示。由表 5-40 可以看出，添加不同抗菌剂制成的三种塑料与 PP 塑料对比，随着添加量的增大，MFR 呈规律性下降，但变化不大；拉伸强度、断裂伸长率在很小的范围内波动；缺口冲击强度、弯曲强度虽呈规律性下降，但变化同样很小，当抗菌母粒添加量为 3%时，变化最大的弯曲强度也只下降了 0.9MPa。因此斜发沸石基抗菌母粒在添加量为 1%~3%（抗菌剂添加量为 0.5%~1.5%）时，对 PP 的力学性能没有产生明显的影响。

表 5-40　PP 抗菌塑料的力学性能

测试指标	0	1	2	3	4	5	6	7	8	9
MFR/（g/10min）	25.6	25.3	25.1	24.9	25.5	24.8	24.6	25.5	25.1	25.5
拉伸强度/MPa	24.1	24.3	23.8	23.1	23.9	23.5	22.9	24.0	23.8	23.1
断裂伸长率/%	25.7	25.8	25.3	24.9	25.5	24.9	24.9	25.4	25.1	24.7
缺口冲击强度/（kJ/m^2）	13.5	13.2	13.0	12.8	13.4	13.1	12.7	14.2	13.1	12.7
弯曲强度/MPa	28.7	28.1	28.4	27.8	28.3	28.1	27.9	28.3	28.2	27.8

PP 抗菌塑料的抗菌性能见表 5-41。

表 5-41　PP 抗菌塑料的抗菌性能

编号	抗菌成分	抗菌母粒添加量/%	抗菌剂添加量/%	抑菌率/%	
				大肠杆菌	金黄色葡萄球菌
1	Cu^{2+}	1	0.5	90.2	88.6
2	Cu^{2+}	2	1.0	95.8	94.6
3	Cu^{2+}	3	1.5	99.1	98.5

编号	抗菌成分	抗菌母粒 添加量/%	抗菌剂 添加量/%	抑菌率/%	
				大肠杆菌	金黄色葡萄球菌
4	Zn^{2+}	1	0.5	88.4	85.7
5	Zn^{2+}	2	1.0	94.2	93.5
6	Zn^{2+}	3	1.5	98.1	95.4
7	Cu^{2+}/Zn^{2+}	1	0.5	93.7	91.8
8	Cu^{2+}/Zn^{2+}	2	1.0	99.0	97.8
9	Cu^{2+}/Zn^{2+}	3	1.5	99.8	99.1

注：对照细菌浓度 x_0 为 1.5×10^6 个/mL。

由表 5-41 可以看出，对于同一种 PP 抗菌塑料制品，其对大肠杆菌的抑菌率都要强于金黄色葡萄球菌，这是由于大肠杆菌属于革兰氏阴性菌，细胞壁厚度只有 10~15nm，肽聚糖层数只有 1~2 层，而金黄色葡萄球菌属于革兰氏阳性菌，细胞壁厚度达 20~80nm，肽聚糖层数为 50 层。当抗菌母粒（抗菌剂）添加量逐步增加时，抗菌塑料对大肠杆菌和金黄色葡萄球菌的抑菌率都有一定程度的提高。当抗菌母粒添加量为 3% 时，PP 抗菌塑料对大肠杆菌和金黄色葡萄球菌的抑菌率分别为 99.8% 和 99.1%。在同样的添加量下，Cu^{2+}/Zn^{2+} 复合型斜发沸石基抗菌剂对 PP 塑料的抗菌性能影响较 Cu^{2+} 和 Zn^{2+} 型要强，同时由于 Cu^{2+} 的抗菌剂较 Zn^{2+} 强，Cu^{2+} 型斜发沸石基抗菌剂对 PP 塑料的抗菌性能影响较 Zn^{2+} 型要强。结合 PP 抗菌塑料力学性能测试结果可知，在制备抗菌塑料时，适宜添加 3% 的 Cu^{2+}/Zn^{2+} 复合斜发沸石基抗菌母料。

抗菌冰箱抗菌化的重点起初在箱体内部件，用抗菌聚乙烯材料制成果蔬盒盖、制冰器的注水管，用抗菌聚苯乙烯制成制冰器的盒、食品托盘，用抗菌 ABS 树脂制成内胆等，所用抗菌剂均为含银沸石。后来，抗菌件不仅限于在箱体内部使用，冰箱外部手接触部分也使用了抗菌件，由此抗菌冰箱的市场份额增加了一倍。1998 年海尔集团率先应用 FS-ZN 抗菌剂试制成功并生产出带有抗菌功能的冰箱、空调、波轮洗衣机、滚筒洗衣机、冷柜、洗碗机、吸尘器、电热杯、煤气灶等系列产品，后又生产了电话、移动电话等。所用的抗菌剂是海尔科化公司生产的复合型无机抗菌剂-挤板型抗菌母粒和注塑型抗菌母粒。海尔抗菌冰箱使用的抗菌部件有：内部的内胆、门衬、搁物架、搁物架饰条、瓶座、瓶止档、蛋盒、冰盒、刮霜板、果盒、接水盘上下部、排水槽、冰室排水口、蒸发器隔板、风道、风道盖板，外部的门把手、饰条、门封条等。材料包括 HIPS、PS、ABS、PP、PE、PVC 等。空调的抗菌部件有遥控器外壳、按键、导风板、接水盘。波轮洗衣机的抗菌部件有：波轮、内桶、水道、过滤盖；滚筒洗衣机的抗菌部件有：控制面板按钮、控制旋钮。冷柜的抗菌部件有：门体把手、门封条、密封条、柜口、控制面板、除雪铲。洗碗机的抗菌部件有：内胆、上盖内衬、喷淋器。吸尘器的抗菌部件有：上盖、电源开关按钮、手柄架；煤气灶的抗菌部件有：按钮。

洗衣机在聚丙烯洗涤部件上使用抗菌材料，如由于技术和价格限制，日本开始时采用的是有机类抗菌剂，如咪唑类有机物、噻唑类有机物，后来无机抗菌剂的使用也在增加，如我国在波轮洗衣机的波轮和内桶采用崇高纳米科技有限公司无机抗菌母粒安迪美——PG1，抗菌性特别是耐水性优异。

作为一种新型的抗菌功能材料，共价接枝的有机高分子抗菌剂具备了热稳定性好、抗菌性能强等优点，已被用于制备抗菌纤维和抗菌塑料。接枝高分子季铵盐的纳米 SiO_2 粉体添加到 PP 中，制备出抗菌功能 PP 塑料。季铵盐抗菌剂一般属于表面接触型抗菌剂，相对分子质量小的季铵盐单体与细菌接触后，破坏细菌的细胞膜，使细胞内的 K^+ 和细胞质等释放出来，最终导致细菌死亡。分子量小的季铵盐如新洁尔灭（十二烷基溴化铵）等由于杀菌速度快，使用浓度低而被广泛应用于医疗过程中的表面消毒，但其存在耐热性差、毒性大等缺点，因而不能作为抗菌剂直接添加到材料中制备抗菌功能材料。分子量高的季铵盐表面带有许多正电荷，更容易将带负电荷的菌体牢固地吸附到表面，增加了抗菌剂同细菌的作用时间，从而表现出更高的抗菌活性，同时由于分子量的增加，其耐热性也随之增加，而毒性降低。但是如果将季铵盐直接添加到塑料中，作为有机添加剂往往容易自动向聚合物的表面迁移、脱落，从而使塑料的长效抗菌性大大降低。无机的 SiO_2 粒子作为塑料中的掺杂相，被塑料包裹不易向外迁移，将高分子季铵盐共价接枝到 SiO_2 表面后再添加到塑料中，就可以解决季铵盐的析出和脱落问题。基于上述考虑，在 SiO_2 表面共价接枝高分子季铵盐，制备出抗菌 SiO_2 粉体，与载银无机抗菌剂比较，抗菌率达到 90%以上，接枝高分子抗菌剂的纳米 SiO_2 粉体对革兰氏阳性菌的抗菌效果要高于载银的无机抗菌剂。因此，在用抗菌纳米 SiO_2 粉体制备抗菌塑料时，加工温度要低一些，以避免抗菌剂的分解。

有机-无机复合抗菌剂可使有机物的热稳定性和化学稳定性大大提高，具有抗菌范围广、杀菌效率高、杀菌速度快、持续性好、有效期长、耐热性较好等优点，其缺点是抗菌性能易波动。由此可见，复合抗菌剂不仅兼具了有机抗菌剂的即效性、持续性与无机抗菌剂的安全性、耐热性、持久性，而且可在很大程度上改进载银抗菌剂的变色问题，大幅度地降低银系抗菌剂的价格，同时保证了抗菌广谱性。因此无机-有机复合体系是当前研究的一个热点，也是未来抗菌剂的发展方向之一。采用复合抗菌剂制备的抗菌 PP 新材料广泛适用于洗衣机、冰箱、电视机、饮水机、微波炉、手机等家用电器。洗衣机是目前使用 PP 塑料最多的家电之一，主要包括内桶、波轮等。洗衣机在洗完衣服后一般很难把水排干，因此洗衣机中尤其是波轮底下和下水通道经常是长时间处于潮湿状态，为细菌的繁殖提供了适宜的条件。有关资料报道，洗衣机每 1mL 水中最多发现 4566 个霉菌，而菌的繁殖速度通常为 20min 一代，并且以几何级数增长。如要解决这一问题，最好的方法是洗衣机内桶、波轮等采用抗菌 PP 材料，这样能有效地抑制细菌的滋生和繁殖。抗菌 PP 塑料也已广泛使用在小家电领域，如：饮水机的塑料芯、洗碗机的内胆，加湿机的水槽等，能防止机器内细菌的积聚。在日常生活中接触到的 PP 塑料有：电话机、传真机、移动电话、计算机键盘等，其外表面上存在着大量细菌。据相关资料报道，电话等塑料制品是感冒、咽炎、流行性脑膜炎、肝炎、红眼病、皮肤病、肺结核等疾病的一个重要传播体。要有效防止疾病的传染，就必须采用抗菌 PP 材料。复合抗菌 PP 专用料有优良的抗菌作用，对大肠杆菌、金黄色葡萄球菌等细菌以及黑曲霉菌、黄曲霉菌等均有很强的广谱抑制效果，而且具备优良的耐久性，有优秀的使用安全性，其浸提液的毒性和刺激性数据都远好于日用品安全卫生标准数据。

参考文献

［1］ 王岩，曾幸荣.4A 分子筛对三聚氰胺磷酸盐/季戊四醇阻燃 PP 性能的影响［J］.塑料工业，2007，35（5）：62-64.

［2］ 梁静，王新龙，文小文.NPM 阻燃聚丙烯的研究［J］.塑料科技，2007，35（2）：44-47.

［3］ 雷长明，张朝，戴干策.可膨胀石墨阻燃体系在聚丙烯中的作用［J］.功能高分子学报，2007，19-20（2）：137-142.

［4］ 蒋舒，杨伟，李媛，等.可膨胀石墨阻燃聚丙烯的结构与阻燃性能［J］.塑料工业，2006，34（8）：51-53.

［5］ 麦堪成，李政军，曾汉民.原位形成 FPP 偶联 Al（OH）₃/PP 中的界面相互作用研究［J］.合成树脂与塑料，2002，19（3）：13-16.

［6］ 陈晓浪，于杰，郭少云，等.表面改性对聚丙烯/纳米氢氧化镁复合材料性能的影响［J］.高分子材料科学与工程，2006，22（5）：170-174.

［7］ 陈玉坤，曾能，王万勋，等.疏松型纳米氢氧化镁阻燃聚丙烯［J］.合成树脂与塑料，2006，23（5）：53-56.

［8］ 齐兴国，黄兆阁，李荣勋，等.Mg（OH）₂/PP 和 APP/PP 阻燃复合材料的性能对比［J］.塑料助剂，2007，（1）：25-28.

［9］ 蔡涛，金滟，康兴川.PP 成炭阻燃研究进展［J］.合成树脂及塑料，2006，23（4）：69-71.

［10］ 李碧英，张帆，彭波.白度化微胶囊红磷的制备及其应用［J］.塑料科技，2007，35（9）：101-103.

［11］ 李田，曾幸荣.用 Epoxy/OMMT 纳米复合材料制备阻燃聚丙烯.［J］华南理工大学学报（自然科学版），2006，34（10）：50-54.

［12］ 鲍志素.磷腈化合物的合成及其对聚丙烯阻燃的应用［J］.阻燃材料与技术，2006，（2）：13-14，16.

［13］ 王金泳，王兴旺.无卤阻燃剂二乙基次磷酸铝的热降解和阻燃机理［J］.中国塑料，2019，33（2）：82-85.

［14］ 王静.次磷酸铝对膨胀阻燃聚丙烯体系的影响［D］.哈尔滨：东北林业大学，2012.

［15］ 袁昊.次磷酸铝协效阻燃聚丙烯的研究［D］.广州：华南理工大学，2016.

［16］ 徐立新，蒋东升，费正东，等.PMA 表面接枝包覆纳米 TiO₂ 及其在 PP 中的抗紫外老化的研究［J］.塑料工业，2007，35（1）：45-47.

［17］ 徐立新，李为立，杨慕杰.纳米 TiO₂ 表面接枝聚苯乙烯及其抗紫外老化研究［J］.化学学报，2007，65（17）：1917-1921.

［18］ 徐斌，钟明强，孙莉，等.纳米 TiO₂、纳米 ZnO 对聚丙烯抗紫外光老化及结晶性能的影响［J］.高分子材料科学与工程，2007，23（1）：137-140.

［19］ 秦维秀，马海燕，顾鑫敏.聚丙烯抗老化改性方法综述［J］.国际纺织导报，2019，（6）：11-14.

［20］ 杨瑞成，马建忠，陈奎，等.聚丙烯/蒙脱土复合材料的热氧老化性能［J］.兰州理工大学学报，2007，33（3）：8-11.

［21］ 杨明山.工程塑料应用［M］.北京：化学工业出版社，2017.

［22］ 赵秉寅.成核剂 Millad NX8000 的制备及其应用研究进展［J］.合成树脂及塑料，2019，36（4）：106-110.

［23］ 张志秋，李翠勤，王俊，等.1,3,2,4-二（3,4-二甲基）苄叉木糖醇的合成研究［J］.石化技术与应用，2007，25（2）：131-134.

［24］ 郭勇.β 成核剂改性聚丙烯研究进展［J］.化工设计通讯，2017，43（8）：133-134.

［25］ 何敏，鲁圣军，张天水，等.山梨糖醇类成核剂（TM-3）对 PP 性能的影响［J］.现代机械，2006，（6）：63-64.

［26］ 郝文涛，杨文，张海燕，等.透明成核剂作用下的等规聚丙烯的结晶形态［J］.塑料助剂，2007，（2）：42-35，54.

［27］ 龙林林，乐道进，徐祥兵，等.有机磷酸盐类成核剂对 PP 性能的影响［J］.现代塑料加工应用，2006，18（1）：32-35.

［28］ 孟海.有机磷酸盐类聚丙烯透明剂的合成及应用［J］.现代塑料加工应用，2005，17（4）：43-46.

［29］ 田瑶珠，何敏，黄旭.松香型成核透明剂在聚丙烯中增透效果的研究［J］.贵州科学，2006，24（4）：85-88.

［30］ 王静波，窦强. 脱氢枞酸型成核剂制备高透明高光泽聚丙烯研究［J］. 塑料，2007，36（3）：54-57，62.

［31］ 丁运生，王僧山，汪涛. 抗静电聚丙烯的制备研究［J］. 塑料工业，2004，32（5）：37-38，52.

［32］ 刁雪峰，贾润礼. 新型抗静电聚丙烯的研制［J］. 上海塑料，2007，（2）：17-19.

［33］ 陈宇，庄严，吴瑞征. 聚烯烃包装材料抗静电剂的研究进展［J］. 聚合物添加剂，2001，（9）：32-34，13.

［34］ 刘苏芹，徐洪波，吕召胜，等. 抗静电聚丙烯电机塑料风叶的研制［J］. 工程塑料应用，2007，35（5）：48-50.

［35］ 郭静，沈新元，李福清，等. PEG-ZnO-PP复合抗静电剂及其对聚丙烯纤维的改性［J］. 合成纤维工业，2007，30（1）：31-33.

［36］ 李书娟，冯钠，张桂霞，等. 新型抗静电剂氧化锡对聚丙烯复合材料结构与性能的影响［J］. 塑料科技，2007，35（6）：92-96.

［37］ 丁运生，王僧山，余章普，等. 咪唑基离子液体对聚丙烯抗静电性能的影响［J］. 高分子材料科学与工程，2006，22（6）：99-101

［38］ 李红，赵耀明. 改性鱼油在PP中的抗静电效果［J］. 塑料工业，2003，31（6）：48-50.

［39］ 丁乃秀，齐兴国，李超勤，等. 炭黑填充聚丙烯导电复合材料的性能研究［J］. 塑料工业，2006，34（6）：19-21.

［40］ 杨波，林聪妹，陈光顺，等. 导电炭黑在聚丙烯/极性聚合物体系中的选择性分散及其对导电性能的影响［J］. 功能高分子学报，2007，19-20（3）：231-236.

［41］ 贺树华，周建萍，傅万里. 四角状氧化锌晶须/聚丙烯复合材料的导电性能研究［J］. 精细与专用化学品，2007，15（11）：29-32.

［42］ 方鲲，曹传宝，朱鹤孙. 不锈钢纤维填充聚丙烯导电塑料的屏蔽效能研究［J］. 安全与电磁兼容，2006，（1）：78-80.

［43］ 李侃社，王琪. 磨盘碾磨制备PP/石墨复合粉末的研究［J］. 高分子学报，2002，（6）：707-711.

［44］ 李侃，王琪，陈英红. 聚丙烯/石墨纳米复合材料的导电性能研究［J］. 高分子学报，2005，（3）：393-397.

［45］ 陈燕，张慧勤. 多壁碳纳米管/聚丙烯复合材料的微观结构及结晶性能研究［J］. 河南工业大学学报(自然科学版)2007，28，（4）：81-83.

［46］ 张新庄，张书勤，闫鹏，等. 聚丙烯基石墨烯改性复合材料的导电及热稳定性［J］. 化学工业与工程，2019，36（6）：60-64.

［47］ 孙剑，乔学亮，陈建国. 无机抗菌剂的研究进展［J］. 材料导报，2007，21（F05）：344-348.

［48］ 付伟，吴卫华，王黔平. 新型银系抗菌剂的现状和展望［J］. 江苏陶瓷，2006，39（5）：26-29.

［49］ 沈海军，史友进. 纳米抗菌材料的分类、制备、抗菌机理及其应用［J］. 中国粉体工业，2006，（2）：18-20.

［50］ 金宗哲. 无机抗菌材料及应用［M］. 北京：化学工业出版社，2004.

［51］ 王维清，冯启明，张宝述，等. 聚丙烯/斜发沸石基抗菌剂抗菌塑料的制备及其性能研究［J］. 中国塑料，2006，20（4）：47-50.

［52］ 吴远根，王广莉，张难，等. 表面接枝高分子季铵盐的纳米 SiO_2 应用于抗菌塑料的制备［J］. 塑料工业，2007，35（2）：50-53.

［53］ 沈锋明，周琦，吴建东. 家电用无机-有机复合抗菌聚丙烯专用料的研究［J］. 石油化工技术与经济，2014，30（1）：42-45.

第6章

现代聚丙烯新材料配方实例与应用

6.1
家用电器中应用的聚丙烯改性新材料

　　中国家电工业总产值达 1.5 万亿元，家电业出口额突破 700 亿美元，其中冰箱/冷柜产量超过 1 亿台、空调器超过 1 亿台、洗衣机 7000 万台、微波炉超过 8000 万台、制冷压缩机超过 3 亿台。这些产品产量处于历史较高水平。家电业已成为国民经济的支柱产业之一，特别是在以"消费"拉动经济增长的情况下，更是重点发展的产业。扩大消费和投资成为推动经济平稳增长的关键领域。

　　目前家电行业的产业升级愈演愈烈，家电的普及率已经大幅提升，产业竞争更加激烈。在这个形势下，家电企业需要通过创新，转变发展方式来发展。总的趋势是向"绿色节能、可回收、使用便捷、时尚美观"等方向发展，这是商家们积极争取的家电市场，对今后家电产业发展至关重要。对新材料的需求也随之水涨船高，特别是 PP 改性新材料在家电产业中用量日益上升，具有极大的市场前景。

6.1.1　聚丙烯改性塑料在洗衣机中的应用

　　洗衣机是现代社会人民生活中必备的家用电器，2021 年我国洗衣机产销量超过 1 亿台，随着"家电下乡"等政策的深入，广大的农村地区也将普及洗衣机，因此，洗衣机的产销量将进一步增加。

　　波轮式洗衣机所使用的塑料零件主要有内筒、底座、盖板、脱水筒盖、内盖、喷淋管、排水阀、电钮板、开关盒、辅助翼、波轮、变速机齿轮、行星齿轮程控系统的大凸轮、卡爪、上凸轮、下凸轮及皮带轮等，如图 6-1 所示。

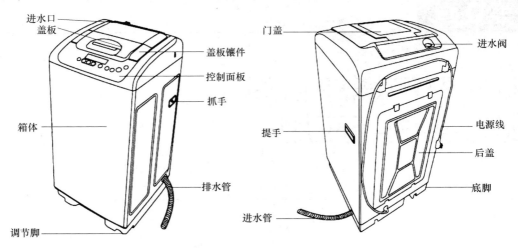

图 6-1　全自动波轮洗衣机的结构

波轮式洗衣机对塑料材料的性能要求如下。

① 满足使用温度　洗衣机的洗涤温度为 60℃，注水温度最高为 100℃。

② 耐化学品性　需耐各类洗涤剂、润滑油、油污等腐蚀作用。

③ 耐冲击性　可耐操作过程中的撞击等作用。

PP 和改性 PP 基本可满足上述需要，因而成为洗衣机的首选材料。每台洗衣机 PP 用量约为 10kg，年用 PP 约为 100 万吨左右。

6.1.1.1　洗衣机波轮——增强耐磨聚丙烯

随着人们生活水平的不断改善，洗衣机的迅速普及促使其飞速发展，而波轮洗衣机是最早应用也是最大量应用的洗衣机，其中，洗衣机波轮对于洗涤效果具有重要的影响，如图 6-2 所示。

波轮洗衣机是由日本人发明的，融入了典型的日式思维，日本人洗衣服习惯用冷水，在习惯使用冷水的前提下，波轮洗衣机在洗净度上更占优势。日本人的思维是讲究生活效率，平时很忙，生活空间又狭小，需要不占地方又能搬来搬去，滚筒洗衣机在质量上不占优势，所以坚持使用波轮洗衣机。

因波轮与衣物相互接触，并加之洗涤剂的加入，要求材料具有无毒、耐化学品、不吸水、耐磨性等特点。选材中发现，聚甲醛树脂（POM）不耐酸、强碱等化学品；PA 易吸水；ABS 易受洗涤剂等化学品影响。目前市面上洗衣机波轮材料多为纯聚丙烯材料。聚丙烯的来源广泛易得，无毒、耐化学品、不吸水、低密度、易加工成型以及优异的力学性能和性价比，推动了现今聚丙烯产品的发展。但洗衣机波轮与衣物摩擦接触频繁，聚丙烯表面耐磨性不足，导致波轮易划伤，磨损严重，影响其使用的寿命。因此，为满足洗衣机波轮的使用环境要求，赋予聚丙烯耐磨特性已成为改性聚丙烯波轮一个重要的研究方向。笔者课题组经过多年研究，制备出一种用于洗衣机波轮的高耐磨改性聚丙烯专用料，其配方、制备工艺及性能如表 6-1 所示。

图 6-2　波轮洗衣机的波轮

表 6-1　波轮洗衣机耐磨聚丙烯波轮专用料配方、制备工艺及性能

序号	原材料名称	用量/kg
1	PP HP602N（韩国大林实业有限公司）	38
2	PP T30S（齐鲁石化）	20
3	超细滑石粉（1250 目，云南超微新材料有限公司）	15
4	玻璃纤维（浙江巨石集团有限公司）	10
5	球形硅微粉（连云港东海硅微粉有限责任公司）	10
6	硅烷偶联剂 KH-560（南京曙光化工集团有限公司）	0.5
7	抗氧剂 1010（北京加成助剂研究所）	0.2
8	抗氧剂 DLTP（北京加成助剂研究所）	0.4
9	硬脂酸钙（淄博塑料助剂厂）	0.5
10	钛白粉 R550（日本）	1
11	PP-g-MAH（海尔科化公司）	1.8

序号	原材料名称	用量/kg
12	成核剂 TMB-5（山西省应用化学研究所）	0.1
13	POE 8150（DuPont-Dow）	2
14	聚四氟乙烯粉	0.5

| 工艺条件 | 1. 原料干燥：滑石粉、玻璃纤维、硅微粉在 110℃下干燥 4h
2. 混合工艺：先将滑石粉、硅微粉高速混合 1min，然后加入硅烷偶联剂，低速混合 3min，再将剩余组分加入高速混合机中高速混合 1min，出料。玻璃纤维从螺杆中间排气口加入
3. 挤出工艺：采用同向旋转啮合型平行双螺杆挤出机共混造粒
主机转速 340r/min 喂料 18Hz
双螺杆挤出机各区温度/℃ 205、210、215、220、215 |

性能	拉伸强度/MPa	38.2	悬臂梁缺口冲击强度/（J/m）	21.0
	断裂伸长率/%	42.0	简支梁缺口冲击强度/（kJ/m²）	5.5
	弯曲强度/MPa	60.9	维卡软化点/℃	167
	弯曲模量/MPa	2291.0	热变形温度/℃	135
	熔体流动速率/（g/10min）	5.5	成型收缩率/%	0.7
	摩擦系数	0.2	200r/min 的速度下摩擦 2h，测摩擦系数与磨痕宽度	—
	磨痕宽度/mm	5.1		

为达到材料的应用要求，耐磨聚丙烯材料具有良好的耐磨性能，同时也要具有优异的力学性能，如刚性。第一，选择高结晶均聚聚丙烯；第二，通过添加聚四氟乙烯粉，改善聚丙烯材料的润滑性能，减少与衣物等的摩擦，可以有效提高与聚丙烯材料的相容性，又具有优异的外润滑性，以保持永久性润滑效果，并提高波轮材料的耐磨性，更有效抑制了衣物与制件摩擦碰撞时的刮擦深度，减少材料摩擦损失质量；第三，通过滑石粉、玻璃纤维与球形硅微粉的复合改性，可以提高材料的刚性，同时保持良好的流动性和外观；第四，通过添加成核剂改善聚丙烯材料表面硬度和结晶度，TMB-5 为 β 晶型成核剂，可以提高 PP 的韧性；第五，加入 POE，可对其进行增韧改性。对材料配方的不断研究以及加工工艺的持续探索，研究出一种洗衣机波轮专用耐磨聚丙烯材料，不但能够满足洗衣机波轮无毒、耐化学品、不吸水和优异的力学性能要求，优异的耐磨性能也有效地提高了洗衣机波轮的使用寿命。

6.1.1.2 洗衣机内筒——高流动、高刚高韧聚丙烯

波轮洗衣机内筒通常为不锈钢制品，但也有全塑洗衣机采用塑料内筒，如图 6-3 所示。

对于洗衣机内筒专用料来说，必须具备以下条件：0℃时有足够的韧性以保证运输；90℃时有

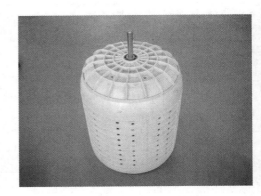

图 6-3 波轮洗衣机塑料内筒

足够的劲度；即使在高温条件下，也耐洗涤液腐蚀；至少保证10年的使用期限。

对于洗衣机内筒来说，有竞争力的材料为：不锈钢、玻璃纤维增强PP（玻璃纤维含量一般为30%）、滑石粉填充PP（滑石粉含量一般为40%）和均聚PP。

洗衣机用聚丙烯专用料必须具备高流动性和高抗冲击性。普通双筒洗衣机要求聚丙烯的熔体流动速率在15g/10min左右，大容量双筒和全自动套筒洗衣机要求聚丙烯的熔体流动速率在20~32g/10min之间；要求23℃时的缺口冲击强度为6~9kJ/m^2，-20℃时则为3~4kJ/m^2。为了达到这些目的，一般对聚丙烯进行共混改性或共聚改性。一般采取共聚改性的方法，即在聚丙烯聚合反应过程中将改性单体（如乙烯等）通入聚合反应釜中，在催化剂的作用下使改性单体与聚合单体反应生成共聚物。这种方法生产出的树脂抗冲击性能比机械共混的好。非填充PP在顶放式洗衣机内筒方面已有很好的应用，其允许旋转速度为600r/min。美国通用电气公司选用注塑级玻璃纤维增强PP内筒来代替其洗衣机里的金属内筒。法国加工商Manducher用滑石粉填充PP生产顶放式洗衣机内筒。

由于价格的原因，滑石粉填充和玻璃纤维增强PP洗衣机内筒在南欧已逐渐应用起来。而英国的Hoover和Hotpoint洗衣机都用玻璃纤维增强PP生产内筒。德国的Whirlpool公司的前放式玻璃纤维增强PP内筒旋转速度达到1200r/min，可与金属内筒竞争。意大利的Whirlpool SPA公司投放欧洲市场的玻璃纤维增强PP内筒是用Hoechst AG提供的Hostacom Type G3 No1专用料制成的。它耐洗涤剂的腐蚀作用，旋转速度也达到1200r/min。PPG工业公司推出牌号为Maxi-Chop 3298的切短长丝增强PP，它的最大特点是：不仅具有很高的冲击强度，而且还有极好的白洁度。在欧洲和美国市场上，应用在洗衣机内筒上，以克服某些该用途专用料冲击强度和白洁度不可兼得或兼得却增加了壁厚的缺点。

在我国，北京燕化高新技术股份有限公司开发了PPK7726洗衣机筒专用牌号材料，其各项物性指标均达到日本住友公司的AW-564和AZ-564的水平。盘锦乙烯工业公司采用日本三井油化公司Hypol液相-气相本体法聚合技术以来，开发出J746共聚PP洗衣机内筒料。

过去，普通洗衣机内筒要求PP的熔体流动速率（MFR）在15~25g/10min，随着市场的需求及下游注塑工艺的升级，洗衣机内桶对PP其MFR的要求达到35g/10min甚者更高。提高PP流动性的方法主要有两种，一是在PP聚合时采用分子量调节剂控制PP的分子量，二是对现有PP原料进行控制降解。后者即是通过改性来制备高流动性、高刚性和高韧性的洗衣机内筒专用料。其基本机理是在聚丙烯树脂中加入一定量的过氧化物和助剂体系，在高速搅拌机中混合均匀后置于同向双螺杆挤出机中进行挤出造粒，在此过程中PP产生降解，从而提高PP的流动性（熔体流动速率）。有机过氧化物的种类很多，但能用于聚丙烯降解的只有少数几种。二烷基过氧化物最适合聚丙烯的降解反应。根据产品开发要求，采用过氧化物2,5-二甲基-2,5-二叔丁基过氧己烷最为普遍。其添加量对PP熔体流动速率的影响如图6-4所示。

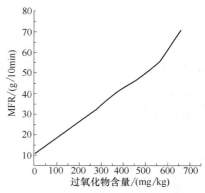

图6-4　过氧化物不同含量下的MFR变化曲线

从图 6-4 中可以清楚地看到，样品的 MFR 随过氧化物含量的增加而增大，这主要是因为过氧化物含量增加，其分解的自由基增多，过氧化物的自由基极易进攻 PP 大分子链，优先夺取长链分子上的氢原子最终使之断裂成更小的分子，造成分子量减小，同时分布变窄，如图 6-5 所示。

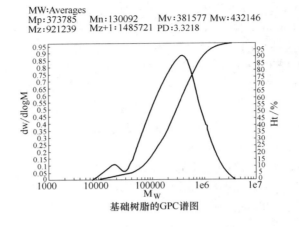

基础树脂的GPC谱图

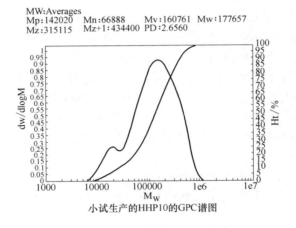

小试生产的HHP10的GPC谱图

图 6-5　PP 在降解前后的分子量及其分布

从图 6-5 中可以明显看出，HHP10 经过降解后，与原基础树脂相比分子量分布变窄，分子量变小，尤其是大分子部分降低较多，这也是导致采用降解法生产的 HHP10 冲击强度下降的原因。因此，在控制降解的同时还需要进行增韧，一般可添加 POE 进行增韧。同时，为进一步提高刚性，也可添加一定量的滑石粉。

添加不同含量的过氧化物，PP 力学性能的变化如表 6-2 所示。

由表 6-2 的数据分析出，随着过氧化物加入量的增加，PP 的 MFR 随之提高，但其它综合力学性能都没有明显的变化，如拉伸屈服强度、弯曲模量、热变形温度几项指标基本保持稳定，黄色指数方面也控制在国标范围内。可见，采用过氧化物使共聚 PP 树脂在达到较高流动性的同时，又使其具有优异的综合力学性能。这种高流动性共聚 PP 树脂，可以满足大型薄壁制品的加工和使用性能的要求。

表 6-2　添加不同含量过氧化物对共聚 PP 力学性能的影响

过氧化物加入量 / (mg/kg)	MFR / (g/10min)	拉伸屈服强度 /MPa	断裂伸长率 /%	悬臂梁缺口冲击强度 / (kJ/m²)	弯曲强度 /MPa	弯曲模量 /MPa	热变形温度 /℃	黄色指数
0	10.88	27.42	151.78	7.51	37.69	1322.95	107.9	−0.11
260	31.10	26.76	46.73	5.65	38.54	1353.21	116.1	2.30
360	39.07	26.50	40.07	6.42	37.98	1325.81	117.4	1.84
460	47.18	26.51	40.58	4.54	37.27	1295.10	112.8	1.69
560	55.66	26.17	35.52	4.35	36.57	1280.09	112.7	1.20
660	70.80	26.12	26.64	3.65	36.77	1272.96	114.1	1.28

6.1.1.3　洗衣机盘座——填充改性聚丙烯

全自动洗衣机顶端通常由盘座与盖板组成，其结构如图 6-6 所示。

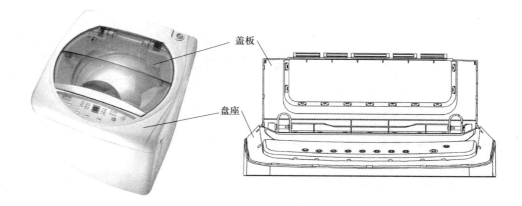

图 6-6　全自动洗衣机盘座与盖板

（1）配方、工艺及性能

全自动洗衣机盘座大多用填充改性聚丙烯制备，其配方、工艺及性能如表 6-3 所示。

表 6-3　洗衣机盘座料——碳酸钙填充 PP 的配方、工艺及性能

序号	原材料名称	用量/kg
1	PP K7726（燕山石化）	14
2	PP T30S（齐鲁石化）	28
3	超细重质碳酸钙（1250 目，云南超微新材料有限公司）	18
4	稀土铝酸酯偶联剂（河北辛集化工集团有限公司）	0.3
5	抗氧剂 1010（北京加成助剂研究所）	0.05
6	抗氧剂 DLTP（北京加成助剂研究所）	0.1

序号	原材料名称	用量/kg
7	硬脂酸钙（淄博塑料助剂厂）	0.2
8	钛白粉 R550（日本）	1.6
9	荧光增白剂 OB（瑞士汽巴化学有限公司）	0.008
10	酞菁兰 A3R（瑞士汽巴化学有限公司）	0.0005
11	大分子红 2BP（瑞士汽巴化学有限公司）	0.0001
12	PP-g-MAH（海尔科化公司）	2

工艺条件	1. 原料干燥：碳酸钙在 110℃下干燥 4h 2. 混合工艺：先将碳酸钙高速混合 1min，然后加入铝酸酯，低速混合 3min，再将剩余组分加入高速混合机中高速混合 1min，出料 3. 挤出工艺：采用同向旋转啮合型平行双螺杆挤出机共混造粒 　主机转速　340r/min　喂料　18Hz 　双螺杆挤出机各区温度/℃　205、210、215、220、210

性能	拉伸强度/MPa	28.5	悬臂梁缺口冲击强度/（J/m）	41.2
	断裂伸长率/%	220.0	简支梁缺口冲击强度/（kJ/m²）	7.5
	弯曲强度/MPa	40.0	维卡软化点/℃	157.0
	弯曲模量/MPa	1270.0	热变形温度/℃	120
	熔体流动速率/（g/10min）	7.5	成型收缩率/%	1.0

（2）配方特点

采用 PP T30S，保证材料的强度，同时配以流动性好的 K7726，从而保证了专用料的注射加工性。为降低收缩率和成本，同时提高刚性，添加了 $CaCO_3$，$CaCO_3$ 用稀土铝酸酯偶联剂处理，可以提高其与 PP 的界面黏结强度，采用 PP-g-MAH 大分子偶联剂可以进一步提高 $CaCO_3$ 与 PP 的黏结强度，从而提高复合材料的综合性能。为提高表面效果，添加了较细的 $CaCO_3$。

6.1.1.4　滚筒洗衣机外筒专用料——玻璃纤维增强聚丙烯

滚筒洗衣机由微电脑控制，衣物无缠绕、洗涤均匀、磨损率要比波轮洗衣机小 10%，可洗涤羊绒、羊毛、真丝等衣物，做到全面洗涤。也可以加热，使洗衣粉充分溶解，充分发挥出洗衣粉的去污效能。可以在桶内形成高浓度洗衣液，在节水的情况下带来理想的洗衣效果。一些滚筒洗衣机较波轮洗衣机，除了洗衣、脱水外，还有消毒除菌、烘干、上排水等功能，满足了不同地域和不同生活环境消费者的需求，目前在城市中的应用逐渐普及。

滚筒洗衣机由不锈钢内筒和外筒相套组成，内外筒的夹层称之为洗衣机槽。目前，内筒仍然由不锈钢材料制备，而外筒由改性聚丙烯材料制备，多为玻璃纤维增强聚丙烯等，如图 6-7 所示。

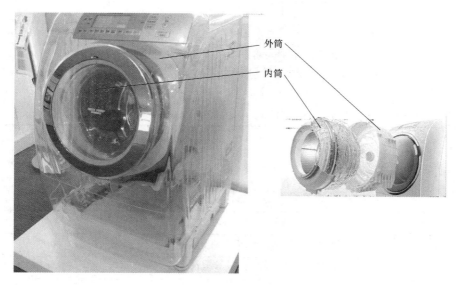

图 6-7　滚筒洗衣机的内外筒

外筒专用料由玻璃纤维和聚丙烯树脂复合而成，具有高强度、高模量、冲击韧性高、流动性好等特点，能够制作尺寸大、使用环境恶劣、性能要求高的洗衣机滚筒等部件。由于材料采用聚丙烯树脂为基体，因而性能价格比高，加工性能好。

（1）配方及工艺

玻璃纤维增强聚丙烯配方及工艺如表 6-4 所示。

表 6-4　玻璃纤维增强聚丙烯配方及工艺

序号	原材料名称	用量/kg
1	PP 2401（燕山石化）	1470
2	PP K7726（燕山石化）	750
3	POE 8150（DuPont-Dow）	75
4	硅烷偶联剂 KH-560（南京曙光化工集团有限公司）	1
5	玻璃纤维（浙江巨石集团有限公司）	780
6	PP-g-MAH（海尔科化公司）	25
7	抗氧剂 1010（北京加成助剂研究所）	5
8	抗氧剂 DLTP（北京加成助剂研究所）	5
9	硬脂酸钙（CaSt，淄博塑料助剂厂）	1
10	钛白粉 R550（日本）	6
11	酞菁蓝 A3R（瑞士汽巴化学有限公司）	0.9
12	酞菁紫 GT （瑞士汽巴化学有限公司）	0.95

序号	原材料名称	用量/kg
工艺条件	1. 原料干燥：玻璃纤维在 120℃下干燥 4h 2. 混合工艺：将玻璃纤维以外的其它组分称重，加入高速混合机中，高速混合 1min，出料 3. 挤出工艺：采用同向旋转啮合型平行双螺杆挤出机 主机转速　340r/min　喂料　16Hz 双螺杆挤出机各区温度/℃　210、215、215、220、215	

（2）性能

玻璃纤维增强聚丙烯的性能如表 6-5 所示。

表 6-5　玻璃纤维增强聚丙烯的性能

性能	测试方法	数值
拉伸强度/MPa	GB/T 1040.1—2018	70
断裂伸长率/%	GB/T 1040.1—2018	5
弯曲强度/MPa	GB/T 9341—2008	90
弯曲弹性模量/MPa	GB/T 9341—2008	4100
简支梁缺口冲击强度/（kJ/m²）	GB/T 1043.1—2008	10
悬臂梁缺口冲击强度/（J/m）	GB/T 1843—2008	94
维卡软化点/℃	GB/T 1633—2000	160
阻燃性能	UL 94	V-2
MFR（230℃，2160g）/（g/10min）	GB/T 3682—2018	7

（3）加工

干燥：玻璃纤维增强 PP 粒料在 70~80℃下干燥 2~4h，热风循环，料层厚度不大于 50mm，干燥后立即使用。若停放 0.5h 以上则应重新干燥，注射时最好采用除湿或保温料斗。干燥也可采用除湿干燥器，条件同上。

注射成型：注射温度　210~240℃；注射压力　50~80MPa；注射速度　慢→中；背压 0.7MPa；螺杆转速　40~70r/min；模具温度　40~80℃；排气口深度　0.0038~0.0076mm。

（4）配方特点

采用连续玻璃纤维对 PP 进行增强，增强效果好。采用两种 PP 树脂进行复配，可以提高玻璃纤维增强 PP 材料的流动性，从而保证大型部件（洗衣机滚筒）的加工性能；为了提高玻璃纤维与 PP 的界面黏结力，采用硅烷偶联剂对玻璃纤维进行处理，同时采用 PP-g-MAH 大分子偶联剂进一步增强玻璃纤维与 PP 的界面黏结强度；采用 POE 进行增韧，从而制备出高强、高韧、高刚的玻璃纤维增强 PP 复合新材料，用于滚筒洗衣机的滚筒。

6.1.1.5　滚筒洗衣机外筒专用料——硅灰石增强聚丙烯

滚筒洗衣机外筒材料大多为玻璃纤维增强聚丙烯和滑石粉填充聚丙烯。但二者都有缺陷，前者成型难度大、外观差；后者成型容易且外观优良，但强度太低。利用针状硅灰石的高长径比（20：1 以上）来增强聚丙烯，解决了滚筒洗衣机外筒成型难及翘曲的问题，材料的综合性能大大高于滑石粉填充聚丙烯，而且成本相对于玻璃纤维增强聚丙烯材料降低 30%以上。

（1）配方、工艺及性能

硅灰石增强 PP 的配方、工艺及性能如表 6-6 所示。

表 6-6　硅灰石增强 PP 的配方、工艺及性能

序号	原材料名称	用量/kg
1	PP K7726（燕山石化）	54.4
2	PP K8303（燕山石化）	6.8
3	硅灰石（1250 目，平均长径比>20：1，云南超微新材料有限公司）	18
4	硅烷偶联剂 KH-560（南京曙光化工集团有限公司）	0.3
5	PP-g-MAH（海尔科化公司）	2
6	抗氧剂 1010（北京加成助剂研究所）	0.1
7	抗氧剂 DLTP（北京加成助剂研究所）	0.2
8	硬脂酸钙（淄博塑料助剂厂）	0.4

工艺条件	1. 原料干燥：硅灰石在 110℃下干燥 4h 2. 混合工艺：加入硅灰石、硅烷偶联剂在低速下混合 5~8min，静置 10min，再在低速下混合 5min，如此循环三次。将除硅灰石以外的各组分按配方称重后加入高速混合机中高速混合 1min，出料 3. 挤出工艺：采用同向旋转啮合型平行双螺杆挤出机共混造粒，硅灰石采用侧向加料器加入 　主机转速　340r/min　喂料　18Hz 　双螺杆挤出机各区温度/℃　205、210、215、220、210

性能	拉伸强度/MPa	32.5	悬臂梁缺口冲击强度/（J/m）	78.2
	断裂伸长率/%	120.0	简支梁缺口冲击强度/（kJ/m²）	10.5
	弯曲强度/MPa	40.0	维卡软化点/℃	145.0
	弯曲模量/MPa	2870.0	热变形温度（1.82MPa）/℃	128
	熔体流动速率/（g/10min）	18	成型收缩率/%	0.75

试验了三种螺杆组合形式，分别为强剪切组合、中强剪切组合和弱剪切组合，如图 6-8 所示。

由图 6-8 可以看出，在强剪切的螺杆组合中使用了大量的捏合块，并使用了一组反螺纹元件；在中强剪切的螺杆组合中，捏合块的数量减少，但仍然保留了反螺纹；而在弱剪切的组合中，捏合块的数量进一步减少，并且去掉了反螺纹。使用上述三种螺杆组合所制备的硅灰石/PP 复合材料的性能如表 6-7 所示。

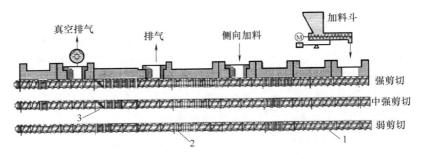

图 6-8 制备硅灰石/PP 的三种螺杆组合

1—正螺纹元件；2—捏合块元件；3—反螺纹元件

表 6-7 强、中、弱剪切螺杆组合对硅灰石/PP 复合材料性能的影响[1]

材料性能	螺杆组合方式		
	强剪切	中强剪切	弱剪切
拉伸强度/MPa	25.2	27.7	32.5
断裂伸长率/%	103	67	120
弯曲强度/MPa	32	35	40
弯曲弹性模量/MPa	2061	2305	2870
简支梁缺口冲击强度/（kJ/m²）	10.6	9.9	10.5
熔体流动速率/（g/10min）	16.8	14.1	18

①配方同表 6-6，硅灰石侧向加料器加入，螺杆转速 120r/min。

从表 6-7 可以看到，使用强剪切以及中强剪切组合制备的硅灰石/PP 材料，其强度、刚性大幅度下降，但韧性和熔体流动速率较高，这表明由于强剪切力的作用，针状硅灰石被严重切断，但分散均匀性加强，所以韧性较高。而使用弱剪切组合制备的硅灰石/PP 材料性能具有优异的综合性能。这可从样条的冲击断面 SEM 照片（图 6-9）中得到印证。

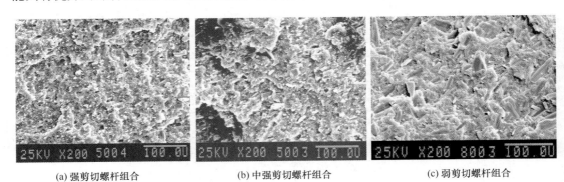

(a) 强剪切螺杆组合   (b) 中强剪切螺杆组合   (c) 弱剪切螺杆组合

图 6-9 不同螺杆组合制备的硅灰石/PP 复合材料的 SEM 照片

从图 6-9（a）、(b) 中可以看出，强剪切和中强剪切螺杆组合制备的硅灰石/PP 材料中，针状硅灰石基本被粉碎为颗粒状；从图 6-9（c）中可以看出，采用弱剪切组合制备的硅灰石/PP 材料中，硅灰石仍然保持为针状纤维。因此，硅灰石/PP 复合材料不能在剪切力较强的条件下制备。

（2）工艺要点

由于硅灰石是针状纤维，很容易在剪切力作用下断裂，如果硅灰石在 PP 中的长径比小于 10，则增强效果不好。所以在工艺上尽量要避免硅灰石受到高剪切作用力，因此在用偶联剂处理时，采用低速混合，另外采用侧向加料装置将硅灰石加入到双螺杆挤出机中，同时双螺杆挤出机的螺杆组合应采用低剪切组合方式，这样可以最大限度地保证硅灰石的长径比，达到满意的增强效果。

（3）配方特点

采用两种 PP 进行复配，PP K7726 流动性好，PP K8303 韧性好，这两种 PP 树脂的复配既保证了强度，又保证了韧性，还保证了流动性，效果很好。硅灰石采用硅烷偶联剂进行处理，可以大大提高硅灰石与 PP 的界面黏结力，同时采用 PP-*g*-MAH 可以进一步提高硅灰石与 PP 树脂的黏结强度，从而制备出综合性能优异的填充增强 PP 复合新材料。硅灰石对 PP 还具有一定的成核作用，能提高刚性和耐热性以及尺寸稳定性，大大提高强度，这样既保证了增强效果，又保证了表面效果和尺寸稳定性。

6.1.2　改性聚丙烯在冰箱及空调中的应用

冰箱是保持恒定低温的一种制冷设备，也是一种使食物或其它物品保持恒定低温冷态的民用产品。箱体内有压缩机、制冰机用以结冰的柜或箱，带有制冷装置的储藏箱。家用电冰箱的容积通常为 20~500L。2018 年我国冰箱市场整体价格上调明显，多开门冰箱在市场占比逐步加大，三、四线城市冰箱整体市场销量大幅增长，国内冰箱市场发展重点正逐步从一、二级市场向三、四级市场靠拢，这说明冰箱正在向小城镇和乡村普及，市场前景很大。

目前，冰箱的发展趋势仍然是绿色、节能和可回收性。另外高分子材料在冰箱中的应用量越来越大，冰箱生产中主要选用的塑料品种包括：聚氨酯（PUR）、聚苯乙烯（PS）、聚丙烯（PP）、丙烯腈-丁二烯-苯乙烯共聚物（ABS 塑料）及聚乙烯（PE）。这五大类塑料几乎涵盖了 90%的冰箱用塑料部件。每台冰箱的塑料使用量大约 5kg，2018 年我国冰箱/冷柜产量超过 1 亿台，需要塑料量达 50 万吨以上，其中，改性塑料要占三分之一以上，具有较大市场空间和前景。

6.1.2.1　冰箱压机盖板——填充增强聚丙烯

填充增强改性是聚丙烯的重要改性手段之一。通过填充和增强技术，不仅可以大大降低材料的成本，而且可以显著改善聚丙烯的刚性、耐热性以及尺寸稳定性等，从而赋予材料新的性能，扩大其应用范围。

冰箱压缩机后罩要求长期耐高温老化、耐潮湿、刚性好和制件尺寸稳定性好，所以选用滑石粉填充、玻璃纤维增强的聚丙烯专用料，具有尺寸稳定性好、不翘曲、热变形温度高、模量和硬度大等特点，可满足冰箱压缩机盖板的要求。

（1）配方、工艺及性能

冰箱压缩机盖板——填充增强 PP 的配方、工艺及性能如表 6-8 所示。

表 6-8　冰箱压机盖板——填充增强 PP 的配方、工艺及性能

序号	原材料名称	用量/kg
1	PP K7726（燕山石化）	30
2	PP T30S（齐鲁石化）	24
3	PP K8303（燕山石化）	6
4	超细滑石粉（1250 目，云南超微新材料有限公司）	18
5	稀土铝酸酯偶联剂（河北辛集化工集团有限公司）	0.3
6	抗氧剂 1010（北京加成助剂研究所）	0.1
7	抗氧剂 DLTP（北京加成助剂研究所）	0.2
8	硬脂酸钙（淄博塑料助剂厂）	0.4
9	玻璃纤维（浙江巨石集团有限公司）	16
10	PP-g-MAH（海尔科化公司）	2
11	钛白粉 R550（日本）	1.6
工艺条件	1. 原料干燥：滑石粉、玻璃纤维在 110℃下干燥 4h 2. 混合工艺：先将滑石粉高速混合 1min，然后加入稀土铝酸酯，低速混合 3min，再将剩余组分加入高速混合机中高速混合 1min，出料 3. 挤出工艺：采用同向旋转啮合型平行双螺杆挤出机共混造粒 　主机转速　340r/min　　喂料　18Hz 　双螺杆挤出机各区温度/℃　205、210、215、220、210	

性能				
拉伸强度/MPa	38.5	悬臂梁缺口冲击强度/（J/m）	41.2
断裂伸长率/%	20.0	简支梁缺口冲击强度/(kJ/m²)	6.5
弯曲强度/MPa	60.0	维卡软化点/℃	167.0
弯曲模量/MPa	4270.0	热变形温度（1.82MPa）/℃	138
熔体流动速率/（g/10min）	7.5	成型收缩率/%	1.0

（2）配方特点

采用三种 PP 进行复配，PP K7726 流动性好，PP T30S 强度高，PP K8303 韧性好，这三种 PP 树脂的复配既保证了强度，又保证了韧性，还保证了流动性，效果很好。采用滑石粉和玻璃纤维同时对 PP 进行填充、增强改性，滑石粉对 PP 具有成核作用，能提高刚性和耐热性以及尺寸稳定性，玻璃纤维可以大大提高强度，这样既保证了增强效果，又保证了表面效果和尺寸稳定性。采用稀土铝酸酯偶联剂对滑石粉进行处理，可以提高滑石粉与 PP 的界面黏结力，采用 PP-g-MAH 可以提高玻璃纤维与 PP 树脂的黏结强度，从而制备出综合性能优异的填充增强 PP 复合新材料。

6.1.2.2 冰箱抽屉专用料——耐低温填充聚丙烯

冰箱抽屉一般采用高抗冲聚苯乙烯（HIPS）制作，一方面，HIPS 易在酸、碱、盐、油脂等作用下应力开裂，影响使用寿命；另一方面，HIPS 的价格比 PP 高，因此用改性 PP 代替 HIPS 用于冰箱抽屉的开发引起了材料工作者的兴趣，特别是在日本，已成功地将改性 PP 用于冰箱抽屉。笔者课题组研究了能替代 HIPS 用于冰箱抽屉的聚丙烯专用料的配方、工艺及性能，见表 6-9。

表 6-9　冰箱抽屉专用改性聚丙烯配方、工艺及性能

序号	原材料名称	用量/kg
1	PP AW191（新加坡 TPC 公司）	20
2	PP K7726（燕山石化）	40
3	PP F401（辽宁盘锦石化）	40
4	SBS YH-792（岳阳巴陵石化）	10
5	超细滑石粉（1250 目，云南超微新材料有限公司）	20
6	铝酸酯偶联剂（河北辛集化工集团有限责任公司）	0.75
7	PP-g-MAH（海尔科化公司）	2
8	抗氧剂 1010（北京加成助剂研究所）	0.1
9	抗氧剂 DLTP（北京加成助剂研究所）	0.2
10	CaSt（淄博塑料助剂厂）	0.8
11	EBS JH-302（吉化集团）	0.4

工艺条件	1. 原料干燥：滑石粉在 110℃下干燥 4h 2. 混合工艺：先将滑石粉高速混合 1min，然后加入铝酸酯，低速混合 3min，再将剩余组分加入高速混合机中高速混合 1min，出料 3. 挤出工艺：主机转速　320~340r/min　　喂料　12~15Hz 　　双螺杆挤出机各区温度/℃　185、195、205、205、200

性能	拉伸强度/MPa	18	悬臂梁缺口冲击强度/（J/m）	100
	断裂伸长率/%	100	简支梁缺口冲击强度/（kJ/m²）	12
	弯曲强度/MPa	29	维卡软化点/℃	140
	弯曲模量/MPa	1100	成型收缩率/%	0.4-0.6
	熔体流动速率/（g/10min）	4		

采用特殊共聚 PP AWI91，其低温冲击强度很高，从而保证了冰箱抽屉的低温使用性。同时配以流动性好的 K7726，从而保证了专用料的注射加工性。为降低收缩率，添加了滑石粉，使成型收缩率与 HIPS 相近。为进一步增强专用料的低温韧性，又配以 SBS 进行增韧。这样，本产品具有优异的低温冲击韧性，可满足冰箱抽屉在长时间的低温使用。

6.1.2.3　空调室外机壳专用料——超耐候聚丙烯

空调室外机壳一般采用镀锌钢板外涂防腐蚀涂料制备，质量重、成型加工复杂、喷涂工艺不好掌握，而且一旦有防腐涂料脱落，就会造成大面积锈蚀。因此近年来国外已大量采用耐候 PP 作为室外机壳。我国也对空调室外机壳用 PP 材料进行了开发，已在海尔等空调机上进行应用，配方及性能见表 6-10。

表 6-10　空调室外机壳用耐候聚丙烯的配方、工艺及性能

序号	原材料名称	用量/kg
1	PP K8303（燕山石化）	8
2	PP K7726（燕山石化）	56
3	PP T30S（齐鲁石化）	16
4	SBS YH-792（岳阳石化）	10
5	硫酸钡（1250 目，云南超微新材料有限公司）	8
6	铝酸酯偶联剂（河北辛集化工集团有限责任公司）	0.75
7	光稳定剂 GW-944（瑞士汽巴化学有限公司）	0.08
8	抗氧剂 1010（北京加成助剂研究所）	0.1
9	抗氧剂 DLTP（北京加成助剂研究所）	0.2
10	CaSt（淄博塑料助剂厂）	0.08
11	钛白粉 R902（美国杜邦公司）	0.8
12	光稳定剂 GW-480（北京加成助剂研究所）	0.08
13	镉红（湘潭市高新化工建材研究院）	0.0045
14	镉黄（湘潭市高新化工建材研究院）	0.0095
15	炭黑 C311（上海焦化有限公司）	0.0022

| 工艺条件 | 1. 原料干燥：硫酸钡在 110℃下干燥 4h
2. 混合工艺：先将硫酸钡高速混合 1min，然后加入铝酸酯，低速混合 3min，再将剩余组分加入高速混合机中高速混合 1min，出料
3. 挤出工艺：主机转速　340r/min　喂料　16Hz
　双螺杆挤出机各区温度/℃　210、215、215、220、215 | | |

性能	拉伸强度/MPa	25.6	悬臂梁缺口冲击强度/(J/m)	82
	断裂伸长率/%	370	简支梁缺口冲击强度/(kJ/m²)	14.4
	弯曲强度/MPa	36.5	维卡软化点/℃	140
	弯曲模量/MPa	1800	成型收缩率/%	1.18
	熔体流动速率/(g/10min)	12.5		

老化性能测试结果见表 6-11 和表 6-12。

表 6-11　紫外冷凝光测试结果（70℃）

紫外光照时间/h	0	1200	2000	2000h 性能保持率/%	外观变化
弯曲强度/MPa	36.5	38.6	36.9	101	无变化
缺口冲击强度/（kJ/m²）	14.4	14.4	14.1	97.9	无变化
拉伸强度/MPa	25.6	27.3	30.2	118	无变化
断裂伸长率/%	370	314	307	83	无变化

表 6-12　氙灯老化试验测试结果（63℃）

氙灯光照时间/h	0	1500	2000	2000h 性能保持率/%	外观变化
弯曲强度/MPa	36.5	40.7	37.9	104	无变化
缺口冲击强度/（kJ/m²）	14.4	14.2	13.9	96.5	无变化
拉伸强度/MPa	25.6	26.2	27.2	106	无变化
断裂伸长率/%	370	323	315	85	无变化

采用多种 PP 复配，可调整产品的 MFR，适宜于快速注射成型，工艺性优良。通过添加少量硫酸钡，进一步提高材料的流动性，同时降低成本，另外硫酸钡对 PP 的耐候性具有一定的增强作用。耐候体系主要采用 GW-944、GW-480 和 UV-326 的复配，保证了材料的长期耐候性。经氙灯加速老化试验，计算该产品的老化寿命在 15 年以上，可满足空调室外机对材料的要求。

6.1.2.4　中央空调管道系统专用料——纳米碳酸钙/玻璃纤维改性无规共聚聚丙烯增强耐热材料

沿海地区大城市空气中含酸性的工业废气和汽车尾气多，湿度大，雾气中含盐分高、氯化物高，这些物质会严重腐蚀金属管道，加速破坏金属材质的管道系统，缩短金属管道系统的使用寿命，影响采暖、空调制冷、传热的效果。为此，需采用新型的塑料管道以取代金属管道，达到延长使用周期的目的。目前空调项目中金属管道存在的问题有：a.管道内部受酸碱介质腐蚀，造成管道系统的设计寿命大大缩短；b.管道内部受介质溶解氧化，缩短使用寿命；c.现场管道安装接头部位防腐不好，造成腐蚀而缩短使用寿命。造成的后果为：a.使用寿命短，每 8~10 年就要翻修一次；b.管道内部长期氧化腐蚀严重，水摩阻系数逐年增大，循环水流速逐年降低，影响制冷、制热效果；c.管道表面易结露产生冷水，滴落到吊顶影响到装修效果；d.管内循环水水质差，影响机组并缩短使用寿命等。

建设领域的给水、排水、煤气、室内供热供暖等管道都是用 PP 塑料管道。然而，由于耐热、耐压、使用寿命及强度、刚度、尺寸稳定性、性价比等技术问题，中央空调管始终无法用 PP 塑料管道取代金属管，造成能源与资源上的缺失。采用 β 成核技术，结合无机纳米、玻璃纤维材料协同复合增强无规共聚聚丙烯（PP-R），制成 NF β PP-R 管道，具有刚性大、强度高、耐高温、长寿命、尺寸稳定、比金属管道保温、节能、不腐蚀等优点。NF β PP-R 管是提高了耐压强度、耐热温度与韧性的无规共聚聚丙烯，具有耐高温、耐高压且使用寿命长等优点，该管道可承受空中对大口径管道强度、刚度与埋藏深层土壤的侧面压力环刚度的要求，突破塑料管道在空调、采暖、供热技术上的难关，实现耐95℃、10kg、50年使用要求，满足节能、环保、耐久、经济、以塑代钢的时代要求。NFβPP-R塑料管道的经济性能优势比较明显，同等规格的NFβPP-R空调专用管道价格比铜管低50%以上，在各种规格综合比较下与镀锌钢管价格相当，但使用寿命长、维修率低，大大降低了后期维修费用的投入，从而更加经济。

以NFβPP-R管为例，将编织玻璃纤维技术应用于管道制作中，极大提高了塑料管材的拉伸强度和耐压刚度，使其在各项技术指标上得到进一步提升，尤其适用于中央空调管道系统。a.耐腐蚀性：NFβPP-R材质管道具有耐酸碱、耐流体介质腐蚀的特性，不会污染中央空调管内水体介质，从而保证介质不会堵塞管路、机组、阀体等部位，确保系统安全、有效地运行。b.长久性：NFβPP-R耐腐蚀，可长久使用50年以上。c.高经济性：NFβPP-R管道系统长期免维护，不需花费管道维护费用。金属管丝扣连接，会腐蚀管道系统，出现渗漏现象，污染吊顶，每年都要花费一定的维修费用，在金属管道使用期间，大概要翻修4次以上，整体工程费用是NFβPP-R的5倍以上。d.系统的安全性：NFβPP-R不影响介质质量，机组、管路系统可安全运行，保证制冷、供热效果长期处于优良运行状态。金属管道受腐蚀会影响介质质量，内壁不光滑，粗糙度增大，介质密度增大，介质中颗粒状杂质随运行时间长久而越积越多，这些都会严重影响介质的流速，继而影响到系统的制冷、制热效果。e.施工性：NFβPP-R质轻，管材、管件热熔对接，安装方便快捷，施工强度小，可缩短工期，节约施工成本。金属管质重，套丝、焊接工作强度大，安装不方便，工期要求时间长。f.接口安全性：NFβPP-R管材、管件，热熔对接属于分子键连接，安全可靠永不渗漏。g.系统功能性：NFβPP-R管道系统比金属管道热导率低两个数量级以上，隔热，保温效果好，节能降耗。在外层保温材料的使用上与金属管道相比，可减少约45%的保温材料使用量，从而降低了工程的总体造价。

6.1.3 改性塑料在小家电中的应用

6.1.3.1 电饭煲、电热杯外壳——高光泽聚丙烯

通过矿物填充和对基体PP的改性，改变了PP在注塑加工过程中的结晶行为，有效地提高了PP的表面光泽和硬度，其表面光泽可以达到或接近PS、ABS等高光泽塑料具有的效果，热变形温度比ABS高几十度，流动性好，加工性优异。由于其价格比高光泽ABS便宜，因此可以替代ABS制备对外观装饰性要求较高的部件，如电饭煲外壳、电热杯外壳、饮水机外壳以及电冰箱、洗衣机面板等。

（1）配方

高光泽PP的配方及制备工艺见表6-13。

表6-13 高光泽PP的配方及制备工艺

序号	原材料名称	用量/kg
1	PP K7726（燕山石化）	25
2	PP T30S（齐鲁石化）	33

序号	原材料名称	用量/kg
3	超细硫酸钡（1250目，云南超微新材料有限公司）	15
4	铝酸酯偶联剂（河北辛集化工集团有限责任公司）	0.3
5	抗氧剂1010（北京加成助剂研究所）	0.085
6	抗氧剂DLTP（北京加成助剂研究所）	0.17
7	EBS JH-302（吉化集团）	0.4
8	成核剂3988（美国Milleken公司）	0.16
工艺条件	1. 原料干燥：硫酸钡在110℃下干燥4h 2. 混合工艺：先将硫酸钡高速混合1min，然后加入铝酸酯，低速混合3min，再将剩余组分加入高速混合机中高速混合1min，出料 3. 挤出工艺：采用同向旋转啮合型平行双螺杆挤出机共混造粒 　　主机转速　320~340r/min　喂料　12~15Hz 　　双螺杆挤出机各区温度/℃　185、195、205、205、200	

（2）性能

高光泽PP的性能见表6-14。

表6-14　高光泽PP的性能

性能	测试方法	数值
拉伸强度/MPa	GB/T 1040.1—2018	25
断裂伸长率/%	GB/T 1040.1—2018	80
弯曲强度/MPa	GB/T 9341—2008	33
弯曲模量/MPa	GB/T 9341—2008	1600
悬臂梁缺口冲击强度/(J/m)	GB/T 1843—2008	40
MFR（2.16kg，230℃）/(g/10min)	GB/T 3682.1—2018	5
镜面光泽（20°入射角）/%	GB 8807—1988	86

（3）加工

注射成型：温度　210~240℃；压力　50~80MPa；注射速度　中→快；背压　0.7MPa；螺杆转速　20~70r/min；模具温度　40~60℃；排气口深度　0.0038~0.0076mm。

（4）用途

适用于有耐热要求和装饰要求的部件，如空调面板、取暖器外壳、电饭锅外壳、电热杯外壳、电吹风外壳、电冰箱果蔬盒等大型薄壁制品，同时由于其价格比ABS便宜，可以替代ABS，用来生产电话机外壳、暖瓶外壳、加湿器外壳、饮水机外壳、电风扇外壳及扇叶、抽油烟机外壳、排气扇外壳及扇叶等。

（5）配方特点

采用不同种类的PP树脂进行复配，保证高光泽PP的流动性，从而满足大型、薄壁制件的加工成型；采用超细硫酸钡作填料，一方面提高 PP 的表面光泽度，另一方面可以提高 PP 的流动性，同时还可以降低材料的成本，得到一举三得的效果；加入成核剂可以改善 PP 的结晶行为，提高 PP 的结晶完善度，细化球晶颗粒，从而进一步提高 PP 的表面光泽。

6.1.3.2　音箱专用料——高密度聚丙烯

采用高效复合功能助剂，模拟高档木制音响声音共振原理，制备出高保真 PP 音响专用料，用于制备电视机音箱、计算机音箱等。

（1）配方与工艺

高密度 PP 的配方及工艺见表 6-15。

表 6-15　高密度 PP 的配方及工艺

序号	原材料名称	用量/kg
1	PP K7726（燕山石化）	25
2	PP T30S（齐鲁石化）	33
3	超细硫酸钡（1250 目，云南超微新材料有限公司）	25
4	铝酸酯偶联剂（河北辛集化工集团有限责任公司）	0.3
5	抗氧剂 1010（北京加成助剂研究所）	0.085
6	抗氧剂 DLTP（北京加成助剂研究所）	0.17
7	黑色母（香港 Cabot 公司）	1.65
工艺条件	1. 原料干燥：硫酸钡在 110℃下干燥 4h 2. 混合工艺：先将硫酸钡高速混合 1min，然后加入铝酸酯，低速混合 3min，再将剩余组分加入高速混合机中高速混合 1min，出料 3. 挤出工艺：采用同向旋转啮合型平行双螺杆挤出机共混造粒 主机转速　340r/min　喂料　18Hz 双螺杆挤出机各区温度/℃　205、210、215、220、210	

（2）性能

高密度 PP 的性能见表 6-16。

表 6-16　高密度 PP 的性能

性能	测试方法	数值
拉伸强度/MPa	GB/T 1040.2—2006	25
断裂伸长率/%	GB/T 1040.1—2018	260
弯曲强度/MPa	GB/T 9341—2008	35
弯曲弹性模量/MPa	GB/T 9341—2008	1100
简支梁无缺口冲击强度/（kJ/m^2）	GB/T 1043.1—2008	NB
简支梁缺口冲击强度/（kJ/m^2）	GB/T 1043.1—2008	11
悬臂梁缺口冲击强度/（J/m）	GB/T 1843—2008	60

性能	测试方法	数值
维卡软化点/℃	GB/T 1633—2000	150
阻燃性能	UL 94	HB
熔体流动速率（230℃，2160g）/（g/10min）	GB/T 3682.1—2018	7
成型收缩率/%	GB/T 15585—1995①	1.2

① 该标准已废止，但目前未发布替代标准。

（3）加工

注射成型：温度　210~240℃；压力　50~80MPa；注射速度　中→快；背压　0.7MPa；螺杆转速　20~70r/min；模具温度　40~60℃；排气口深度　0.0038~0.0076mm。

6.1.3.3　暖风机外壳——阻燃聚丙烯

随着人民生活水平的提高，对冬季取暖需求也日益迫切，特别是在南方冬季，因为没有暖气，因而普遍采用电暖风机进行取暖，见图6-10。

图6-10　家用便携式电暖风机

目前便携式电暖风机外壳多由阻燃聚丙烯材料制备。鉴于这两年发生太多的由于暖风机引发的着火案例，澳大利亚标准协会在发布的 AS/NZS 60335.2.30：2009 标准中，对这类产品增加了很多更为严格的要求。该标准于 2010 年 10 月 29 号开始实施。澳大利亚监管机构要求，所有不满足这些新要求的产品，禁止进入澳大利亚市场，届时将吊销所有不满足要求的证书。相对老版标准，新增要求有：对外壳有大块塑胶材料的暖风机、机器的外壳、风扇叶片，以及其它所有外壳内的结构性元件、温控器、过热温控保护、开关等所有离加热元件 25mm 内的零部件上的塑料材料都要做 850℃灼热丝实验，不能起燃。

另外，出于环境保护的要求，为满足欧盟 RoHS 及 WEEE 指令，以及中国版 RoHS 指令［我国首部电子信息产业绿色法规《电子信息产品污染控制管理办法》（以下简称《办法》）于 2007 年 3 月起正式生效，这个《办法》与 2006 年 7 月 1 日起实施的欧盟 RoHS 环保指令的核心内容是一致的，所以该《办法》又被称为中国版 RoHS 指令。中国版 RoHS 指令涉及的 1800 多种电子信息产品涵盖了整机和元器件、原材料，其中包括了手机、音响、电池等多个行业的产品]，不能使用含卤阻燃体系，因此需要采用无卤阻燃体系。

目前，阻燃 PP 的主要方法是往其中加入添加型阻燃剂，且大多为卤系阻燃剂与锑化合物的协效系统，但这类系统阻燃的 PP 存在一些缺点，特别是燃烧或热裂解（甚至高温加工）时形成有毒化合物、腐蚀性气体和烟尘。鉴于环境保护方面的要求，阻燃剂无卤化的呼声日益升高，无卤阻燃 PP 也日益崭露头角。

已用和可用于阻燃 PP 的无卤添加型阻燃剂中，最为人看好和很具有工程应用前景的是膨胀型阻燃剂（IFR）。含有 IFR 的 PP 燃烧和热裂时，通过在凝聚相中发生的成炭机理而发挥阻燃作用，且某些聚合物的氧指数与其燃烧时的成炭量存在良好的相关性。近年来，已开发了一系列的适用于 PP 的磷-氮系混合型 IFR。混合 IFR 中的各组分单独使用时，对 PP 的阻燃效能不佳，但当它们共同使用时，对 PP 的阻燃性由于成炭率提高而明显改善。还有一种以膨胀型石墨及其它协效剂组成的 IFR，也正在受到重视。此外，近年还合成了一些集三源（酸源、碳源和发泡源）于同一分子内的单体 IFR，并正研究它们在 PP 中的应用。以 IFR 阻燃的 PP，当用量为 20%~30% 时，LOI 可达到 30% 以上，能通过 UL 94 V-0 级试验，不产生滴落，不易渗出，燃烧或热裂时产生的烟和有毒气体较卤-锑系统阻燃 PP 大为减少。但 IFR 的应用也受到一定的限制，主要是它们的热稳定性还不能完全满足需要，吸湿性较大，需用量也较高等。

另一类用于阻燃 PP 的无卤阻燃剂是氢氧化铝（三水合氧化铝，ATH）和氢氧化镁，它们已在阻燃 PP 工业上获得应用。这两种无机阻燃剂无毒，不挥发，不产生腐蚀性气体，且抑烟，但需用量很大，这就对 PP 的力学性能和熔流性能产生很不利的影响。此外，ATH 的分解温度仍较低，故只适用于可在较低温度下加工的阻燃 PP 制品。采用一些特殊的技术（如表面处理），可提高 ATH 的耐热性及在 PP 中的分散性，可成功地制得以 ATH 阻燃的 PP。

以无卤的硅系阻燃剂阻燃 PP 时，阻燃剂可通过类似于互穿聚合物网络（IPN）部分交联机理而部分结合入 PP 结构中，故不易迁移，使 PP 可获得持久的阻燃性。

微胶囊化的红磷及其以 PP 为载体的母粒，也可用做 PP 的无卤阻燃剂，而且常与 ATH 及 Mg(OH)$_2$ 协同使用。但红磷对含氧聚合物（如 PC、PET 等）的阻燃效能较佳。

聚磷酸铵（APP）是混合 IFR 的主要组分。APP 常与其它协效剂共用组成 IFR，这类协效剂多是气源和碳源，如季戊四醇（PETOL）、三聚氰胺（MA）、三羟乙基异三聚氰酸酯（THEIC）等。Spinflam MF82 也可用做 APP 的协效剂。以 IFR 阻燃 PP 时，系将 PP 与 IFR 先在混炼机上于熔融态下混合，温度可为 160~200℃，混炼机转速约为 40r/min，混炼时间为 4~12min。随后将混合试样于 170~230℃下注射成型。表 6-17 列有一些 IFR 阻燃的 PP 的配方及阻燃性。该表中 APP 与其它协效剂的质量比均为 2:1。

表 6-17　阻燃 PP 的配方、LOI 及 UL94 阻燃性

序号	阻燃剂	阻燃剂含量（质量分数）/%	磷含量（质量分数）/%	LOI/%	ΔLOI/%P（EFF 值）	UL 94	
						3.2mm	1.6mm
1		0	0	17.8		NR	NR
2		20	3.9	26.0	2.1	NR	NR

序号	阻燃剂	阻燃剂含量（质量分数）/%	磷含量（质量分数）/%	LOI/%	ΔLOI/%P（EFF 值）	UL 94	
						3.2mm	1.6mm
3		25	4.8	27.8	2.1	NR	NR
4	EDAP	30	5.9	29.8	2.0	V-2	V-0
5	40	35	6.9	32.3	2.1	V-2	V-1
6			7.8	34.1	2.1	V-2	V-0
7		15	4.7	19.3	0.32	NR	NR
8	APP	20	6.2	19.7	0.31	NR	NR
9		25	7.8	20.2	0.31	NR	NR
10	APP+	15	3.0	26.2	2.8	NR	NR
11	Spinflam	20	4.0	30.7	3.2	NR	V-0
12	MF82	25	5.1	33.0	3.0	V-2	V-0
13	APP	15	3.0	21.4	1.2	NR	NR
14	+	20	4.0	23.6	1.5	V-2	V-2
15	PETOL	25	5.1	26.4	1.7	V-2	V-2
16	APP	15	3.0	24.6	2.3	NR	NR
17	+	20	4.0	27.6	2.5	V-2	V-2
18	THEIC	25	5.1	32.2	2.8	V-2	V-0
19	Exolit	15	3.6	29.9	3.4	NR	NR
20	23P	20	4.8	34.8	3.5	V-2	V-0
21		25	6.0	38.8	3.5	V-2	V-0
22	APP+	15	3.0	19.4		NR	NR
23	PETOL+	20	4.0	19.6		NR	NR
24	苯甲酸酯	25	5.1	19.9		NR	NR

表 6-17 数据说明，表中不同配方阻燃的 PP 中的磷含量与 PP 的 LOI 呈良好的线性关系。如以 1/3 的 PETOL 代替 APP（即质量比为 2∶1 的 APP 与 PETOL 的混合物），则 IFR 的阻燃性能提高，但当这种混合物在 PP 中的含量为 25%时，虽然 LOI 值能达到约 26%，却只能通过 UL 94 V-2 级。如果采用 25%的 Exolit 23P 阻燃 PP，则材料 LOI 可达近 39%，3.2mm 试样可通过 UL 94 V-0 阻燃级。

阻燃 PP 的阻燃性及生烟性示于表 6-18。测定条件为：热流 20~40kW/m²，试样厚度 1.6mm 或 3.2mm，试件水平放置，暴露面积 0.01m²。

① 阻燃性及生烟性　表 6-18 的数据表明，对 LOI、UL 94 阻燃性及生烟性而言，24%的 MF82 的效果比 33%的（DBDO+Sb_2O_3）或 40%的（得克隆+Sb_2O_3）均佳，阻燃 PP 的 LOI 可比后两者高约 50%，D_m 也大大降低，而达到 D_m 的时间则为后两者的 4 倍或约 2 倍。

表 6-18 阻燃 PP 的阻燃性及生烟性

材料[①]	材料密度 / (g/cm^3)	试件质量 (1.6mm) /g	LOI/%	UL 94 阻燃剂		D_m[②]	达到 D_m 时间 /s
				3.2mm	1.6mm		
未阻燃 PP	0.90	14.48	18			139	20
DBDO33	1.19	12.76	25.0	V-0	V-0	703	3
DECHL40	1.25	12.00	25.9	V-0	V-0	413	7
DECHL6	0.94	14.14	19.5	V-2	V-2		
ATH60	1.44	9.22	27.8	V-0	V-2		
MF19	1.00	12.96	31.6	V-0		230	11
MF24	1.02	12.40	37.5	V-0	V-0	261	12
MF30	1.05	11.76	42.7	V-0	V-0		

① DBDO33 为以 25%DBDPO+8%Sb_2O_3，DECHL40 及 DECHL6 为分别以 27%得克隆+13%Sb_2O_3 及 4.5%得克隆+1.5%Sb_2O_3，ATH60 为以 60%ATH 阻燃的 PP，MF19、MF24 及 MF30 分别为以 19%、24% 及 30%Spinflam MF82 阻燃的 PP。

② D_m 为最大比光密度。

 ② 释热速度 PP 及含常规阻燃剂 PP 只有一个释热峰，而以 MF82 阻燃的 PP 有两个释热峰，但辐射热流低时（20kW/m^2），不出现第二个释热峰。在材料点燃后立即出现的第一个释热峰对火灾的成长有较大贡献，可用来计算其它火灾参数。以释热速度而言，用 MF82 阻燃的 PP 是最低的，其次是 ATH 阻燃的 PP，而卤-锑系统阻燃的 PP 仅比未阻燃 PP 略低。

 ③ 总释热量和质量损失 就总释热量而言，PP＞DECHL40＞DBDO33＞ATH60＞MF82，但质量损失的顺序是：DBDO33＞DECHL40＞PP＞ATH60＞MF82。显然，无论是总释热量还是质量损失值，都是以 MF82 阻燃的 PP 最佳，其次是以 ATH 阻燃的 PP。不过，卤-锑系统阻燃 PP 的质量损失值高于未阻燃 PP，但前者的最大释热峰值只为后者的 50%~60%。这说明卤系阻燃剂一方面通过在火焰区捕获自由基而使燃烧延缓（导致最大释热峰值下降），另一方面，可催化 PP 分解和挥发（导致质量损失增高）。由于同样的原因，卤-系统阻燃 PP 燃烧时生成的氧化不充分的产物（烟和 CO）也较多。而含 MF82 的 PP，即使点燃 1000s 后，总释热量值仍然是所有阻燃 PP 中最低者，且此时总的质量损失也仍只有 50%。

 ④ 引燃性 以 IFR 阻燃 PP 的引燃时间虽短，与未阻燃 PP 相近，且引燃时间与 PP 中 IFR 浓度基本无关。这说明 IFR 在较低温度下即能发挥作用，促进聚合物分解，较早生成可燃产物。但根据膨胀型阻燃剂的阻燃机理，含这种阻燃剂的聚合物燃烧时，在聚合物表面形成炭层，因而可减少进入可燃物和烟中的炭量，并使基质冷却，还能阻止可燃物进入火焰区和氧进入聚合物内层进行热氧化反应。因此，这种类型的燃烧将局限于聚合物表层，并具有自熄倾向，但也只是低速燃烧。当首先形成的炭层遭受破坏而不能再起作用时，将产生第二个释热峰，并形成第二个保护炭层。

 ⑤ 火灾性能指数（FP 指数） FP 指数是引燃时间与第一个释热峰峰值的比值，它在预测材料点燃后是否易于发生猛燃具有一定的实际意义，且可与大型试验中测得的材料发生猛燃的时间相关联。FP 指数也可用于评价材料的燃烧性能并据此将材料排序或分类。

FP 指数与试件厚度无关，可认为是材料本身的一个属性。但辐射热流量增加，FP 指数下降。例如，当辐射热流量由 20kW/m² 增至 30kW/m²，未阻燃 PP 的 FP 指数至少可降为原来的 1/2（由 0.57 降至 0.26）。这说明，在火灾发展期内，阻燃剂对火灾安全的影响较大。MF82 阻燃的 PP，其 FP 指数可达未阻燃 PP 的 5 倍（20kW/m² 时达 3.0 以上），而以 ATH 及卤-锑系统阻燃的 PP，20kW/m² 时 FP 指数分别为 2 左右和 1 左右，即在各类阻燃 PP 中，IFR 可赋予 PP 最高的 FP 指数。

表 6-19 为满足澳大利亚最新标准的阻燃 PP 性能表。

表 6-19　可满足澳大利亚新标准的阻燃 PP 性能（山东道恩公司产品 PP-GW850）

性能		测试标准	单位	数值
力学性能	拉伸断裂强度	D638	MPa	26
	断裂伸长率	D638	%	30
	缺口冲击强度	D256	kJ/m²	4.2
	弯曲强度	D790	MPa	35
	弯曲模量	D790	GPa	1.8
阻燃性（UL 94）	1.5mm			V-2
	3.0mm			V-2
	灼热丝实验			850℃不起燃
	熔点		℃	
	热变形温度（0.45MPa）	D648	℃	121
	收缩率	D955		1.0~12
其它	密度	D792	g/cm³	0.983
	熔体流动速率	D1238	g/10min	13

在大型宾馆和公共卫生间，也经常配置暖风机，用于洗手后吹干。由于暖风机内有电热器件，所以要求暖风机壳体材料耐热性要好；另外，由于防火安全的要求，暖风机壳体必须具有阻燃性能。

（1）传统卤素阻燃 PP 材料

① 配方　如表 6-20 所示。

表 6-20　传统卤素阻燃暖风机壳体用 PP 新材料配方

序号	原料名称	规格型号	生产厂家	用量/质量份
1	聚丙烯	1947	燕山石化	200
2	聚丙烯	1340	燕山石化	200

序号	原料名称	规格型号	生产厂家	用量/质量份
3	聚丙烯	2401	盘锦石化	350
4	滑石粉	1250目	云南超微新材料有限公司	100
5	十溴联苯醚		美国大湖公司	100
6	三氧化二锑		湖南益阳	50
7	抗氧剂	1010	北京加成助剂研究所	1
8	抗氧剂	DLTP	北京加成助剂研究所	2
9	稀土铝酸酯		河北辛集华能石化	1.2
10	PP-*g*-MAH		海尔科化公司	2

② 制备工艺　滑石粉在 120℃下鼓风干燥 2~4h；将各组分称量，加入滑石粉、稀土铝酸酯到高速混合机中，低速混合 3min，高速混合 2min，然后加入其它组分，低速搅拌 1min，高速搅拌 1min，出料，加入 TE-60（南京科亚科技发展有限公司产）于双螺杆挤出机中，混合造粒即得成品。双螺杆挤出机造粒时采用中等剪切螺杆组合，各段温度为第一段 180℃，第二段 190℃，第三段 200℃，第四段 210℃，第五段 220℃，第六段 220℃，机头 215℃；螺杆转速为 260r/min，喂料电流为 18Hz。

工艺要点　造粒温度不能太高，以防阻燃剂分解；螺杆组合的剪切力不能太强，以免剪切生热大，造成阻燃剂的分解。

③ 性能　如表 6-21 所示。

表 6-21　传统卤素阻燃暖风机壳用 PP 材料性能

序号	性能项目	测试值
1	拉伸强度/MPa	23
2	断裂伸长率/%	90
3	弯曲强度/MPa	32
4	弯曲模量/MPa	1050
5	悬臂梁缺口冲击强度/(J/m)	65
6	简支梁缺口冲击强度/(kJ/m²)	6.2
7	维卡软化点/℃	102
8	熔体流动速率（2.16kg，230℃）/(g/10min)	9.6
9	成型收缩率/%	0.6~0.8
10	阻燃性（UL 94）	V-1

④ 注射加工　温度　190~210℃；压力　30~60MPa；注射速度　中；背压　0.3MPa；螺杆转速　20~70r/min；模具温度　40~60℃；排气口深度　0.0038~0.0076mm。

⑤ 配方特点　采用共聚 PP 和均聚 PP 混合使用，可以保证材料刚性和韧性的平

衡；采用高流动性 PP 和低流动性 PP 混合使用，可以保证材料的流动性和加工性。采用滑石粉进行增刚和降低成本，并对滑石粉进行铝酸酯偶联剂和 POE-g-MAH 双重处理，增加滑石粉和 PP 以及 POE 的界面黏结性，材料的刚性和耐热性大大提高，达到了很好的韧性和刚性的平衡。采用十溴联苯醚与 Sb_2O_3 并用，具有很好的阻燃协同效应，使材料的阻燃性能达到了 UL 94 V-1 级。

（2）无卤阻燃暖风机壳用 PP 新材料

由于欧盟新的环保法规 RoHS 指令和 WEEE 指令的实施，要求所有出口到欧盟地区的电气产品不含有毒有害物质，其中包含多溴联苯（PBBs）和多溴联苯醚（PBDEs）。由于卤素阻燃剂（四溴双酚 A、十溴联苯醚等）会产生 PBDEs 和 PBBs，所以在暖风机壳材料中不能使用十溴联苯醚和四溴双酚 A，因此急需开发无卤阻燃 PP 新材料。

① 配方　如表 6-22 所示。

表 6-22　无卤阻燃暖风机壳用 PP 新材料配方

序号	原料名称	规格型号	生产厂家	用量/质量份
1	聚丙烯	1947	燕山石化	200
2	聚丙烯	1340	燕山石化	200
3	聚丙烯	2401	盘锦石化	350
4	滑石粉	1250 目	云南超微新材料有限公司	100
5	多聚磷酸铵		广州鑫镁化工有限公司	150
6	季戊四醇			75
7	三聚氰胺		荷兰 DSM	75
8	抗氧剂	1010	北京加成助剂研究所	1
9	抗氧剂	DLTP	北京加成助剂研究所	2
10	PP-g-MAH	接枝率 2%	海尔科化公司	3
11	稀土铝酸酯		河北辛集华能石化	1.2

② 制备工艺　滑石粉在 120℃下鼓风干燥 2~4h；将各组分称量，加入滑石粉、稀土铝酸酯到高速混合机中，低速混合 3min，高速混合 2min，然后加入其它组分，低速搅拌 1min，高速搅拌 1min，出料，加入 TE-60（南京科亚实业有限公司产）于双螺杆挤出机中，混合造粒即得成品。双螺杆挤出机造粒时采用中等剪切螺杆组合，各段温度为第一段 170℃，第二段 180℃，第三段 190℃，第四段 200℃，第五段 210℃，第六段 210℃，机头 210℃；螺杆转速为 260r/min，喂料电流为 18Hz。

工艺要点　造粒温度不能太高，以防阻燃剂分解；螺杆组合的剪切力不能太强，以免剪切生热大，造成阻燃剂的分解。

③ 性能　如表 6-23 所示。

④ 注射加工　温度 190~210℃；压力 30~60MPa；注射速度 中；背压 0.3MPa；螺杆转速 20~70r/min；模具温度 40~60℃；排气口深度 0.0038~0.0076mm。

表 6-23 无卤阻燃暖风机壳用改性 PP 材料性能

序号	性能项目	测试值
1	拉伸强度/MPa	22
2	断裂伸长率/%	75
3	弯曲强度/MPa	32
4	弯曲模量/MPa	1150
5	悬臂梁缺口冲击强度/（J/m）	60
6	简支梁缺口冲击强度/（kJ/m²）	5.8
7	维卡软化点/℃	101
8	熔体流动速率（2.16kg，230℃）/（g/10min）	8.4
9	成型收缩率/%	0.6~0.8
10	阻燃性（UL 94）	V-0

⑤ 配方特点　采用共聚 PP 和均聚 PP 混合使用，可以保证材料刚性和韧性的平衡；采用高流动性 PP 和低流动性 PP 混合使用，可以保证材料的流动性和加工性。采用滑石粉进行增刚和降低成本，并对滑石粉进行铝酸酯偶联剂和 POE-*g*-MAH 双重处理，增加滑石粉和 PP 以及 POE 的界面黏结性，材料的刚性和耐热性大大提高，达到了很好的韧性和刚性的平衡。采用 APP、季戊四醇、三聚氰胺组成的膨胀阻燃体系，具有优异的阻燃效果，达到了 UL 94 V-0 级。

6.2
现代汽车中应用的聚丙烯改性新材料

6.2.1　概述

中国的汽车消费量日益增加。据报道，2018 年全国汽车产量为 2780.9 万辆，再次刷新全球纪录，连续十年蝉联世界第一。其中轿车销量完成 1160 万辆，对乘用车增长贡献度为 60.8%。世界汽车技术发展的主要方向为轻量化、环保化，最终目的是节能、减排、降耗、环保。轻量化可带来如下好处：a.减轻汽车自重是提高燃油燃烧效率的最有效措施之一，汽车的自重每减少 10%，燃油的消耗可降低 6%~8%；b.降低汽车排放，保护环境。随着汽车产销量的增加，对汽车材料的需求量也日益增大。随着汽车轻量化的发展，汽车用材料也由金属逐渐向高分子材料方向发展，增加塑料类材料在汽车中的使用量，便成为降低整车质量及其成本、增加汽车有效载荷的关键。而汽车环保化还要求汽车塑料零部件可回收利用，首当其冲是汽车"内饰件"。 汽车用材料的组成见图 6-11。

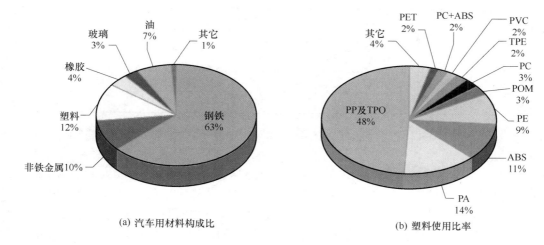

(a) 汽车用材料构成比   (b) 塑料使用比率

图 6-11　汽车用材料的组成

从图 6-11 可以看出，塑料是汽车材料的生力军，无论是外装饰件、内装饰件，还是功能与结构件，到处都可以看到塑料制品的影子。而塑料制品中，又以聚丙烯为主（几乎占汽车用塑料材料的一半），原因主要有以下几方面。

① 减重：因为塑料的密度普遍在 $2.0g/cm^3$ 以下（大部分在 $1.5g/cm^3$ 左右，PP 只有 $0.9g/cm^3$），相比金属材料要轻得多，因此减重效果明显。轻量化的效果见表 6-24。

表 6-24　汽车配件塑料化后的轻量化效果

配件名称	原总量/kg	塑料重量/kg	减轻重量/kg	轻量化率/%
空调器支架	3.18	0.91	2.27	71
盘式制动器活塞	0.82	0.41	0.41	50
发动机盖	16.34	12.26	4.1	25
后门	20.88	12.71	8.17	39
座椅架（2座）	22.7	11.35	11.35	50
燃料箱	22.7	18.16	4.54	20
轮胎（4只）	54.48	40.86	13.62	25
驱动轴	10.22	4.31	5.91	58
叶片弹簧	12.71	2.04	10.67	84
门梁	7.72	3.18	4.54	59
车身	209.29	94.43	114.86	55
身架	128.48	93.98	34.5	27
车门（4扇）	70.82	27.69	43.13	61

配件名称	原总量/kg	塑料重量/kg	减轻重量/kg	轻量化率/%
前后保险杠	55.84	19.98	35.86	64
车头	43.58	13.17	30.41	70
车轮（4只）	41.77	22.25	19.52	47
合计	721.53	377.69	343.84	47.7

② 塑料成型容易，使得形状复杂的部件加工十分便利，可以一次成型，加工时间短，精度有保证。

③ 塑料制品的弹性变形特性可提高安全系数，吸收大量的碰撞能量，对强烈撞击有较大的缓冲作用，对车辆和乘客起到保护作用。因此，现代汽车上都采用塑化仪表板和方向盘，以增强缓冲作用。前后保险杠、车身装饰条都采用塑料材料，以减轻车外物体对车身的冲击力。另外，塑料还具有吸收和衰减振动和噪声的作用，可以提高乘坐的舒适性。塑料制件增强缓冲作用如图 6-12 所示。

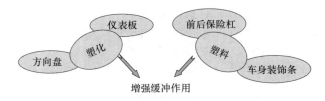

图 6-12　塑料制件增强缓冲作用

④ 塑料耐腐蚀性强，局部受损不会腐蚀。钢材制作一旦漆面受损或者先期防腐做得不好就容易生锈腐蚀。塑料对酸、碱、盐等抗腐蚀能力大于钢板，如果用塑料做车身覆盖件，十分适宜在污染较大的区域使用。

⑤ 塑料品种多，性能优异，适应性强。根据塑料的组成成分，通过添加不同的填料、增塑剂和硬化剂制出所需性能的塑料，改变材料的机械强度及加工成型性能，以适应车上不同部件的用途要求。例如：保险杠要有相当的机械强度；坐垫和靠背就要采用柔软的聚氨酯泡沫塑料。

⑥ 塑料配色容易，可制备出外观漂亮的多彩部件，增加汽车的美观。塑料可以通过添加剂调出不同颜色，省去喷漆的麻烦。有些塑料件还可以电镀，可用于制作装饰条、标牌、开关旋钮、车轮装饰罩等。

因此，塑料在汽车上的应用越来越多，每辆汽车的塑料使用量也日益增加。

6.2.2　汽车保险杠

汽车保险杠安装在汽车的最前端和最后端，在整车造型风格中起到至关重要的作用，它能够诠释出整车外装饰的艺术风格。好的保险杠能够使用户感到赏心悦目，得到美的享受。汽车保险杠是汽车重要的外饰件之一，无论汽车的大、小及造型如何，保险杠总是首当其冲成为造型师手中重点塑造的对象，造型美观是整车的亮点及卖点。在安全方面，汽车保险杠发挥重要的作用。在汽车发生碰撞时它起到吸收能量，减轻碰撞，起到安全防护作用，是现代汽车安全结构的重要组成部分，能有效地减轻人员伤亡以及汽车损坏程度。同时，它又是塑料在汽车上的应用部件中，用量最大、体积最大、最具有代表性的塑料零部件。

6.2.2.1　汽车保险杠的设计及对材料的要求

在保险杠的开发过程中，应遵循以下几个原则：a.主动安全性，即必须最大限度地满足使用功能，保险杠的安装高度应符合法规（安全可靠、设计合理）；b.被动安全性，即发生碰撞时，保险杠要有良好的吸能特性；c.在外部造型、色彩和质感上要与整车造型协调一致，浑然一体。

选材原则：正确地选择材料，必须满足三个方面的要求：a.良好的使用性能；b.优良的工艺性能；c.合理的成本。目前，保险杠的材料通常选用改性聚丙烯，它应满足如下的基本特征：a.耐热性：80~100℃；b.冲击强度：30~80kJ/m^2；c.拉伸强度：29~39MPa；d.成型性好，耐候性优好。

我国汽车行业规定以40km/h的速度撞击时，保险杠应不被损坏。这就要求改性聚丙烯材料应具有耐冲击、韧性好的特点。由于我国各地气候温差变化很大，就要求汽车保险杠材料要有良好的耐候性。普通的注射级聚丙烯简支梁冲击强度一般为2.2~2.5kJ/m^2（23℃）。为了提高它的冲击强度，通常是用EPR、EPDM、SBS或其它热塑性弹性体与PP共混，特别是EPDM与PP结构相似，相容性较好，改性后的PP冲击强度提高的幅度最大。国内一些科研及生产单位已研制出高流动性、高耐冲击聚丙烯专用料，非常适合生产高档轿车保险杠，性能已达到国外同类产品的水平。国产（包括引进合资车型）各类中档和高档轿车、经济轿车、轻卡、微型轿车保险杠专用料80%已经国产化。

在整车外表面定型后，要进行保险杠的结构设计。首先考虑保险杠与其它车身部件的搭接关系，进行安装结构设计；其次进行保险杠的本体设计。为了保证前保险杠与散热器罩、前大灯的间隙以及安装效果，上部与机舱总成共设计至少五处装配关系。为了保证前保险杠与前翼子板之间的间隙及安装效果，侧上部与前翼子板共设计至少四处装配关系。为了保证前保险杠与车身的整体性和牢固性，下部与车身其它部件共设计三处装配关系。同时要考虑前拖钩、前雾灯、前牌照、散热器罩的位置及安装方式。为了保证后保险杠与后组合灯、行李箱盖、侧围及后围之间的间隙以及安装效果，上部与后围总成设计四处装配关系、与侧围总成设计四处装配关系。下部与后围总成、密封挡泥板等设计四处装配关系。同时考虑后拖钩、后牌照、后牌照灯及排气管的位置以及安装方式。

保险杠内、外表面的转折处均应设计成圆角，这样不但机械强度高，外观漂亮，而且塑料在型腔里流动也比较容易。否则，保险杠在使用时夹角处易受压而破坏，成型冷却时易产生内应力和裂纹。保险杠应壁厚均匀、厚薄适当且不应有突变，厚薄不同的部位应逐渐过渡。在成型过程中，收缩和硬化同时发生，薄的部分比厚的部分冷却快，厚的部分比薄的部分收缩量大，这样容易产生翘曲。保险杠的基础厚度一般为3~3.5mm。为了使保险杠从模具内取出或取出型芯时不产生表面划伤和擦毛等情况，制品内、外表面沿脱模方向都应有倾斜角度，即脱模斜度。脱模斜度的大小与塑料的性质、收缩率大小、壁厚和形状有关，也和制品高度、型芯长度有关。最小脱模斜度为15º，通常取0.5º即可。在不影响制件装配要求的情况下，脱模斜度应尽量取大一些，一般为 0°~3°。在不增大制品厚度的情况下，采用加强筋能够增强制品的机械强度，同时还可以防止制品翘曲。加强筋和制品壁的连接处及端部，都应用圆弧相连，以防止应力集中而影响制品质量。设计加强筋应注意掌握以下几点：a.厚度应小于制品厚度，以免产生瘦陷（塑痕）；b.高度不宜过大，否则会使筋部受力破坏；c.设置方向应与槽内料流方向一致，以免由于料流的干扰而损害制品的质量；d.多条加强筋要分布得当，排列应互相错开，以减少收缩不匀而引起破坏；e.不应设置在大面积制品的中央部位，如非设置在中央不可时，则应在其相对应的外表面上加设槽沟，以消除可能产生的流纹。保险杠上各种形状的孔，应尽可能开设在不减弱制品机械强度的部位，其形状也应力求不使模具制造工艺复杂化。相邻两孔之间和孔与边缘之间的距离，通常都与孔径相等。

6.2.2.2　汽车保险杠材料的发展

国外对塑料汽车保险杠的研究起步较早，20 世纪 60 年代就已形成商品化生产规模，当时主要选材为 PU 和 PC/ABS 合金。进入 20 世纪 80 年代后，PP 改性材料成为制作保险杠的首选材料。近年来，随着高分子合金、复合、动态硫化、相容剂及共混理论与技术的发展，PP 改性材料不断适应各种汽车保险杠用材的要求，正在逐步代替其它保险杠材料。使用 PP 改性材料生产的保险杠已占 70%，已成为汽车保险杠材料的主流。

目前，聚丙烯汽车保险杠专用材料主要以 PP 为主材，加入一定比例的橡胶或弹性体材料、无机填料、色母粒、助剂等经过混炼加工而成。以 PP、EPDM、$CaCO_3$ 等为原料研制的保险杠专用材料的拉伸强度、弯曲模量值均较高、材料成型、流动性能良好，成型收缩率稳定，符合汽车保险杠材料及总成性能指标规定和要求。以 PP 为基体树脂、以 EPR 为增韧剂，辅以少量 PE，通过交联改性，并添加一定量的刚性无机填料，可制成超高冲击强度保险杠专用材料，成型性能良好，产品外形尺寸稳定。以 PP 为基体树脂，以一种新型聚烯烃热塑性弹性体乙烯-辛烯共聚物（POE）为增韧剂，乙烯-丁烯共聚物为助增韧剂，用处理过的 $CaCO_3$ 为无机增刚、增韧填充剂，通过动态微交联技术，制成了聚丙烯汽车保险杠用材料，性能达到相关指标的要求。

欧洲汽车保险杠大部分采用可注射成型的 EPDM 改性 PP 材料。20 世纪 90 年代初，欧洲约有 85%的保险杠用 EPDM 改性 PP 制作，后来提高到 95%。日本在塑料保险杠的开发方面始终处于世界前列，20 世纪 90 年代日本大约 80%的保险杠用改性 PP 制成。日本智索公司开发了一系列用于汽车保险杠的高结晶 PP，日本本田 CR-X 型汽车是世界上较早采用注射模塑法生产改性汽车保险杠的汽车。日产汽车公司和三菱油化公司也研制出由 PP 嵌段共聚物、苯乙烯弹性体和聚烯烃系乙丙橡胶三种组分配成的新材料制作的保险杠，该保险杠具有高刚性、耐冲击性、抗损伤性，并具有良好的光泽、弹性和可涂装性，具有装饰美观、可注射成型等特点，性能与聚氨酯差不多，成本则降低 10%~20%。日本三井化学也研制了由 PP 嵌段共聚物、弹性体和滑石粉配成的材料（TPO）制成的保险杠，综合性能良好。1991年，丰田汽车公司将纳米 PP 复合材料用于汽车前、后保险杠，使原来保险杠的厚度由 4mm 减至 3mm，质量减轻约 1/3。据报道，北美汽车工业 TPO 使用量的年增长率超过 10%。2005年，TPO 在北美塑料保险杠市场所占份额达 75%，而反应注射成型（RIM）聚氨酯和 PC 聚对苯二甲酸丁二醇酯（PBT）则将下降到 20% 和 1%。美国 GM 公司正在广泛采用 TPO

取代 RIM 聚氨酯作保险杠，福特公司正逐步停用 PC/PBT 保险杠，克莱斯勒公司长期以来一直使用 TPO 保险杠，并计划用 TPO 取代其它材料。

国外一些公司开发了许多回收 PP/EPDM 汽车保险杠的方法，如德国大众汽车公司采用先粉碎、清洗，然后再造粒及模塑的方法，这种方法简单可行、效率高。也有一些公司将回收的 PP/EPDM 汽车保险杠先粉碎，然后用二甲苯作溶剂分离聚合物。日本汽车公司则先除去保险杠的涂料，然后再加工成新的汽车保险杠。再生的 PP/EPDM 汽车保险杠与新生产的 PP/EPDM 汽车保险杠一样，可装在汽车上使用。表 6-25 列出了国外主要生产或研制单位提供的制作汽车保险杠的聚丙烯材料的技术指标。

表 6-25　国外汽车保险杠用聚丙烯改性材料的技术指标

技术指标		Amoco 公司		NS Himont SP1041	蒙特爱迪生公司						三菱油化	三井 Noblen		
		3143	3243		SP32 G81-1080	SP25 G81-1066	SP25/ G81-1066	SP150 G81-00990	SP25 GN	SP200 G31-1081		BP-B6	BP-BM	BP-A9
熔体流动速率 /（g/10min）		2.5	5.0	4	3.6	3.1	2.2	3.8	3.3	4.4	1.7~2.2	10.0	10.1	7.0
拉伸强度/MPa		26.09	25.40	17	23	26	25	16	23	17	15~33	15	18	14
断裂伸长率/%		>200	>200	>400	500	142	174	500	500	500	200~760	>500	>500	>500
弯曲强度/MPa				20.5	30	31	31	22	28	30	19~24	19	23	16
缺口冲击强度 /（J/m）	（23℃）	694.2	587.4	500							490			
	（-30℃）			100	69	53	62	95	76	82	44~98	不破坏	不破坏	不破坏
热变形温度/℃		82.2	98.8		108	108	99	85	98	97		86	102	98
洛氏硬度 R		82	84		75	79	78	60	70	63		46	38	50
收缩率/%												1.0~1.1	1.1~1.2	1.0~1.1

韩国 PR-Tech 公司正在开发空心玻璃微珠（HGB）强化低密度 PP 复合材料作为汽车保险杠材料，用低密度的玻璃微珠代替滑石粉或部分代替滑石粉，通过玻璃微珠大小和含量的最佳化，保持 PP 复合材料的性能，同时轻量化 10%，成型稳定性和内划伤性提高（3.0 级→3.0~3.5 级）。

空心玻璃微珠有如下特点：

形状：有薄壁的中空球体；

组成：钠钙、硼硅酸盐玻璃；

密度：0.6g/cm³（滑石粉：2.7g/cm³）；

粒径：30μm；

壁厚：1.3μm。

空心玻璃微珠在汽车保险杠改性 PP 中的分散示意图如图 6-13 所示。

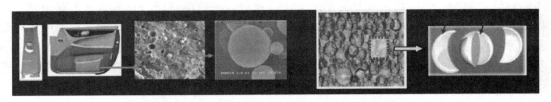

图 6-13　空心玻璃微珠在汽车保险杠改性 PP 中的分散

将 HGB 和微发泡技术结合可以制备更轻的汽车保险杠。例如，采用型内二次发泡工艺制备 HGB 改性 PP 泡沫复合材料，复合发泡剂为 Ac、ZnO 与 SiO_2 的混合物，HGB 进行预处理后干燥，将各组分预混，在单螺杆挤出机中熔融共混和挤出造粒，之后放入密闭模具内进行发泡成型，其中 PP 与 LDPE 的质量比为 80：20。研究发现，当 HGB 质量分数从 0%增加到 15%过程中，泡孔的平均直径从 964μm 逐渐降到 568μm（减小了 41.1%），泡孔密度则由 1066 个/cm^3 增加到 5206 个/cm^3，说明质量分数为 15%时发泡效果最好，同时泡沫复合材料的冲击强度在 HGB 质量分数为 15%时达到最大，为 25.6kJ/m^2，相比质量分数 0%时的 12.5kJ/m^2，提高了近一倍，可用于制备汽车保险杠。

6.2.2.3　汽车保险杠专用料——高刚超韧聚丙烯

为了改善 PP 性能上的不足，国内外都进行了大量的 PP 增韧改性研究，在多相共聚和共混改性方面取得了突破性的进展，共混改性简单易行，备受青睐。其中三元乙丙橡胶（EPDM）对 PP 有良好的增韧效果，该专用料无论在常温还是低温条件下均具有优异的抗冲击性能，而且具有优异的耐老化性能、良好的加工性能和涂装性能，在汽车保险杠材料方面获得了广泛应用。但随着茂金属聚烯烃弹性体（POE）的出现，由于 POE 具有独特的、优异的性能，迅速替代 EPDM 成为生产 PP 保险杠材料的主要增韧剂。因此采用 POE 增韧 PP 可以制备出高刚超韧聚丙烯保险杠材料。

① 配方　见表 6-26。

表 6-26　超韧 PP/POE 汽车保险杠新材料配方

序号	原材料名称	用量/kg
1	PP K7726（燕山石化）	329.34
2	PP 8303（燕山石化）	119.76
3	PP 2401（燕山石化）	89.82
4	POE 8150（DuPont-Dow）	255.69
5	1010	1.2
6	DLTP	2.4
7	ZnSt	2.4
8	炭黑	0.5

② 制备工艺　首先将各组分称量，放入高速混合机中低速搅拌 1min，然后高速搅拌 1min，出料，放入 TE-60（南京科亚科技发展有限公司产）双螺杆挤出机中，混合造粒即得成品。双螺杆造粒时采用中等偏强剪切的螺杆组合；各段温度为：第一段 180℃，第二段 195℃，第三段 210℃，第四段 220℃，第五段 235℃，第六段 235℃，机头 230℃；螺杆转速 350r/min。

③ 性能　见表 6-27。

表 6-27　超韧 PP/POE 汽车保险杠新材料性能

性能		测试方法	数值
拉伸强度/MPa		GB/T 1040.1—2018	17
断裂伸长率/%		GB/T 1040.1—2018	500
弯曲强度/MPa		GB/T 9341—2008	18
弯曲模量/MPa		GB/T 9341—2008	700
悬臂梁缺口冲击强度 / (J/m)	常温	GB/T 1843—2008	750
	-40℃		320
热变形温度（1.82MPa）/℃		GB/T 1634.1—2019	102
成型收缩率/%		GB/T 15585—1995	1.5
MFR（2.16kg，230℃）/ (g/10min)		GB/T 3682.1—2018	2

④ 注射加工工艺　温度　190~210℃；压力　30~60MPa；注射速度　中→快；背压 0.6MPa；螺杆转速　20~70r/min；模具温度　40~60℃；排气口深度　0.0038~0.0076mm。

⑤ 配方特点　采用共聚 PP 和均聚 PP 混合使用，可以保证材料的刚性和韧性的平衡，采用高流动性 PP 和低流动性 PP 混合使用，可以保证材料的流动性在适宜注射加工的范围内，同时具有高的韧性。采用 POE 进行增韧，增韧效果显著，材料的常温韧性、低温韧性都非常高，保证了汽车在严寒地区使用。

6.2.2.4　超耐候性聚丙烯/聚烯烃弹性体汽车保险杠新材料

汽车保险杠长期在户外使用，对材料的老化性能要求很高。过去由于使用黑色或灰色的保险杠，添加的炭黑在一定程度上减缓了材料的老化，但不能完全达到防老化的目的，因此对 PP 保险杠材料还应该进行进一步的防老化处理。虽然纯 PP 仅含单键，本身不吸收紫外光，但由于 PP 含有不饱和结构缺陷，合成和加工过程中残留的微量氢过氧化物、稠环化合物等光敏杂质会吸收紫外光而导致光降解，这对材料的老化性能不利。通过添加光稳定剂和抗氧剂，以其协同效应来提高 PP 耐候性，这种方法较为简单可行，是目前最实际、应用最广的方法，国内外已开发了大量光稳定剂和抗氧剂。但要想使各种添加剂发挥较好的抗老化效果，它们的配比就有一个最佳值。

① 配方　见表 6-28。

② 制备工艺　首先将各组分称量，放入高速混合机中低速搅拌 1min，然后高速搅拌 1min，出料，放入 TE-60（南京科亚科技发展有限公司产）双螺杆挤出机中，混合造粒即

得成品。双螺杆造粒时采用强剪切螺杆组合；各段温度为：第一段 180℃，第二段 195℃，第三段 210℃，第四段 220℃，第五段 235℃，第六段 235℃，机头 230℃；螺杆转速为 350r/min。

表 6-28　超耐候 PP/POE 汽车保险杠新材料配方

序号	原材料名称	用量/kg
1	PP K7726（燕山石化）	329.34
2	PP 8303（燕山石化）	119.76
3	PP 2401（燕山石化）	89.82
4	POE 8150（DuPont-Dow）	255.69
5	超细滑石粉，2500 目（云南超微新材料有限公司）	110.26
6	铝酸酯偶联剂（河北辛集化工集团有限责任公司）	1.0
7	POE-g-MAH（海尔科化公司）	30
8	1010	1.2
9	DLTP	2.4
10	ZnSt	2.4
11	炭黑	0.8
12	受阻胺稳定剂 944（瑞士汽巴化学有限公司）	0.2
13	紫外线吸收剂 UV327（瑞士汽巴化学有限公司）	0.1
14	光稳定剂 770（瑞士汽巴化学有限公司）	0.1

③ 性能　见表 6-29。

表 6-29　超耐候性 PP/POE 汽车保险杠新材料性能

性能		测试方法	数值
拉伸强度/MPa		GB/T 1040.1—2018	18
断裂伸长率/%		GB/T 1040.1—2018	420
弯曲强度/MPa		GB/T 9341—2008	22
弯曲模量/MPa		GB/T 9341—2008	960
悬臂梁缺口冲击强度 /（J/m）	常温	GB/T 1843—2008	550
	-40℃		160
成型收缩率/%		GB/T 15585—1995	1.3
热变形温度（1.82MPa）/℃		GB/T 1634.1—2019	118
MFR（2.16kg，230℃）/（g/10min）		GB/T 3682.1—2018	1.5
老化后性能（紫外光加速老化，温度 70℃，紫外线波长 300nm，不淋水，实验时间 168h）	悬臂梁缺口冲击强度/（J/m）	GB/T 16422.3—2014	515
	拉伸强度/MPa		17.2

④ 注射加工　温度　190~210℃；压力　30~60 MPa；注射速度　中→快；背压 0.6MPa；螺杆转速　20~70r/min；模具温度　40~60℃；排气口深度　0.0038~0.0076mm。

⑤ 配方特点　采用受阻胺类光稳定剂和紫外线吸收剂并用，具有优异的协同效应，再加之酚类抗氧剂的作用，大大提高了材料的耐老化性能，而且价格昂贵的 944、770、UV327 等添加量极少，使材料的价格不至于增加太多，从而保持高的性价比，提高市场竞争力。

6.2.2.5　可漆性聚丙烯/聚烯烃弹性体汽车保险杠材料

随着人们生活水平的提高，对汽车外观的要求也越来越高，不仅是高档汽车保险杠采用整体喷漆装饰，而且中低档汽车保险杠采用整体喷漆装饰也越来越普及。因此就要求保险杠材料具有可漆性。由于保险杠的主体材料为 PP 和 POE，均是非极性材料，表面能低，不易喷漆。所以研制可漆性 PP 保险杠材料是目前的热点。提高 PP/POE 材料的可漆性，可在 PP/POE 中加入极性材料，但添加的极性材料要和 PP 具有一定的相容性。

① 配方　见表 6-30。

表 6-30　可漆性 PP/POE 汽车保险杠新材料配方

序号	原材料名称	用量/kg
1	PP K7726（燕山石化）	329.34
2	PP 8303（燕山石化）	119.76
3	PP 2401（燕山石化）	89.82
4	POE 8150（DuPont-Dow）	255.69
5	超细滑石粉，2500 目（云南超微新材料有限公司）	110.26
6	铝酸酯偶联剂（河北辛集化工集团有限责任公司）	1.0
7	POE-g-MAH（海尔科化公司）	30
8	PP-g-MAH（海尔科化公司）	20
9	EVA，VA 含量 25%（北京东方石油化工有限公司有机化工厂）	50
10	1010	1.2
11	DLTP	2.4
12	ZnSt	2.4
13	炭黑	0.8

② 制备工艺　首先将各组分称量，放入高速混合机中低速搅拌 1min，然后高速搅拌 1min，出料，放入 TE-60（南京科亚科技发展有限公司产）双螺杆挤出机中，混合造粒即得成品。双螺杆造粒时采用强剪切螺杆组合；各段温度为：第一段 180℃，第二段 195℃，第三段 210℃，第四段 220℃，第五段 235℃，第六段 235℃，机头 230℃；螺杆转速为 350r/min。

③ 性能　见表 6-31。

④ 注射加工　温度　190~210℃；压力　30~60 MPa；注射速度　中→快；背压　0.6MPa；螺杆转速　20~70r/min；模具温度　40~60℃；排气口深度　0.0038~0.0076mm。

表 6-31　可漆性 PP/POE 汽车保险杠材料性能

性能		测试方法	数值
拉伸强度/MPa		GB/T 1040.1—2018	17
断裂伸长率/%		GB/T 1040.1—2018	495
弯曲强度/MPa		GB/T 9341—2008	21
弯曲模量/MPa		GB/T 9341—2008	920
悬臂梁缺口冲击强度 /（J/m）	常温	GB/T 1843—2008	610
	-40℃		226
热变形温度（1.82MPa）/℃		GB/T 1634.1—2019	115
成型收缩率/%		GB/T 15585—1995	1.3
MFR（2.16kg，230℃）/（g/10min）		GB/T 3682.1—2018	1.8

⑤ 配方特点　采用共聚 PP 和均聚 PP 混合使用，可以保证材料的刚性和韧性的平衡；采用高流动性 PP 和低流动性 PP 混合使用，可以保证材料的流动性在适宜注射加工的范围内，同时具有高的韧性。采用 POE 进行增韧，增韧效果显著，材料的常温韧性、低温韧性都非常高。采用超细滑石粉进行增刚，并对滑石粉进行铝酸酯偶联剂和 POE-g-MAH 双重处理，增加滑石粉和 PP 以及 POE 的界面黏结性，材料的刚性和耐热性大大提高，达到了很好的韧性和刚性的平衡；同时滑石粉具有极性，可增加材料的可漆性。加入了 PP-g-MAH，可进一步提高填料滑石粉与 PP 的界面黏结力，由于酸酐基团含量的增多，也提高了可漆性。另外加入 EVA，可进一步提高材料的极性，从而提高可漆性，也提高材料的抗应力开裂性能。通过上述多组分的共同作用，PP/POE 保险杠材料的可漆性大大提高。

6.2.2.6　添加成核剂的聚丙烯/聚烯烃弹性体汽车保险杠新材料

近年来国内外出现了采用 β 晶型成核剂增韧改性 PP 的新方法。它通过使 PP 中抗冲性能较差的 α 晶型向抗冲性能极好的 β 晶型转变以达到增韧的目的，在不明显降低其它性能的情况下，能大幅度提高 PP 的抗冲性能，是今后聚丙烯增韧改性的发展方向之一。

① 配方　见表 6-32。

表 6-32　添加成核剂的 PP/POE 汽车保险杠新材料配方

序号	原材料名称	用量/kg
1	PP K7726（燕山石化）	379.34
2	PP 8303（燕山石化）	119.76
3	PP 2401（燕山石化）	89.82
4	POE 8150（DuPont-Dow）	205.69
5	超细滑石粉，2500 目（云南超微新材料有限公司）	110.26
6	铝酸酯偶联剂（河北辛集化工集团有限责任公司）	1.0
7	POE-g-MAH（海尔科化公司）	30
8	1010（北京加成助剂研究所）	1.2

序号	原材料名称	用量/kg
9	DLTP（北京加成助剂研究所）	2.4
10	ZnSt	2.4
11	β 晶型成核剂	1
12	炭黑	0.8

② 制备工艺　首先将各组分称量，放入高速混合机中低速搅拌 1min，然后高速搅拌 1min，出料，放入 TE-60（南京科亚科技发展有限公司产）双螺杆挤出机中，混合造粒即得成品。双螺杆造粒时采用强剪切螺杆组合；各段温度为：第一段 180℃，第二段 195℃，第三段 210℃，第四段 220℃，第五段 235℃，第六段 235℃，机头 230℃；螺杆转速为 350r/min。

③ 性能　见表 6-33。

表 6-33　添加成核剂的 PP/POE 汽车保险杠新材料

性能		测试方法	数值
拉伸强度/MPa		GB/T 1040.1—2018	19
断裂伸长率/%		GB/T 1040.1—2018	450
弯曲强度/MPa		GB/T 9341—2008	24
弯曲模量/MPa		GB/T 9341—2008	1060
悬臂梁缺口冲击强度 /（J/m）	常温	GB/T 1843—2008	575
	-40℃		186
热变形温度（1.82MPa）/℃		GB/T 1634.1—2019	118
成型收缩率/%		GB/T 15585—1995	1.4
MFR（2.16kg，230℃）/（g/10min）		GB/T 3682.1—2018	2.5

④ 注射加工　温度　190~210℃；压力　30~60MPa；注射速度　中→快；背压　0.6MPa；螺杆转速　20~70r/min；模具温度　40~60℃；排气口深度　0.0038~0.0076mm。

⑤ 配方特点　添加 β 晶型成核剂，使 α 晶型-PP 生成了 β 晶型 PP，减少了 POE 用量，在保证韧性的同时使刚性有所提高，制备出性价比高的、综合性能优异的汽车保险杠用 PP 刚性新材料。

6.2.3　聚丙烯塑料汽车保险杠的涂装工艺

保险杠是汽车上较大的覆盖件之一，它对车辆的安全保护、造型效果等有着较大的影响。汽车保险杠分为前杠和后杠，其主体一般由骨架、面罩和横梁三层结构组成。随着人们审美意识的变化，对汽车外观的要求越来苛刻。保险杠喷漆后可与车身同色，且有光泽，使汽车在外观上更加具有整体感，还可掩盖塑料表面的花纹或划伤等缺陷，并提高了表面硬度，而且在耐候性、耐化学品腐蚀性、防尘性等方面也得到提高。因此，如何对 PP 塑料保险杠进行涂装成为人们关注的课题。

6.2.3.1 涂装前处理

聚丙烯本身是一种低极性的聚合物，表面张力小，对改性 PP 汽车保险杠的涂装有不良影响。因此在喷涂前必须对基材进行适当的前处理。前处理方法可分为化学方法（包括化学浸蚀、化学氧化、表面反应、辐射反应及等离子体聚合反应）和物理方法（火焰法、电晕法、等离子体、离子束、紫外线、激光及 X 射线法等）两种。PP 涂装前处理用得比较多的方法有火焰、等离子、电晕法或二苯甲酮/紫外线法。经过不同的前处理（酸洗除外）后，PP 材料表面的 C—C 或 C—H 键发生氧化，产生 C—O、C—O 和 COO 官能团。火焰法是应用较为普遍的一种方法，它用火焰的气化焰部分与 PP 材料表面接触直至使表面光滑为止，以使其表面氧化，增大极性，但耐老化性差，大约 1 年后黏结强度下降，并且往往有火焰处理不到的部位。因此寻找一种无需火焰处理的底漆，就成了保险杠涂装的发展方向。在改性 PP 底材涂装以前，先用低固体分氯化聚烯烃（CPO）的溶液喷涂 1 层 2~3μm 的薄过渡层也是改进其表面极性行之有效的办法，工艺流程见图 6-14。但这种方法用于处理改性 PP 保险杠时，要增加额外施工步骤，增加成本，同时由于 CPO 为透明液体，在整体上容易有厚薄不均匀现象，难以遮盖毛坯带来的缺陷。

图 6-14 用氯化聚烯烃（CPO）溶液处理的 PP 底材

6.2.3.2 涂装用涂料

对涂料的性能要求有：a.附着力极佳，施工工艺简单；b.涂料可覆盖整个底材，无薄弱部位和遮盖磨痕及毛坯带来的缺陷；c.固体含量高，施工黏度下固体达到 20%；d.无需火焰处理的底漆涂膜厚度应要求在 5~10μm。

在汽车保险杠涂料材料体系中，PP 用底漆、金属闪光漆及罩光清漆（或实色漆）都有一个共同点，即环境保护，其重点是降低在施工和漆膜形成过程中溶剂的挥发量。表 6-34 列举了改性 PP 保险杠常用的涂料体系，表 6-35 为 PP 塑料用配套涂料体系及参考配方。

表 6-34　改性 PP 保险杠常用涂料体系

涂料体系	颜色要求	光泽	烘烤	涂料类型
PP 用底漆	浅灰色	低	自干/低温	单组分改性丙烯酸树脂漆
二涂层（实色漆/金属闪光漆）	与车身同色	金属闪光漆：低；实色漆：高	低温	实色漆：双组分丙烯酸漆；金属闪光漆：改性聚酯漆、改性丙烯酸漆
三涂层（实色漆/罩色清漆）	与车身同色	实色漆：高；罩色漆：高	低温	实色漆：双组分丙烯酸漆；罩色漆：双组分丙烯酸漆

表 6-35 **PP 塑料用配套涂料体系及参考配方**

原材料	质量分数/%	备注
44%603（PP 改性丙烯酸漆）白色浆		
603	40	专用改性丙烯酸树脂
BAC	5	
XY	5.5	
10% Benton38	3	膨润土
141	0.3	BYK 助剂
50% Reybo57	1.2	美国瑞宝分散剂/香港劲辉化工公司
R930	45	石原金红石钛白粉
PP 底漆（灰色）		
40%603 白色浆	55	专用改性丙烯酸树脂白色浆
603	20	专用改性丙烯酸树脂
XY	4	
BAC	7.4	
CAC	3.4	
5%603 黑色浆	5	
300	0.2	TEGO
VE-507	5	美国助剂
金属闪光漆		
5060	7	TOYO（日本）
XY	7	
PX-01	40	丙烯酸树脂
20% CAB/4800 分散蜡混合物	30	Eastman/香港劲辉化工公司
P201 防沉蜡	2	Dechem
MS$_1$	13	混合溶剂
1%催干剂	1	催化剂
罩光清漆		
5070	65	上海高点化工丙烯酸树脂
MS$_1$	20	混合溶剂
1%催干剂	1	催化剂
PX-02	14	专用高固含量丙烯酸树脂
HNA 固化剂		
3390	60	BAYER
BAC	25	
XY	15	

6.2.3.3 涂装材料体系化学组成的选择

改性 PP 塑料是一种高分子材料,相对于金属车身底材,其表面极性和表面张力都非常小,为了保证与底材良好的附着性,底漆用树脂应选择具有一定量的极性基团,有利于附着力的提高(如将氯化聚烯烃引入底漆中,设计成无需火焰处理的底漆)。另外,汽车是户外用品,在时间和地域上跨度较大,还要经受酸雨、雪、公路上盐水等的浸蚀,在注重面漆装饰性的同时,还必须考虑其防护效果。长期的户外使用要求保光保色性好,还必须具备与车身高温漆同等的耐湿热、耐盐雾、耐紫外线、耐化学溶剂腐蚀和耐划伤等性能,同时还应具备优良的柔韧性。故可选择耐候性及综合性能较好的双组分丙烯酸聚酯漆。

在具体的合适的改性 PP 保险杠涂装材料体系中,还必须考虑汽车厂所采用的技术标准和工艺流程及技术要求。PP 保险杠涂膜性能技术标准见表 6-36。

表 6-36　PP 保险杠涂膜性能技术标准

检测项目	技术指标	检测方法
漆膜外观及颜色	平整光滑、符合标板	目测
光泽(20°)/%	≥90	GB/T 9754—2007
附着力(划格法)/级	0	GB/T 9286—1998
耐水(二次循环,40℃温水,240h)	外观无异常	
耐水(二次循环,50℃,相对湿度 95%,240h)①	外观无异常	
鲜映性	≥0.6~0.8	KD-123-23
耐酸性 0.05M H_2SO_4(25℃)	24h 不起泡、不发糊、无斑点、允许轻微色相变化	GB/T 1763—79(89)
耐碱性 0.1M NaOH(25℃)	24h 不起泡、不发糊、无斑点、允许轻微色相变化	GB/T 1763—79(89)
耐水性(25℃温水)	10 个循环不起泡,允许轻微变化	GB/T 1733—93
耐汽油性	24h 不起泡、不发糊、无斑点、允许轻微色相变化	GB/T 1734—93(甲法)
耐溶剂性(二甲苯擦拭,反复 8 次)	擦痕轻微	
耐老化(600h)	颜色轻微变化,色差 ΔE≤3,失光率≤15%	GB/T 1865—2009

① 50℃温水浸泡 8h,晾干 8h 为 1 个循环。

注:以上性能指复合涂层,即底漆+着色漆+清漆;上述漆膜性能的检测必须在烘烤出炉 48 h 后进行。

6.2.3.4 涂装工艺

① 塑料保险杠涂装工艺流程　塑料保险杠涂装工艺("三涂一烘""湿碰湿"施工工艺)流程如图 6-15 所示。

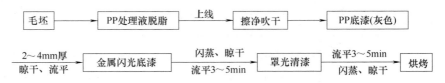

图 6-15　塑料保险杠涂装工艺流程示意图

② 施工工艺参数　见表 6-37。

表 6-37　塑料保险杠涂装工艺参数

施工工艺		喷涂参数
喷枪		喷嘴：1.4mm
施工黏度 （涂-4 杯）/s		实色漆：18~21（23℃±2℃）
		闪光漆：13~14（23℃±2℃）
		底漆：13~14（23℃±2℃）
		罩光漆：18~19（23℃±2℃）
喷涂压力/MPa		0.3~0.4
喷漆道数		湿碰湿：（实色漆）2 道，（闪光漆）3 道，每道喷涂工序前闪蒸 3~5min
喷漆室温度		冬天：18℃±2℃
		夏天：25℃±2℃
推荐干膜厚度		10~15μm，个别颜色（如红色）允许达到 25μm
干燥条件	自然干燥	144h
	强制性干燥	75℃±5℃/（25~30）min

③ 施工步骤　a.PP 底漆用专用稀释剂稀释；b.金属闪光漆用专用稀释剂稀释，漆料与 HNA 固化剂以 10∶1 的比例配制；c.单元清漆或实色漆均用专用稀释剂稀释，如涂罩光清漆，其与 HNA 固化剂之比为 3∶1；如涂实色漆，其与 HNA 固化剂之比为 4∶1。

6.2.3.5　保险杠涂装漆膜弊病及解决方法

漆膜弊病的产生与生产设备、施工环境、人员及油漆等几大因素有关，但经常出现的弊病无疑有其内在规律。改性 PP 汽车保险杠漆膜弊病有其本身特殊性，也有很多地方可以借鉴高温烤漆的经验，常见漆膜弊病及解决方法见表 6-38。

表 6-38　涂装中可能出现的漆膜弊病及解决方法

漆膜弊病		影响因素	解决方法
底漆	咬底	着色漆溶剂溶解性强	调整溶剂组成
		底漆未干透	调整底漆溶剂组成，适当延长闪蒸时间
		底面漆之间配套性差	用同一供应商底面漆
	附着力差	PP 底漆配方不合理，底漆膜厚度不够	改进底漆的配方，底漆膜厚保证在 5~8μm
		压缩空气含油、水等物	定期排放分离器中的油和水
		操作者手上有油污	使用专用手套
	硬度低	烘烤温度低	温度控制在（75±5）℃，选择硬度较高的清漆
		漆膜过厚	降低施工黏度或出漆量
		双组分漆固化剂加量少	正确调配漆

漆膜弊病		影响因素	解决方法
着色漆	斑点	喷漆室温过高	降温
		喷漆压力过高造成铝粉突变	降低喷涂压力、增大枪距、减少扇弧
		喷得过薄造成铝粉定位不好	均匀喷漆，遮盖好
	透印	漆膜太薄	均匀遮盖
		打磨手法不对，特别是浅色漆时	改正打磨手法，湿磨，圆磨
清漆	雾状物	溶剂挥发太快	添加慢挥发溶剂
		溶解力差，放置时间太长	变换溶剂，配好清漆最好在 2h 内用完
		罩光时着色漆未干透	增加着色漆闪蒸时间
	流挂	溶剂挥发慢	改变溶剂配方或添加防流挂树脂
		湿膜涂喷太厚	正确喷涂，增大喷枪扇弧及减少输漆量
	缩孔	清漆喷涂太厚，有油污	清理空气干燥器
		设备中的润滑油或机油	擦拭干净
		金属闪光漆与清漆表面张力不配套	调整清漆流平性能

6.2.4　汽车仪表板用改性聚丙烯塑料

汽车仪表板是汽车上的重要功能件与装饰件，是一种薄壁、大体积、上面开有许多安装仪表用孔和洞形状的复杂零部件，是安装汽车各类仪表的支架，在驾驶室的前部。根据车的种类不同，可分主仪表板和副仪表板。目前，国外汽车仪表板主要是用 ABS 塑料和改性聚丙烯制造。在我国，轿车、微型轿车、面包车和农用车的仪表板是用改性聚丙烯生产的。中国石化洛阳石化总厂在 PP 共混改性研究中，应用三元共混增韧体系，在 PP F401 粒料和粉料的基础树脂中，加入增韧剂 EPDM、相容剂 LLDPE 和成核剂等材料进行共混改性，生产出了汽车仪表板专用料，这种料具有表观性能好、力学性能高、流动性能优良、收缩率小等特点。

6.2.4.1　汽车仪表板种类

汽车仪表板的结构和用材多种多样，但基本上可以分为硬质和软质仪表板两大类，如图 6-16 所示。

硬质仪表板结构简单，主体部分为同一种材料构成，多用于载重汽车、客车及中低档轿车上，一般不需要表皮材料，采用直接注射成型；软质仪表板由表层、缓冲层和骨架三部分构成，使用多种材料。常用的表皮材料有 PU、PP、ABS/PVC 合金、天然皮革等，多用于轿车。其优缺点、制造方法和用材见表 6-39。

除了上面介绍的两种仪表板外，还有钢板冲压成型再焊接和涂装制造的钢质仪表板、钢质仪表板外层包覆人造革后制成的半软化仪表板、木质仪表板等。今后，汽车制造业中最普遍使用的仍是注射成型法和真空吸塑成型法生产的塑料仪表板，部分高档轿车可能使用搪塑成型法和使用天然皮革包覆仪表板。

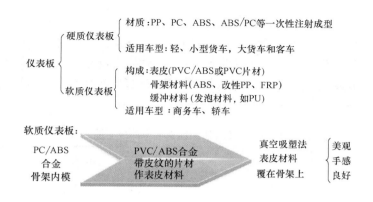

图 6-16　汽车仪表板的结构和用材

表 6-39　硬质和软质仪表板的对比

项目	硬质仪表板	软质仪表板	
		示例 1	示例 2
制造方法	注射成型 手糊成型 冲压成型	表皮：真空成型； 骨架：塑料注射成型、模压成型、吸塑成型或金属冲压成型； 缓冲材料：PU 浇注成型	表皮：搪塑成型； 骨架及缓冲材料：成型方法同真空成型
使用材料	改性 PP、ABS、改性 PPO 等	表皮：PVC/ABS； 缓冲：半硬质 PU； 骨架：ABS、钢板、PP/木粉、硬质板	表皮：天然皮革； 其它材料：同真空成型
外观手感	差	较好	很好
花纹	差	较好	很好
生产周期	短	较长	较长
制造成本	低	中等	高
使用车型	大客车、载货车、低档轿车	中级轿车	高级轿车

6.2.4.2　汽车仪表板的技术要求

仪表板是汽车上主要的内饰件之一，在强度上要求能承受各种仪表和音响设备以及管线接头的负荷，并能耐前挡风玻璃透过来的太阳光辐射热和发动机散热引起的高温。从安全角度出发，要求仪表板具有吸收冲击能、防眩和难燃性能。在发生汽车冲撞时，保护乘员的吸收冲击能标准参看 FMVSS No.201、ADR No.21 条款，防眩标准参看 ADR No.18、FMVSS No.17 条款，难燃性标准参看 FMVSS No.302 条款。在设计和选择仪表板材料时，必须考虑满足上述规定标准的技术要求。

总的来说，汽车仪表板应该具有以下性能特点。a.有足够的强度、刚度，能承受仪表、管路和杂物等的负荷，能抵抗一定的冲击。b.有良好的尺寸稳定性，在太阳光辐射和发动机余热的高温下不变形；在长期高温下不变形、不失效、不影响各仪表的精确度。c.有适当的装饰性，格调幽雅，反光度低，给人以宁静舒适的感觉。d.耐久性好、耐冷热冲击、耐光照，使用寿命 10 年以上。e.制造仪表板的主要原料及辅助材料均不得含镉等对人体有害的物质。f.不允许产生使窗玻璃模糊的挥发物。g.软质表皮在常温和低温下破损时，应韧性断裂，而不应脆性断裂，即要求制品破损时不允许出现尖状锐角。i.耐汽油、柴油和汗液的腐蚀。具体技术要求见表 6-40 所示。

表 6-40　汽车硬质塑料仪表板的技术要求

技术项目		要求值
熔体流动速率/（g/10min）		5~7
拉伸强度/MPa		20~30
缺口冲击强度/（J/m）	20℃	>100
	-30℃	>40
断裂伸长率/%		>100
弯曲强度/MPa		>40
弯曲弹性模量/MPa		>1200
洛氏硬度		>70
热变形温度/℃		>120
阻燃性（UL 94）		V-2
耐光性		在氙灯照射箱内，黑板温度（63±3）℃，相对湿度 50%±1%，照射时间 400h，表面不变色、不褪色
表面消光性/%	20℃	<0.35
	60℃	<3.5
产品冷热变形		（110℃×4h）→（室温×0.5h）→（-30℃×1.5h）→（室温×0.5h）为一个循环，共进行两个循环，产品不发生异常

改性聚丙烯的主要成分是聚丙烯、橡胶增韧剂和矿物填充剂，这种材料价格低，综合性能好，能满足汽车仪表板的性能要求，在汽车上的用量很大。

6.2.4.3　汽车仪表板的成型

（1）真空吸塑成型

真空吸塑成型是当前国内外轿车仪表板生产中普遍采用的一种技术。如 CA141 载货车仪表板就是这种结构。虽然这种生产方法相对复杂一些，但由此生产出的仪表板缓冲性能好、安全性高、美观性强。主要生产设备有真空吸塑机、浇注成型机、浇注模具等。工艺过程为：塑料片材→真空成型→修剪→放入骨架→浇注发泡材料→取出修整→包装。

真空吸塑工艺和浇注发泡材料是两道关键工序，如果工艺条件控制不准，则易出现表皮破裂、厚薄不均、充不满和产生气泡等，表皮真空吸塑工艺参数为：预热温度为130℃，真空度＜40kPa，冷却时间＞10s。

（2）浇注发泡

发泡缓冲层是一种 PU 半硬质泡沫塑料，将异氰酸酯和活性聚醚在高速混合浇注机内混合，混合后立即浇注。浇注模具装配在一圆形转台上，转台每 8min 转一圈，模具温度控制在 40℃左右。浇注 8min 后，将工件从模具内取出，再停放 4h 后熟化方可按动，经过 24h 后可以完全熟化。

半硬质泡沫塑料是 PU 塑料的一大品种。该类制品的特点是具有较高的压缩负荷值和较大的密度。它的交联密度远高于软质泡沫塑料而仅次于硬质制品，因而它不适用于制造柔软的座椅材料，而大量应用于工业防震缓冲材料。它可以在物体受撞击时吸收冲击能量而避免损伤。半硬质泡沫塑料的加工工艺通常是采取模塑成型。其中，大多数是在乙烯基或其它塑料表面皮层内进行直接模塑发泡的。汽车仪表板的防震垫就是一例，它可以将 PVC 表皮层和内部金属部件同时很好地结合在一起，而这种截面较薄、结构较为复杂的构件，用其它泡沫防震材料是无法制得的。半硬质聚醚型 PU 泡沫塑料的主要技术要求见表 6-41。

表 6-41　半硬质聚醚型 PU 泡沫塑料的主要技术要求

项目	技术要求	项目	技术要求
拉伸强度/MPa	＞0.14	压缩强度/MPa	＞0.115
断裂伸长率/%	＞50	压缩变形率/%	＜25
密度/（g/cm³）	＞0.14		

（3）表皮材料

真空吸塑成型仪表板的表皮为 ABS/PVC 合金片材，由压延工艺生产，成卷供应，厚度一般为 0.8~1.2mm，主要性能见表 6-42。

表 6-42　真空吸塑成型仪表板表皮材料 ABS/PVC 合金片材的技术要求

项目		技术要求	项目		技术要求
拉伸强度/MPa		＞16	热老化 （110℃×48h）	拉伸强度变化率/%	10~20
				断裂伸长率变化率/%	＞50
纵向伸长率/%		＞140	耐寒性（-30℃落球冲击法）		不裂
直角撕裂强度/（N/cm）		＞400	耐光性（氙灯照射400h）		不变色
尺寸变化 （170℃×5min）/%	纵向	＜10			
	横向	＜4			

（4）注射成型

注射成型汽车仪表板生产工序简单，生产周期短，成本低，是一种常见的汽车仪表板生产方法。用这种方法生产仪表板所需的主要设备有塑料注塑机（注射量 10000g 以上）和大型仪表板模具。用改性 PP 制造注射成型仪表板的工艺过程为：原料干燥→注射成型→修整→包装。注塑工艺条件见表 6-43。

表 6-43　汽车仪表板注射成型工艺条件

阶段	原料干燥	第一段加热	第二段加热	第三段加热	第四段加热	注射过程	保压过程	冷却过程	模具温度
时间/s	2400					10	20	50	
温度/℃	80±5	230	230	220	210				40~60
压力/MPa						120	70		

6.2.4.4　增强耐热改性聚丙烯仪表板新材料

PP 仪表板是近几年开发的新型汽车仪表板。在设计 PP 仪表板时，为提高材料的弯曲强度和弯曲模量，一般采用添加无机填料的办法，这是因为无机填料可提高材料的弯曲模量和热变形温度，减小成型收缩率；此外作为无机填料的滑石粉增强效果好，且对拉伸强度的影响小。研究还表明，高目数的滑石粉比低目数的滑石粉增强效果好。这是由于滑石粉的目数越高，平均颗粒度越小，在 PP 中分散效果越好。

此外，由于 PP 是非极性有机物，具有疏水性，与无机物滑石粉的分子结构及物理形态极不相同，二者相容性差，黏结能力差，影响材料的性能。因此在设计产品配方时还应加入偶联剂。采用橡胶增韧和矿物填充方法研制的改性 PP 专用料，较好地实现了高韧性和高模量的统一，以 PP、橡胶、填料以及加工助剂通过双螺杆挤出机加工而成，关键技术是保证材料的刚性、韧性平衡和高冲击性、耐热性，以及优良的成型加工性和尺寸稳定性。

① 配方　见表 6-44。

表 6-44　增强耐热改性聚丙烯仪表板专用料配方

序号	原材料名称	用量/kg
1	PP K7726（燕山石化）	329.34
2	PP 8303（燕山石化）	119.76
3	PP 2401（燕山石化）	89.82
4	PP-g-MAH（海尔科化公司）	59.88
5	POE 8150（DuPont-Dow）	155.69
6	1010（北京加成助剂研究所）	1.2
7	DLTP（北京加成助剂研究所）	2.4
8	ZnSt	2.4
9	超细滑石粉，2500 目（云南超微新材料有限公司）	239.52

② 性能　见表 6-45。

表 6-45　增强耐热改性聚丙烯仪表板专用料配方

性能	测试方法	数值
拉伸强度/MPa	GB/T 1040.1—2018	25
断裂伸长率/%	GB/T 1040.1—2018	120
弯曲强度/MPa	GB/T 9341—2008	27
弯曲模量/MPa	GB/T 9341—2008	1400
悬臂梁缺口冲击强度/（J/m）	GB/T 1843—2008	150
热变形温度（1.82MPa）/℃	GB/T 1634.1—2019	128
MFR（2.16kg，230℃）/（g/10min）	GB/T 3682.1—2018	2

③ 加工　注射成型：温度 210~240℃；压力　50~80 MPa；注射速度　中→快；背压 0.7MPa；螺杆转速　20~70r/min；模具温度　40~60℃；排气口深度　0.0038~0.0076mm。

④ 用途　可以用来生产汽车仪表板、汽车散热器隔栅、空调器外壳、空气滤清器壳体、风扇、汽车座椅靠背以及家电、仪表外壳等。

⑤ 配方特点　采用共聚 PP 和均聚 PP 混合使用，可以保证材料的刚性和韧性的平衡；采用高流动性 PP 和低流动性 PP 混合使用，可以保证材料的流动性在适宜注射加工的范围内，同时具有高的韧性。采用 POE 进行增韧，增韧效果显著，材料的常温韧性、低温韧性都非常高，保证汽车在严寒地区使用。采用微细的滑石粉对 PP 进行改性，可大大提高材料的刚性和耐热性，使韧性和刚性达到平衡，并使材料的价格不至于增加太多，从而保持高的性价比，提高市场竞争力。采用 PP-g-MAH 增加滑石粉与 PP 的界面黏结强度，从而提高材料的综合性能。

6.2.5　汽车方向盘用改性聚丙烯塑料

汽车方向盘是汽车的重要部件，它不仅是起到一个操作手柄的作用，而且要在汽车行驶过程中发生碰撞时能起到吸收大部分冲击能量的作用，从而保障驾驶人员的安全。美国汽车安全标准 FMVSS203 规定，汽车在以 24km/h 速度行驶时，当用 35kg 的胸部模型冲击方向盘时产生的最大负荷应小于 11kN。因此，要求生产方向盘的材料应具有较高的冲击强度及刚性，耐汽油、柴油、汗液的腐蚀，手感好，表面光泽均匀，不刺眼，较好的染色性和染色牢度。由于方向盘中有一个金属骨架，还要求材料有较好的与金属的黏结性和耐应力开裂性，流动性和成型加工性要好。早期，汽车方向盘是用酚醛模塑料生产的，现在大多数产品用热塑性高分子材料生产。美国多用聚氨酯生产汽车方向盘，而日本多用改性聚丙烯生产。我国原用进口塑料材料生产方向盘，随着引进车型国产化率的不断提高，国产改性聚丙烯在重型、中型、轻型卡车，面包车，轿车，微型车等车型中得到了广泛的应用。

早期的汽车方向盘专用料是由滑石粉填充高密度聚乙烯而制备的。随着 PP 改性技术的发展，目前汽车方向盘专用料多以 PP 为基体树脂，与热塑料弹性体（SBS、EPDM 等）共混制成，共混设备选用混炼效果好的双螺杆挤出机，工艺技术简便易行。

① 配方　如表 6-46 所示。

表 6-46　汽车方向盘专用料配方

序号	材料名称	规格型号	质量份	
			配方 1	配方 2
1	聚丙烯	K7726（燕山石化）	60	60
2	聚丙烯	K8303（燕山石化）	40	40
3	SBS	1401（燕山石化）	10	
4	EPDM	3745（美国杜邦）		10
5	低密度聚乙烯（LDPE）	1F7B（燕山石化）	10	10
6	EPDM-g-MAH	接枝率 2%		5
7	滑石粉	1250 目（云南超微材料有限公司）	12	12
8	抗氧剂	1010（北京加成助剂研究所）	0.2	0.2
9	抗氧剂	168（北京加成助剂研究所）	0.4	0.4
10	氧化聚乙烯蜡	OPE-4（分子量 2000，酸值＞25，北京化工大学精细化工厂）	0.5	0.5
11	PP-g-MAH	接枝率 2.5%	3	2
12	钛酸酯偶联剂	OL-951	0.1	0.1

② 配方特点及说明　a.K7726 流动性较好，K8303 冲击韧性较好，通过二者搭配，既保证了流动性，又保证了韧性；b.SBS 和 EPDM 对 PP 起增韧作用，同时赋予材料较好的手感。c.为了改善专用料在注射时和金属的亲合性，提高填充剂和基料聚丙烯的相容性，使体系中形成更为紧密的网络，加入了接枝聚丙烯和接枝 EPDM，改善专用料的极性，提高了耐应力开裂性能。d.LDPE 的加入，将材料中的柔性链和刚性链连接起来，起到"连接桥"的作用，使各组分结合更紧密，降低了界面能，使体系中的各种分子链扩散得更均匀，减小了相区尺寸，提高了耐应力开裂性能，改善了综合力学性能。e.高目数的无机增强剂（滑石粉）提高了产品的强度、刚度和耐热性等性能。f.抗氧剂 1010 和 168 复配，大大提高复合材料的抗热氧化能力。g.氧化聚乙烯蜡的加入，一方面提高材料的极性和与金属嵌件的黏合性，另一方面进一步提高材料的流动性。h.钛酸酯偶联剂的加入，可提高滑石粉与 PP 的界面结合强度，从而提高材料的力学性能。

③ 工艺流程　PP 树脂→填充剂→色料→其它辅料→高速捏合→双螺杆挤出造粒→加骨架注射成型→修边整装→成品。

高速捏合　按配方准确称料和投料，40℃捏合 1min。

挤出造粒　将捏合好的粉料投入挤出机中加热挤出，冷却切粒。双螺杆挤出机分 6 段加热，第一段 150~160℃；第二段 170~180℃；第三段 190~200℃；第四段 210~220℃；第五段 220~230℃；第六段机头 220℃，螺杆转速 200~400r/min。

注射　将金属骨架放入模具中，注射包封，即成产品。注射温度为 230℃、235℃、240℃、245℃；注射压力为 50MPa，保压压力为 45MPa，注射时间为 5s，保压时间为 6s，冷却时间为 26s，模温为 40~60℃。

④ 性能　上述配方的性能如表 6-47 所示。

表 6-47　汽车方向盘专用料的性能

序号	性能项目	测试方法	测试值	
			配方 1	配方 2
1	MFR/（g/10min）	GB/T 3682.1—2018	3.2	3.4
2	拉伸屈服强度/MPa	GB/T 1040.1—2018	16	17
3	拉伸断裂强度/MPa	GB/T 1040.1—2018	26	28
4	断裂伸长率/%	GB/T 1040.1—2018	360	378
5	弯曲强度/MPa	GB/T 9341—2008	31	30
6	弯曲模量/MPa	GB/T 9341—2008	1060	1022
7	低温脆点/℃		−52	−55
8	简支梁缺口冲击强度/（kJ/m²）	GB/T 1043.1—2008	49	53
9	热变形温度/℃	GB/T 1634.1—2019	116	114
10	耐劲开裂/h		360	385
11	冷热冲击循环	五次冷热冲击循环（80℃×7.5h→室温×0.5h→-40℃×1h 为一循环）后，立即置于 1~1.4m 高的空间，样品的正面和反面各做一次向下垂直方向的自由落体于水泥地上的试验	塑料层部位无开裂现象	塑料层部位无开裂现象
12	高低温循环试验	80℃×168h→室温×2h→-40℃×168h→室温× 2h→80℃×168h→室温×2h	塑料层部位无开裂现象	塑料层部位无开裂现象

产品表面光泽均匀，颜色均一，手感舒适，有较好的耐应力开裂性能，综合力学性能良好，满足使用要求。

6.2.6　汽车门内板专用料

车门内板的构造基本上类似于仪表板，由骨架、发泡和表皮革构成。红旗轿车和奥迪轿车的车门内板见图 6-17。

最近开发成功的低压注射-压缩成型方法，是把表皮材料放在还未凝固的聚丙烯毛坯上，经过压缩，成为门内板。表皮材料为衬有 PP 软泡层的 TPO，这类门板易回收再生。中低档轿车的门内板，可采用木粉填充改性 PP 板材或废纤维层压板表面复合针织物的简单结构，即没有发泡缓冲结构，有些货车上甚至使用直接贴一层 PVC 人造革的门内板。

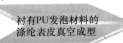

车门内板部分：

注射成型
ABS骨架

衬有PU发泡材料的
涤纶表皮真空成型

复合在
ABS骨架上
形成一体

{有高强度
隔热性好
美观

图 6-17　红旗轿车和奥迪轿车的车门内板结构及成型工艺

目前在中低档轿车及轻卡车上均采用改性聚丙烯材料注射成型，然后在其表面直接热轧花纹装饰。也有直接注射成型为表面带花纹的改性聚丙烯门内板。具体配方及工艺如下。

（1）选材与配方设计

① 原材料　a.PP、EPF30R；b.LLDPE；c.POE 8150，杜邦-陶氏化学公司；d.滑石粉，平均粒径 12μm，工业级；e.钛酸酯偶联剂，NDZ-311；f.抗氧剂，市售；g.光稳定剂，市售。

② 配方（质量份）　PP：60~70；LLDPE：15~20；POE：5~10；滑石粉：10~15；抗氧剂：适量；光稳定剂：适量。

（2）主要设备

高速混合机 GRH-10 型，张家港轻工机械厂；平行双螺杆挤出机 TE-35 型，江苏科亚化工装备有限公司；注塑机 ZT-400 型，浙江震达机械有限公司；万能试验机 WD-10 型，长春第二材料试验机厂；悬臂梁冲击试验机 UJ-4 型，承德试验机有限公司；热变形温度仪 NYK-250 型，承德试验机有限责任公司；熔体流动速率（MFR）仪 NNK-400 型，吉林大学科教仪器厂。

（3）制备工艺

将高速混合机预热至 110℃，加入一定量的无机填料，低速搅拌 15min 后，分三次加入填料质量分数为 2%的偶联剂，每次加入偶联剂后，高速搅拌 5min，然后放出填料。按配方准确称取 PP、PE、POE、填料和助剂，混合后加入双螺杆挤出机料斗中，挤出造粒，挤出温度 190~220℃，主螺杆转速 200r/min，喂料螺杆转速 20r/min。粒料干燥后注射成标准试样，注射温度 190~210℃，注射和保压压力 50MPa，预塑压力 6MPa，注射和保压时间 20s，总成型周期 55s。

（4）性能

本产品用于五十铃系列轻型汽车车门内衬板，性能见表 6-48。

表 6-48　PP 轻型汽车车门内衬板专用料的性能指标

项目	五十铃系列轻型车门内板专用料性能要求	本产品专用料性能
密度/（g/cm³）	0.95~1.0	0.96
MFR/（g/10min）	≥5.0	≥8.0
拉伸屈服强度/MPa	≥24.5	≥26
断裂伸长率/%	≥80	≥400

项目		五十铃系列轻型车门内板专用料性能要求	本产品专用料性能
弯曲弹性模量/MPa		≥1.0	≥1.6
悬臂梁缺口冲击强度/（J/m²）	23℃	≥7.0	≥8.0
	−20℃	≥2.0	≥2.5
热变形温度/℃		≥95	≥110
模塑收缩率/%		1.1~1.2	1.15

从表6-48可看出，生产的车门内衬板专用料的性能完全满足五十铃系列轻型车的要求，并可应用在多种型号的轻型汽车上。

（5）配方特点

采用PP与LLDPE共混，可提高PP的韧性和耐环境应力开裂性，同时添加POE进行增韧，使专用料的韧性大幅度提高；用滑石粉进行增刚，保证车门内板有足够的刚性。

6.2.7　汽车内顶板用改性聚丙烯新材料

车内顶棚是内饰件中材料和品种花样最多的一种复合层压制品，它的作用除了起装饰功能外，还起着隔热、隔声等特殊功能。顶棚一般由基材和表皮构成，基材需要具有轻量、刚性高、尺寸稳定，易成形等特点，见图6-18。

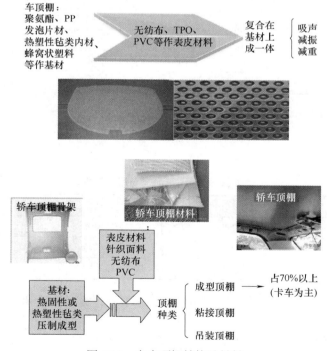

图6-18　车内顶棚结构及材料

我国的轿车顶棚一般使用改性PP或TPO发泡片材、玻璃纤维、无纺涤纶布材料层压成型。中低档轿车及轻卡上均采用改性PP直接植绒而成，材料及工艺如下：

（1）主要原材料

PP，北京燕山石化公司；增韧剂，EPDM，美国杜邦公司；增韧剂，POE，美国杜邦公司；增韧剂，SBS，岳阳石化；矿物填料，磐石方解石粉；矿物填料，滑石粉，海城滑石粉；矿物填料，云母粉，沈阳建达化工有限公司；抗氧剂，瑞士汽巴化学有限公司；润滑剂，市售；偶联剂，南京曙光化工厂。

（2）实验仪器与设备

挤出机，ZC-65型，南京智诚橡塑机械厂；注塑机，MA600型，海天集团公司；高速混合机，北京塑料机械厂；电子万能试验机，WSM-2000型，长春市智能仪器设备联合研究所；冲击试验机，XJJD型，数显，承德金建检测仪器有限公司；热变形温度仪，HDT/V-1203型，承德金建检测仪器有限公司；熔体流动速率仪，吉林大学科教仪器厂；制样机，承德金建检测仪器有限公司。

（3）工艺流程

将各组分按配方称重，加入双螺杆挤出机中混炼、混合后拉条，冷却，切粒。工艺参数为：挤出温度200~240℃，螺杆转速300r/min，样条注塑温度180~220℃。

（4）热老化性能

为了分析PP汽车顶板材料的热老化性能，对几种不同配方的PP汽车顶板材料进行了热老化性能对比，实验数据见表6-49。

表6-49　PP汽车顶板材料的热老化性能

项目	纯PP	PP汽车顶板专用料			
		1	2	3	4
烘箱中（150℃）放置时间/h	1600	2000	2500	1800	2100
预计使用年限/年	7	10	15	8	12

由表6-49可知，2号专用料的耐老化性能最好。

（5）性能

力学性能见表6-50。

表6-50　PP汽车顶板专用料的性能

项目	数值	项目	数值
MFR（230℃）/（g/10min）	2.4	拉伸强度/MPa	38
弯曲强度/MPa	48	冲击强度/（J/m²）	180
弯曲弹性模量/MPa	2600	热变形温度/℃	120

可见，该PP汽车顶板专用料经长期使用效果很好，完全能达到汽车顶板的性能要求。

6.2.8　汽车杂物箱

杂物箱一般采用改性PP材料，其技术要求见表6-51。

表 6-51　汽车杂物箱改性 PP 专用料技术指标

项目	测试方法	技术指标
MFR/（g/10min）	GB/T 3682—2000	≥15
拉伸强度/MPa	GB/T 1040.1—2018	≥23
冲击强度（缺口，23℃）/（J/m²）	GB/T 1043.1—2008	≥9.0
断裂伸长率/%	GB/T 1040.1—2018	≥73
弯曲强度/MPa	GB/T 9341—2008	≥25
弹性模量/MPa	GB/T 9341—2008	≥1000
热变形温度/℃	GB/T 1634.2—2004	≥46

杂物箱盖一般选用共聚 PP 复合材料。杂物箱盖的技术要求如下。a.外观：产品不应存在对使用有害的毛边、伤痕等。b.冷热交变试验：杂物箱盖应装在仪表板上进行试验。冷热循环试验条件为：（80℃×4h）→（室温×0.5h）→（-30℃×1.5h）→（室温×0.5h）为一个循环，共进行两个循环之后产品各部位不得有异常。c.箱盖开关耐久试验：杂物箱盖在开闭试验机上进行 12000 次开闭试验（试样应进行热循环试验之后进行开闭试验）之后产品各部位不得有异常。

杂物箱盖材料的性能要求见表 6-52。

表 6-52　杂物箱盖材料的性能要求

项目		技术要求	项目	技术要求
熔体流动速率/（g/10min）		10~30	弯曲弹性模量/MPa	980~1370
拉伸强度/MPa		>24.5	弯曲强度/MPa	39.2
缺口冲击强度/（J/m）	20℃	>49	断裂伸长率/%	>100
	-30℃	>25		

杂物箱一般采用注射成型方法加工成型，其注射成型主要工艺参数为：注射温度180~225℃；注射压力 4.0~7.5MPa。

6.2.9　汽车冷却风扇

作为冷却汽车发动机用的汽车风扇，一般要求在-40~80℃下能高速运转，其工作条件十分恶劣。所以，制造风扇叶的材料应具有较高的冲击强度和刚性，同时要具备良好的耐低温及耐高温性，还要有优良的耐氧化老化性。塑料风扇具有噪声低、耐腐蚀、易加工、质量轻、生产成本低等优点。现在世界上先进汽车企业多用塑料材料生产冷却风扇。目前，国内塑料汽车风扇叶专用料有两个系列，即玻璃纤维增强聚丙烯和增韧聚丙烯。最通用的玻璃纤维增强方法是在均聚聚丙烯或共聚聚丙烯中加入 20%~30%的玻璃纤维，再加入 0.5%~1.0%的硅烷类或双马来酰亚胺类物质作为有机偶联剂。通过改性的聚丙烯，缺口冲击强度可达到 7~15kJ/m²（23℃），热变形温度可达到 140~160℃。中国石化北京化工研究院应用燕山石化公司生产的 PP1330，加入 20%~30%玻璃纤维，经双螺杆改性，生产的冷却风叶专用料 GB-220、GB-230，分别通过了中国一汽长春汽车研究所和"中汽联"的鉴定，黑龙江齐齐哈尔塑料二厂、黑龙江北安进发塑料制品有限公司应用 GB-220 生产出了几十万套冷却风扇叶，已应用于中国一汽集团生产的"解放"平头载重车系列。该材料的特点是性能稳定，易于加工，价格较便宜，制造的风扇叶刚性好，冷却效果好。

为了提高塑料风扇叶的低温冲击强度，宁波北仑汽车塑料风扇厂研制了用 EPR 和 SBS 改性的 PP 复合材料。经检测，该种材料在低温-30℃时，缺口冲击强度仍达到 200J/m，其它主要性能为：拉伸强度 24.7MPa，弯曲强度 36MPa，弯曲模量 3002MPa，断裂伸长率 48%，硬度 7HR4，均已达到国外同类产品的水平，已在广西玉柴机器股份有限公司应用。

6.2.9.1 普通汽车冷却风扇专用料

（1）主要原材料

原料及规格见表 6-53。

表 6-53 原料及规格

原料	规格	原料	规格
PP	F401	抗氧剂（B）	工业级
滑石粉（Talc）	325 目（粒径小于 0.045mm）	偶联剂（C）	工业级
		增效剂（D）	工业级
抗氧剂（A）	工业级	炭黑	工业级

（2）主要设备

a.双螺杆挤出机组 ZE40×33D 型。b.双螺杆挤出机组 ZE60/60A×25D 型。c.注射成型机 TT1-220/80 型。d.高速加热混合机 GRH-200 型。

（3）制备工艺

采用 A、B 两种工艺流程来生产汽车冷却风扇专用料。

A 工艺：流程见图 6-19。首先将滑石粉（Talc）和偶联剂（C）按配方在高速混合机中混合 3~6min，再加入定量的 PP 和其它助剂混合 3~6min 出料，将预混好的料加入 ZE40 双螺杆挤出机中，物料熔化、混合后经机头挤出成条料进入水槽，再经空切刀吹干表面水分后切粒、称重、包装。

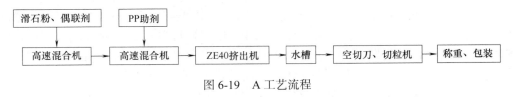

图 6-19 A 工艺流程

B 工艺：流程见图 6-20。PP 和助剂经高速混合后，在挤出机主加料装置进入挤出机，用偶联剂处理好的滑石粉从侧向加料装置定量地加入到挤出机中部，两种物料在挤出机中混合，经挤出机机头挤出条料进入冷水槽，经吹干、切粒后，称重、包装。

图 6-20　B 工艺流程

（4）抗氧系统

汽车冷却风扇需长期在-40~80℃等恶劣环境下使用，因此其热氧老化问题是一个技术关键。大众汽车公司要求风扇放置在150℃的烘箱中，经700h后制品不允许有明显损伤，而普通PP在150℃时，使用寿命只有几小时，而且汽车冷却风扇是在PP中加入了比表面积高的滑石粉，对PP而言，高比表面积的填料将导致PP热稳定性的大幅度下降。通过大量的实验，采用高效受阻酚类抗氧剂（A）作为主抗氧剂，二者组成协同抗氧系统，当用量在1.2%时，经测试在150℃条件下，热氧老化时间可达1200h，超过了大众汽车公司要求。

（5）性能

研制生产的汽车冷却风扇专用料，经测试，各项指标均达到或超过进口材料要求，见表6-54，这表明该材料完全可以取代进口材料。

表 6-54　汽车冷却风扇专用料性能

项目	测试标准	额定值	实际值
密度/（g/cm³）	DIN 53479	1.22 ± 0.03	1.234
熔点/℃	DIN 53736	≥158	168
灰分/%	DIN EN ISO 3451	38 ± 3	38.99
球压痕硬度/（N/mm²）	DIN 53456	≥85	85.16
拉伸强度/（N/mm²）	DIN 53456	≥30	32.94
弯曲强度/（N/mm²）	DIN 53452	≥45	57.55
冲击强度/（kJ/m²）	DIN 53452	≥10	10.30
抗老化性（150℃）/h		≥700	合格

（6）注塑工艺

汽车冷却风扇专用料粒料可用注射成型工艺成型冷却风扇扇叶，采用锁模力为2100kN的注射机，模具为SANTANA冷却风扇模，用三种工艺生产冷却风扇，工艺生产条件见表6-55。结果表明三种工艺下的制品质量均一致，外观挺括，这说明汽车冷却风扇专用料的加工性能很好，不需要特殊的加工工艺，生产出的风扇其风量风压试验结果均优于设计要求，经装车试验已完全达到要求（生产时应注意，汽车冷却风扇专用料最好在80℃下预干燥4~8h）。

表 6-55　汽车冷却风扇专用料注塑成型工艺参数

加工条件	注射温度/℃					注射压力/MPa	时间/s		
	一区	二区	三区	四区	喷嘴		注射	注射+保压	冷却
1	190	200	210	210	190	56	6.5	6.5+2.0	80.0
2	205	210	200	190	190	53	6.5	6.5+2.0	100.0
3	205	210	200	190	190	52	6.5	6.5+90	99.9

6.2.9.2 高韧汽车风扇专用料的制备

（1）选材与配方设计

使用的主要原料见表6-56。

表6-56 主要原料

原料	规格	生产厂家或产地
PP	F501	韩国
共聚PP	1300，MFR＝3.2g/10min	北京燕山石化公司
SBS	YH802，B/S＝60/40	岳阳石化公司
EPDM	4045，C_3＝35%，ML^{100}_{+1}＝50	日本三井公司
复合增强剂		杭州
热稳定剂T		市售
抗氧剂AT		市售
卤素吸收剂		上海延安油脂化工有限公司

（2）PP的改性

高韧性汽车风扇用改性PP料的技术关键是如何解决既提高韧性、又提高刚性的矛盾，采用橡胶增韧和复合增强乃是平衡综合性能的有效途径。

① 橡胶增韧　聚丁二烯类橡胶、乙丙橡胶与PP共混相容性较好，是增韧PP的优良改性剂。采用不同品种的橡胶并用改性PP便可得到不同粒径的橡胶粒子，有利于对PP基体引发银纹和诱发剪切带而起到增韧作用。本工艺采用SBS和EPDM复配增韧PP，橡胶含量为10%~15%时，改性PP在常温和-30℃下既可具有较高的冲击韧性，又可保持一定刚性；SBS的T_g为-90℃，用SBS改性的PP具有更好的低温冲击性能和刚性。因此，从风扇专用料性能看，选用两种不同品种的橡胶共同来改性PP最为适宜。

② 增容协同作用　在增韧PP中可加入适当的第三组分来提高共混料中橡胶的表面张力和降低破碎能量，这样有利于橡胶粒子的细化和均化，使两相界面相互渗透发挥协同作用，以改善PP球晶的形态，提高PP的力学性能，只加橡胶时必须提高用量才能获得较高的冲击强度，但共混料的刚性下降。加入10%~15%的增容剂后，材料的高、低温冲击韧性和刚性明显优于只掺混20%橡胶的增韧效果，可见增容剂提高了共混材料的力学性能。

③ 复合增强　汽车风扇需长期在80~100℃下使用，且保持一定的冷却风流量，故对专用料的热变形温度要求高。随着橡胶的加入，PP的热变形温度下降。提高刚性和热变形温度最有效的方法是添加增强剂，填充玻璃纤维、云母可提高PP的刚性和热变形温度，使制品的成型收缩率下降。因此，需根据专用料的不同要求选用适当的增强剂。

④ 热氧稳定体系　耐热氧老化性是专用料的重要技术指标。实际使用时，要求风扇在100~140℃的湿热环境下具有耐久性和恒量的风流。根据PP降解和橡胶老化机理，采用了复合抗氧剂，通过自由基抑制剂和过氧化分解剂产生的协同效应来防止老化。实践证明，采用这种方法能防止风扇变形、龟裂，提高风扇的使用寿命。

（3）配方设计

均聚 PP 的脆化温度约为-4℃，冲击强度低，耐高温老化性差；而共聚 PP 因受聚合工艺、催化剂等技术因素影响，不同批号的力学性能差异较大。因此，采用橡胶、增强剂平衡改性 PP 的韧性和刚性，并加入抗氧剂、稳定剂来改善 PP 的耐高温开裂性。为增强共混料的相容性，加入增容剂。

（4）制备工艺

工艺流程见图 6-21。

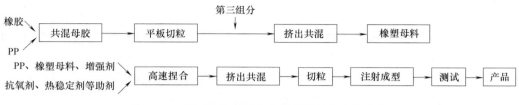

图 6-21 高韧性汽车风扇专用料的制备工艺流程

橡塑母料挤出共混温度为 140~180℃，螺杆转速为 40~80r/min；专用料挤出共混温度为 160~200℃，螺杆转速为 30~70r/min。

共混方式是影响专用料力学性能的重要因素。采用两阶共混工艺获得的专用料的低温（-30℃）缺口冲击强度比采用普通直接共混法得到的专用料的低温（-30℃）缺口冲击强度提高 40%~50%。即使同为两阶共混工艺，因增容剂的加入方法不同，也会使专用料的刚性有所差异。较低温度下的挤出混炼效果较高温好。螺杆转速增大时，共混料的 MFR 略有减小，-30℃的 Izod 冲击强度增大；当螺杆转速固定时，降低挤出温度能改善 PP 的低温冲击强度。橡胶的黏度与 PP 的黏度之比较小时，橡胶颗粒以较小的粒径均匀地分散于 PP 相之中，使 PP 的低温冲击性能得到大幅度的提高。工艺试验表明，在较高的剪切速率下，采用适宜的挤出温度可保证专用料的质量稳定性。

（5）性能

国内尚没有汽车风扇专用料的性能标准，因而参照国外专用料的性能，对研制生产的 PP 风扇专用料制成的风扇进行了性能检测，结果表明其主要性能超过或接近于国外同类产品的水平，见表 6-57。

表 6-57 高韧性汽车冷却风扇专用料的性能

项目	国产专用料	日本专用料
MFR/（g/10min）	2.13	>2.0
拉伸强度/MPa	24.7	>20
断裂伸长率/%	48	>30
弯曲强度/MPa	36.50	>35
弯曲弹性模量/MPa	30.20	>30
洛氏硬度	74	>65

项目		国产专用料	日本专用料
缺口冲击强度/（J/m）	23℃	97.8	＞130
	-30℃	21.8	—
热变形温度（0.46MPa）/℃		108	—

6.2.10 汽车暖风机壳——矿物增强聚丙烯

汽车暖风机需要长时间在高温下工作，因此对壳体材料的耐热性、强度、老化性能均有较高的要求。过去多采用玻璃纤维增强 PP 作为壳体材料，但由于玻璃纤维成本高，加工性不好，对设备、模具磨损大；同时也会随热风吹出其表面的玻璃纤维，对人体造成一定的损害和过敏反应，所以采用矿物增强 PP 更为合适。

（1）配方、工艺及性能

矿物增强 PP 配方、工艺及性能见表 6-58。

表 6-58　汽车暖风机壳—矿物增强 PP 配方、工艺及性能

序号	原材料名称	用量/kg
1	PP K8303（燕山石化）	8
2	PP 2401（燕山石化）	16
3	PP 1947（燕山石化）	28
4	POE 8150（DuPont-Dow）	10
5	滑石粉（1250 目，云南超微新材料有限公司）	26
6	铝酸酯偶联剂（河北辛集化工集团有限责任公司）	0.2
7	1010（北京加成助剂研究所）	0.1
8	DLTP（北京加成助剂研究所）	0.2
9	CaSt（淄博塑料助剂厂）	0.08
工艺条件	1. 原料干燥：滑石粉在 110℃下干燥 4h 2. 混合工艺：先将滑石粉高速混合 1min，然后加入铝酸酯，低速混合 3min，再将剩余组分加入高速混合机中高速混合 1min，出料 3. 挤出工艺：主机转速　340r/min；喂料　16Hz 双螺杆挤出机各区温度/℃　210、215、215、220、215	
性能	拉伸强度/MPa　21.8　　悬臂梁缺口冲击强度/（J/m）　126 断裂伸长率/%　300　　简支梁缺口冲击强度/（kJ/m²）　12.5 弯曲强度/MPa　27.0　　维卡软化点/℃　140 弯曲模量/MPa　2262　　成型收缩率/%　0.35 熔体流动速率/（g/10min）　7.1	

（2）配方特点

采用共聚 PP 和均聚 PP 混合使用，可以保证材料的刚性和韧性的平衡；采用高流动性 PP 和低流动性 PP 混合使用，可以保证材料的流动性在适宜注射加工的范围内，同时具有高的韧性。采用 POE 进行增韧，增韧效果显著，材料的常温韧性、低温韧性都非常高。采用超细滑石粉进行增刚，并对滑石粉进行铝酸酯偶联剂处理，增加滑石粉和 PP 以及 POE 的界面黏结性，材料的刚性和耐热性大大提高，达到了很好的韧性和刚性的平衡。

6.2.11 汽车空调系统用改性聚丙烯新材料

汽车空调系统部件既要求耐低温（冷风制冷），又要求耐高温（热风采暖），因此对材料总体性能要求高。南通合成材料实验厂开发出了汽车用耐低温增强聚丙烯 MPP-220，由此制成的空调系统部件在-40℃下保持 24h 不脆裂，150℃下保持 700h 不塌陷、不龟裂。MPP-220 是一种无机矿物填充 PP，为使树脂和填充物结合牢固，采用对无机物表面进行活化处理和添加自制的相容剂，能与填充剂结合又能与 PP 相容，增加了填料与 PP 的界面黏合力；同时添加带有乙烯基的共聚物，使体系产生部分交联或形成 IPN 结构，从而提高了在 150℃长期老化后的冲击强度。

（1）主要原材料

主要原材料有 PP、滑石粉、抗氧剂、偶联剂等。

（2）主要设备

ZE 40×33D 双螺杆挤出机组；ZE60/60A×25D/8D 双螺杆挤出机组；GRH-200 告诉加热混合机；SZ-2500/500 注射成型机。

（3）制备工艺

先将滑石粉和偶联剂按配方在高速混合机中混合 3~6min，然后加入定量的 PP 和其它助剂混合 3~6min 出料。将预混好的料加入 ZE40 双螺杆挤出机，在料筒中熔化、混合后经机头挤出、水冷、吹干、切粒，见图 6-22。

图 6-22 汽车空调系统部件专用料制备工艺流程

（4）材料选择

① 偶联剂的选择 大众汽车公司对汽车空调系统部件专用料的要求是 22%±2%的滑石粉填充 PP。通过比较发现国内滑石粉由于处理方法的差异与国外滑石粉相比，粒径较粗且分布较宽，这给滑石粉的活化处理带来很大困难。因此，滑石粉用偶联剂的选择及用量是一大难题。理论上认为，目前常用的硅烷及钛酸酯偶联剂均可用于滑石粉，通过成本分析及试验表明，钛酸酯偶联剂对滑石粉有较好的偶联作用。特别是螯合型钛酸酯偶联剂对含游离水的滑石粉偶联效果好，并且当偶联剂用量在某一范围内时偶联效果最佳。

② 抗氧系统的选择 汽车空调系统部件专用料主要用于生产 SANTANA 空气调节系统零件，工作环境恶劣，因此汽车空滤器专用料不同于普通改性 PP，其耐热氧老化性能要求

高，150℃烘箱中，经 700h 老化不允许有变色、裂纹等明显的损坏现象，并保持功能，而普通 PP 在 150℃下，几小时就会失去作用。汽车空调系统部件专用料是在 PP 中加入高比表面的滑石粉，一般说来，高比表面的填料加入 PP 后将导致 PP 热稳定性的大幅度下降，因此对汽车空调系统部件专用料而言，其抗氧系统的选择及用量是其技术关键之一。抗氧剂除影响汽车空调系统部件专用料的耐老化性外，还影响其加工性能。选用高效受阻酚抗氧剂作为主抗氧剂，硫醇类抗氧剂作为副抗氧剂，二者协同使用组成抗氧系统。实验表明，当其用量在 0.4%~1.6%（质量分数）之间时，其 150℃下的热氧老化时间超过 700h，满足大众公司的要求。

（5）加工工艺

加工温度过低，熔融塑化不完全，PP 与滑石粉及助剂间的混合不均匀，粒料外观粗糙，力学性能不稳定，并有可能导致料筒局部过热，造成力学性能下降。加工温度过高，一方面低分子助剂会有一部分分解，影响汽车空调系统部件专用料的耐热氧老化性；另一方面，过高的温度会加速反应活化能较高的副反应的速率，从而降低 PP 与滑石粉之间的化学作用。而且，当温度超过 230℃时，会有部分 PP 主链发生断裂。工艺试验表明，汽车空调系统部件专用料的加工温度选择在 200~230℃之间较为合适。

排气是必需的。因为滑石粉中不可避免含有一定的水分，助剂在加工温度下也会有一部分发生分解放出低分子量的气体，这些水分及低分子气体如不除去，一方面，会在挤出条料时发泡，造成条料断裂而影响正常生产，另一方面，在生产模塑制品时，会造成制品外观缺陷。另外，在加工温度下，空气中的氧会对 PP 的热老化起催化作用。因此，汽车空调系统部件专用料的加工过程中一定要排气，而且真空度尽量高一些。高的螺杆转速及高的扭矩会加速 PP 的机械老化作用，当转速控制在 300~350r/min 以下时，这种作用并不明显，而且，如在系统中加入适量润滑剂，可以减轻这种作用。

（6）性能

按国家标准制成的试片在标准状态下放置，按标准规定的项目进行测试，其结果见表 6-59。

表 6-59　汽车空调系统部件专用料性能

项目	引用标准	实测值
密度/（g/cm³）	GB/T 1033—1986	1.05
拉伸屈服强度/MPa	GB/T 1040.1—2018	43~46
弯曲强度/MPa	GB/T 9341—2008	72
冲击强度/（kJ/m²）	GB/T 1043.1—2008	52
冲击强度（缺口）/（kJ/m²）	GB/T 1043.1—2008	5~6
热变形温度（0.45MPa）/℃	GB/T 1634.1—2019	≥130
燃烧残余率/%		20~23
球压硬度/MPa	GB/T 3398.1—2008	92~103
熔点/℃	GB/T 16582—2008	154

由表 6-58 可以看出，研制生产的汽车空调系统部件专用料所有技术指标均高于上海大众汽车有限公司的 VW-44045 要求及日本五十铃汽车公司的 ISC-C9-003 中用于生产汽车空气调节系统零部件的 3L 及 3K 材料要求。

6.2.12　汽车塑料水箱

（1）选材

目前，在汽车上金属膨胀水箱已不多见，取而代之的是重量轻、耐腐蚀、成本低、易生产的塑料膨胀水箱。瑞典 VOLVO 重型卡车、德国 MAN 客车和日本日野卡车均装配塑料膨胀水箱。VOLVO 塑料膨胀水箱采用半透明聚丙烯制造，使绿色防冻液水位一目了然。箱体采用上下两个带法兰的注塑件焊接而成。箱体内部有一些隔板，利于功能和整体强度。德国 MAN 汽车的膨胀水箱采用黑色塑料制造，材料为 20% 玻璃纤维增强 PP，采用吹塑成型，中间有加强筋，将膨胀水箱分隔成 8 个水室，强度高，利于散热。日野膨胀水箱亦采用黑色塑料，用两块带法兰盘的注塑件焊接而成。采用吹塑工艺生产的膨胀水箱一般都需要进行附件的焊接，其焊接强度要求在附件焊接面的垂直方向施加980N 的力时不应产生开裂，在焊接面方向施加 9.8N·m 的扭矩时不应产生开裂。根据上述情况及斯太尔金属膨胀水箱的情况，斯太尔膨胀水箱选用半透明状、20% 玻璃纤维增强 PP 材料生产，采用吹塑工艺制成主体，然后焊接各个接口。该总成用螺钉或金属带固定于驾驶室前部（散热器面罩下面）。

（2）性能指标

斯太尔塑料膨胀水箱具有耐乙二醇、柴油、机油及铜老化等特性，其表面色泽一致，无裂纹、凹陷等缺陷，该膨胀水箱能耐 100kPa 的水压而不泄漏，采用的复式水盖在过压达50kPa 或负压达 4kPa 时能自动开启，从而保护发动机冷却系统。该膨胀水箱能长期在−40~120℃的条件下使用，性能稳定，既能满足发动机冷却系统的高温要求，又能经受外界气候的考验。

6.2.13　汽车蓄电池壳

6.2.13.1　汽车蓄电池外壳材料要求及选择

蓄电池是汽车重要能源部件，其外壳原用热固性塑料或硬橡胶生产。从环保的角度和降低生产成本观点出发，现在多用热塑性塑料材料制造，其特点是质量好、成本低、成型加工容易、环境污染小、外形美观。目前，主要应用的材料有 PP、PVC、ABS、PE 等材料。由于 PP 来源广泛，价格相对低廉，因此国外 85% 蓄电池外壳是用改性 PP 生产的。随着我国汽车制造业的迅速发展，蓄电池专用料的需求越来越大，每年有几万吨的市场。但是在这个市场上是"群雄并起，逐鹿中原"。目前国内有兰州化工研究院、燕山石化公司树脂研究所、洛阳石化公司研究所、重庆化工研究所等单位从事这方面的研究工作。国内蓄电池外壳专用料一般是用 PP 与乙丙橡胶或 EPDM 和 SBS、HDPE 共混改性而成。金陵石化公司一厂以聚丙烯粉料为原料，以 EPR 为主增韧剂，HDPE 为辅增韧剂研制的蓄电池外壳专用料已达到上海大众桑塔纳轿车的指标要求。石家庄塑料制品厂采用均聚 PP 100 质量份、共聚 PP 10~15 质量份、HDPE 5~10 质量份、SBS 5~10 质量份、抗氧剂和紫外线吸收0.4~0.6 质量份进行共混改性,开发的蓄电池外壳专用料的冲击强度比纯 PP 提高了 7~9 倍。金陵石化公司也以小本体 PP 与乙丙橡胶和 HDPE 共混开发出符合桑塔纳轿车要求的蓄电池专用料。燕山石化公司采用橡胶、PE 改性剂等与 PP 共混改性技术制得蓄电池壳外壳专用料,指标超过美国同类产品 Pro-fax7523 的指标,达到国家专业技术标准的要求。洛阳石化总厂研究所用 EPDM、LLDPE、成核剂等与 PP 共混改性开发的蓄电池 PP 专用料,熔融流动性好,密度适中,力学性能良好,成型收缩率低。广东中山市永宁工业塑料厂采用增韧剂改性 PP 开发出汽车、摩托车、船用等 16 种规格的蓄电池系列外壳,行销全国。

PP 蓄电池外壳专用料是近年来我国着重研究的品种之一。目前国内科研单位用 EPDM、LLDPE、成核剂和 PP 共混改性,制成蓄电池 PP 专用料。汽车工业对该类材料的性能有如下要求:a.有良好的低温冲击性能,确保冬季不出现断裂等现象;b.有一定的强度和刚性,以保证制品在装配和使用过程中不变形;c.具有良好的流动性以便注射成型;d.成本适中,便于市场竞争。

尽管如此,我国改性聚丙烯蓄电池外壳专用料只占蓄电池壳体总产量的 50%,尤其是大型密封蓄电池外壳,仍然是以 ABS 工程塑料为主。另外 PVC 蓄电池外壳的阻燃性能优秀,刚性也比 PP 好,所以也占据了一定的市场名额。但 ABS 的渗透性太强,电解液容易渗漏,影响使用年限。PVC 流动性太差,不易注塑成型,并且密度比 PP 高,性价比不高。因此如果能较好地解决 PP 的强度、刚性及阻燃问题,改性 PP 在蓄电池外壳市场的份额将进一步扩大。

6.2.13.2 蓄电池壳体专用料的制备

(1)主要设备

生产蓄电池壳体专用料的设备有高速捏合机、双螺杆挤出机组、注射成型机、模具。

(2)配方

蓄电池壳体专用料的配方见表 6-60。

表 6-60 蓄电池壳体专用料的配方

配方 1		配方 2	
原料	配比/质量份	原料	配比/质量份
聚丙烯 F401	80~100	均聚聚丙烯	100
LLDPE	10~20	共聚聚丙烯	10~15
二元乙丙橡胶	20~30	HDPE	5~10
抗氧剂 1010	0.3	SBS	5
成核剂	0.4	成核剂	0.4
		抗氧剂	0.3
		紫外线吸收剂	0.3

（3）生产工艺

增韧剂与部分聚丙烯混合后，进入双辊开炼机或双螺杆挤出机进行塑化、共混、造粒制得母粒，将该母粒再与剩余的聚丙烯及其它助剂混匀后，进入双螺杆挤出机共混、造粒，得到蓄电池专用料，工艺流程见图6-23。

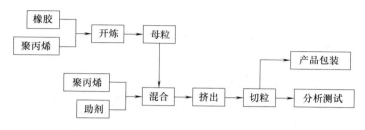

图 6-23　蓄电池壳体专用料的制备工艺流程

工艺条件如下，双辊开炼机温度 130℃，炼胶时间 10min；双螺杆挤出机挤出温度 180~235℃，螺杆转速 110r/min。

6.2.13.3　影响蓄电池壳体专用料质量的因素

（1）增韧剂的选择和用量

作为蓄电池外壳专用料，必须具备一定的耐冲击性能，特别是低温冲击性能，因为蓄电池装在各种车上，需要承受道路的颠簸；同时，我国南北气候变化大，因此要保证它的低温韧性。由于聚丙烯是一种高等规度、大球晶的结晶聚合物，从而导致了它的低温脆性，因此等规聚丙烯不能直接用于生产蓄电池外壳，目前一般采用橡胶/聚丙烯共混的方法来改善聚丙烯的韧性。常用的橡胶品种有 EPDM、BR、SBR 和 SBS。比较而言，EPDM 的增韧效果最佳。但它也有一定缺点，如预处理麻烦、影响白度、成本偏高等；BR、SBR 和 SBS 的增韧效果相差不多，均比 EPDM 低得多，但它们来源丰富、成本低、使用方便，因此也有不少应用。增韧剂用量一般在 20%~30% 之间出现脆性转变，当增韧剂用量超过 25% 时，熔体流动性显著下降，材料拉伸强度也明显降低。因此增韧剂的用量通常不能超过 25%，以保证产品的综合性能。

（2）PE 的增容作用

虽然 EPDM 与 PP 的溶解度参数接近，相容性较好，但由于二者黏度相差较大，且对温度的依赖性不同。温度到 PP 的熔点附近时 PP 的黏度会显著下降。因此在实际共混过程中要将 EPDM 均匀分散在 PP 基体中并非易事，为此在共混过程中采取了各种不同工艺，如目前应用比较广泛的是二阶混炼工艺，比一次共混工艺能使 EPDM 在 PP 基体中分散得更均匀，材料的性能更理想。但 PP/EPDM 共混物的拉伸强度仍下降较多，且熔体流动性差。为此研究了 PE 的改性作用。PP/EPDM/PE 为 80/25/10（质量比）的共混体系的 MFR 为 2.52g/10min，拉伸强度为 22.29MPa，缺口冲击强度为 700.82J/m，明显比 PP/EPDM 体系的各项性能要高。PP/PE 体系并不相容，两个熔融峰相距很远，而添了橡胶后的体系却大大改善，基本上为一个峰。PE 与橡胶起到了一种相互增容的作用；也就是说，由于各自的存在，使对方的界面能降低，使体系中各种分子链扩散均匀，减少了分散相尺寸，改善了材料的抗冲击性及其它功能。

（3）成核剂的影响

决定结晶速度有两个因素，即成核速度和晶体生长速度。添加成核剂的目的是迅速形成大量小晶体，同时结晶度又不下降。大量小晶体的产生使制品的性能发生变化，如表面光泽度及透明性得到明显改善，屈服强度、冲击强度和表面硬度也有所提高，耐热性能增加。通过 DSC 研究得知，成核剂用量达到 0.4% 左右时，体系的结晶速度会大大提高，同时结晶温度向高温方向移动，冲击强度提高 15J/m，断裂伸长率提高 20%，熔融温度提高10℃左右。

6.2.13.4 蓄电池壳体专用料的性能

蓄电池壳体专用料的性能及国内同类产品性能比较见表 6-61。

表 6-61 蓄电池壳体专用料的性能及国内同类产品性能比较

测试项目	本专用料	风帆股份有限公司	美国 HIMONT 公司 Pro-fax7523 料	石家庄塑料制品厂
熔体流动速率/（g/10min）	2.74	1.2~3.0	3~5	0.15~3.0
悬臂梁冲击强度（20℃)/（J/m）	73	100	≥70	150
悬臂梁冲击强度（−20℃)/（J/m）	30.4		≥40	30
拉伸屈服强度/MPa	31.2	≥20	≥25	≥28
弯曲强度/MPa	27.9	≥30	≥26	≥38
弯曲模量/GPa			≥0.9	
热变形温度/℃	101.2	85	≥65	≥100
密度/（g/cm³）	0.93	0.91		≤0.92

由表 6-61 可以看出，所研制的蓄电池外壳专用料性能优良，综合力学性能达到或超过国内同类产品。经厂家试用后表明，专用料的熔融流动性、各种力学性能和表面光泽度均达到要求。

6.3
抗菌聚丙烯塑料制品制备及应用

6.3.1 抗菌聚丙烯塑料键盘

随着家庭日用品及日益晋级的家用电器进入千家万户，许多公用物品如电话、电梯按钮、电脑键盘、电冰箱内部托架、厨房用具，以及各种电器开关等触摸部位都会成为污染源和细菌的传播源，从而影响使用者的身体健康。特别是网吧的电脑键盘受到微生物不同程度的污染，其细菌的传播尤为迅速，参照公共场所公共用品卫生标准，键盘在消毒前细菌总数均超标，大肠菌群、金黄色葡萄球菌检出率为7.4%。可见键盘成为传播疾病的主要媒介。有文献报道对键盘采用常规的物理消毒后能短时间内有效杀灭大肠杆菌、金黄色葡萄球菌等致病菌，但这只起到短期的消毒、杀菌作用。解决这一问题的最佳途径是赋予材料本身抗菌杀菌能力及永久的抗菌杀菌效果。因此，研究、开发抗菌塑料键盘就成为一个很有意义的课题。以聚丙烯为基体，引入无机复合抗菌剂，先制出抗菌PP母料，再与PP共混，并采用注射成型制得抗菌PP键盘。经性能测试，其抗菌性能良好，抗菌率达99%以上，且力学性能有所提高。抗菌PP键盘的抗菌有效成分缓释性好，抗菌性持久，可以满足公共场所用品的抗菌要求和长期的抗菌杀菌效果。

（1）主要原材料

PP　粉状，1158，齐鲁石化公司；复合抗菌剂　自制；分散剂　ST278，山西省化工研究所。

（2）实验仪器及设备

高速混合机　SHR-10A型，张家港市通沙塑料机械有限公司；超细振动研磨机2MZ-38型，北京红鼎机械有限责任公司；双螺杆挤出机　SHJ-30型，南京科亚科技发展有限公司；注塑机　SZ80-NB型，宁波塑料机械总厂；高剪切分散乳化机　FA25型，上海弗鲁克机电有限公司；行星式球磨机　QM-ISP型，南京大学仪器厂；电热恒温水浴锅DR-4型，北京化玻联医疗器械有限公司。

（3）抗菌性能

抗菌PP键盘的抗菌性能见表6-62。

表6-62　抗菌PP键盘的抗菌性能

菌种	24h抗菌率/%	
	直接添加抗菌剂	抗菌PP母粒方式
大肠杆菌（ATCC8099）	90.60	99.66
金黄色葡萄球菌（ATCC6538）	90.10	99.50

（4）抗菌PP键盘的抗菌长效性

抗菌PP键盘长期使用过程中，在其表面微量水分（如手的汗液）的作用下，其内部的有效成分会向表层扩散迁移，从而补充表面消耗的有效成分，保持PP键盘的长期抗菌效果。为了证明抗菌PP中有效成分的可迁移性，参照有关国外文献，在一定体积的蒸馏水中放置定量抗菌PP片，在规定的温度下，搅拌一定的时间从水中取样，用等离子原子发射光谱仪测出抗菌活性成分的浓度，折算出PP键盘所含抗菌成分浓度结果如表6-63所示。

表6-63　搅拌时间与抗菌有效成分浓度之间的关系

搅拌时间/min	抗菌剂质量分数/%		抗菌有效成分质量分数/%	
	Ag	Zn	Ag	Zn
0	0.78	9.46	0.76	9.42
30	0.77	9.45	0.75	9.40

搅拌时间/min	抗菌剂质量分数/%		抗菌有效成分质量分数/%	
	Ag	Zn	Ag	Zn
60	0.72	9.41	0.71	9.38
120	0.69	9.37	0.68	9.36
180	0.68	9.35	0.67	9.35

注：实验条件为1g/1L水，45℃。

从表6-63可以看出，抗菌有效成分溶出量达到一定程度，其溶出速度缓慢，因而能保证日常公用键盘抗菌效果的长效性。

6.3.2 抗菌双向拉伸聚丙烯塑料薄膜

随着中国包装业的迅速发展，BOPP薄膜已接近年产200万吨，其中，用于月饼、蛋糕、冷冻面食、航空包装食品、相册、歌谱、菜谱等方面的热封薄膜已经普及，针对这一领域中人们对包装基材卫生性能要求的提高，开发具有抗菌抑菌性能的BOPP薄膜便显得尤为迫切。针对现有抗菌材料的特点，分别选择分子组装抗菌母料Am1和载银复合物抗菌母料Am2在德国Brueckner双向拉伸聚丙烯薄膜制造设备上以平膜法制备了抗菌BOPP薄膜。

（1）原材料

BOPP原料，HP425J，BASELL公司；乙丙共聚物，FSX66E2，日本住友化学公司；抗粘连剂，ABPP05，比利时Schulman公司；抗菌母料，Am1，华东理工大学；抗菌母料，Am2，北京崇高纳米科技有限公司。

（2）仪器设备

BOPP薄膜制造设备，德国Brueckner公司；BOPP薄膜分切设备，英国ATLAS公司；直读式雾度仪，Hazemeter，日本Toyoseiki公司；光泽度仪，D 48-G，美国Hunterlab公司；拉力机，2.5/TN1S，德国ZEICK公司；热封机，HG-100，日本Toyoseiki公司。

（3）制备方法

以Am1及Am2为三层共挤的功能表层（20μm），按表6-64所示三层共挤结构及配方试验：

表6-64 三层共挤结构配方

配方	抗菌功能表层1	芯层	表层2
配方A	10%Am1加FSX66E2	HP425J	HP425J加2%ABPP05
配方B	10%Am2加FSX66E2	HP425J	HP425J加2%ABPP05
配方C（对比）	FSX66E2	HP425J	HP425J加2%ABPP05

工艺条件：挤出温度 250~265℃；模头温度 240~250℃；纵向拉伸温度 110~140℃；横向拉伸温度 155~175℃；拉伸比为纵向5倍，横向8~10倍；电晕处理（非热封面）表面张力达到41dye/cm；薄膜厚度为/1μm/18μm/1μm；生产线速度 250m/min。

（4）薄膜物性检测

拉伸强度、雾度、光泽度、热封强度、起始热封温度，分别按GB/T 13022—1991、GB/T

2410—2008、GB/T 2410—2008、ZBY 28004—86 标准检测。抗菌性能检测单位：广东省微生物分析检测中心。检测依据：参照 FZ/T 01021-92（织物抗菌性能试验方法），中华人民共和国卫生部 1999 年（消毒技术规范—抑菌试验）中的"奎因试验方法"和日本食品分析中心制定的抗菌材料（制品）"膜覆盖法"。

（5）性能及抑菌效果

抗菌 BOPP 薄膜抑菌效果对比见表 6-65。

表 6-65　抗菌 BOPP 薄膜抗菌效果对比

薄膜	金黄色葡萄球菌 ATCC6538		埃希大肠杆菌 ATCC2592	
BOPP（Am1）/%	99.9	99.9	99.9	99.9
BOPP（Am2）/%	99.6	90.4	99.5	90.9

注：抑菌率（%）=（空白 24h 时菌落数-样品 24h 时菌落数）÷空白 24h 时菌落数；
杀菌率（%）=（空白 0h 时菌落数-样品 24h 时菌落数）÷样品 0h 时菌落数。

表 6-65 结果表明，两种抗菌薄膜的抑菌率及杀菌率均在 90% 以上，BOPP（Am1）抗菌效果略好。其它性能见表 6-66。

表 6-66　薄膜性能

薄膜	BOPP（A）	BOPP（B）	BOPP（C）
雾度/%	1.5	3.0	1.4
拉伸强度（纵向/横向）/MPa	150/270	154/272	155/248
光泽度（45℃，热封面）/%	87	85	88
热封强度（135℃/1s/0.18MPa）	2.9	2.8	2.9
起始热封温度/℃	111	112	110

结果表明，BOPP（B）的雾度较大，说明抗菌母料 Am2 对薄膜雾度影响较大，由此生产的抗菌 BOPP 薄膜只适合对雾度要求不高或不透明的用途。表 6-66 也表明，两种抗菌母料对薄膜的拉伸强度、光泽度、热封强度及起始热封温度均无显著影响。

6.3.3　抗菌抗静电聚丙烯纤维

随着工业的发展和生活水平的提高，人们的环境卫生和自我保健意识日益增强。聚丙烯纤维具有质地轻、强力高、弹性好和耐腐蚀等优点，但也有易积聚静电荷和感染细菌的缺点，致使应用受限。因此，研制高效抗静电和抗菌聚丙烯纤维对于扩大聚丙烯纤维的用途具有重要意义。

纳米银系抗菌剂是数个或多个单质银原子或银系化合物分子通过在介质中特定的反应形成的微粒。这些微粒具有单质银和银化合物所不具备的小尺寸、高活性、大表面积等特性，产品具有抗菌、抗静电等特点。钛白粉具有独特的物理化学性质，被广泛地应用在涂料、塑料、合成纤维、橡胶和油墨等行业。纳米级导电钛白粉还具有良好的抗静电性。但它们具有亲水性和极性，分散性较差，与非极性的聚合物相容性很差。另外，无机纳米粒子的比表面积较大，表面自由能高，表面的原子价键处于不饱和状态，有较大的物理与化学活性，因此非常易于团聚和吸附。首先对选择的纳米粒子进行表面修饰，以使它们在聚丙烯基体中均匀分散，使聚合物-纳米粒子间的界面黏结度增强。

（1）原料

钛酸酯偶联剂，南京曙光化工集团有限公司；纳米级导电钛白粉，北京博瑞赛导电粉体材料发展中心；银系纳米级抗菌剂 M，自制；无水乙醇，常熟市杨园化工有限公司。

（2）仪器

OCA30 视频自动接触角测量仪；尼高力 NEX-US670 红外-拉曼光谱仪；日立 H-800 透射电子显微镜；磁力搅拌器（巩义市予华仪器有限责任公司）；YP-40C 粉末压片机（天津科器高新技术公司）。

（3）工艺方法

① 纳米 TiO_2 粒子的修饰　用偶联剂对纳米 TiO_2 粒子进行表面修饰，其工艺流程如图 6-24 所示。

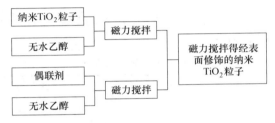

图 6-24　纳米 TiO_2 粒子的表面修饰流程图

② 银系纳米抗菌剂 M 的表面修饰　用偶联剂对纳米抗菌剂进行表面修饰，其工艺流程如图 6-25 所示。

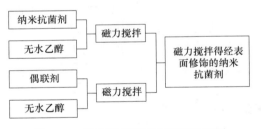

图 6-25　纳米抗菌剂表面修饰流程图

③ 抗菌抗静电添加剂的表面修饰　将上述经表面修饰所得纳米 TiO_2 粒子和纳米抗菌剂按一定比例进行混合，在磁力搅拌器上 70℃下搅拌 8h，真空干燥 2h，研磨得抗菌抗静电添加剂（以下把经过修饰或未修饰的抗菌抗静电添加剂均简称添加剂）。

（4）改性聚丙烯纤维的制备

将一定质量比的经干燥过的聚丙烯和添加剂在德国 HAAKE 公司 R90-200 聚合物扭矩流变仪上共混制备抗菌抗静电聚丙烯切片，将切片干燥后在日本富士公司 MSTC-40 熔融纺丝机上纺制纤维。纺丝机螺杆温度为 248℃，组件温度为 278℃，喷丝板温度为 275℃。喷丝板为 28 孔，孔径 0.5mm，纺丝速度 400m/min。初生纤维在德国 Barmag 公司 3013 型拉伸加捻机上拉伸 3.0 倍，拉伸机第一辊转速为 400m/min，第二辊转速为 1200m/min，热盘温度为45℃，热板温度为75℃。

（5）力学性能测定

采用日本岛津公司 AG8-500ND 型材料试验机以 250mm/min 的拉伸速度测定纤维的拉伸性能。

（6）添加剂对聚丙烯纺丝和拉伸的影响

表 6-67 所示结果表明，纺丝过程中未发现添加剂堵塞喷丝孔的现象，当添加剂的质量分数为 1%时，纤维手感光滑，可纺性良好；添加剂为 1.5%时，纺丝中出现飘丝现象。添加剂的加入使改性聚丙烯纤维比纯聚丙烯纤维的最大拉伸倍数下降。从纺丝成品的色泽看，改性聚丙烯纤维的色泽比纯聚丙烯纤维要暗一点。

表 6-67　添加剂加入量对聚丙烯的纺丝和拉伸的影响

添加剂含量（质量分数）/%	组件压力/MPa	可纺性	最大拉伸倍数
0	4.9	良好	3.8
1.0	5.1	良好	3
1.5	5.2	有少量飘丝	3

6.4
其它改性聚丙烯新材料及其应用

6.4.1　聚丙烯泡沫塑料

发泡塑料具有质轻、隔热、缓冲、绝缘、防腐、价格低廉等优点，因此在日用品、包装、工业、农业、交通运输业、航天工业等行业中得到广泛应用。如近年来，美国市场对泡沫塑料的需求量以每年 4.2%的速度持续增长。我国 20 世纪 90 年代以来发展也十分迅速，主要品种有聚氨酯（PU）软质泡沫塑料、PU 硬质泡沫塑料和聚苯乙烯（PS）、聚乙烯（PE）三大类。由于聚苯乙烯发泡过程中使用氟氯碳化物，会破坏大气臭氧层，因此联合国环保组织决定到 2005 年停止使用 PS 发泡产品。

PP 树脂具有质轻、原料来源丰富、性价比优越以及优良的耐热性、耐化学腐蚀性、易于回收等特点，是世界上产量和应用增长量最快的大宗热塑性树脂，其产量仅次于 PE 和 PVC。发泡 PP 片材可制作包装容器，用于食品、化妆品及电子产品包装，而且有优良的耐热性、机械强度以及可降解性、环保适应性好，因此备受关注。目前一些发达国家正在大力发展将其作为代替发泡 PS 的绿色包装材料。总的来说，发泡 PP 的开发有以下四方面原因：a.PP 的价格低于 PE，且能提供较好的刚性以及和 PE 相似的耐化学腐蚀性；b.由于 PP 的 T_g 低于室温，从而具有比 PS 更好的抗冲击性能；c.PP 具有较高的热变形温度，可以在高温领域中应用；d.生产 PP 泡沫塑料基本上不需改进现有成型设备。基于以上优点，PP 泡沫塑料将广泛应用于汽车制造和食品包装工业方面。

现在微波炉和微波食品已经进入人们的家庭生活，而交联发泡 PP 片材热成型的食品包装容器由于耐热性高达 130℃，可以在微波炉中使用，而且耐沸水，高温稳定性好，表面感觉舒适而且柔软。热成型的盘子、碗等在低温下有足够高的冲击强度，可在深冷中使用，手感柔软，而且人们对它的环境印象较好。

除了上述之外，发泡 PP 在汽车内装饰、隔热、隔声方面也有非常好的市场竞争性，因此开发聚丙烯泡沫塑料是非常有发展前途的。

PP 属于结晶型聚合物，与 PE 性能相比，在熔点以前几乎不流动，达到结晶温度以上熔体黏度急剧变小，所以在 PP 发泡过程中所产生的气体很难包住。此外，PP 从熔体态转变为结晶态会放出大量的热量，由熔体转变为固体所需时间较长。加之 PP 透气率高，发泡气体易逃逸，故适于 PP 发泡的温度窄，高发泡率的 PP 泡沫塑料一般要对 PP 进行交联。

PP 泡沫塑料按发泡剂分类，与 PE 发泡塑料类似，可分为物理发泡法和化学发泡法。物理发泡法常用氯氟烃和烷烃等挥发液体直接模塑发泡，或用可发性珠粒发泡。而化学发泡法常用偶氮二甲酰胺等热分解性物质与交联剂并用。按加工工艺可分为挤出发泡、常压发泡、模压发泡和可发性珠粒模塑发泡等。随着人们环境意识的增强，氯氟烃的用量越来越受限制，最近开发的超临界二氧化碳发泡技术为发泡高分子材料的制备带来了技术革命，同时也加速了发泡 PP 材料的生产与应用。

6.4.1.1　聚丙烯泡沫塑料的制备

（1）原料

① 聚丙烯　由于聚丙烯发泡性能差，单独使用不易制得闭孔发泡倍率高的泡沫塑料，通常选择熔点在 160~170℃、低温流动性好的低密度或中密度聚乙烯与其共混才能制得发泡倍率在 10~30 倍的交联聚丙烯泡沫塑料，共混比例一般为 PP 50%~70%（质量分数），PE 30%~50%（质量分数）。等规聚丙烯通过共混可制取高发泡倍率的泡沫塑料，但力学性能相对偏低，还应该对其加以改性。常采用的改性方法有增韧、增强、填充或互穿网络等。另外，在挤出发泡过程中，还需将碳酸氢钠和无水柠檬酸钠按 1∶1 的配比掺入树脂内，这样可明显改善操作条件，提高泡沫质量。

② 发泡剂　常用的发泡剂分为化学发泡剂和物理发泡剂。化学发泡剂有偶氮二甲酰胺、偶氮二甲酸钡、三肼基三嗪、苯磺酰肼等。还可用氯氟烃和脂肪烃作发泡剂，但对大气臭氧层有破坏作用。用 50%~95% 的 1-氯-1,1-二氟乙烷和 5%~50% 的脂肪烃或卤代烃作发泡剂制得的泡沫稳定，制品不易收缩。物理发泡剂最常用的为 N_2、CO_2 等。

③ 交联剂　通常使用过氧化物，如过氧化二异丙苯、叔基过氧化乙烷、叔丁基过氧化乙炔以及叠氮化合物等。物理交联用电子或射线辐射。

④ 稳定剂　通常使用硫化烷基酚等。

⑤ 稀释剂　常用丙酮。

⑥ 成核剂　有苯甲酸钠、氧化锌、硬脂酸锌等。

⑦ 填料　常用填料与聚乙烯发泡塑料相同。若添加有机硅微球做填料，也可制造高性能泡沫塑料。

以过氧化物为交联剂制造的低发泡聚丙烯泡沫塑料配方见表 6-68。

表 6-68　过氧化物为交联剂的聚丙烯泡沫塑料配方

原料名称	配比量/%		原料名称	配比量/%	
	低发泡剂	代水发泡体		低发泡剂	代水发泡体
聚丙烯	80	65	无规聚丙烯		35
聚乙烯	20		滑石粉		20~30
过氧化二异丙苯	0.25		钛酸酯偶联剂		0.5
二乙烯基苯	1		石蜡		0.1
偶氮二甲酰胺	2	0.7			

以叠氮化合物交联的等规聚丙烯泡沫的配方见表 6-69 所示。

表 6-69　叠氮化合物为交联剂的等规聚丙烯泡沫塑料配方

原料名称	配比量/%					
	配方 1	配方 2	配方 3	配方 4	配方 5	配方 6
等规聚丙烯	100	75	50	75	50	75
乙丙共聚物		25	50			
乙丙二烯共聚物				25	50	
聚异丁烯（三元共聚物）						25
1,10-双（磺酰叠氮）癸烷	0.25	0.75	0.75	0.75		1.0
偶氮二甲酰胺	3	5	5	5	5	3

（2）工艺过程

PP 发泡所用生产设备与发泡 PS、发泡 PE 类似，或采用注塑模压，或采用挤出发泡，或采用其它的物理发泡。工艺过程如下：首先将聚丙烯树脂、发泡剂（偶氮二甲酰胺）、交联剂[1，10-双癸烷-双（砜叠氮）]及稳定剂（硫化烷基酚类）用丙酮稀释，均匀混合成浆状物，然后进行干燥，挥发掉丙酮，便成为均一的物料，待用。若采用弹性体增韧，还必须将上述物料与弹性体共混。如使用乙烯-丙烯共聚物，应该在 138~140℃下混炼 3min，而后再把混炼温度提高到 160℃，此时便可以投放聚丙烯物料，投放后在这一温度下，混炼 6min 后便可以辊压成片取出。将所得片料再进行各工艺加工。如采用模压方式，可将片料放入模具中，先预热约 4min，随后施加 0.4MPa 的压力加热预成型为片材，再将片材放入预热到 193℃左右的模具内，闭模后加热到 220~230℃使其交联发泡成制品。如采用挤出机挤出片材、厚膜材料，可在挤出机中混入挥发性发泡剂，实施挤出发泡。为了解决聚丙烯的熔融弹性差、发泡气体容易逃逸的问题，在聚丙烯树脂内加入一定量的丙烯-α-烯烃共聚物，效果很好。

6.4.1.2　聚丙烯发泡技术的进展

（1）超临界流体技术的应用

随着对环境保护、废料回收和制品性能价格比等要求的提高，以 CO_2、N_2 和异戊烷等物理发泡剂为主的物理发泡法得到了广泛的重视。目前所用的物理发泡剂以 CO_2 为主。以往的 CO_2 物理发泡法所需施加的气体压力在 7MPa 以下，所得发泡制品大多数为开孔或是大直径孔泡结构。为了得到更高泡孔密度的闭孔结构发泡制品，通常将发泡剂在超临界状态下注入聚合物基体。实质上聚合物在成型加工的过程中，要承受高温高压的作用。这个高温高压的加工区与这些发泡剂的超临界相态区常常是一致的。超临界流体具有相对较大的、与液体相近的密度，因而有很高的溶解度，同时又具有与气体相近的黏度，流动性比液体好得多，传质系数也比液体大得多。

采用超临界流体制备微孔结构聚合物材料的基本方法是将超临界流体高度饱和的聚合物熔体/气体混合体系，在其冷却过程中诱导极大的热力学不稳定性，通过控制或者改变共混体系的压力和温度等工艺参数，从而在聚合物基体中形成大量的以超临界介质为泡核的微孔结构的材料，其主要步骤如下。a.形成聚合物/气体饱和体系：在一定温度下，采用适当方法，使高压非反应气体（CO_2 或 N_2 等）溶解在聚合物中，形成浓度均匀的聚合物/气体饱和体系，体系的气体浓度一般可以达到 5%~20%（质量分数）。气体在聚合物体系中的过程为扩散控制，速度慢，耗时长，可采用提高温度和压力的方法加快扩散速度。b.气核引发：通过降低压力和/或升高温度，使聚合物/气体饱和体系进入热力学不稳定状态，成为过饱和体系，此时体系内的气体需要达到低自由能状态，因而通过均相成核和异相成核，几乎同时形成大量气核。c.气泡增长：体系内的过饱和气体，扩散进入气核，使气泡增长，体系的自由能持续降低。气泡增长由增长时间、体系温度、过饱和状态、体系应力状态和黏弹性控制。d.微孔结构定型：通过淬火等方法使得到的泡体结构稳定。上述各个步骤中，得到均匀的高浓度聚合物/气体体系，气核引发以及气体逸出控制是工艺的关键所在。这个过程牵连到复杂的物理过程。采用该工艺制备的聚丙烯发泡材料的泡孔很细小，一般为 5~30μm。与传统技术生产的泡沫片材相比，这种微孔泡沫的拉伸强度和压缩强度比同样密度的发泡片材高 30%~40%，而且可以在现有生产线上生产。将超临界流体技术和塑料注射成型技术相结合，直接制备微孔结构聚丙烯注射成型制品目前已经成为现实。

（2）高熔体强度聚丙烯发泡技术

常规聚丙烯熔体的黏度在温度高于结晶熔点少许后就急剧下降，使发泡过程中温度控制成为挤出的难点和关键因素。然而聚丙烯树脂在熔融状态时既需要足够的流动性以利于在挤出机中流动，还要有足够的熔体强度和弹性以保持规则的泡孔结构。因此，高熔体强度聚丙烯的出现无疑是聚丙烯发泡工艺中的一个重大进展。比利时 Montell 公司生产的ProfaxF814 树脂是一种含有长支链的聚丙烯，长支链是在后聚合过程中引发的，这种均聚物的熔体强度是具有相似流动特性的传统均聚物的 9 倍。线型 PP 和支化 PP 发泡过程中气泡合并现象是完全不同的。线型 PP 发泡时，泡体开孔率很高，且泡孔彼此相连，即使熔体刚出模头就用水急冷，情况仍然如此。这说明线型 PP 发泡时气泡合并速度很快，观察到的气泡密度可能不是气泡密度。相比而言，支化 PP 发泡时气泡合并现象很少见，泡体中的泡孔均为闭孔。将线型与支化聚丙烯相配合可得到高熔体强度的聚丙烯。高熔体强度聚丙烯的研制成功为发泡聚丙烯与发泡聚苯乙烯竞争提供了关键的技术。

（3）交联发泡聚丙烯发泡技术

最近几年，还采用了交联工艺路线来制备聚丙烯发泡制品，如采用 PP 和 PE 的混合物，将 PE 交联等。英国的 Zote 公司推出了一种微交联的热成型 PP 泡沫塑料，其中采用了二阶工艺，即首先挤出 3mm 厚的实芯片，然后用过氧化物将其交联或者采用辅照交联，之后将其切成一定的长度，再将其置于高压釜中（压力高达 69MPa），使其受热受压，同时使 N_2 溶入其中，使气体从体系中逸出，这时片材膨胀到原来的 22 倍左右，其中有 10% 的闭孔结构，密度为 0.3g/cm³。最后根据需要切成所需要的厚度。该产品可应用到汽车和运动器材上。这种方法实际上就是使 PP 树脂在发泡前交联，使其熔体黏度降低变慢，发泡后气泡破损率低。交联的 PP 泡沫塑料比未交联的耐热温度提高 30~50℃，热蠕变性能提高 100 倍。但必须注意到 PP 结晶度高，难以交联，叔碳原子的存在又使交联和降解反应都发生，这就要求控制反应条件，尽量降低降解反应发生的概率，这也是 PP 交联技术难度较高的原因。表 6-70 为交联发泡 PP 和交联发泡 PE 的性能比较。

表 6-70　交联发泡 PP 和 PE 的性能比较

项目	方向	PP	PE
密度/（g/cm³）	—	0.035	0.035
拉伸强度/MPa	纵向/横向	0.58/0.36	0.32/0.20
断裂伸长率/%	纵向/横向	300/200	110/120
压缩强度/MPa	—	0.058	0.042
压缩永久变形	—	7.0	7.0
吸水率	—	0.30	0.30
热导率/［kJ/（m·h·℃）］	—	0.117	0.125
加热尺寸变化率（120℃）/%	纵向/横向	-2.1/-1.0	-5.0/-2.0（100℃）
耐化学品性	—	良	良
加热时拉伸强度（120℃）/MPa	纵向/横向	0.07/0.035	0.022/0.013
加热时伸长率（120℃）/%	纵向/横向	250/200	150/200

交联发泡是得到优质 PP 泡沫材料的好方法，通常除辐射交联外，利用有机过氧化物引发交联是一种方便的方法。利用有机过氧化物分解产生的自由基，引发 PP 交联，仅加入有机过氧化物会同时产生 PP 降解，有时只降解而不交联，解决的方法是添加适合的助交联剂。一般 PP 的交联多选过氧化二异丙苯为主交联剂，过氧化二异丙苯的主要功能是受热分解为化学活性很高的自由基，这些自由基夺取 PP 分子中的氢原子，使 PP 主链变为活性基，两条大分子链自由基相互结合，产生交联。助交联剂的选择原则是：在主交联剂存在下，能先行与聚合物产生接枝反应，从而抑制在主交联剂存在下，能先行与聚合物产生接枝反应，从而抑制主交联剂对聚合物产生不良的副反应，改善交联后聚合物的性能。主交联剂的含量为 0.05%~0.8%，助交联剂的含量为 0.1%~8%。

（4）发泡过程中成核剂的应用

用一般生产热固性或无定形热塑性微孔塑料的技术很难用来生产微孔 PP。原因是在 PP 结晶区气体溶解度低，气泡成核及成核后增长的驱动力小，虽然可以发泡，但气泡很分散。一旦达到熔点，晶体结构熔化，熔体强度迅速降低到零，气泡不受限制地增长，这就失去了控制气泡增长和控制材料性能的手段。添加少量的苯甲酸钠成核剂可降低聚合物的整体表面张力，因而可促进气泡成核，共聚物表面张力降低。

6.4.2 聚丙烯纤维泡沫混凝土

6.4.2.1 配方组成

随着世界经济快速发展，能源短缺和环境污染等问题愈发严峻，如何找到节能环保的资源以及降低能耗的有效途径在世界范围内不断引起重视。近年来，随着"一带一路"的建设和"亚投行"的成立，我国在基础设施方面大力建设，需要大量的建筑材料。与此同时，大量建筑所造成的能耗已经不容忽视，其所占我国能源消耗的比重已经达到40%，其中建筑材料消耗为主要消耗。所以找到环保节能材料是目前减少我国能源消耗的有效途径之一。泡沫混凝土作为近年来备受关注的节能建筑材料之一，因其具有轻质、保温、隔声、耐火、易加工等优点而被大量使用，但其抗压抗剪性能较差，因此存在应用的局限性。如何提高泡沫混凝土的力学性能，成为众多学者的研究方向。为了减少普通泡沫混凝土的微裂纹，掺入丙烯纤维可以在一定范围内阻碍微裂纹的扩展，犹如钢筋能提高混凝土的抗压抗剪性能，从而提高泡沫混凝土的力学性能。

聚丙烯纤维泡沫混凝土是将胶凝材料、外加剂、发泡剂、稳泡剂及聚丙烯纤维按照一定比例配合而成。胶凝材料是指可以加水形成浆体，通过物理作用将自身和其它散粒状材料结合，并自生硬化形成坚硬整体的一类材料。普通泡沫混凝土通常采用硅酸盐水泥作为胶凝材料，同时为了提升泡沫混凝土的各项性能，还会适当掺入粉煤灰、硅灰和其它具有活性的矿渣。其中粉煤灰可以显著改善泡沫混凝土的力学性能。外加剂多为减水剂、早强剂、速凝剂等，可以改善混凝土试块塌模、收缩、吸水率大、浇筑困难等问题，提高试块制作过程中流动性、和易性，使原料搅拌均匀，提高试块后期的强度。发泡剂是影响泡沫混凝土性能的主要因素之一，同样也是影响聚丙烯纤维泡沫混凝土性能的主要因素之一，发泡剂的加入能在试块中形成大量气泡，大大减轻试块的质量，还可以增强试块保温、隔热、隔声等性能，因此发泡剂的优劣直接影响到生成的试块的性能优劣。

在聚丙烯泡沫混凝土发泡过程中，为了提高气泡的稳定性，需在水泥浆中加入稳泡剂和增稠剂，使气泡稳定存在，提高气泡的孔隙率，降低密度。稳泡剂具有延长和稳定泡沫性能的作用，增大液膜的黏稠度可提高泡沫液膜的稳定性，可直观地改善泡沫的沉降距及泌水率，使泡沫与胶凝材料浆体拌和时不被破坏，形成较理想的泡沫混凝土。王智等人还深入研究了采用硬脂酸钙作为稳泡剂后，探究气泡与水的憎水性，提出增大气泡表面活性剂的憎水性，可提高泡沫液膜的弹性和机械强度，并且泡沫在30min后才开始缓慢沉降，最终提高了泡沫混凝土的稳定性。聚丙烯纤维具有"混凝土钢筋"的美称，是一种新型的束状单丝纤维，具有较高的强度、较好的分散性、可以与混凝土较好地结合等性能。与其它纤维相比，聚丙烯纤维不仅具有弹性好、强度高、质轻、拉伸好等优点，而且其价格低廉、工艺简单，越来越备受关注，成为纤维混凝土研究和应用的新焦点。

6.4.2.2 聚丙烯纤维泡沫混凝土的制备工艺

目前聚丙烯纤维泡沫混凝土的制作方法主要包括以下两种：a.料浆的拌和与发泡是同

时进行，称为混合搅拌法；b.先预制产生泡沫，然后将泡沫加入拌好的水泥浆中，再搅拌均匀，这种方法被称为预制泡沫拌和法，如图 6-26 所示。聚丙烯纤维可以改善泡沫混凝土内部气泡孔洞的结构，将孔隙间的混凝土联系为整体，从而提高泡沫混凝土的整体性及抗压、抗折强度。聚丙烯纤维泡沫混凝土相比普通泡沫混凝土在一定范围内具有更强的延展性，这是由于掺入聚丙烯纤维后，一方面可以阻碍泡沫混凝土中微裂纹的扩展，另一方面使其抗折破坏形式转变为非脆性破坏。

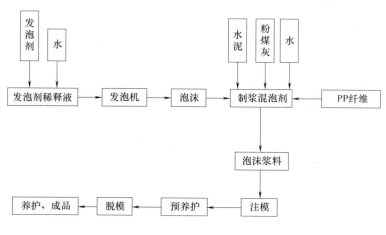

图 6-26　聚丙烯纤维泡沫混凝土制备工艺

聚丙烯纤维加入泡沫混凝土中，在搅拌过程中，聚丙烯纤维与其它混合料相互摩擦，形成纤维单丝或网状结构充分张开，使聚丙烯纤维均匀分布，聚丙烯纤维与水泥混合料表面产生了吸附黏结力和齿合力，从而提高泡沫混凝土的整体性、抗折性与结构刚性，预防了混凝土裂缝的产生。研究表明，当泡沫混凝土的密度为 1400kg/m³ 时，掺入 0.3% 的聚丙烯纤维抗压强度可提高 62.09%。适当地掺入聚丙烯纤维有利于泡沫混凝土的各项性能，单一地掺入固定长径比的聚丙烯纤维，并不能使改善发挥到最大化。首先长聚丙烯纤维抗裂性能优异，但是分散困难，易在泡沫混凝土拌和过程中结团成球，因此长聚丙烯纤维掺量不能过高，其次短纤维在拌和过程中不易结团，分散性较好，掺量可以适当增大，但是短纤维长度较短，使混凝土间的连接性较差，对裂纹的改善不佳。因此，长短纤维的占比是改善泡沫混凝土抗压、抗剪性能的重要因素，也是聚丙烯纤维泡沫混凝土的精华之处。

6.4.2.3　聚丙烯纤维泡沫混凝土的应用

随着全球环保意识的增强，绿色建筑也在大力推行，节能类建筑材料的开发和应用受到了越来越广泛的重视，聚丙烯纤维泡沫混凝土优质的性能、低廉的价格、简便的施工工艺、广泛的施工范围及可利用建设废弃物、工业废弃物等优点，得到了全社会越来越广泛的认知、重视和大量应用。聚丙烯纤维泡沫混凝土可用于框架建筑物墙体的填充、较矮受力墙体的建设、保温或隔音构件的浇筑、路面基层的建筑、边坡防护和填充、桥面修复、火车站台的填充和修补等领域，应用广泛。由于聚丙烯纤维泡沫混凝土具有保温隔热、节约能源的优点，在提倡建筑节能的今天，泡沫混凝土在未来的快速发展是一个世界性的大趋势。水泥作为高污染行业，碱激发胶凝材料作为水泥的替代材料已是必然的趋势。聚丙烯纤维泡沫混凝土也将从单一的保温隔热向多功能化方向发展，即未来的泡沫混凝土将集保温、节能、防火、除湿等多功能于一体。聚丙烯纤维泡沫混凝土将与结构材料合体，组成结构自保温材料体系。泡沫混凝土行业的市场前景可谓一片光明，其产品（泡沫混凝土墙板、泡沫混凝土砌块、泡沫混凝土装饰材料、泡沫混凝土隔声制品、泡沫混凝土保温制品等）以及泡沫混凝土现浇市场的发展必将越来越广阔。

广西壮族自治区柳州市柳东新区中欧产业园横七路管廊是柳州市柳东新区路网规划的重点地下管廊，混凝土等级为 C35P8，是整个新区地下综合排水管廊的主通道，所以该处管廊对主体混凝土结构要求较高，既要有高超的抗渗性能，使排水管廊在受到较大洪水冲击浸泡时不渗漏；又要有很好的耐久性，以降低管廊的维修率，提高管廊的使用年限。经设计方研究决定在该处管廊的混凝土中掺入微硅粉及聚丙烯纤维，以期达到其结构要求。因掺入微硅粉后的混凝土能增加密实度，抗渗性能提高 5~18 倍，抗碳化能力提高 4 倍以上，还可提高强度，使混凝土抗压、抗折强度大大增加，掺入 5%~10% 的微硅粉，抗压强度可提高 10%~30%，抗折强度提高 10% 以上；而掺入聚丙烯纤维的混凝土，通过聚丙烯纤维的"次要加强筋"作用，可大大减少混凝土的开裂，延长整体钢筋混凝土结构的寿命，从而提高混凝土的耐久性。聚丙烯纤维吸湿率小于 0.1%，为束状单丝，施工采用 6mm 规格的纤维，密度为 0.91g/cm³，断裂伸长度 15%~20%，截面形状为 Y 形，纤维直径 31μm，分散性好，无吸水性，安全无毒，耐酸碱性极高。混凝土配方如表 6-71 所示。

表 6-71　聚丙烯混凝土最佳施工配方　　　　　　　　　　单位：kg/m³

水泥	矿粉	粉煤灰	微硅粉	聚丙烯纤维	机制砂		石	水	减水剂
					石灰石	卵石			
205	95	50	35	1.8	564	300	980	165	6

由于该工程是在夏秋两季施工，此时气温较高，空气相对湿度较低，要求混凝土的保坍性能好，在 2h 内坍落度损失应不大于 20mm，且混凝土浇筑方式为泵送，坍落度设计最大值为 190mm，所以混凝土的浆体必须充足才能易于泵送。根据以上配比，得出混凝土拌和物试验数据如表 6-72 所示。

表 6-72　聚丙烯纤维混凝土拌和物试验数据

检测项目	坍落度/mm	扩展度/mm	泌水率/%	和易性
初始	190	500	0	好
1h	190	500	0	好
2h	185	480	0	好

从表 6-72 可以看出，该混凝土拌和物工作性能满足设计及施工要求。混凝土力学性能也满足要求，抗压强度 3d 为 23.1MPa，7d 为 31.5MPa，28d 为 42.7MPa。并达到了 P8 抗渗等级。掺入微硅粉及聚丙烯纤维，混凝土密实程度高，内部气泡大大减少，聚丙烯纤维在内部也起着"次要加强筋"的作用，在达到高抗渗等级的同时，耐久性也得到了保证，

极大满足了工程需求。

6.4.2.4　存在问题

（1）强度不足

虽然聚丙烯纤维泡沫混凝土相对于泡沫混凝土强度提高，但其强度还远低于烧结砖、混凝土实心砖，无法用于大多承重结构，使用得到一定限制；其存在大量气泡，也不适用于梁、板、柱、路面等受力较大构件混凝土的浇筑。

（2）泡沫稳定性差

市场上出售的稳定性物质、发泡剂等原料品类多样，性能差异较大，各种发泡剂与胶凝材料等均存在相容性问题，难以找到相匹配的原料。在工业生产过程中，因搅拌不均匀、养护条件较差等问题，使得在实验中得出的结论难以应用。

（3）抗渗、抗冻性较差

泡沫混凝土中难免存在大量的连通孔隙，水易于渗透，掺入聚丙烯纤维后，再次增多了介质流通的通道，造成抗渗、抗冻性较差，因此其不宜用于地下工程与外部维护结构；因水易于渗透，使聚丙烯纤维泡沫混凝土孔隙间存在大量水分，在北方寒冷的冬天，孔隙中的水结冰膨胀，从而破坏聚丙烯纤维泡沫混凝土砌体。这些都还需要加强研究予以解决，从而促使聚丙烯纤维在混凝土中的应用。

6.4.3　低气味高流动聚丙烯复合材料

高流动聚丙烯具有较高的熔体流动速率、优异的力学性能和加工性能等特点，有利于实现薄壁减重、缩短成型周期和降低能耗的目的，而被广泛应用于汽车仪表板、门板、衣帽架等汽车内饰件中和电饭煲等家电外壳中。但由于高流动 PP 制品在较高温度下会不同程度地释放出危害人体健康的挥发性有机化合物（VOC），已成为车用内饰材料亟待解决的问题之一。近年来，国内外学者已开始针对高流动 PP 树脂及其复合材料中 VOC 的释放问题进行了大量研究。最常见的是添加无机吸附剂，利用其多孔结构吸附一些 VOC，但受到解吸附影响，很难完全高效地去除 VOC。另外，通过多阶真空、烘料等手段，在一定程度上也可降低 VOC 含量，但所需设备、工艺条件复杂，不适合批量应用。

PP 的气味来源主要为合成工艺中残留的单体、溶剂、催化剂，改性过程中添加的助剂以及加工过程中的热、剪切作用使 PP 降解生成的小分子等。通过选择优化的合成装置、添加有效的除味剂与控制适宜的加工条件，可以有效降低 PP 的气味等级。除味剂分化学除味剂和物理除味剂。化学除味剂主要采用化学基团间的相互作用，固定住气味小分子或者利用化学除味剂对气味小分子的螯合作用以形成大分子，在受到光、热、剪切作用时，不会析出或者从 PP 基体中挥发出去，以降低 PP 的气味等级；也有一种化学吸附是利用化学除味剂与 VOC 小分子基团之间的相互作用，吸附气味小分子，并使其分解、断链，通过汽提或者抽真空等方法使其彻底。物理吸附剂由于其价格低廉、除味效果较好，成为目前应用比较广泛的除味剂。物理除味剂主要包括：多孔分子筛、有吸附活性的活性炭、沸石以及比表面积较大的纳米 ZnO、纳米 SiO_2、纳米 TiO_2 等物质。考虑到化学除味剂的原材料比较昂贵，成本高，分子筛的孔洞较大，对 PP 的力学性能影响较大，黑色活性炭对 PP 的颜色有明显的影响，目前采用最普遍的方法更偏重于添加比表面积较大的纳米 ZnO、纳米 TiO_2、纳米 SiO_2 等对 PP 中的 VOC 小分子进行吸附。

（1）主要原料

PP，M60T，MFR 为 60g/10min（230℃，2.16kg，下同），镇海石化工程股份有限公司；PP，7555KN，MFR 为 60g/10min，埃克森美孚化工；PP，BX3900，MFR 为 60g/10min，韩国 SK 集团；滑石粉（Talc），M05SLC，孟都矿业；聚烯烃增韧剂（POE），engage 8150，MFR 为 0.5g/10min（190℃，2.16kg，下同），POE，engage 8200，MFR 为 5g/10min，POE，engage 8407，MFR 为 30g/10min，均为美国陶氏化学公司；除味剂，XW17，青岛卓新新材料有限公司；除味剂，BYK 4200，德国比克化学；除味剂，LDV 1040，合肥创新轻质材料有限公司；

（2）主要设备

高速混合机，SHR-50 型，张家港亿利机械有限公司；双螺杆挤出机，ZSK30 型，德国 W&P 公司；注塑机，HTF80X1 型，宁波海天股份有限公司；熔体流动速率仪，ZRZ1452 型，万能实验机，CMT4204 型，冲击实验机，ZBC1400-1 型，均为美特斯工业系统有限公司；气相色谱质谱联用仪，7890B-5977B 型，美国安捷伦仪器公司。

（3）试样制备工艺

将质量分数 58%PP、20%POE、20%滑石粉、2%除气味剂混合后，经双螺杆挤出机挤出、造粒，制备出汽车内饰 PP 改性材料。

（4）PP 基料选择

在固定 POE 为 engage8407、滑石粉为 M05SLC、除味剂为 LDV 1040 的前提下，优选市面 VOC 较低的三种氢调法高流动 PP，具体配比如表 6-73 所示，比较不同 PP 基料对复合材料性能的影响。

表 6-73 不同 PP 基料综合性能对比

PP 牌号	MFR /（g/10min）	拉伸强度 /MPa	弯曲模量 /MPa	缺口冲击强度 /（kJ/m^2）
BX3900	46	20	2100	38
7555KN	42	17	1850	35
M60T	39	16	1625	20

注：复合材料配方为 58%PP、20%POE、20%滑石粉、2%除味剂，下同。

由表 6-73 可以看出，BX3900 综合性能较优，7555KN 次之，M60T 最差。这是由于 3 种材料乙烯含量和流动性相当，但聚合工艺过程有别，BX3900 分子链规整度高，聚合物的结晶度高，材料的性能体现较好。

（5）增韧剂选择

在 PP 基料 BX3900 基础上，进一步选取不同 MFR 的 POE，分别对其增韧改性。

由表 6-74 中数据可知，以 BX3900 为基体，不同 POE 为增韧剂，复合材料的 MFR 相差很大。在相同添加比例下，选用 MFR 为 30g/10min 的 engage 8407 远比选用 MFR 为 0.5g/10min 的 engage 8150 复合材料 MFR 高很多。同时从表 6-72 还可以看出，随着 POE

的 MFR 提升，复合材料的缺口冲击强度也有明显地提升，这是由于基料 BX3900 的 MFR 较高，POE 的 MFR 越低，黏度相差越大，越不利于 POE 在复合材料中的分散，橡胶相不能很好地分散，增韧效果差，engage 8407 的 MFR 较高，增韧效果最好。

表 6-74 不同 POE 复合材料综合性能对比

POE 牌号	MFR /（g/10min）	拉伸强度 /MPa	弯曲模量 /MPa	缺口冲击强度 /（kJ/m²）
Engage 8407	46	20	2100	38
Engage 8200	29	17	2050	30
Engage 8150	17	16	2125	20

（6）除味剂选择

比较不同种类除味剂对复合材料的流动性、力学性能和 TVOC 影响（见表 6-75）。其中 TVOC 是以气相色谱整体表征单位样品中挥发性有机物碳元素含量计。

表 6-75 不同除味剂对复合材料综合性能影响

除味剂种类	MFR /（g/10min）	拉伸强度 /MPa	弯曲模量 /MPa	缺口冲击强度 /（kJ/m²）	TVOC /（μg/g）
LDV 1040	46	20	2100	38	18
BYK 4200	46	20	2100	38	42
XW17	44	19	2150	34	89

由表 6-75 数据可知，三种除味剂对复合材料流动性和力学性能影响不大，但 TVOC 差异很大，其中添加 LDV 1040 的 TVOC 最低，添加 BYK 4200 的次之，而添加 XW17 的 TVOC 最高，这是由于 LDV 1040 和 BYK4200 为含水性萃取溶液的 PP 母粒（水母粒），而 XW17 为无机多孔颗粒，二者除 VOC 的机理不同。因此，从表 6-75 的数据可知，添加 2%的 LDV 1040 除味母粒可以制备出高流动低 VOC 含量 PP 内饰材料。

（7）低 VOC 含量 PP 材料在汽车内饰上的应用

制得的汽车内饰用 PP 改性材料已成功应用于上海汽车通用有限公司汽车中的门板、立柱护板等内饰件的制造，可以达到通用、大众、丰田等汽车公司的要求。

参考文献

［1］ 王珏，杨明山. 塑料改性实用技术与应用［M］. 北京：印刷工业出版社，2014.

［2］ 安少全. NFβPP-R 纳米碳酸钙改性聚丙烯增强耐热管道系统在集中空调系统中的应用［J］. 天津建设科技，2011，（6）；21-22.

［3］ 刘自侠. 浅谈汽车保险杠的设计［J］. 天津汽车，2005，（03）：16-18.

［4］ 李通，何继敏. 中空玻璃微珠填充聚丙烯轻质复合材料的研究现状［J］. 塑料工业，2019，47（2）：11-14.

［5］ 莫纯良，林伟文，万卓均. 微型汽车改性聚丙烯塑料保险杠的涂装技术及涂装工艺［J］. 涂料工业，2004，34（5）：52-55.

［6］ 高向华，魏丽乔，王淑花，等. 抗菌聚丙烯键盘的研制［J］. 工程塑料应用，2004，32（3）：48-50.

［7］ 徐文树，邹晓明，朱健民. 抗菌双向拉伸聚丙烯薄膜的研制［J］. 合成材料老化与应用，2005，34（3）：31-33.

［8］ 王志广，马季玫，沈新元. 添加纳米粒子的抗菌抗静电聚丙烯纤维研制——纳米抗菌抗静电粒子的表面修饰及纺丝［J］. 产业用纺织品，2007，199（4）：13-15，34.

［9］ 赵敏，高俊刚，邓奎林，赵兴艺. 改性聚丙烯新材料［M］. 北京：化学工业出版社，2002.

［10］ 李古进，张玉苹. 聚丙烯纤维泡沫混凝土［J］. 建材与装饰，2019，（29）：55-56.

［11］ 韦峰静，龙祖业. 微硅粉及聚丙烯纤维制备高性能混凝土的研究及应用［J］. 商品混凝土，2019，（6）：65-66.

［12］ 董莉. 高光泽低气味聚丙烯的结构与性能研究［D］. 兰州：兰州理工大学，2019.

［13］ 闫溥，李荣群，邵之杰，赵东. 高流动低气味聚丙烯汽车内饰材料研究［J］. 现代塑料加工应用，2017，29（2）：39-41.